普通高等教育"十三五"规划教材

生物工程设备

陶兴无　主编

化学工业出版社

·北京·

全书内容共分九章：原料的输送及前处理设备，培养基的灭菌和空气除菌设备，生物反应器设计基础，微生物反应器，动植物细胞培养反应器与酶反应器，生物反应器的设计、放大及参数检测，细胞破碎与固液分离设备，萃取与色谱设备，蒸发、结晶与干燥设备。全面介绍了生物工程设备的结构、工作原理及设计与选型原则。为方便教学，每章内容均配有思考题。

本书可作为生物工程、生物技术、生物制药以及食品科学与工程、化学工程等专业的教材或参考书，也适合相关科研设计院所和企业人员自学。

图书在版编目（CIP）数据

生物工程设备/陶兴无主编. —北京：化学工业出版社，2017.1（2024.9重印）
普通高等教育"十三五"规划教材
ISBN 978-7-122-28639-0

Ⅰ.①生… Ⅱ.①陶… Ⅲ.①生物工程-设备-高等学校-教材 Ⅳ.①Q81

中国版本图书馆 CIP 数据核字（2016）第 291386 号

责任编辑：魏 巍 赵玉清 　　　文字编辑：周 倜
责任校对：吴 静 　　　装帧设计：关 飞

出版发行：化学工业出版社（北京市东城区青年湖南街 13 号 邮政编码 100011）
印 装：河北延风印务有限公司
787mm×1092mm 1/16 印张 19½ 字数 521 千字 2024 年 9 月北京第 1 版第 7 次印刷

购书咨询：010-64518888 　　　售后服务：010-64518899
网 址：http://www.cip.com.cn
凡购买本书，如有缺损质量问题，本社销售中心负责调换。

定 价：49.80 元

前　　言

生物工程设备是生物工程、生物技术和生物制药等专业开设的专业必修课，是在学习了微生物学、生物化学、化工原理、生物工艺学、生物分离技术等课程的基础上，为培养生物技术产业化开发与生产所需工程技术人才而开设的一门理论与实践紧密结合的课程。本课程具有实践性强、应用面广、内容多、所关联课程多、更新快等特点。随着高等教育的快速发展，许多高校压缩专业课学时。在教学中存在着学生工程意识薄弱、教材内容更新相对较慢等问题。为了达到知识面宽、浅显易懂、突出新知识、实用以及教师易教、学生易学的目的，本书强调基本原理和关键设备，突出工程实践，内容体系完整，反映学科新成果，难度适中，篇幅较小，符合新形势下高校专业课的教学要求。本书以生物加工过程为主线，介绍生物工程设备的结构、工作原理及工艺设计计算与选型原则，力图反映该领域的最新应用成果。全书分为三部分：第一部分为原料的前处理设备及灭（除）菌设备，第二部分为生物反应器，第三部分为生物产品分离设备。使用本教材时，推荐教学时数为 32 至 48 学时。

本书力求突出以下特点：

1. 努力反映生物工程设备应用新成果。近年来，生物工程技术的发展日新月异，各种先进的生物工程设备层出不穷。本书对那些已显陈旧的内容进行了删减，增加了生物工程设备应用新成果的内容。

2. 重点突出，注重实用，力求反映基本概念和基本内容。在知识点方面，围绕设备设计及选型这一主题展开。在内容方面，重点介绍核心设备——生物反应器，适当介绍与其相关的设备。尽可能多地选择与生产实际紧密相连的工程实例，拉近"所学"与"所用"的距离，达到学以致用的目的。

3. 叙述简洁，层次清晰，便于自学。生物工程设备的工作原理分析和设计需要深厚的理论基础，但对工程技术人员来说，更需要了解和掌握的是基本原理及应用特性。本书用较少的数学推导，简洁的文字，配以适量的插图来呈现生物工程设备基本内容和知识，通俗易懂。因此，本书也适合相关科研设计院所和生产企业技术人员以及相关领域的专业人员学习参考。

本书由武汉轻工大学陶兴无和江贤君编写。江贤君编写第四章第四、五节，第五章和第六章；陶兴无编写其余各章节并统稿。此外，研究生陈强、李政、李燕、樊永波、刘仁禄和许晓梅等也为本书的资料搜集整理做了大量工作。编写过程中参阅了大量同行的教材、资料与文献，谨此对这些作者表示诚挚的感谢！

限于编者水平，书中难免存在一些疏漏和不足之处，恳请读者批评指正。

陶兴无

2016 年 9 月于武汉

前　言

目　　录

第一章 原料的输送及前处理设备

生产培养基一般以谷物为主要原料，前处理设备包括分选（除杂）与分级、粉碎、淀粉质原料的水解等。原料前处理不仅影响微生物的生长和产物的形成，对下游产物提取工艺的选择及产品质量也有很大的影响。输送设备按生产工艺的要求将物料从一个工作单元传送到另一个工作单元，有时在传送过程中对物料进行工艺操作。

第一节 物料的输送设备

生物工厂中，存在着大量固体和流体物料的输送问题。为了提高劳动生产率和减轻劳动强度，需要采用各种各样的输送设备来完成物料的输送任务。

一、固体物料的输送设备

固体物料的输送方式主要有两种：一种是机械输送，利用机械运动输送物料；另一种是气力输送，借助风力输送物料。

1. 机械输送设备

机械输送设备种类繁多。目前用于输送固体原料的主要有带式输送机、斗式提升机和螺旋输送机。

（1）带式输送机

带式输送机是连续输送机中效率最高、使用最普遍的一种机型。可用来输送散粒物品，（谷物、麸曲和麦芽等）以及块状物品（薯类和酒饼等）。按结构不同，带式输送机可分为固定式和移动式两类。工厂中采用固定式带式输送机的较多。

带式输送机的主要构件包括输送带、鼓轮、张紧装置、支架和托辊等。有的还附有加料斗和中途卸载设备。带式输送机结构如图 1-1-1 所示。

在带式输送机中，输送带既是承载构件，又是牵引构件。输送带主要有橡胶带、塑料带和钢带等几种。将输送带连成环形，套在两个鼓轮上，卸料端的鼓轮由电动机传动，称主动轮，另一端的鼓轮为从动轮。由于环形带长又重，若只由两端鼓轮支撑而中间悬空，则带必然下垂，所以需在带的下面装若干个托辊。

带式输送机的输送能力可根据下式计算：

$$q_\mathrm{m} = \frac{3600qv}{1000} = 3.6qv$$

式中 q_m——输送量，t/h；

q——带上单位长度的负荷，kg/m；

v——带的运行速度，m/s。

带式输送机的优点是输送平稳，噪声小，输送中不损伤物料；连续输送能力强，动力消

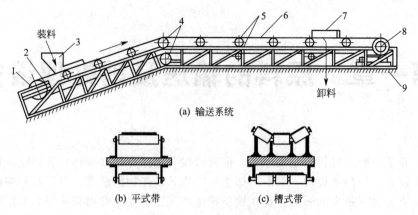

(a) 输送系统

(b) 平式带　　　(c) 槽式带

图 1-1-1　带式输送机结构

1—拉紧辊；2—拉紧装置；3—装料斗；4—改向辊；5—托辊；
6—输送带；7—卸料装置；8—驱动辊；9—驱动装置

耗小，输送效率高；输送距离长（可达 5000～10000m），工作速度范围广（每秒钟 0.02～4m）；能倾斜和水平输送；结构简单，工作可靠，使用维修方便；能够向机身任何地方装、卸物料。带式输送机的缺点是输送不密封，输送轻质粉状物料时易飞扬；设备成本高，输送带易磨损；不适于倾角过大的场合。

（2）斗式提升机

斗式提升机是将物料连续地由低处提升到高处的运输机械。其所输送的物料为粉末状、颗粒状和块状，如大麦、大米、谷物、薯粉和瓜干等。斗式提升机的结构如图 1-1-2 所示。

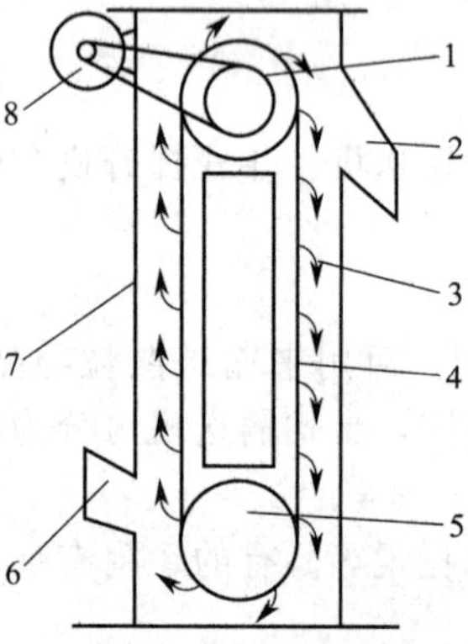

斗式提升机主要由传动滚轮、张紧滚轮、环形牵引带或链、料斗、机壳和装卸料装置等几部分组成。物料放在斗式提升机的斗内，提升机运转时，料斗渐渐提升到上部，转过上端的滚轮时物料依靠离心力卸载。

牵引件可用胶带和链条两种，胶带和带式输送机的相同。料斗用特种头部的螺钉和弹性垫片固接在牵引带上，带宽比料斗的宽度大 30～40mm。料斗一般布置在背部（后壁）固接在牵引带式链条上。双链式斗式提升机的链条有时也可固接在料斗的侧壁上。料斗可以疏散或密接布置，密接料斗可以使进料连续和均匀（图 1-1-3）。

图 1-1-2　斗式提升机结构

1—主动轮；2—卸料口；
3—料斗；4—输料带；
5—从动轮；6—进料口；
7—外壳；8—电动机

斗式提升机的装料方法分掏取式和喂入式两种，如图 1-1-4 所示。掏取式装料是从提升机下部的加料口处，将物料装进底部机壳里，由运动着的料斗掏取，适用于磨损性小的松散物料，料斗的速度较高。喂入式装料就是把物料直接加入到运动着的料斗中，料斗宜低速运行，适用于大块和磨损性大的物料。

根据斗的提升速度不同，斗式提升机有离心式、重力式和离心重力混合式三种卸料方式（图 1-1-5）。①离心式：要求提升速度快，料斗间距要大。适用于粒度小、流动性好的物料。②重力式：物料沿前一料斗背部落下，所以料斗要紧密相连，适用于大块、密度大、易碎物料。③离心重力混合式：依靠离心力和重力卸料，一般用于流动性差以及潮湿的物料。

2

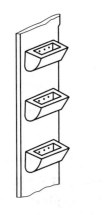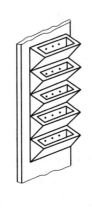

图 1-1-3　斗式提升机的料斗在牵引带上的布置简图

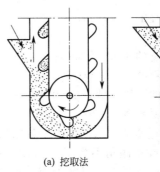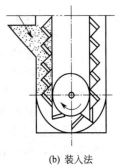

(a) 挖取法　　　　　　(b) 装入法

图 1-1-4　斗式提升机的装料方法

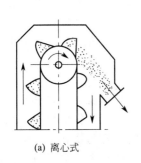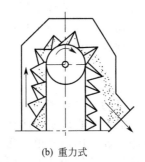

(a) 离心式　　　　　(b) 重力式　　　　(c) 离心重力混合式

图 1-1-5　斗式提升机的卸料方法

$$q_{\mathrm{m}}=3.6\,\frac{V}{a}\upsilon\rho\varphi$$

式中　V——料斗容积，$\mathrm{m^3}$；

　　　a——料斗间距，m；

　　　υ——料斗运行速度，m/s；

　　　ρ——物料堆积密度，$\mathrm{kg/m^3}$；

　　　φ——料斗的充填系数，粉状及细粒干燥物料 $\varphi=0.75\sim0.95$，谷物 $\varphi=0.70\sim0.90$。

　　斗式提升机的提升高度可达 $30\sim50\mathrm{m}$，生产能力的范围也很大，输送能力在 $3\sim160\mathrm{m^3/h}$。斗式提升机的生产能力可由下式计算：

　　斗式提升机的优点是结构简单，工作安全可靠，可以垂直或接近垂直方向向上提升，提升高度大。横向尺寸小，节约占地面积，有良好的密封性，能减少灰尘污染。但过载能力差，必须均匀供料，不能水平输送。

　　(3) 螺旋输送机

　　螺旋式输送机（俗称绞龙），是一种不带挠性牵引构件的连续输送机械。它是由一个旋转的螺旋和料槽以及传动装置构成的，如图 1-1-6 所示。带螺旋片的轴在封闭的料槽内旋转，使装入料槽的物料由于自重及其与料槽摩擦力的作用而不与螺旋一起旋转，只能沿料槽方向移动。

　　螺旋输送机的生产能力可由下式近似计算：

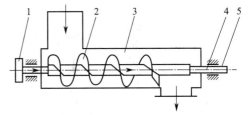

图 1-1-6　螺旋式输送机结构

1—皮带轮；2—螺旋；3—外壳；4—轴承；5—轴

$$q_{\mathrm{m}}=60\times\frac{\pi}{4}D^{2}sn\rho\varphi c=47D^{2}sn\rho\varphi c$$

式中　D——螺旋的直径，m；

　　　s——螺距，m；

　　　n——螺旋的转数，r/min；

　　　ρ——物料的密度，t/m³；

　　　φ——槽的装满系数，$\varphi=0.125\sim0.4$；

　　　c——倾斜系数。

由于螺旋输送机的输送的推力全靠摩擦，因而能量消耗较大。这种输送机常被用于短距离的水平输送，或是倾角不大于 20°情况下的输送。它主要用于各种干燥松散的粉状、粒状、小块状物料的输送。通过螺距变化和配合适当的螺旋叶片还可对物料进行搅拌、混合、加热和冷却等工艺。生物加工厂常用它来输送麸曲、薯粉和麦芽等。还可用于固体发酵中培养基的混合等。

螺旋输送机结构简单、紧凑、外形小，制造成本低，密封性好，操作安全方便，而且便于改变加料和卸料位置，特别适用于输送有毒和粉尘物料。它的缺点是输送过程中物料易粉碎，输送机零部件磨损较重，动力消耗大，输送长度较小（小于 40m），输送能力较低，倾斜输送时倾角小于 20°。

2. 气流输送设备

气流输送，又称为风力输送，是借助空气在密闭管道内的高速流动，物料在气流中被悬浮输送到目的地的一种运输方式，一般为垂直或水平输送物料。其工作原理是利用空气的动压和静压，使物料颗粒悬浮于气流中或成集团沿管道输送。前者称为物料悬浮输送，后者称为物料集团输送。物料输送必须保证足够的气流速度，但是速度过大，会造成很大的输送阻力和较大的磨损。

（1）气流输送流程分类

按输送气流的压力和设备组合不同，气流输送流程可分为吸引式、压送式和混合式三种。

① 吸引式输送流程（又称吸入式、真空输送）是通过装在系统尾部的抽风机将管道内抽成负压，气流和物料从吸嘴被吸入输料管，经分离器后物料和空气分开，物料从分离器底部的卸料器卸出，含有细小物料和尘埃的空气再进入除尘器净化，然后排入大气（图 1-1-7）。低真空吸送式输送流程，工作压力 20kPa；高真空吸送式输送流程

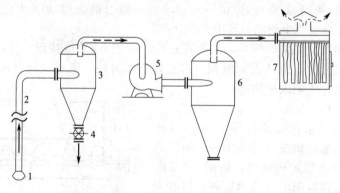

图 1-1-7　吸引式输送流程

1—物料；2—输料管；3—卸料器；4—闭风器；5—吸风机；

6—旋风分离器（除尘器）；7—布袋滤尘器

20～50kPa。其特点是整个系统处于负压状态；供料简单方便，能够从一堆物料中的数处同时吸取物料或将几处物料集中送往一处；不怕粉尘外漏，适于小流量、短距离输送。

② 压送式输送流程是在高于 0.1MPa 的条件下进行工作的，整个系统处于正压状态。鼓风机把一定表压力的空气压入导管，被运送物料由密闭的供料器输入输料管中，空气和物料混合后沿输料管运动送至分离器，被分离出的物料由卸料器的下方卸出，空气进入净化器后排入大气（图 1-1-8）。压送式气力输送装置的输送强度较大，还可输送潮湿物料。

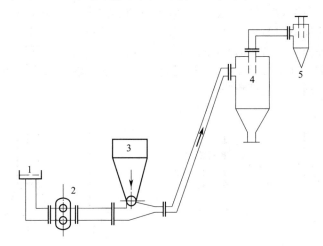

图 1-1-8　压送式输送流程

1—空气粗滤器；2—罗茨鼓风机；3—料斗；4—分离器；5—除尘器

③ 混合式输送流程是吸引式和压送式两种输送流程的结合。将风机装在系统中间，前段为吸入式，后段为压送式。在吸送部分，通过吸嘴将物料由料堆吸入输料管，送到分离器中，分离出来的物料又被送入压送部分的输料管继续输送（图 1-1-9）。混合式输送流程综合了吸送式、压送式的优点，可以从几处吸取物料，又可以把物料同时输送到几处较远，较高的地方。其缺点是携带灰尘的空气要通过风机使之工作条件变差，同时整个结构较复杂。

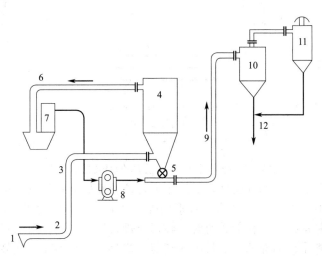

图 1-1-9　吸引、压送混合式输送流程

1—吸嘴；2—软管；3—吸入侧固定管；4—分离器；5—旋转卸（加）料器；6—吸出风管；7—过滤器；
8—风机；9—压出侧固定管；10—压出侧分离器；11—二次分离器；12—排料口

（2）气流输送的主要配套设备

气流输送的主要配套设备有进料装置、输料管道、分离装置、闭风器、风机、除尘器和空气管道等。

① 吸送式气力输送装置通常采用吸嘴作为供料器。吸嘴有多种不同类型，主要有单筒型、双筒型和固定型三种。单筒型吸嘴如图 1-1-10 所示，输料管口就是单筒型吸嘴。它可以做成直口、喇叭口、斜口和扁口等多种类型。由于结构简单，应用较多。其缺点是当管口外侧被大量物料堆积封堵，空气不能进入管道而使操作中断。双筒型吸嘴如图 1-1-11 所示。它由一个与输料管相通的内筒和一个可上下移动的外筒组成。内筒用来吸取物料，其直径与输料管直径相同。外筒与内筒间的环隙是二次空气通道。外筒可上下调节，以获得最佳操作位置。固定型吸嘴如图 1-1-12 所示。物料通过料斗被吸至输料管中，由滑板调节进料量。空气进口应装有铁丝网，防止异物吸入。

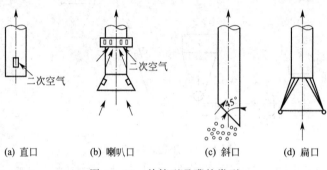

图 1-1-10　单筒型吸嘴的类型

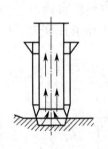

图 1-1-11　双筒型吸嘴

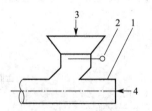

图 1-1-12　固定型吸嘴
1—输料管；2—滑板；
3—料斗；4—空气进口

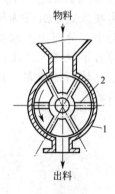

图 1-1-13　旋转加料器（闭风器）
1—外壳；2—叶片

② 旋转加料器（闭风器）广泛应用在中、低压的压送式气力装置中或在吸送式气力装置中做卸料用。它具有一定的气密性，适用于输送流动性好的粉状或小块状干燥物料。旋转加料器结构如图 1-1-13 所示，主要由圆柱形的壳体及壳体内的叶轮组成。叶轮由 6～8 片叶片组成，由电动机带动旋转。在低转速时，转速与排料量成正比。当达到最大排料量后，如继续提高转速，排料量反而降低。这是因为转速太快时，物料不能充分落入格腔里，已落入的又可能被甩出来。通常圆周速度在 0.3～0.6m/s 较合适。叶轮与外壳之间的间隙为 0.2～0.5m，间隙愈小，气密性愈好。也可在叶片端部装聚四氟乙烯或橡胶板，以提高其气密性。

③ 气固分离装置。物料沿输料管被送达目的地后，气固分离装置（分离器）将物料从

气流中分离而卸出。常用的分离器有旋风分离器和重力式分离器。旋风分离器是利用离心力来分离捕集粉粒体的装置，如图 1-1-14 所示。这种分离器结构简单，分离效率高。对于大麦和豆类等物料的分离效率可达 100%。气、固两相流经入口管，以切线方向进入圆筒体后，形成下降的空间螺旋线运动，较大粒子借离心惯性力被甩向器壁而分离下沉，经圆锥体由卸料口排出。而较细的粒子和大部分气体，则沿上升的反转螺旋线，经排气管排出。

重力式分离器，又称沉降器，有各种结构形式，如图 1-1-15 所示是其中的一种。带有悬浮物料的气流进入分离器后，流速大大降低，物料由于自身的重力而沉降，气体则由上部排出。这种分离器对大麦和玉米等能 100% 分离。

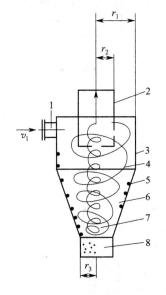

图 1-1-14　旋风分离器

1—入口管；2—排气管；3—圆筒体；4—空间螺旋线；

5—较大粒子；6—圆锥体；7—反螺旋线；8—卸料口

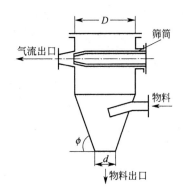

图 1-1-15　重力式分离器（沉降器）

④ 空气除尘器。空气除尘器的作用是回收粉状物料，减少损失；净化排放空气；防止尘粒损坏真空泵。一般在分离器后和风机入口前装设空气除尘器。除尘器的形式很多，常用的除尘器有离心式除尘器、袋式除尘器和湿式除尘器。离心除尘器又称旋风分离器，其构造与离心式分离器相似，含尘空气沿除尘器外壳的切线方向进入圆筒的上部，并在圆筒部分的环形空间做向下的螺旋运动。被分离的灰尘沉降到圆锥底部，除尘后的空气则从下部螺旋上升，并经排气管排出。常用的离心除尘器有旁路式和扩散式离心除尘器，分别如图 1-1-16 和图 1-1-17 所示。

袋式除尘器如图 1-1-18 所示。它是利用滤袋过滤气体中的粉尘的净化设备，含尘气流由进气口进入，穿过滤袋，粉尘留在滤袋内，洁净空气通过滤袋由排气管排出，袋内粉尘借振动器振落到下部排出。

⑤ 风机。风机用来压缩与输送气体，根据气体压缩后可达到的压力不同，可分为：通风机（1～15kPa）、鼓风机（0.1～0.3MPa）和压缩机（0.3MPa 以上）。

离心式通风机是由蜗形机壳和多叶片的叶轮组成，如图 1-1-19 所示。其气体流道成方形或圆形，叶轮直径大，叶片数目多。叶片有平直、前弯和后弯状。若要求风量大，可选用前弯片，但效率低。高效通风机的叶片通常是后弯片。离心通风机的工作原理与离心泵相同，在叶轮中心区产生低压而吸入气体，气体质点在叶片上获得动能并转化成静压能而被排出。

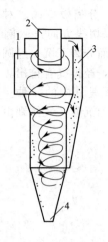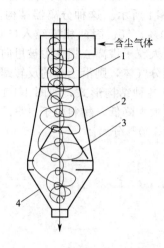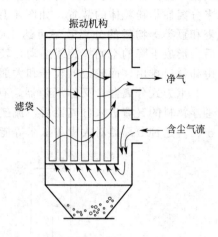

图 1-1-16 旁路式离心除尘器   图 1-1-17 扩散式离心除尘器   图 1-1-18 袋式除尘器
　1—切向进口；2—排气管；　　　1—圆柱筒体；2—倒锥筒体；
　3—旁路分离室；4—卸灰口　　　3—反射屏；4—集灰斗

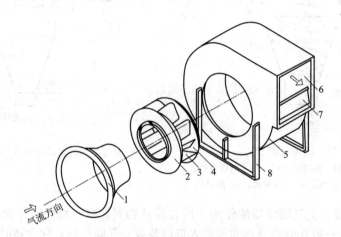

图 1-1-19 离心式通风机主要结构分解示意图
1—吸入口；2—叶轮前盘；3—叶片；4—后盘；5—机壳；
6—出口；7—节流板，即风舌；8—支架

　　在生物工厂中，应用较广的是罗茨鼓风机。它主要由一个椭圆形机壳和一对转向相反的8字形转子所组成，如图 1-1-20 所示。其工作原理与齿轮泵相似，转子之间以及转子与机壳之间的缝隙很小，两个转子转动时，在机壳内形成一个低压区和一个高压区，气体从低压区吸入，从高压区排出。如果改变转子的旋转方向，则吸入口和排出口互换，所以在开机前要检查转子转动的方向。罗茨鼓风机结构简单，转子齿合间隙较大，工作腔无油润滑，强制性输气风量、风压比较稳定，对输送带液气体和含尘气体不敏感，排气量大。其缺点是转速低、噪声大、热效率低。罗茨鼓风机通常作输送气体和抽真空使用。

　　（3）气流输送方式的选择

　　选择气流输送方式时，要考虑以下不同气流输送流程的特点：

　　① 吸入式流程的加料处，需要吸料装置。而排料处则安装有封闭较好的排料器，以防止在排料时发生物料反吹。由于输送系统为真空，不易发生漏孔。

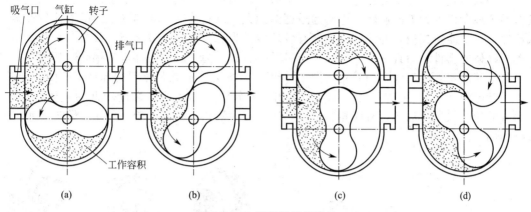

吸气口　气缸　转子

排气口

工作容积

(a)　　　　　　(b)　　　　　　(c)　　　　　　(d)

图 1-1-20　罗茨鼓风机结构

② 压送式流程在加料处，需要安装一个封闭较好的加料器，以防止在加料处发生物料反吹，而在排料处就不需要排料器，可自动卸料。

③ 当输送量相同时，压送式流程较吸入式流程采用较细的管道，这是因为它的操作压强差较大，为吸入式的 1.5 倍左右。

④ 压力系统每 1kg 的空气大约输送 20kg 的物料，而负压系统每 1kg 的空气输送量约为压力系统的一半。

⑤ 当从几个不同的地方，向一个卸料点送料时，采用吸入式气流输送最合适。而从一个加料点向几个不同的地方送料时，采用压送式气流输送最好。

⑥ 对短距离输送，宜用低压压送；长距离输送，则以高压压送有利。

3. 固体物料输送设备的选用

机械输送和气力输送两种方式各有特点，设计时应根据地形、输送距离、输送高度、原材料形状和性质、输送量、输送要求以及操作人员的劳动条件来考虑。

一般来说，对于大麦、大米等松散的粒状物料，最适宜用气流输送；而较大的块状物料或过细的粉状物料，气流输送时困难较大，适宜用机械输送；输送量大且能连续运行的操作，宜用气流输送；输送量少且是间歇操作的，适宜用机械输送。

二、液体物料的输送设备

在生物加工厂，由于工艺上的要求，常需要把液体从一个设备通过管道输送到另一个设备中去，这就需要液体输送机械。泵是工厂里常见的输送液体并提高其压力的通用设备。使用较多的是离心泵、往复泵和螺杆泵等。

1. 离心泵

离心泵是应用最广泛的一种液体输送机械，不但可以输送简单的低、中黏度溶液，也可以输送含悬浮物或有腐蚀性的溶液。它由泵、吸入系统和排出系统三部分组成。吸入系统有吸入贮槽、吸入管、底阀、滤网。排出系统有排出贮槽、排出管、逆止阀、调节阀等（图 1-1-21）。

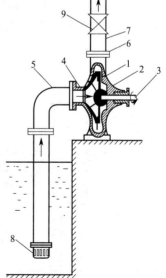

图 1-1-21　离心泵装置简图

1—叶轮；2—泵壳；3—泵轴；
4—吸入口；5—吸入管；6—排出口；
7—排出管；8—底阀；9—调节阀

离心泵的外壳多为蜗壳形，其内有一个截面逐渐扩大的蜗牛壳形通道。叶轮在泵壳内沿蜗形通道逐渐扩大的方向旋转。由于通道逐渐扩大，以高速从叶轮四周抛出的液体便逐渐降低流速，减少能量损失，并使部分动能有效地转化为静压能。所以泵壳不仅是一个汇集由叶轮抛出液体的部件，而且本身又是一个能量转换装置。为了减少液体进入蜗壳时的碰撞，在叶轮与泵壳之间安装一固定的导轮（图1-1-22）。叶轮是离心泵最重要的部件，有闭式叶轮、半闭式叶轮和开式叶轮三种（图1-1-23）。闭式叶轮一般用于输送黏度较低的液体或清水，半闭式叶轮一般用于输送含有固相颗粒或黏度较高的液体，开式叶轮一般用于输送污水或含有纤维的液体。

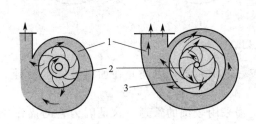

图 1-1-22　离心泵的泵壳和导轮

1—泵壳；2—叶轮；3—导轮

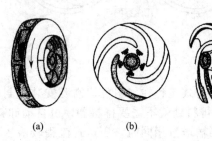

图 1-1-23　离心泵的叶轮

（a）闭式叶轮；（b）半闭式叶轮；（c）开式叶轮

离心泵一般由电机带动。离心泵启动时，如果泵壳与吸入管路内没有充满液体，则泵内充满空气，由于空气的密度远小于液体的密度，而不可能产生较大的离心力，致使叶轮中心处所形成的真空不足以将液体吸入泵内。此时，虽启动离心泵，但不能输送液体，此种现象称为气缚。因此，在开机前先用被输送液体灌泵，开动后叶片间的液体随叶轮一起旋转，产生离心力，液体从叶轮中心被甩向叶轮外围，高速流入泵壳，从排出口流入排出管路。叶轮内的液体被抛出后，叶轮中心处形成一定的真空。泵的吸入管路一端与叶轮中心处相通，另一端则淹没在所输送的液体内，在液面大气压与泵内真空度的压差的作用下，液体经吸入管路进入泵内，填补被排出的液体的位置。只要叶轮不停转动，离心泵便不断地吸入和排出液体。

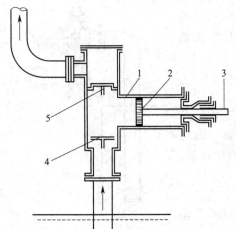

图 1-1-24　往复泵装置简图

1—泵体；2—活塞；3—活塞杆；

4—吸入阀；5—排出阀

选择离心泵时，可根据所输送液体的性质及操作条件确定所用的类型，再根据所要求的流量 Q 与压头 H 确定泵的型号，查阅泵产品的目录或样本，其中列有离心泵的特征曲线或性能表。按流量和压头与所要求相适应的原则，从中可确定泵的型号。选择时，Q 以最大流量为准；H 以系统最大 Q 的压头为准；没有刚好的，选 Q 与 H 都稍大的一个，或选用在要求 Q 与 H 下，效率最高的一个。

2. 往复泵

往复泵属容积泵。往复泵装置的结构如图1-1-24所示。

泵缸内有活塞，以活塞杆与传动机构相连，活塞在缸内往复运动。当活塞自左向右移动时，工作室内的体积增大，形成低压。储液池内的液体受大气压的作用，被压进吸液管，顶开吸入阀而进入阀室和泵缸。这时排出阀被排出管中的液体压力压住，处于关闭状态。当活塞从右到左移动时，缸内液体受挤压，并将吸入阀关闭，同时工作室内压强增高，排出阀被推开，液体进入排出管而排出。往复泵就是靠活塞在泵缸中左右两端点间做往复运动吸入和压出液体的。

往复泵和离心泵一样，借助液面上的大气压来吸入液体。往复泵内的低压是靠工作室的扩张来造成的，所以在开泵之前，泵内没有充满液体，亦能吸进液体，即有自吸作用。这是与离心泵不同的一点。往复泵与离心泵另一个不同点是往复泵流量固定，流量与压头之间并无关系，因此没有像离心泵那样的特性曲线。

活塞泵适用于输送流量较小、压力较高的各种介质，对于流量小、压力大的场合更能显示出较高的效率和良好的运行特性。往复泵的效率一般都在 70% 以上，最高可超过 90%。它适用于有一定黏稠度的物料的输送，但不适合于输送腐蚀性的液体和有一定体积的固体粒子的悬浮液。往复泵的流量取决于活塞面积、冲程和冲程数。它的压头原则上可以达到任意高度，但由于泵体构造材料的强度有限，泵内的部件有泄漏，往复泵的压头仍然有一定的限度。

往复泵的缸体有卧式和立式两种，即活塞在缸内左右移动和上下移动两种。被输送物料中的泥沙较多时，卧式往复泵缸体和活塞的磨损较严重，立式泵磨损情况就好些。酒精行业采用立式往复泵较多。

3. 螺杆泵

螺杆泵，也称螺条泵，是一种旋转泵（转子泵）。如图 1-1-25 所示，其主要结构为泵壳和一个螺杆（或几个螺杆），在泵壳内有橡皮螺腔，螺杆在有内螺旋的壳内偏心转动。当螺杆在螺腔中旋转做复杂的行星运动时，液体就在螺杆与螺腔的间隙中呈螺旋状前进，同时增高了静压头，最后从排出口挤出。当需要的扬程较高时，可用较长的螺杆。

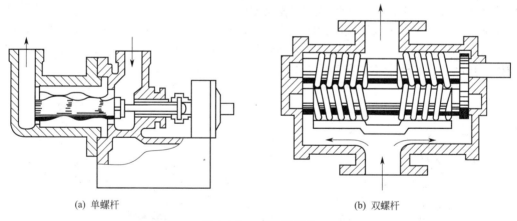

(a) 单螺杆　　　　　　　　　　　　　　　　(b) 双螺杆

图 1-1-25　螺杆泵结构

螺杆泵除单螺杆和双螺杆外，还有三螺杆和五螺杆的。螺杆泵转速 7000r/min，螺杆长，因而可达到很高的出口压力。单螺杆泵的壳室内衬有硬橡胶，可以输送带有颗粒的悬浮液。单螺杆泵输出压强在 1MPa 以内，三螺杆泵的输出压强可达 10MPa，五螺杆泵输出压力低，但流量较大。

螺杆泵的特点是扬程高、效率高和噪声低，适宜输送气体和高压下输送黏稠性液体。目前，生物工厂中大多是单螺杆卧式泵，用于高黏稠液体及带有固体物质的酱料输送。

4. 齿轮泵

齿轮泵是旋转泵（转子泵）的一种，也是计量泵。齿轮泵的泵壳内有两个齿轮，一个是主动轮，靠电动机驱动旋转；另一个是被动轮，靠与主动轮啮合而转动。按齿轮啮合方式可分为外啮合和内啮合两种。一般在生物工厂中采用最多的是外啮合齿轮泵，依靠齿轮的啮合将泵内的整个工作腔分为两个独立的部分，吸入腔和排出腔。

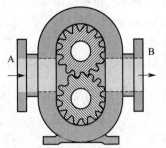

图 1-1-26　外啮合齿轮
泵工作原理

外啮合齿轮泵工作原理如图 1-1-26 所示。运转时，主动齿轮带动被动齿旋转。当齿轮从啮合到脱开时，在吸入侧（A）就形成局部真空，液体被吸入。被吸入的液体充满齿轮的各个齿间而带到排出侧（B），齿轮进入啮合时液体被挤出，形成高压而将液体经泵的排出口排出泵外。

外啮合齿轮泵结构简单、质量轻；具有自吸功能、工作可靠、应用范围较广。它所输送的液体必须具有润滑性，否则轮齿极易磨损，甚至发生咬合现象；效率低，噪声较大；为避免液体流损，齿轮与泵体内壁间隙很小。主要用来输送不含固体颗粒的各种溶液及黏稠液体，如油类、糖浆等。

齿轮泵的扬程高而流量小，流速均匀，常用来作为板框压滤机的加料泵。在生物工厂中主要用来输送黏稠液体，如油类、糖浆等，但不能输送含有固体颗粒的悬浮液体。

5. 隔膜泵

隔膜泵是容积泵中较为特殊的一种形式。它是依靠一个隔膜片的来回鼓动而改变工作室容积来吸入和排出液体的。隔膜泵工作时，曲柄连杆机构在电动机的驱动下，带动柱塞做往复运动，柱塞的运动通过液缸内的工作液体（一般为油）而传到隔膜，使隔膜来回鼓动。

气动隔膜泵工作原理如图 1-1-27 所示。在泵的两个对称工作腔中各装有一块隔膜，由中心联杆将其连接成一体。压缩空气从泵的进气口进入配气阀，通过配气机构将压缩空气引入其中一腔，推动腔内隔膜运动，而另一腔中气体排出。一旦到达行程终点，配气机构自动将压缩空气引入另一工作腔，推动隔膜朝相反方向运动，从而使两个隔膜连续同步地往复运动。在图示中压缩空气进入配气阀，使膜片向右运动，则室的吸力使介质由入口流入，推动球阀进入室，球阀则因吸入而闭锁；室中的介质则被挤压，推开球阀由出口流出，同时使球阀闭锁，防流，就这样循环往复使介质不断从入口处吸入，出口处排出。

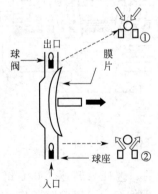
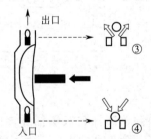

（a）当膜片往右拉时，出口球阀掉下，与球　　　　　（b）当膜片往左推时，入口球阀与球座气密
座紧紧密合（见①），入口球阀因膜片后拉时　　　　　（见④），使液体不会通过，而出口因膜片往
与泵头间产生真空而往上浮起（见②），液体　　　　　前推挤使球阀开启（见③），液体吐出
跟着被吸上来

图 1-1-27　隔膜泵工作原理

隔膜片要有良好的柔韧性，还要有较好的耐腐蚀性能，通常用聚四氟乙烯、橡胶等材质制成。隔膜片两侧带有网孔的锅底状零件是为了防止膜片局部产生过大的变形而设置的，一

般称为膜片限制器。气动隔膜泵的密封性能较好，能够较为容易地达到无泄漏运行，可用于输送酸、碱、盐等腐蚀性液体以及其它带颗粒、高黏度、易挥发、易燃、剧毒的液体。

6. 泵的选型

在生产中，被输送的液体物理化学性质各异，工艺要求的液体压头和流量又各不相同，因此，往往需要各种不同种类和不同性质的泵。

泵属于定型产品，选泵时首先要了解所输送物料的性质，如输送条件下的相对密度、黏度、蒸汽压、腐蚀性及毒性；介质中所含固体颗粒的直径和含量，气体含量的多少，以及操作温度、操作压力和流量（正常、最小和最大）。还要了解泵所在位置情况、环境温度、海拔高度、装置平立面要求、扬程（或压差）等。根据各种泵的特点选择合适的泵型，再选择具体的型号。选择具体型号时，其流量、扬程、吸上高度都应适当增加裕量 10%～20%。

第二节　固体物料的分选（除杂）与分级设备

原料中的杂物大体上可分为三大类：一是纤维较长的物质，如麻绳、草屑、庄稼秸秆等；二是颗粒状的物质，如沙子、碎石块、泥土块、碎木块等；三是铁磁性物质，如螺丝钉、铁钉、铁丝等。在进行产品的加工之前，必须对这些杂物进行清理，否则将会影响成品质量，并且对后续加工设备造成不利影响。

分选，又称除杂，即清除物料中的异物及杂质。分选可以用手拣、洗涤、风选、筛选、磁选、光选等方法来进行。

分级是对分选后的物料按其尺寸、形状、密度、颜色或品质等特性分成等级。分级的作用有：①保证产品的规格和质量指标；②降低加工过程中原料的损耗率，提高原料利用率，降低产品的成本；③提高劳动生产率，改善工作环境；④有利于生产的连续化和自动化。

一、分选（除杂）设备

分选（除杂）的目的是清除物料中的异物或杂质，生产规模小且可用直接判断的分选操作一般可由人工完成。

（1）分选（除杂）设备工作原理

固体原料的分选可用筛分、力学、光学、电磁学等原理的设备进行。其中筛分式分级和选别机械仍然是目前应用最广泛的分选机械。

筛选是根据物料粒度的不同，利用一层或数层静止的或运动的筛面对物料进行分选的方法。筛选操作时，常常是将物料从筛的一端加入，并使其向筛的另一端移动，从而使尺寸小于筛孔的物料穿过筛孔落下，成为筛下物，而尺寸大于筛孔的物料经过筛面从筛的另一端引出。散粒体具有自动分级的性质：由粒度和密度不同的颗粒组成的散粒体，其各种颗粒相互均布，在受到振动或以某种状态运动时，散粒体的各种颗粒会按它们的粒度、密度、形状和表面状态的不同而分成不同的层次。密度小、颗粒大而扁、表面粗糙的颗粒浮于上层；密度大、颗粒小而圆、表面光滑的颗粒趋于最下层；中间层为混合物料（图 1-2-1）。

在谷物筛选机械中，气流分选（风选）是其中十分重要的除杂环节。气流分选是指根据物料颗粒的空气动力学特性进行物料分选的方法。物料在空气中受到的作用力因其尺寸、形态、密度等不同而异，以至于其在外力（包括空气作用力、重力及浮力）作用下表现出不同的运动状态，从而可利用这种运动状态差异达到分选目的。垂直气流清选机工作原理如图 1-2-2 所示，当谷物原料由喂料口喂

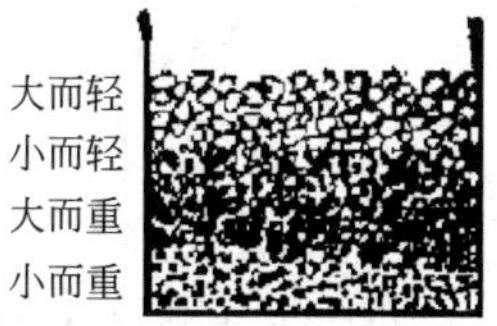

大而轻
小而轻
大而重
小而重

图 1-2-1　散粒体自动分级图

入后，因轻杂物的悬浮速度小于气流速度而上升，饱满谷粒则因悬浮速度大于气流速度而下降，两种物料将在上下两个不同的位置被收集起来，从而实现谷物与轻杂物的清选分离。通过调整不同的气流速度可对多种谷物豆类进行除杂清理。

水平气流清选机工作原理如图1-2-3所示，气流沿水平方向流动，颗粒在气流和自身重力的共同作用下因着陆位置的不同而完成分选。当物料在水平气流作用下降落时，大的颗粒获得气流方向加速度的能力小，落在近处，小的颗粒被吹到远处，而更为细小的颗粒则随气流进入后续分离器（如布袋除尘器、旋风分离器）被分离收集。水平气流清选机适合较粗（≥200μm）颗粒的分级，不适于具有凝聚性的微粉的分级。

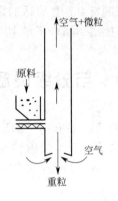

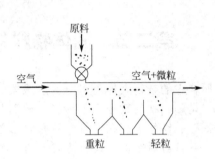

图1-2-2　垂直气流清选机工作原理　　　图1-2-3　水平气流清选机工作原理

（2）振动筛

振动筛是原料加工中应用最广的一种筛选与风选除尘结合的清理设备，通过筛面水平做倾斜往复运动来清除小及轻的杂质。大麦分选用振动筛主要由进料装置、筛体、吸风除尘装置和支架等部分组成，如图1-2-4所示。

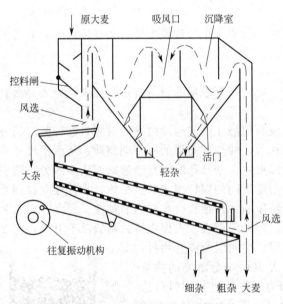

图1-2-4　（大麦分选用）振动筛结构

分选过程包括筛选与风选。大麦进入料斗内，以自重压开进料压力门。均匀料层经进口吸风道，除去轻杂质和灰尘，进入筛体的第一层筛面，又称接料筛面或初清筛面；筛上物为大杂质（草秆、泥块等），从大杂收集槽排出；大麦等穿过筛孔进入第二层筛面筛理，筛出稍大于麦粒的中级杂质，由粗杂收集槽排出；大麦继续穿过筛孔进入第三层面筛（精选筛面）清理，麦粒作为筛上物排出，经出口吸风道再次吸除轻质杂质后流出机外。穿过第三层筛孔的泥沙、杂草种子等小杂质，由细杂收集槽排出。

进料装置的作用是保证进入筛面的物料流量稳定并沿筛面均匀分布，以提高清理效率。进料量可以调节。进料装置由进料斗和流量控制活门构成。按其构造有喂料辊和压力进料装置两种。喂料辊进料装置需要传动，只有筛面较宽时才采用。压力门进料装置结构简单，操作方便，喂料均匀，特别是重锤压力门进料装置，动作灵敏，能随进料变化自动调节流量，故为筛选设备普遍采用。

筛体是振动筛的主要工作部件，它由筛框、筛子、筛面清理装置、吊杆、限振机构等组成。筛体内有三层筛面。第一层是接料筛面，筛孔最大，筛上物为大型杂质，筛下物为粮粒及大型杂物，筛面反向倾斜，以使筛下物集中落到第二层的过程中，筛条的棱对料产生切割作用，厚度约有筛孔的 1/4，一层料及其中的细粒被棱切割而被筛下。曲筛的分级粒度大致是筛孔尺寸的一半。但随着筛条棱的磨损，通过筛孔的粒度将减少。

振动筛是一种平面筛，常用筛子有两种：一种是由金属丝（或其他丝线）编织而成的；另一种是冲孔的金属板。筛孔的形状有圆形、正方形、长方形等。大麦粗选机用的是长方形的冲孔筛板。筛板开孔率一般为 $50\%\sim60\%$，开孔率越大，筛选效率越高，但开孔率过大会影响筛子的强度。目前使用的筛选机，筛宽在 $500\sim1600\mathrm{mm}$ 之间，振幅通常取 $4\sim6\mathrm{mm}$，频率可在 $200\sim650$ 次/min 范围内选取，其生产能力可由下式计算：

$$G = Bq$$

式中　B——筛面的宽度，m；

　　　q——单位筛宽流量，$\mathrm{kg/(m \cdot h)}$。

如不知道 q 值，也可用下面近似公式计算生产能力：

$$G = 3600 B_0 h V_{\mathrm{cp}} \varphi \rho$$

式中　B_0——筛面有效宽度，取 $B_0 = 0.95B$，m；

　　　h——筛面物料层厚度，取 $h = (1\sim2)d$（d 为物料最大直径，m），m；

　　　V_{cp}——物料沿筛面运动的平均速度，取 0.5m/s 以下，m/s；

　　　φ——物料松散系数，取 $0.36\sim0.64$；

　　　ρ——物料的密度，$\mathrm{kg/m^3}$。

二、精选设备

精选是粗筛后进行的较为精确的分选，主要用于谷物颗粒料（如小麦、大麦等）中除去草籽和燕麦等杂质。

常用的精选机有滚筒精选机和碟片精选机两种，其主要原理都是按颗粒长度进行分选。

1. 滚筒精选机

滚筒精选机是一种利用袋孔（窝眼）来分离杂质的机器。它的主要工作构件是一个内表面开有袋孔的旋转圆筒，如图 1-2-5 所示。在圆筒的内表面开有袋孔，当物料进入滚筒后，长粒物料的重心不能进入袋孔，在进料的压力和滚筒本身倾斜度的作用下，沿滚筒长度方向

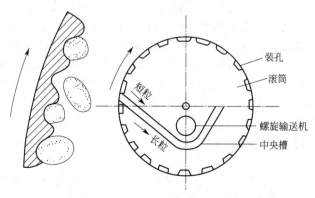

图 1-2-5　滚筒精选机的袋孔分离杂质工作原理

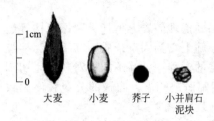

图 1-2-6　杂质与小麦的比较

（图中标注：大麦、小麦、荞子、小并肩石泥块）

由机器另一端流出；短粒物料则嵌入袋孔的位置较深，被袋孔带到较高的位置，落入中央收集槽中，由螺旋输送机送出机外，从而使长粒物料与短粒物料得到分离。

例如精选小麦时，可使用滚筒精选机分离其中的大麦、荞子（荞麦）和小并肩石泥块等杂质（图 1-2-6）。滚筒精选机的袋孔呈半球形，一般用袋孔直径表示其大小。分离荞子时袋孔为 4.25～5mm，分离大麦或燕麦时袋孔为 8.0～10mm。

图 1-2-7 所示为滚筒精选机的结构及其工作原理示意图。

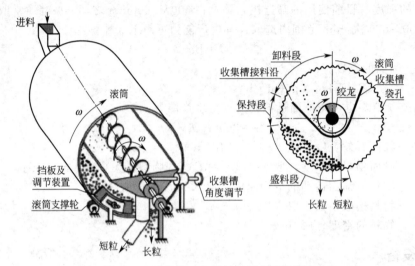

图 1-2-7　滚筒精选机的结构及其工作原理

工作过程中，滚筒在减速电机的带动下恒速转动。物料进入筒内后，与筒底接触并被带至一定的高度在筒底形成倾斜的盛料段。为保证选出短粒的纯度，盛料段的上沿一般不得超过主轴所在的水平面。滚筒将进入孔内的物料带离盛料段后，长粒落下，短粒留在孔内随筒转过保持段，进入卸料段后、短粒由自身重力克服离心惯性力的影响而落入收集槽中，被收集槽中的绞龙推出。长粒在滚筒的带动下，一边在筒底翻滚一边流向筒口排出。为便于筒内物料的流动滚筒的轴线可向出口端倾斜。

收集槽的角度可由调节手轮调节，以便选择合适的保持段长度，得到理想的分选效果。若收集槽的接料沿较高，保持段过长，短粒落不到槽中，将造成除杂效率下降，而保持段过短又将使滚筒带起的长粒落入收集槽中。在不调节时，收集槽的角度将被调节装置锁定。

筒口的挡板可控制筒内物料的厚度。改变挡板的位置，增加挡板对物料的遮挡作用，可阻滞筒底物料的流出，使物料在滚筒内停留的时间较长，相应被选出的短粒物料增多。

滚筒的转速一般不可超过设计转速，转速过高时，因离心惯性力过大，物料将贴住筒面，会将较多的长粒带入收集槽，而袋孔内的短料却卸不下来。

滚筒精选机的特点是价格便宜、制作方便，分离出来的杂粒中含大麦较少，分级效果好，但占地面积大，袋孔的利用系数低，产量偏低，而且工作面磨损后不能修复。

2. 碟片精选机

碟片精选机结构如图 1-2-8 所示。在金属碟片的平面上有许多袋形的凹孔，孔的大小和形式视分级条件而定。当碟片在粮堆中运动时，短小的颗粒嵌入袋孔被带到较高的位置，因此把收集短小颗粒的斜槽放在适当高度的位置上，就能将短小颗粒分离出来。

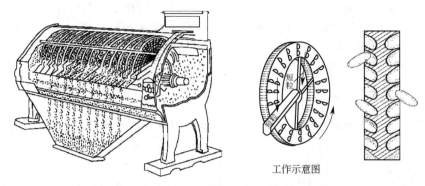

工作示意图

图 1-2-8　碟片精选机的结构及其工作原理

碟片精选机的优点是工作面积大，转速高，产量比滚筒精选机大；而且为除去不同品种杂质所需要的不同袋孔可用于同一机器中，即在同一台机器上安装不同袋孔的碟片；碟片损坏可以部分更换，还可分别检查每次碟片的除杂效果。其缺点是分级效果差，碟片上的袋孔容易磨损，功率消耗较大。

三、分级设备

大麦分级设备的主要构件是分级筛。分级筛有平板和圆筒两种，常用的是平板分级筛。

1. 平板分级筛

平板分级筛结构如图 1-2-9 所示，它由多种不同规格筛孔的筛面组成，筛面做往复运动，筛孔从上到下依次减小。从上部连续进料，分别从不同的筛面出不同级别的物料。

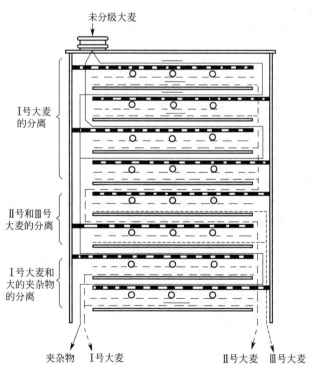

未分级大麦

Ⅰ号大麦的分离

Ⅱ号和Ⅲ号大麦的分离

Ⅰ号大麦和大的夹杂物的分离

夹杂物　Ⅰ号大麦　　　Ⅱ号大麦　Ⅲ号大麦

图 1-2-9　平板分级筛结构及其工作原理

平板分级筛由多层（一般 8～12 层）1mm 厚的筛板重叠安装在一起，一根偏心轴以

120～130r/min转动，使筛板处于振动状态，保证大麦在筛面上均匀分布。筛板有矩形和正方形两种，共分成三组，各组筛孔的宽度不同，第一组2.8mm，第二组2.5mm，第三组2.2mm，筛孔纵横交错排列。每层筛由筛板、弹性橡胶球、球筛、球筛框和收集板等构件组成。球筛用于承托橡胶球；球筛框（边长10～15cm）避免所有的球聚集到一处；弹性橡胶球可以在球筛框内自由运动，以免筛孔堵塞；收集板收集分级后的物料并将其导入两侧的沟槽中。

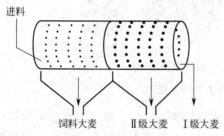

进料

饲料大麦　Ⅱ级大麦　Ⅰ级大麦

图1-2-10　圆筒分级筛工作原理

平板分级筛分离效率高，占地面积小，能耗低，但造价高，维护困难。

2. 圆筒分级筛

图1-2-10所示为啤酒厂常用的圆筒分级筛，用于大麦精选后的分级。

根据大麦分级的要求，圆筒用1mm厚的钢板制作，在圆筒筛上布置不同矩形孔的筛面，筛孔长25mm，宽有2.5mm和2.2mm两种。可以将大麦分成三级，即大麦腹径（颗粒厚度）为2.5mm以上（Ⅰ级大麦）、2.2～2.5mm（Ⅱ级大麦）和2.2mm（Ⅲ级大麦）以下三种。前两种为制麦芽用，后者作饲料。有时根据具体情况可以多增加一种筛板，如原大麦较大时，可增设矩形孔25mm×2.8mm；如原大麦较瘦小，可增设矩形孔25mm×2.0mm，将大麦分成四级。

筛筒的倾斜角度为3°～5°；筛筒直径与长度之比为1∶（4～6）；圆周速度为0.7～1.0m/s，速度太快，粒子反而难以穿过筛孔，使生产率下降。圆筒用厚1.5～2.0mm的钢板冲孔后卷成筒状筛，整个圆筒往往分成几节筒筛，布置不同孔径的筛面，筒筛之间用角钢连接作加强圈，如用摩擦传动则可作为传动的滚筒。圆筒用托轮支承在用角钢或槽钢焊接的机架上，圆筒一般以齿轮传动。筛分的原料由分设在下部的两个螺旋输送机分别送出，未筛出的一级大麦从最末端卸出。

圆筒分级筛的生产能力可用下面的经验公式计算：

$$G = q\pi DL\varphi$$

式中　q——单位筛面负荷量，大麦取$q=450～550kg/(m^2 \cdot h)$，$kg/(m^2 \cdot h)$；

D——筛面直径，m；

L——筛筒长度，m；

φ——筛面有效系数，取$\varphi=1/4～1/6$。

圆筒分级筛的优点是结构简单，电动机传动比平板分级筛方便，分级效率高，工作平稳，不存在动力不平衡现象。其缺点是机器的占地面积大，筛面利用率低，仅为整个筛面的五分之一；由于筛筒调整困难，对原料的适应性差。

四、除铁、去石设备

1. 磁力（除铁）分离器

除铁的目的是将夹杂在原料中的小铁块、螺丝等铁磁性金属杂物除去，因为这些金属混杂物若不加以清除，随原料进入机内，将会损坏机器，甚至引起粉尘爆炸事故，须在清理过程中用磁选设备除去。为了有效地保障安全生产和产品质量，在原料加工的全过程中，凡是高速运转的机器全部应装有磁选设备。

磁选设备的主要部件是磁体。磁体分永久磁体和电磁体，磁场要有足够的强度。磁铁分离器的主要工作部件是磁体，每个磁体都有两个磁极，其周围存在磁场。电磁式磁铁分离器磁力稳定，性能可靠，但必须保证一定的电流强度；永磁式磁铁分离器结构简单，使用维护方便，不耗电能，但磁力较弱，使用方法不当或时间过长磁性会退化。谷物清理多采用永久磁体，除去原料中的金属杂质是在磁力分离（除铁）器上进行的。磁选设备有永磁溜管和永磁滚筒等。

（1）永磁溜管

永久磁铁装在溜管上边的盖板上。每个盖板上装有两组前后错开的磁铁。工作时，散料从溜管上端流下，磁性物体被磁铁吸住。为了提高分离效率，物料应摊成均匀的薄层流过磁极面。工作一段时间后进行清理，可依次交替地取下盖板，除去磁性杂质。溜管可连续地进行磁选。为了保证磁选效果，物料通过永磁溜管的磁极面速度不宜过快，一般为 0.15～0.25m/s（图 1-2-11）。

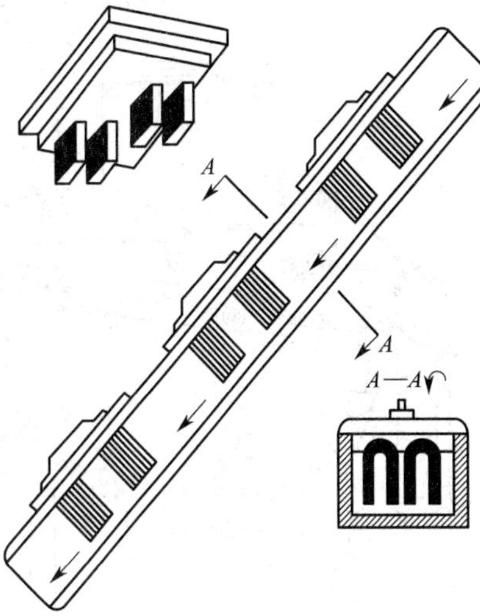

永磁溜管结构简单，占用空间小。

（2）永磁滚筒

永磁滚筒主要由进料装置、滚筒、磁芯、机壳和传动装置等部分组成，其结构如图 1-2-12 所示。

图 1-2-11 永磁溜管的工作原理

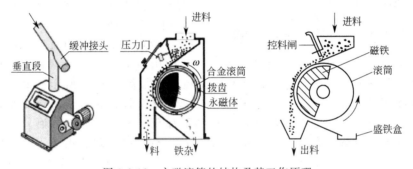

图 1-2-12 永磁滚筒的结构及其工作原理

永磁滚筒主要是由固定不动的半圆形磁铁芯与由非磁性材料制成的旋转滚筒组成，磁芯与滚筒的内表面间隙小而均匀（一般小于 2mm）。旋转滚筒安装在进料斜槽下方，原料沿着进料口斜面倾落，撒布在转动的外筒表面形成料层。落在滚筒上的物料随滚筒一起转动，而后自由排出。夹杂在食品原料中的铁钉、碎屑等金属杂质被磁铁吸着附于磁铁滚筒的表面，随磁铁滚筒转动到磁场作用区之外后再自动落下。永磁滚筒机体下部的一端设有出料斗，连接出料管道，另一侧安装盛铁盒，存放分离出来的磁性金属杂质。

滚筒由非磁性材料制成，外表面敷有无毒而耐磨的聚氨酯涂料作保护层，以延长使用寿命。滚筒通过蜗轮蜗杆机构由电动机带动旋转。磁芯固定不动，滚筒重量轻，转动惯量小。永磁滚筒能自动地排除磁性杂质，除杂效率高（98％以上），特别适合于除去粒状物料中的磁性杂质。

为了保证磁选效果，物料应均匀地流过磁极面，永磁滚筒的转速不宜过快，一般控制圆周速度在 0.6m/s 左右。

2. 密度除石机

除石机用于除去原料中的砂石。常用的方法有筛选法（按尺寸分选）和密度法等。筛选法除石机是利用石子的形状和体积大小与加工原料的不同，利用筛孔形状和大小的不同除去石子。密度除石机是干法重力分选的典型设备，它是利用石子与谷粒的密度及悬浮速度的不同，在不断振动或外力（如风力、水力、离心力等）作用下，出现自动分层现象而除去石子。密度除石机可以分离筛选法所不能分离的一些杂质。

图 1-2-13 所示为常用的 QSC 型密度除石机，用来清除物料中密度比原料大的并肩石（石子大小类似物料粒等）等重杂质的一种装备。该机主要由进料、筛体排石和吹风装置、偏心振动机构和传动机构等部分组成。

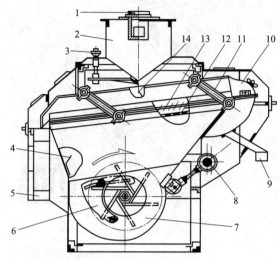

图 1-2-13　QSC 型密度除石机结构

1—进料口；2—进料斗；3—进料调节手轮；4—导风板；
5—出料口；6—进风调节装置；7—风机；8—偏心传动
机构；9—出石口；10—检查装置（精选室）；11—吊杆；
12—匀风板；13—去石筛面；14—缓冲匀流板

传动机构常采用曲柄连杆机构或振动电机两种。进料装置包括进料斗、缓冲匀流板、流量调节装置等。筛体与风机外壳固定连接，风机外壳又与偏心传动机构相连，因此，它们是同一振动体。筛体通过吊杆支承在机架上。

吹风系统包括风机、导风板、匀风板、风量调节装置等。气流进入风机，经过匀风板、除石筛面、穿过物料后，排放到机箱内循环使用。

除石筛面一般用薄钢板冲压筛孔，筛孔形状为突起鱼鳞形，在筛面上交叉排列。筛孔的作用是通风，并不通过物料。除石筛面分为单面凸起筛面和双面凸起筛面两种，具体形状如图 1-2-14 所示。单面凸起筛面冲孔时，只是将切缝抬高，凸起的上边平直，成为百叶窗状。双面凸起筛面冲孔时，除冲成双面凸起外，还冲去一定宽度的孔洞。鱼鳞形筛孔并不通过物料，而只作通风用，筛面的孔眼均指向石子运动方向（后上方），对气流进行导向和阻止石子下滑。所以筛孔大小、凸起高度不同，出风的角度就会不同，从而会影响到物料的悬浮状态和除石效率。单面向上凸起的筛孔，有效出风面积小，阻力较大，只能单面使用，但由于吹出的气流是吹向出石口的，且凸出高度也比双面的高，所以便于石子的排送。双面突起开孔较大，对气流的阻力较小。

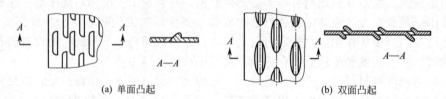

(a) 单面凸起　　　　　　　　　　　　(b) 双面凸起

图 1-2-14　鱼鳞筛孔的形状

密度除石机工作时，要求下层物料能沿倾斜筛面向后上滑而又不在筛面上跳动。根据作用不同，除石筛面分为分离区、聚石区和精选区三个区段，如图 1-2-15 所示。分离区为图 1-2-15 中左面的等宽部分，物料与砂石在此区作初步分离。聚石区为图 1-2-15 中三角形部分，筛面沿石子运动的方向逐渐变窄，其目的是使分离出来的石子和部分谷粒混合物布满整个聚集段，避免局部筛面被气流吹穿，使通过筛孔的气流均匀分布。在分离区和聚石区有鱼鳞形筛孔，并不起筛理作用，而是对石子进行导向和阻止下滑。聚石区筛面向后逐渐变窄，筛面与其上部的圆弧罩构成精选区（图 1-2-15 中右面的等宽段）。

精选区的筛孔也有圆形和单面向下突起两种筛孔，在此利用反向气流将谷粒吹送回去，避免随同石子一起排出。

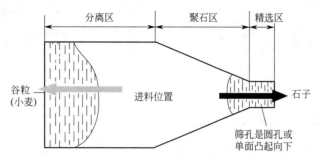

图 1-2-15　密度除石机的工作原理

密度除石机工作时，物料连续进入筛面中部，由于物料各成分的密度及空气动力学特性不同，在适当的振动和气流速度作用下，密度较小的谷粒（如小麦）浮在上层，密度较大的石子沉入底层与筛面接触，形成自动分层。由于自下而上穿过物料的气流作用，使物料之间空隙度较大，降低了料层间的正压力和摩擦力，物料处于流化状态，促进了物料的自动分层。上层物料（谷粒）受进口物料的拥挤及倾斜筛面的振动，以下层物料为滑动面，沿筛面滑向出料口。与此同时，石子等杂物逐渐从粮粒中分出进入下层，筛面正向振动时，由于受鱼鳞状孔凸出边缘的阻挡和筛孔下气流的吹送作用，砂石很难跳过边缘而下；筛面反向振动时，筛面上砂石即可爬行而向后上滑，上层物料也越来越薄，压力减小，下层谷粒又不断进入上层，在到达筛面排石末端时，下层物料中谷粒已经很少了，在反吹气流的作用下，少量谷粒又被吹回，石子等重物则从排石口排出。

第三节　固体物料的粉碎设备

通常情况下，化学反应速度是物料表面积的函数。要使反应速度加快，生产过程缩短，就必须将参与反应的各种物料的表面积尽可能地增大。对于淀粉质原料，目前普遍采用的是高温双酶法液化糖化工艺。原料的粉碎能促使糖化过程中糖化酶和淀粉、糊精等分子间的充分接触，使淀粉的水解更完全，有利于提高淀粉利用率。

一、粉碎原理和方法

粉碎是借助机械力将大块固体物质碎成适当细度的操作过程。习惯上有时将大块物料分裂成小块物料的操作称为破碎；将小块物料分裂成细粉的操作称为磨碎或研磨，两者又统称粉碎。

1. 物料粉碎的基本形式

根据物料受力方式的不同，物料粉碎的基本形式有挤压、劈裂、折断、研磨和冲击等，如图 1-3-1 所示。

对于物料的粉碎，必须根据物料的特性，以及粉碎要求选择合适的粉碎方法，对于坚硬的和脆性的物料，挤压和冲击很有效。对韧性物料剪切力作用较好。对方向性物料则劈碎较好。实际上，物料在粉碎时所受的力在大多数情况下往往不是单一的，而是几种力的综合作用。各种粉碎机所产生的作用不是单纯的一种力，往往是几种力的组合，但对于特定的粉碎设备，以一种作用力为主。

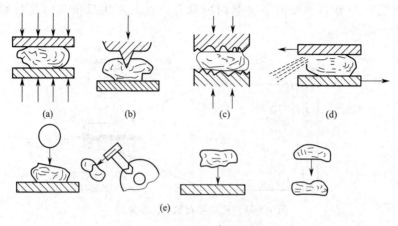

图 1-3-1 物料粉碎的基本形式
（a）压碎；（b）劈碎；（c）折断；（d）磨碎；（e）冲击破碎

2. 粉碎比、粉碎级数和粉碎流程

为了衡量粉碎机的粉碎效果，通常采用粉碎比（或称粉碎度）这个概念。物料粉碎前后的平均直径（粒度）比称为粉碎比。粉碎比是确定粉碎工艺以及选用粉碎机的重要依据。一般粉碎机械的粉碎比为 3～10，粉磨机械则达到 30～1000。一般粉碎机的粉碎比在 4 左右时操作效率最高。当工艺要求的粉碎比较大时，由于一次粉碎比太大，导致操作效率降低，故常常采用多级粉碎，即经多次粉碎（每一次粉碎步骤称为一级），使每一级负担一定的粉碎比。合理地选用粉碎比和粉碎级数，可以大大地减少用电消耗。图 1-3-2 为典型的三级粉碎工艺流程。

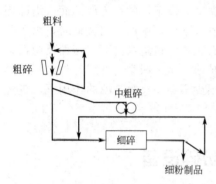

图 1-3-2 典型的三级粉碎工艺流程

如果仅一次粉碎后就卸出全部物料作为制成品，则称为开路粉碎：

开路粉碎设备配置简单，不配置分选装置，但因物料在粉碎区停留及受到粉碎作用的时间及强度不同，产品的粒度分布很宽。开路粉碎的优点是设备简单，费用少；缺点是成品粒度分布广，时间长，"过度粉碎"降低粉碎效率，增加功耗。

闭路粉碎是将粉碎后的物料通过分选装置进行分级，将符合粒度要求部分作为成品卸出，不符合要求的物料再回流到粉碎机重新粉碎，粉碎机的工作只针对比较粗的颗粒：

原料 → 粉碎 —混合料→ 分级 —→ 产品
循环料

闭路粉碎的优点是成品粒度均匀，避免过度粉碎，生产效率高，功耗小；缺点是系统复杂，附属设备多，操作复杂。这是粉碎度较大的粉碎过程，能够有效利用能量，适用于粒度要求均匀或能耗高的微粉碎及超微粉碎。

3. 粉碎方法

固体物料的粉碎通常分为三种，即干法粉碎、增湿粉碎和湿法粉碎。

（1）干法粉碎

干法粉碎是利用机械的作用使被原料颗粒破碎，并使其通过既定的筛孔，从而达到所需的粉碎度。干式粉碎时，干物料被包在机壳之内，有一定的粉尘涌出来，如果不采取必要的除尘措施，车间内会布满灰尘。例如，玉米干法粉碎工艺流程为：

玉米→称量→皮带输送机→倒包→皮带输送机→永久磁铁→斗式提升机→粗碎→接料斗→细碎→旋风分离器→闭风器→螺旋输送机→拌料风机→吸尘塔

该流程采用二级粉碎，一级粉碎的物料采用斗式提升机输送，二级粉碎的物料采用气流输送，其设备流程如图1-3-3所示。

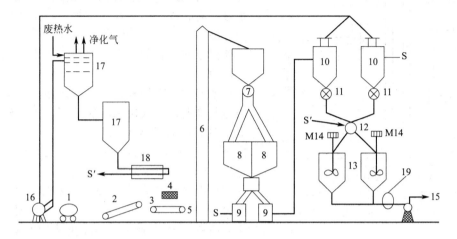

图1-3-3 玉米干法粉碎设备流程

1—磅秤；2—皮带输送机（倒包机）；3—皮带磁选机；4—电磁铁；5—滚筒磁铁；
6—斗式提升机；7—粗碎机；8—接料斗；9—细碎机；10—旋风分离器；
11—闭风器；12—螺旋输送机；13—拌料罐；14—搅拌机；15—送料泵；
16—风机；17—吸尘塔；18—预热器；19—过滤器

由图1-3-3可以看出，仓内玉米经过计量以后，送到倒包机上倒包机的主要作用是将成包的玉米输送到皮带磁选机接料处，由人工将麻袋中的玉米倒到皮带磁选机上，经过电磁铁及永磁滚筒除铁后，较为干净的玉米进入斗式提升机。然后经过粗碎机首先将玉米粗碎，该粗碎机的筛孔约为16mm，粗碎后的玉米粗粉进入料箱（接料斗），再经过分料器进入细碎机，细碎机在地面上，可减少振动。另外，细碎机的筛孔为1.5～2.0mm，且细碎机为负压作业。经过细碎机粉碎后的玉米由风送抽吸至旋风分离器中，在旋风分离器中，粒料由于离心力的作用向下移动至闭风器，带有粉尘的空气将被风机抽走。

旋风分离器（10）中的粉料由闭风器送至螺旋输送机（12）中，螺旋输送机同时接收闭风器来的物料和预热器（18）来的热水。在此中混合均匀后送入拌料罐（13）中，拌匀的物料由送料泵（15）送至蒸煮糖化工序。该工序有2个拌料罐，采用间歇拌料方式，即1个拌料、1个送出的作业方式。为了方便输送物料及节约蒸煮工序的蒸汽使用量，可适量的在拌罐中加入中温淀粉酶。

风机从旋风分离器中抽出的含尘空气首先送入吸尘塔中，吸尘塔同时接收热水和含尘空气，该粉尘在含尘塔中被水吸收，净化空气排入大气。含玉米粉尘的水在预热器（18）中被预热，而后送到螺旋输送机拌料使用。

（2）湿法粉碎和增湿粉碎

干式粉碎往往会逸出较多的粉尘，影响环境。这是干法粉碎的一个不足之处。为了避免这一缺点，在某些产品的生产过程中，采用湿式粉碎操作。湿式粉碎是将水和原料一起加入粉碎机中，从粉碎机出来时即成粉浆。湿法粉碎的优点是彻底消除了粉尘的危害，改善了劳动条件，降低了原料的损耗；提高了原料的粉碎细度；由于粉碎在有水的情况下运转，使得机器零件（特别是刀片）的磨损减少，节省了设备维修费用；设备简单，对厂房要求不高。湿法粉碎的缺点是粉浆必须随产随用，不宜贮藏，且耗电量较多，采用厂家较少。

增湿粉碎，又称回潮粉碎。例如，麦芽在粉碎之前将麦芽用水或蒸汽进行增湿处理，使麦皮水分提高，皮壳的柔韧性增加，抵抗机械破碎的性能提高，粉碎时能够保持其完整性，粉碎时达到破而不碎的目的。麦芽增湿粉碎设备流程如图1-3-4所示。

增湿方法有两种，一是用水喷雾增湿，二是用蒸汽增湿。若采用水喷雾增湿，麦芽经过螺旋推进器的同时喷入雾状热水（或冷水）。从螺旋推进器至粉碎机的过程中，麦芽与水的接触时间为 10～15min，水分增加 1.5%～2%。麦皮中水分增加得多些，为 2%～3%；麦粉中水分里增加得少些，为 0.5%～0.8%。水喷雾增湿设备结构比较简单，但螺旋输送器停止使用时必须洗刷，

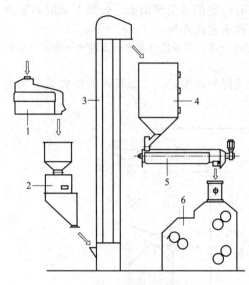

图 1-3-4　增湿粉碎系统
1—磨光机；2—磅秤；3—斗式提升机；
4—缓冲容器；5—增湿搅龙；6—粉碎机

否则若会有臭味。若采用蒸汽增湿，麦芽经过螺旋推进器的同时通入饱和蒸汽。麦芽和蒸汽在螺旋推进器中的接触时间为 20～40s，蒸汽压力 50MPa（110℃），麦芽温度提高到 40～50℃，平均吸水 0.7%～1.0%。麦皮吸水略高些，约 1.2%。蒸汽增湿润湿快而且均匀，不会有水淋到粉碎机中，蒸汽本身将螺旋推进器杀菌，但有时会有蒸汽漏入粉碎机中。

二、锤式粉碎机

锤式粉碎机是利用高速旋转的锤片对物料施加强烈的作用而将物料粉碎，其作用力主要是冲击粉碎，同时还存在摩擦和剪切，所以既适用于脆性物料，也适用于韧性物料。

1. 锤式粉碎机的工作原理及结构

锤式粉碎机的粉碎室由机壳、齿板（冲击板）和筛板（筛网）组成，其工作原理如图1-3-5 所示。

物料从料斗进入粉碎室后，便受到高速回转锤片的打击，然后撞向固定于机体上的筛板或筛网而发生碰撞。落入筛面与锤片之间的物料则受到强烈的冲击、挤压和摩擦作用，逐渐被粉碎。当粉粒体的粒径小于筛孔直径时便被排出粉碎室，较大颗粒则继续粉碎，直至全部排出机外。粉碎物料的粒度取决于筛网孔径的大小。

工作时，物料从进料口进入粉碎室后，便受到随转子高速回转的锤片的打击，进而飞向固定在机体上的筛板（或筛网）而发生碰撞。落入筛面与锤片之间的物料则受到强烈的冲击、挤压和摩擦作用，逐渐被粉碎。当粉粒体的粒径小于筛孔直径时便被排出粉碎室，较大碎粒继续粉碎，直至全部排出机外。

锤式粉碎机系统组成如图1-3-6所示，主要由进料装

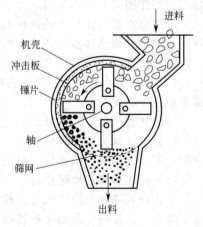

图 1-3-5　锤式粉碎机工作原理

置、机壳、转子、齿板、筛板、风机和排料装置组成。

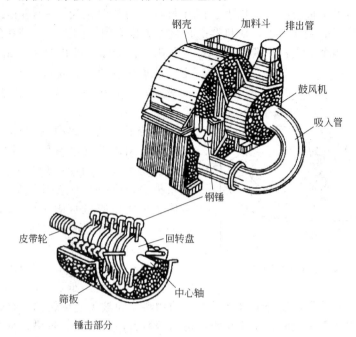

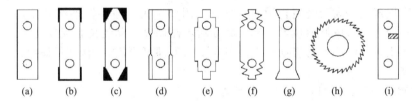

图 1-3-6　锤式粉碎机系统组成

锤片是锤式粉碎机的主要工作部件，锤片的形状由被粉碎物料的性质而定，矩形锤片最为常见，锤片长度一般不超过 200mm。锤片的种类和形状如图 1-3-7 所示。

图 1-3-7　锤片的种类和形状

(a) 矩形；(b)～(d) 焊耐磨合金；(e) 阶梯形；(f) 多尖角；(g) 尖角；(h) 环形；(i) 复合钢矩形

锤片是主要的易损件，一般寿命为 200～500h。为了提高使用寿命，除选用低碳钢（如 10 号钢和 20 号钢）和优质钢（如 65 号锰钢等）外，通常应进行热处理。图 1-3-7 中，(a) 为矩形锤片，通用性好，形状简单，易制造。它有两个销连孔，其中一个孔销连在销轴上，可轮换使用四个角来工作。用 10 号钢和 20 号钢渗碳后再渗硼复合热处理后较仅用渗碳淬火处理或用 65 号锰钢淬火处理锤片寿命可提高 6 倍。(b)、(c) 和 (d) 是在锤片边角涂焊或堆焊碳化钨等耐磨合金，可延长使用寿命 2～3 倍，但制造成本较高。(e) 为阶梯形锤片，工作棱角多，粉碎效果好，但耐磨性较差。(f) 和 (g) 为尖角锤片，适于粉碎牧草等纤维性物料，但耐磨性差。(h) 为环形锤片，只有一个销孔，工作中自动变换工作角，因此耐磨，使用寿命也较长，但结构比较复杂。(i) 为复合钢矩形锤片，制造简单，使用寿命长。

为防止对机壳的破坏，机壳内衬有齿板，起到保护机体并促进粉碎的功能。齿板能阻碍物料环流层的运动，降低物料在粉碎室内的运动速度，增强对物料的碰撞、搓撕和摩擦作用。

筛面一般设在转子下半周，用1～1.5mm的优质冷轧钢板冲孔而成，也有为了提高排料能力，使筛面占整个机膛的3/4以上，锤片与筛孔的径向距为5～10mm。筛孔的形状和尺寸是决定粉料粒度的主要因素，对机器的排料能力也有很大的影响。筛孔的形状一般是圆孔或长孔。直径分四个等级：小孔1～2mm，中孔3～4mm，粗孔5～6mm，大孔8mm以上。值得注意的是，孔径大小并不代表颗粒粒度级别，一般在高速转动下出去的颗粒直径比孔径小得多。

单转子锤式粉碎机的粉碎室内，由于物料的环流作用，不仅严重影响颗粒的分级，也极大地削弱了锤片的冲击效果，造成很高的环流能量损失，使冲击力急剧下降。因此耗能较高。双转子锤式粉碎机打破了原锤片式粉碎机结构的基本模式，两个转子轴转方向相反，无环流，减少了动力消耗（图1-3-8）。

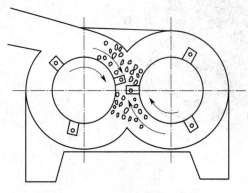

图1-3-8 双转子锤式粉碎机

该机相当于两台单转子锤式粉碎机组合成一个整体，其特点如下：①双转子上下两级粉碎。互相串连的两套转子，使经上级转子击碎的物料立即被飞速旋转的下级转子的锤头再次细碎，内腔物料相互飞速碰撞，相互粉碎，达到锤粉料，料粉料的效果，直接卸出。②没有筛网笼底，高湿物料，绝不堵塞。传统的带有箅筛板的粉碎机，不适应含水率高于8％的原料，当原料含水率高于10％时，极易发生严重堵塞，使锤头不能转动，物料不能排出，甚至烧坏电机，严重影响生产。该机设计没有筛网笼底，对物料含水率没有严格要求，完全不存在糊堵筛板的问题，更不存在细粉不能及时排出，重复粉碎的问题，故粉碎效率高，不存在锤头无效磨损现象。③耐磨组合锤头。高合金耐磨锤头。锤头锤柄组合使用，只换锤头，不换锤柄。④独特的移位调隙技术。锤头磨损后不需修复，移动位置反复使用，一副锤头可顶三副锤头使用。⑤液压手动启动机壳。只需要一人即可轻松启闭，不仅轻巧快捷且安全可靠，便于维修。

2. 锤式粉碎机的主要性能参数和生产能力

锤式粉碎机有很高的粉碎比，单转子式粉碎机的粉碎比在10～15之间。由于产品粒度的大小主要取决于筛孔的大小，缩小筛孔可加大粉碎比，减小产品粒度。但会缩小粉碎机的性能。

锤式粉碎机的转速取决于锤片破碎时所需的动能。转速的大小与锤片的质量有关，质量越大，破坏能力越强，离心力也越大。单转子式粉碎机的圆周速度为40～50m/s，转子的转速为700～1300r/min。

锤式粉碎机的生产能力与转子的长度、筛板的孔隙大小、锤片的质量、转速、粉碎比、加料情况及物料的形状有关。

锤式粉碎机的生产能力可用下面的经验公式进行估算：

$$Q(\mathrm{kg/h}) = \kappa D L \rho$$

式中　D——转子的工作直径（指锤刀末端的直径），m；

　　　L——转子的轴向长度，m；

　　　ρ——粉碎产品的密度，$\mathrm{kg/m^3}$；

　　　κ——系数，对大米、瓜干、大麦等取80～100，对煤块可取120～150。

锤式粉碎机最大特点是具有很高的破碎比（达10～50），这是其他粉碎机不能比拟的。此外，锤击式粉碎机还具有单位产量能耗低、结构简单，占地面积小，易实现连续化的闭路粉碎，操作方便，生产效率高，用途广泛，粉碎粒度易于调节，无空转损伤等优点。其缺点是作用机理复杂，粉碎过程基本上没有选择性，粉碎粒度不能严格控制；粒度不能严格控制，在不同的粉碎条件下，粉碎比的变化大。

锤击式粉碎机广泛应用于原料和中间产品的粉碎，如玉米、小麦、谷类、食盐、糖等。但由于锤击式粉碎机部件的高速旋转及与颗粒的冲击或碰撞，不可避免地会产生磨损问题，因而不适宜用来处理硬度太大的物料。

三、辊式粉碎机

辊式粉碎机是广泛使用的一种粉碎设备，常见于面粉工业，在啤酒生产中大麦芽的粉碎，大米的粉碎也都是采用辊式粉碎机。常用的有两辊式、四辊式、五辊式和六辊式等。

1. 辊式粉碎机的结构和工作原理

两辊式粉碎机由两个直径相等的辊筒所构成，其工作原理如图1-3-9所示。左侧辊筒用螺栓固定在机架上由电机驱动，另一个辊筒安装在一组可以沿轴心连线方向作少许滑动的轴承座上，并在滚筒的右侧装有调节弹簧。两个辊筒以2.5～6m/s的圆周速度彼此作相反方向转动，并有一定的速度差，以提高对物料的剪切力，增加破碎度。物料进入辊筒间的空隙处为摩擦力所夹持，受到挤压力作用而被粉碎。弹簧的作用是，当加入较硬的物料时，使右侧辊筒能自动避让，而起到保护设备的作用。粉碎后的物料从空隙落下后，从下方出料口排出。

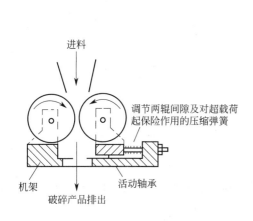

图1-3-9　两辊式粉碎机的工作原理

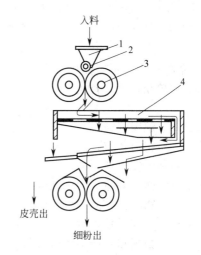

图1-3-10　四辊式粉碎机的工作原理
1—入料斗；2—下料辊；3—辊子；4—筛选装置

辊筒的材料必须坚固耐磨，一般采用锻钢、铸钢或高锰钢制造。辊筒的表面可以是平滑的，也可以是凸凹不平的。例如，根据物料的性质以及制品粒度的需要，其表面可以制作成带有波棱或带有锯齿形状的。

为了用一台粉碎机达到要求的粉碎粒度和一定的产量，许多厂常用四辊、五辊、六棍且带筛分的辊式粉碎机，分别如图1-3-10、图1-3-11和图1-3-12所示。

在四辊粉碎机中，第一对是光辊，第二对为丝辊（即轧辊表面布满槽纹）。原料经第一对辊粉碎后，由筛分装置分离出皮壳排出，粉粒再进入第二对辊筒进一步粉碎。五辊式粉碎机前三个辊筒是光辊，组成两个磨碎单元；后两个辊筒是丝辊，单独成一磨碎单元。六辊式粉碎机由三对辊筒组成，前两对用光辊，主要以挤压作用粉碎原料，可以使得原料的皮壳不致粉碎得太细而影响后一工序的操作，如麦芽汁过滤；第三对辊筒用丝辊，将筛出的粗粒粉碎成细粉和细粒，以利于糖化时充分浸出有用物质。

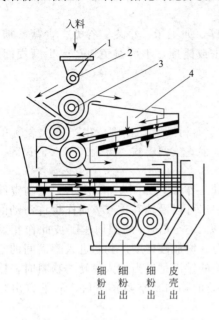

图 1-3-11　五辊式粉碎机的工作原理

1—入料斗；2—下料辊；3—辊子；4—筛选装置

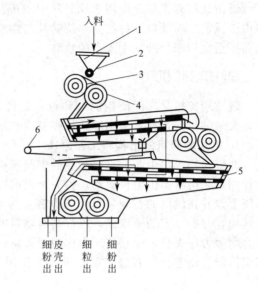

图 1-3-12　六辊式粉碎机的工作原理

1—入料斗；2—下料辊；3—下料斗；
4—辊子；5—筛选装置；6—偏心振子

2. 辊式粉碎机生产能力

辊式粉碎机的生产能力 $Q(\mathrm{kg/h})$ 可用下式计算：

$$Q = 120\pi DnLb\gamma\varphi$$

式中　　D——辊筒直径，m；

n——辊筒转速，r/min；

L——辊筒长度，m；

b——两辊间隙，$b \approx 0.00015 \sim 0.0001\mathrm{m}$；

γ——物料的容量，对于干麦芽 $\gamma = 500\mathrm{kg/m^3}$；

φ——填充系数，对于麦芽 $\varphi = 0.5 \sim 0.7$，φ 值与物料性质及操作均匀度有关，准确数据在生产实践中查得。

根据生产实践经验，100mm 长度的双辊粉碎机每小时生产能力为 $150 \sim 200\mathrm{kg}$。四辊式粉碎机每小时生产能力为 $200 \sim 300\mathrm{kg}$。每小时 500kg 生产量的功率消耗为 1kW 左右。

辊式粉碎机的特点有：①适合热敏性物料的粉碎，避免粉碎过程中物料的温度升高，蛋白质变性。②可控制物料粉碎的粒度，通过调节轧距来控制物料的颗粒大小。③能进行选择性粉碎，控制快慢滚筒的转速、钢辊表面的形状和运动的参数进行粉碎。④粉碎过程稳定，便于控制。

四、其它粉碎机

1. 圆盘钢磨

圆盘钢磨也叫盘磨机，用以粉碎小麦、玉米、大豆、大米等，其工作原理如图 1-3-13 所示。

单转盘圆盘钢磨主要构件是两个带沟槽的圆盘，一个同轴一起转动，另一个固定在外壳上，物料由料斗进入圆盘中心，在离心力的作用下，物料在两个圆盘缝隙中向外甩出，并受到圆盘沟槽的研磨和剪切作用而被粉碎。根据粉碎粒度的要求，两圆盘的缝隙是可调的。

双转盘圆盘钢磨有两只可同时旋转的转盘，两盘转动方向相反，这较之单转盘产生的剪切作用更大，效率更高。

2. 钢片式磨粉机

钢片式磨粉机是臼式和圆盘式磨粉机结合在一起的一种形式，如图 1-3-14 所示。

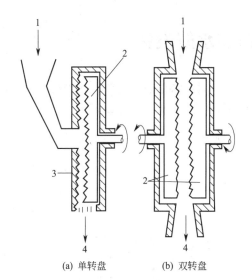

(a) 单转盘　　　(b) 双转盘

图 1-3-13　圆盘钢磨的工作原理
1—物料输入；2—动磨盘（旋转磨盘）；
3—静磨盘；4—粉粒输出

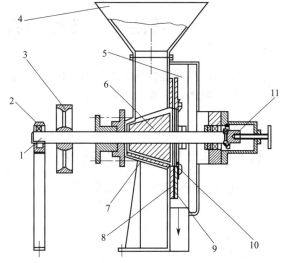

图 1-3-14　钢片式磨粉机结构
1—主轴；2—轴承座；3—皮带轮；4—料斗；5—磨体；
6—粉碎齿轮；7—齿条；8—静磨盘；9—动磨盘；
10—风扇轮；11—调节机构

钢片式磨粉机的磨体是一直径为 320mm 的铸铁壳体，里面有相互平行的静磨盘和动磨盘。静磨盘固定在磨体上，动磨盘固定在带有风扇叶片的主轴上。磨体的内部还装有物料初碎装置、粉碎齿轮和齿套。粉碎齿轮系刻有齿纹的圆台，装在主轴上，并与磨体内嵌镶的齿套相对应。当主轴转动时，带动粉碎齿轮、风扇叶片、动磨盘一起转动，物料由进料口不断被吸入，并被粉碎齿轮和齿套初步粉碎。经过初碎加工的物料被吸入动、静磨盘的间隙中，受离心力作用，通过此间隙向外运动，受到高速旋转的磨盘所产生的剪切力作用，被研磨成一定细度的粉粒。调节机构可调节两磨盘间的间隙，以调节粉碎粒度。

3. 砂轮磨

砂轮磨结构如图 1-3-15 所示。

砂轮磨的上磨片固定，下磨片运转，电机采用倒立侧装。物料及水由料斗通过上磨片中间孔

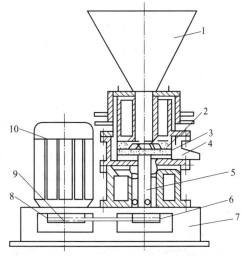

图 1-3-15　砂轮磨结构
1—料斗；2—上砂轮；3—下砂轮；4—出料嘴；
5—主轴；6—主轴皮带轮；7—底座；
8—电机皮带轮；9—V带；10—电机

进入上、下磨片间的磨腔到达研磨区，由螺旋抛料叶轮强制进料，下磨片高速旋转，在锋利的金刚砂及离心力作用下，产生对物料的粗磨碎和精磨碎，磨碎的糊状物从主体的排料口排出，糊状物的粗细度是靠转动调节圈带动上磨片，从而达到调整上下砂轮间隙的目的。

从砂轮的制作方法来看，砂轮电磨盘是金刚砂用化学黏合剂黏合压制而成，在磨浆时不仅产生沙石粉末，还有化学黏合剂混入原料。砂轮沙粒间有间隙，不易清洗干净，易产生霉变，造成污染。因此，砂轮磨与饮品接触的部分应可拆卸清洗，不能留有可见的残留物。

第四节　淀粉质原料的水解设备

很多微生物都不能直接利用淀粉，因为它们不含淀粉酶和糖化酶。因此，在发酵生产之前，必须将淀粉水解为葡萄糖，才能供发酵使用。淀粉质原料的水解过程如下：

$$淀粉颗粒 \xrightarrow{水，热} 糊化醪 \xrightarrow{水，\alpha\text{-}淀粉酶} 糊精和低聚糖（液化液）\xrightarrow{水，糖化酶} 葡萄糖$$

一、传统的连续蒸煮糖化设备流程

罐式连续蒸煮糖化的设备流程如图 1-4-1 所示。

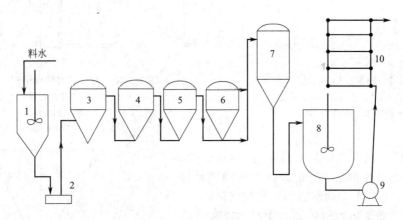

图 1-4-1　连续蒸煮糖化设备流程图
1—拌料罐；2—往复泵；3—蒸煮器；4,5,6—后熟器；
7—真空冷却；8—糖化锅；9—熟料泵；10—喷淋冷却器

粉碎后的原料和水一起加到拌料罐中，以加水比为 1∶3.7 混合，拌料温度为 55～60℃，用往复泵送到蒸煮锅中，用蒸汽加热到 140～150℃，充满后从顶部流出，依次进入后熟器中，后熟时间约 90min，从后熟器出来物料进入真空冷却罐中，冷却后的蒸煮醪与同糖化酶送入糖化锅中（60℃）糖化 50min 后，再经二级喷淋冷却，将糖化醪冷却到 30℃，送入发酵工序。

此流程的优点是压力稳定，容易控制，蒸煮操作方便，在原料含较多杂质、纤维、皮壳或醪液黏稠的情况下，也不易发生堵塞；由于容器大，后熟时间长，汽液在锅内混合较均匀，减少了原料夹生现象；缺点是设备占地面积大，蒸煮过程时间较长，蒸煮时还存在醪液滞留和滑漏现象，蒸煮醪质量有时不均匀。其主要缺点是高温蒸煮糖化能耗较高，还要多消耗一些冷却水、电等，并且高温蒸煮的将造成淀粉过度分解成不发酵性糖和其他杂质，从而降低了淀粉出酒率，影响了企业的效益。

二、双酶法连续喷射液化及糖化设备流程

20世纪90年代之后，随着耐高温α-淀粉酶（液化酶）和糖化酶生产成本的大幅度下降，双酶法连续喷射液化及糖化工艺已成为制备淀粉水解糖（葡萄糖）的主要方法。下面以酒精工厂玉米原料为例，介绍淀粉质原料的双酶法液化糖化设备流程（图1-4-2）。

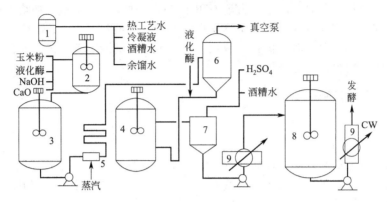

图 1-4-2 双酶法液化糖化设备流程

1—混合罐；2—拌料罐；3—初液化罐；4—末液化罐；5—喷射蒸煮；
6—闪蒸罐；7—酸化稀释；8—糖化罐；9—螺旋板冷却器；CW—冷却水

如图1-4-2所示，玉米清选除杂后进入锤式粉碎机，要求粉碎后的玉米粉通过40目的过筛率不小于65%。因为在蒸煮过程中蒸煮温度不高（120～125℃），时间较短（5～10min）。60～65℃拌料水同玉米粉一同进入拌料罐混合，同时加入一部分液化酶、NaOH溶液及石灰乳。料水比控制在1:（2.0～2.5），醪液温度控制在60℃左右，因温度较低不利于液化，同时60℃为巴斯德杀菌温度，在此温度下可杀死原料中带有的杂菌；温度较高（如70℃以上）玉米粉不易拌匀，易出现夹生现象。

玉米醪通过重力作用（位差）进入初液化罐，因为此时醪液的黏度仍非常大，不宜用泵输送，也节省电能。醪液在初液化罐中被加热到90～93℃液化50min左右，然后经喷射蒸煮器加热到120～125℃。由于加水及温度的升高，淀粉吸水膨化，使细胞壁破裂，淀粉由颗粒变成溶解状态的糊状液，加之物料从喷嘴内喷出破坏细胞结构，使之适于淀粉酶进行液化、糖化。同时，高温对原料进行灭菌，以杀灭原料表面带有的微生物防止杂菌生长，保证糖化发酵顺利进行。

蒸煮后的醪液进入闪蒸罐进行真空冷却。一般是使用水力喷射真空泵，连续地将闪蒸罐内的蒸汽抽走而形成真空。在一定的真空度下，醪液本身会产生大量蒸汽（二次蒸汽），并被抽出，这样便消耗了醪液大量的热量，使醪液的温度由125℃降到93℃，使淀粉颗粒破裂溢流出淀粉质。由于罐内为真空状态，闪蒸罐必须安装在较高的位置（一般要求高于末液化罐10m以上），冷却的醪液才能从闪蒸罐下方排醪管排出。闪蒸后的醪液进入末液化罐中，在末液化罐中加入余下的液化酶，液化50～60min。

在该流程中采用的喷射液化法是目前最先进的液化方法。利用液化喷射器将蒸汽直接喷射入淀粉浆薄层，可以瞬间达到淀粉液化所要求的温度（完成淀粉的糊化、液化）。液化酶分两步加入，第一步是先加入总用量1/3的液化酶至拌料罐，目的是先降低醪液的黏度，以利于液化醪的喷射蒸煮（主要是杀死醪液中的杂菌）；第二步加入剩余的2/3的液化酶至末液化罐。液化酶分段加入的好处，是在蒸煮前加入一部分可降低醪液黏度，便于输送、蒸

煮。由于在蒸煮后液化酶基本全部失活，为了保证液化进行较彻底，并在糖化、发酵过程之前保持有一定的液化能力，所以分段加入较好。

为了便于糖化酶的作用，必须在糖化以前将醪液 pH 值由 6.5 降到 4.5，这一步是在酸化罐中加入 H_2SO_4 进行。酸化后的液体经螺旋板换热器降温度至 58～60℃。进入糖化罐进行糖化，同时加入糖化酶，糖化时间约为 45min，糖化后的醪液由螺旋板式冷却器冷却到 28～30℃，将此醪液送发酵工序。

此流程的主要特点是设备简单，占地面积小，同时便于连续操作。如喷射煮蒸器较国内传统采用的锅式、柱式和管式蒸煮设备体积小得多。整个设备、管路在密闭下作业，减少了污染的可能性。采用高温短时（糊化）液化工艺，可避免高温蒸煮工艺中的糖分损失，使原料浆中的可发酵性糖得以充分利用。

三、传统的蒸煮加热设备

1. 锥形蒸煮锅

锥形蒸煮锅的结构如图 1-4-3 所示。

它是用钢板制成的圆柱圆锥体联合形式，上部是圆柱形，下部是圆锥形，用焊接而成，锥底用法兰连接，以便于检查和更换。蒸煮锅承受的压力大多数是在 0.4MPa 左右，上部有加料口、排汽阀，锅耳是用来安装锅体的固定器件，加料口盖以自由向上盖为好，当锅内压力升高时，加料口的密封更为可靠。由于锥形锅壁常被沙石磨损，经常是放入衬套，衬套厚 3mm，其接缝处用沿壁插入的盖板盖住。下部还有取样孔，加热蒸汽管，下面是醪液排除室和排醪管。这种形式的蒸煮锅比较适于对整粒原料的蒸煮，例如甘薯干、甘薯丝、粉碎后的野生植物等。由于这种蒸煮设备是从锥形底部引入蒸汽，可利用蒸汽循环搅拌原料，因此蒸煮醪液质量很均匀，同时由于下部是锥形，蒸煮醪液排除比较方便。其缺点是设备比较大，所占空间也较大，蒸煮时间长，耗用蒸汽大，且为间歇性蒸煮，不利于提高生产效率和降低设备成本。

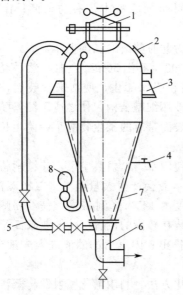

图 1-4-3 锥形蒸煮锅结构
1—加料口；2—排汽阀；3—锅耳；
4—取样器；5—加热蒸汽；6—排醪管；
7—衬套；8—压力表

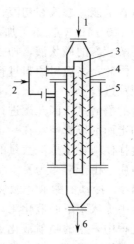

图 1-4-4 三套管加热器
结构及其工作原理
1—冷粉浆；2—蒸汽；3—内管；
4—中管；5—外管；6—热粉浆

2. 套管式加热器

套管式加热器是一种可以对淀粉浆进行连续蒸煮的设备，按结构不同可分为双套管和三套管两种，但工作原理大致相同。现以三套管为例，说明其工作原理（图1-4-4）。

三套管加热器由三层直径不同的套管组成。内层和中层管壁上分布许多直径约为3mm的小孔，各层套管用法兰连接。粉浆流过中层管。由于蒸汽的压力比淀粉浆液高，高压加热蒸汽从内外两层管的小孔内喷出。蒸汽通过小孔时的速度约为40m/s，与待加热的淀粉浆液进行热交换，将淀粉浆液中的淀粉颗粒进行加热蒸煮。

套管式加热器是一种可以浆淀粉溶液进行连续蒸煮的设备，比锥形蒸煮锅有较高的生产效率，同时体积比较小，节省了设备安装空间。其缺点是加热不均匀，使淀粉溶液液化不充分，能耗较大，且由于蒸汽的温度远高于液料的温度，所以在混合过程中不但会造成局部过热，甚至会使蒸汽泡周围淀粉焦糖化，同时会出现严重的"汽槌"现象，对设备造成损坏，减低设备的工作寿命。另外，使用时间较长后，小孔容易堵塞，停车检修时也较难清洗。

3. 传统加热设备的弊端

① 会产生汽槌现象（或称水锤效应）。"汽槌"现象产生的原因是：蒸汽本身带有较大的能量，当蒸汽与液料共存于金属管路或容器中时，高温蒸汽分子接触到相对低温的管壁立即冷凝成液体，造成瞬间的体积剧减。这种瞬间的体积变化程度有如等量的水瞬间汽化爆炸，只是方向相反，也称为"内爆"。这造成周围的水分子迅速移动来弥补空间，形成噪声与振动，就是俗称的"汽槌"现象。汽槌的形成，不仅仅是造成工作环境的低劣，同时也带来设备的损害。最重要的是汽槌现象表示加热系统中仍有蒸汽存在，双相的反应物（蒸汽和冷液料）并没有完全变成单相的产物（热液料）。汽槌所带来的振动和噪声可以通过加大管径来减轻，但真正解决的方法是让蒸汽与液料即时混合立刻凝结成热液料的单相产物。

② 难于对高黏液料进行有效加热。由于高黏液料流动性差，用传统的加热器加热时，蒸汽很难在高黏液料中流动，也就很难对其进行有效而均匀的加热。所以必须增加庞大的后熟设备以延长蒸煮时间或加水稀释，或对其进行充分的搅拌，显然要增加生产成本或提高生产难度。

③ 设备所占空间较大，蒸煮时间较长，耗用蒸汽量大。

四、连续液化喷射器（水热器）

连续喷射液化器是一种直接接触式的加热设备，能将蒸汽与料液在瞬间完全混合、搅拌，使料液能达到完全蒸煮效果。在双酶法制备淀粉水解糖（葡萄糖）时，它可直接将加酶的淀粉浆蒸煮液化，达到连续糖化的目的。

1. 早期的连续喷射液化器

早期的连续喷射液化器主要由可移动针阀、喷射器器身、料液及蒸汽进口、喷嘴以及热料出口组成，图1-4-5和图1-4-6分别为其结构和管道连接示意图。

这种喷射液化器的工作原理与水力喷射器的原理基本相同，从喷嘴处喷出的料液水柱是实心的，以极高的速度喷射到一个锥形的空间而形成负压，是典型的"料带气"型设备。喷射器工作时，先用蒸汽将喷射系统预热至90~95℃，再用泵将预热的淀粉浆通过料液进口送入喷射器。通过调节针阀的位置来控制淀粉乳的流量，这样，当淀粉乳通过喷嘴时，在针阀与喷嘴之间就形成薄膜状，有利于高温蒸汽对其进行加热；同时在喷嘴处开有多环蒸汽喷孔，蒸汽由此处喷入（速度约90m/s）与薄膜状的淀粉乳混合，从而对淀粉乳进行加热。加热后的料液液化喷射器热料液出口流出，进入液化罐后熟。

由于这种早期的喷射液化器在结构上不太完善，虽比传统的加热方式有了很大的进步，但效果仍不太理想，主要存在的问题有：①高温蒸汽只能对淀粉浆进行加热，而不具有剪切搅拌作

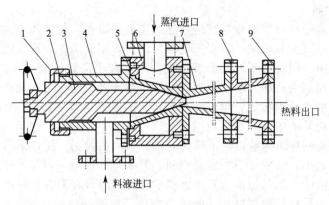

图 1-4-5　早期的连续喷射液化器结构

1—压紧螺母；2—填料；3—针阀；4—喷射器体；5—喷嘴；6—汽套；
7—扩散管；8—法兰；9—连接法兰

用，从而不能对其进行彻底的加热。②由于淀粉浆通过喷嘴时形成薄膜，所以淀粉颗粒不能太大，因此对原料的粉碎度要求较高。③淀粉浆浓度不能太高，否则影响其流动性而不能顺利通过喷嘴。④喷嘴容易堵塞。⑤不能通过喷射器调节浆料流量，厂家不能根据实际情况对生产进行自行调节。⑥下游管道仍存在较严重的汽槌现象，⑦后续工艺中仍需大型的后熟设备。

2. 新型喷射液化器

新型喷射液化器（也称水热器）的结构如图 1-4-7 所示。

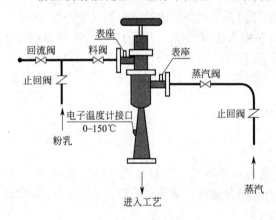

图 1-4-6　早期的连续喷射液化器
管道连接示意图

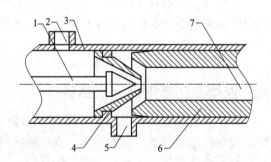

图 1-4-7　新型喷射液化器（水热器）的结构

1—可移动针阀；2—高温蒸汽入口；3—水热器器身；
4—喷嘴；5—液料入口；6—协调管；7—热料出口

这种喷射液化器由针阀、进汽口、液料进口及热料出口、水热器器身、喷嘴和协调管等部分组成。水热器的设计思路是：加强在喷射过程中的机械剪切作用，适当延长淀粉浆在液化喷射器中的停留时间，进一步提高淀粉浆的液化速度，使淀粉浆通过液化喷射器即完成液化过程。调节水热器可移动针阀阀杆与喷嘴间的截面积来控制蒸汽流量，可控制出口温度。调节混合管（协调管）位置可以调节液体压力和流量。蒸汽压力和液料压力均要求调节到 0.05～0.06MPa，喷射效果才能达到要求。

水热器的工作原理与早期的喷射液化器基本相同，但进汽和进料的方式正好相反，协调管可以移动，与喷嘴之间形成细小的间隙，使浆料通过时形成环带状湍流的方式高速流入加热区（速度可达 3.5m/s 以上），形成很强的机械剪切力。这时，蒸汽通过针阀与喷嘴之间的空隙后高速从喷嘴小孔喷出（速度一般≥300m/s），撞击在浆料界面使得界面的液料形成雾滴状。每一滴雾状液料被悬浮于蒸汽之中与蒸汽充分接触反应而被蒸煮加热完全后以单相热浆料的形式快速流到下游的出流管路内。整个过程在瞬间完成，由于每一滴液料在加热区都经过同样的高速剪切、搅拌、雾化和蒸煮，所以浆料中的每一液滴都被均匀加热及完全蒸煮。因此，加热区的机械剪切力不仅能分散高黏颗粒悬浮液料的聚集颗粒，使它们能完全蒸煮熟透，同时也能帮助蒸汽与液料的混合、凝结而彻底完成加热反应。这样也避免单独的蒸汽跑到下游而出现汽槌现象（图1-4-8）。

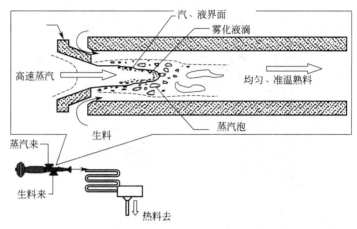

图 1-4-8　新型喷射液化器（水热器）的工作原理

　　水热器独特的设计和构造，使得高浓液料中所有悬浮固体颗粒（如淀粉颗粒）在进入加热区时被均匀打散，并和高速喷入的蒸汽充分撞击。蒸汽和液料在加热区得以充分搅拌、混匀，每一颗淀粉分子都均匀、快速、准确地得到加热成为糊化淀粉，保证了下游液化的顺利进行。但是要确保水热器能正常使用，必须正确安装。喷射器可以任意方向安装，但垂直安装向下排放物料效果更好。安装和操作不正确的情况下，喷射器会产生震动现象，喷射器要求有足够的强度支撑来保证喷射器和管路的稳固性。

　　国内某公司生产的液化喷射器规格系列如表1-4-1所示，使用厂家可根据生产要求选用。

表 1-4-1　液化喷射器规格系列

序　号	手动 M	流量/（m³/h）	自动 A	蒸汽进口 DN
1	HWM-03	3～5	HWA-03	40
2	HWM-06	6～10	HWA-06	50
3	HWM-10	10～15	HWA-10	65
4	HWM-15	15～20	HWA-15	65
5	HWM-30	20～30	HWA-30	80
6	HWM-50	40～50	HWA-50	100
7	HWM-80	60～80	HWA-80	125
8	HWM-100	80～100	HWA-100	150
9	HWM-150	100～150	HWA-150	200
10	HWM-200	160～200	HWA-200	250

　　该设备也可用于微生物发酵培养基的连续灭菌，加热温度120℃±0.5℃，再进入维持管维持数分钟，即达到灭菌的目的。

五、水力喷射真空泵

　　水力喷射真空泵（或称水力喷射器）在液化糖化工序中用于的液化醪的真空冷却。水力喷射器是一种具有抽真空、冷凝、排水等三种功能的机械装置。水力喷射器结构如图1-4-9

所示，它是利用一定压力的水流通过对称均布成一定侧斜度的喷嘴喷出。聚合在一个焦点上，由于喷射水流速度较高，于是周围形成负压使器室内产生真空。另外，由于二次蒸汽与喷射水流直接接触，进行热交换，绝大部分的蒸汽凝结成水。少量未被冷凝的蒸汽与不凝结的气体亦由于与高速喷射的水流互相摩擦、混合与挤压，通过扩压管被排除，使器室内形成更高的真空，从而可将与气体进口连接的容器内的蒸汽（或空气或水）抽出。采用多喷嘴结构形式，可以得到较大的水-汽接触面积，有利于热交换的进行，获得较好的真空效果。

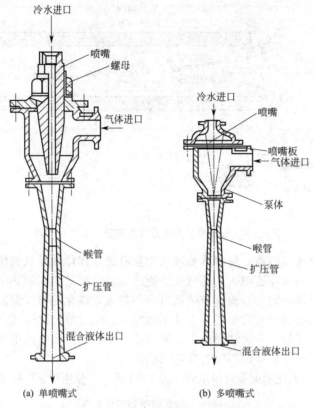

(a) 单喷嘴式　　　　　　(b) 多喷嘴式

图 1-4-9　水力喷射真空泵结构

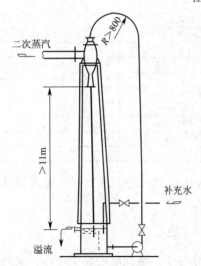

图 1-4-10　水力喷射真空泵系统组成

水力喷射真空泵系统由水箱、循环加压水泵、水力喷射器泵及上下水管组成（图 1-4-10）。工作时由水泵将冷水压入喷射泵，经泵中喷嘴高速（15～30m/s）喷射造成真空，被抽吸的气体与水混合进入下水管，水可以循环使用。

系统安装时，必须使水力喷射泵高出地面 10m 以上。高位安装的目的是为了使得水力喷射泵内形成足够的负压，以保持真空冷却器中的真空度，从而使料液很快被冷却到真空度相应的温度，达到冷却的目的。

水力喷射真空泵系统结构紧凑精密，强度亦较高，应用于真空蒸汽系统，能把冷凝器的冷凝作用与真空泵的抽气作用合并在一个设备中同时完成。它与一般真空泵与冷凝器的组合装置相比，大大地简化了工艺和设备，并且还有如下优点：①水力喷射器体积小、重量轻、结构紧凑，而效能又比较高，耗电量低于真空泵系统，投资省。②操作简单维修方便，不用专职人员管理，由于无机械传动部分，所以噪声低，不需消耗润滑油。③可以室外低位安装，占地面积少，可以节省厂房建筑面积与安装费用。

水力喷射器应用极为广泛，如真空与蒸发系统进行真空抽水、真空蒸发、真空过滤、真空结晶、干燥、脱臭等工艺。

六、糖化罐

糖化罐的作用是将已降温至 $60\sim62℃$ 的糊化醪，与糖化酶混合在一定温度（$60℃$）下维持一定时间（$30\sim45min$），使淀粉在酶的作用下变成可发酵性糖。

1. 连续糖化罐

连续糖化罐的结构如图 1-4-11 所示。

连续糖化罐的罐身为圆筒形，罐底为球形或锥形，罐盖有人孔，罐侧中部有温度计测温口，在罐侧和罐底有灭菌蒸汽接管口，罐内设有冷却管并装有搅拌器 $1\sim2$ 组，转速为 $45\sim90r/min$。连续糖化罐一般在常压下操作，为减少染菌，可作成密闭式，并每天用蒸汽杀菌一次。

糖化罐的体积取决于醪液流量和在罐中的停留时间以及装满程度，可按下式计算：

$$V=\frac{v\tau}{60\eta}$$

式中　V——糖化罐容积，m^3；

　　　　v——糖化液流量，m^3/h；

　　　　τ——糖化时间，min；

　　　　η——充满系数，$0.75\sim0.85$。

连续糖化罐的直径 D、圆筒部分高 H 和罐底高度 h 之间的比例关系如下：

$$H=(0.5\sim1.0)D;h=(0.11\sim0.25)D$$

2. 间歇糖化罐

味精生产一般采用间歇糖化工艺，配套的大型糖化罐容积达到 $200\sim300m^3/台$，通常采用小功率搅拌，搅拌桨偏心安装于罐内。若罐体保温层的效果好，罐内可不设有换热排管。

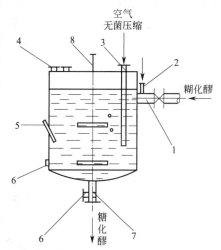

图 1-4-11　连续糖化罐的结构
1—糊化醪进管；2—水和液体曲或曲乳或糖化酶进入；3—无菌压缩空气管；4—人孔；5—温度计测温口；6—杀菌蒸汽进口管；7—糖化醪出口管；8—搅拌器

第五节　麦芽汁制备和糖蜜原料稀释设备

麦芽汁是啤酒的发酵培养基。麦芽汁的制备，又称糖化，是指麦芽和辅料粉碎加水混合后，在一定条件下，利用麦芽本身所含有的酶（或外加部分酶制剂），将麦芽和辅助原料中的不溶性大分子物质（淀粉、蛋白质、半纤维素等）分解成可溶性的小分子物质（如糖类、糊精、氨基酸、肽类等）。麦芽汁制备通常采用煮出糖化法，其工艺操作分为糊化、糖化、过滤和煮沸四个过程。

糖蜜是由制糖厂甘蔗或甜菜汁结晶后的母液浓缩而成，浓度一般都在 $80°Bx$ 以上。糖蜜本身就含有相当数量的可发酵性糖，无需糖化，因此是大规模工业发酵生产的良好原料。糖蜜的胶体物质与灰分多，产酸细菌多，在配制发酵培养基时需进行稀释、酸化、灭菌、澄清和增加营养盐等处理过程。

一、麦芽汁制备设备

麦芽糖化设备的组合方式一般为以下两种：①四器组合。该套组合由糊化锅、糖化锅、过滤槽和煮沸锅4种设备构成一套复式糖化系统，即每种设备完成1个工艺操作，其特点是设备分工明确，但糊化锅与糖化锅的利用率不高，适用于中小型啤酒厂。②六器组合。常见于大型啤酒厂。在四器组合的基础上，再添一只过滤槽和一只煮沸锅，使设备利用率达到均衡，适用于大型啤酒厂。

1. 糊化锅

糊化锅用于加热煮沸辅助原料，一般为大米粉或玉米粉和部分麦芽醪液，使淀粉液化和糊化。其结构如图1-5-1所示。锅底为球形蒸汽夹套，为了把煮沸而产生的水蒸气排出室外，盖顶也需做成球形，盖中心有升气筒。辅助原料（大米粉）和麦芽粉由下粉筒进入，与热水混合后，借助于旋桨搅拌器搅拌。为改变流型，在锅壁上还装有挡板，使醪液浓度和温

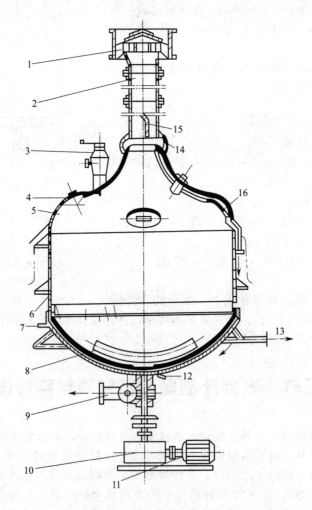

图 1-5-1　糊化锅结构

1—筒形风帽；2—升气管；3—下粉筒；4—人孔双拉门；5—锅盖；6—锅体；7—不凝气管；8—旋桨式搅拌器；
9—出料阀；10—减速箱；11—电机；12—冷凝水管；13—蒸汽入口；14—污水槽；15—风门；16—环形洗水管

度均匀，保证醪液中较重颗粒的悬浮，防止靠近传热面处醪液的局部过热。为了均匀地分布加热蒸汽，底部夹套的周边有四个蒸汽进口。当将糊化醪输送到糖化锅去时，可经底部出料阀用泵压送。升气筒的下部有环形污水槽，以收集从升气管壁流下来的污水并通过排水管排出锅外。升气筒根部还有风门，根据需要，在醪升温时，关小风门，煮沸时开大风门，并调节其开闭程度。顶盖侧面有带有拉门的观察孔（人孔）。糊化锅圆筒和蒸汽夹套外部有保温层。糊化锅的材料多采用不锈钢制作，要特别注意蒸汽夹套部分钢板的厚度，以免向内鼓起，也可用钢板或紫铜板制造。

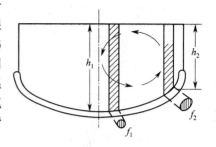

图 1-5-2　糊化锅中麦芽汁的循环

糊化锅底部为弧形，有利于流体的传热循环（图 1-5-2）。靠近锅倾斜壁有较浅的液柱 h_2，但有较大的加热面积 f_2，而中心部位具有较深的液柱 h_1，加热面积 f_1 较小，因此在锅底部位周围较快发生气泡，将液体向上推，而形成中心液体向下的自然循环。这样就可以节省搅拌动力消耗，能够促进液体循环，还便于清洗。

糊化锅的容积，决定于加入的原料量，对于辅助原料大米粉加得多的地区，应加大糊化锅容积，以便提高产量。对每 100kg 投料（包括大米粉和麦芽粉）加水 420～450kg，则锅的有效容积为 0.5～0.55m³。

糊化锅容积计算，是先分别求出圆柱部分和球底部分的体积，两者相加就是其全容积。为了有利于液体的循环和有更大的加热面积，糊化锅的直径与圆筒之比为 2：1，升气管面积为料液面积的 1/30～1/50。

2. 糖化锅

糖化锅的用途是使麦芽粉与水混合，并保持一定温度进行蛋白质分解和淀粉糖化，糖化锅的材料广泛采用不锈钢制作，也可用碳钢或铜钢制造。其外形和构造与糊化锅大致相同（图 1-5-3）。

为保持糖化醪在一定温度下浸渍和糖化，一般在锅底周围设置一两圈通蒸汽的蛇管或设有蒸汽夹套。为保持醪液浓度和温度均匀，避免固形物下沉，保持流动状态以便酶的作用，锅内装有螺旋桨搅拌器。有的在锅内壁装有挡板，以改变流型，提高搅拌效果。有效容积的大小与加水量有关，一般糖化锅容积比糊化锅大约一倍。锅底可做成平的，也有做成球形蒸汽夹套的。在六锅式糖化设备中，做成糖化、糊化两用锅，以提高糖化锅的利用率。锅体直径与高之比为 2：1；升气管截面积为锅圆筒截面积的 1/30～

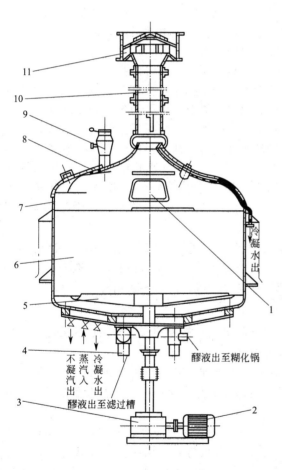

图 1-5-3　糖化锅结构

1—人孔单拉门；2—电动机；3—减速箱；4—出料阀；
5—搅拌器；6—锅身；7—锅盖；8—人孔双拉门；
9—下粉筒；10—排汽管；11—筒形风帽

1/50。

3. 过滤槽

过滤槽用于过滤糖化后的麦醪，使麦芽汁与麦糟分开而得到澄清的麦芽汁。过滤槽是一具有不锈钢圆柱形槽身和平底及紫铜板弧形顶盖的容器，具体结构如图1-5-4所示。在平底上面约12mm处有一层与平底平行的不锈钢过滤筛板。筛板上开有条形筛孔，一般采用（0.4～0.7mm）×（30～50mm）或直径0.8mm的圆孔，为了减少阻力便于清洗，在孔的下面应铣为喇叭开口状，其有效面积占筛板总面积的4%～8%。过滤槽的平底上平均分布澄清麦芽汁导出管，一般导出管的直径为25～45mm，每1.25～1.5m² 底面上有一管，平底上还有出糟孔，槽体内设有耕糟装置，目的是使过滤介质疏松，耕糟装置的横梁以其中心固定在中央垂直转轴上，横梁上垂直排列着一排耕刀，耕刀间距为200mm左右，耕糟装置的转动是用电动机带动齿轮变速箱及蜗轮减速箱两级变速，耕糟转速为0.4r/min。耕刀刀尖与筛板的距离可用升降指示机构来调节。耕刀的刀面可用手柄通过拉杆改变其方向，以适应耕糟和出糟的需要。为了均匀地喷水，在槽身中央轴上有一喷射器，喷射器上装有喷水管，长度比槽的内径稍短，两端封闭，管上开有若干直径为2mm的小孔，水从小孔中喷出，利用水的反作用力，使喷水管旋转。弧形顶盖上有醪液入口、麦芽汁回流及冷热水的入口，顶盖结构与其他锅相同。

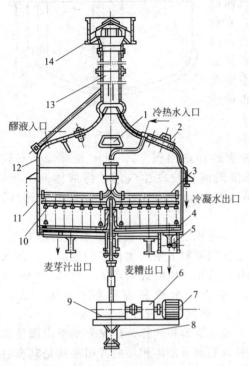

图 1-5-4 过滤槽结构

1—人孔单拉门；2—人孔双拉门；3—喷水管；
4—滤板；5—出糟门；6—变速箱；7—电动机；
8—油压缸；9—减速箱；10—耕糟装置；11—槽体；
12—槽盖；13—排气管；14—筒形风帽

操作时，麦糟层的厚度不宜太厚或太薄，太厚会延长过滤时间；太薄则麦芽汁滤出太快，麦芽汁澄清度降低，麦糟容易冷却，使过滤效能减弱。根据实践经验，一般麦糟层厚度取0.3～0.4m较为适宜，对100kg的干麦芽所需的过滤面积为0.5～0.6m²。

4. 煮沸锅

煮沸锅用于麦芽汁的煮沸和浓缩，蒸发掉多余的水分，使麦芽汁达到一定的浓度。并加入酒花，使酒花中所含的苦味及芳香物质进入麦芽汁中。

煮沸锅的主要结构如图1-5-5所示。为了观察麦芽汁量，锅内设有液量标尺，在锅身上部还有一圈开有小孔的喷水管，便于清洗锅壁。在锅顶上与糖化锅一样开有人孔拉门，其他结构型式与糊化锅基本相同。

煮沸锅的容积，要求能容纳全部麦芽汁。100kg麦芽需煮沸锅容量为800～900L，再加上25%～30%作为麦芽汁运动的空间。由于煮沸锅的形状与糊化锅相似，故其容积计算也与糊化锅相同。煮沸锅内液柱高与直径之比为1∶2，一般不大于此比例，如表面积过小，液柱过高，对液体对流不利，影响蒸发量，也影响凝结蛋白质的析出。排汽管的截面积为锅内液体表面积的1/30～1/50。根据实践经验，每小时可以蒸发水量相当于锅中物料量的8%～10%，故在一般条件下需煮沸的时间为1.5～2h。

40

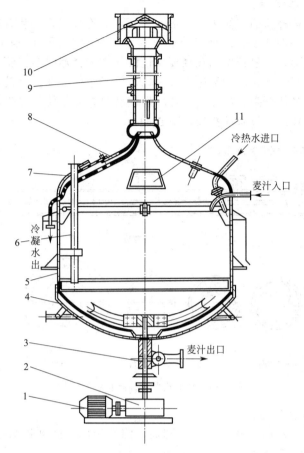

冷热水进口

麦汁入口

冷凝水出

麦汁出口

图 1-5-5　煮沸锅的结构

1—电动机；2—减速箱；3—出料阀；4—搅拌装置；5—锅体；6—液量标尺；

7—人孔双拉门；8—锅盖；9—排汽管；10—筒形风帽；11—人孔单拉门

二、糖蜜原料的稀释设备

糖蜜原料的稀释设备有间歇式和连续式两大类。在糖蜜分批稀释工艺操作中，通常是在一装有搅拌装置内，使糖蜜与水均匀混合。而糖蜜连续稀释工艺操作则需使用糖蜜连续稀释器。生产上通常使用连续稀释设备，这是由于其结构简单，操作方便，生产效率高。

1. 间歇式糖蜜稀释设备

间歇式的糖蜜稀释器通常是一个敞口的容器，内有搅拌装置或用通风代替搅拌以使糖蜜与水能达均匀稀释。稀释器可由钢板制成，也可是水泥池。其容积 $V(\text{m}^3)$ 大小可按下式计算；

$$V = V'/\eta$$

式中　V'——稀释器内稀糖液的体积，m^3；

　　　η——装满系数，一般取 $0.8 \sim 0.85$。

稀释器的几何尺寸，可根据总容积和选定的径高比计算。常用的间歇稀释器的容积一般为 $5 \sim 20 \text{m}^3$。

2. 水平式糖蜜连续稀释器

水平式糖蜜连续稀释器的主体为一筒形水平管，沿管长在管内装有若干隔板和筛板，将其分成若干若干部分（图1-5-6）。为了使糖蜜与水很好地混合，隔板上的孔上下交错地配置，以改变糖液流动形式。隔板上的孔径要保证液体在稀释器内湍流流动。隔板固定在两根水平杆上，能与杆一起装卸，以便清理，并可以从管子中取出来。该设备还装有冷热水和营养盐类的连接管口。为使糖蜜容易流出，稀释器安装时，通常使其出口的一端向下倾斜。这种稀释器的混合效果较好，没有搅拌器，节省动力。

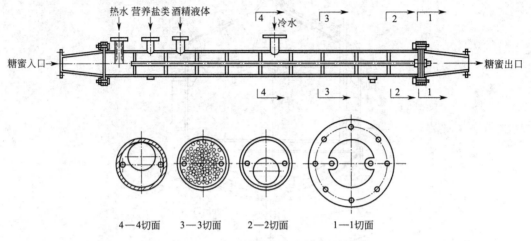

图1-5-6 水平式糖蜜连续稀释器结构

3. 立式糖蜜连续稀释器

立式糖蜜连续稀释器的设备主体为一圆筒，圆筒顶部和底部均为锥形封头，总高度为1.5m，其结构如图1-5-7所示。

立式糖蜜连续稀释器的下部有糖蜜、热水和冷水三个连接管口。糖蜜和热水进入后，流过下边的一个中心有圆形孔的隔板，与刚进入的冷水混合。圆筒部分有7～8块具有半圆形缺口的隔板交替配置，即一个半圆形缺口在左，一个圆形缺口在右，迫使液体交错呈湍流运动，使糖蜜和水更好地混合。隔板之间距离为125mm，糖液允许速度为0.08～0.1m/s。

4. 错板式糖蜜连续稀释器

错板式糖蜜连续稀释器结构如图1-5-8所示。

该设备主体为一圆形管，高度一般在200～250mm。在圆形管内装有10～15块交错排列的挡板，挡板倾斜安装以减少流动阻力。从稀释器的上部进入的糖蜜、营养液和水以并流方向向下流动，经过圆形管内各挡板的作用，反复改变流向，使各种物料与水得到均匀的混合。混合后的糖液从稀释器的下部流出。

5. 胀缩式糖蜜连续稀释器

胀缩式糖蜜连续稀释器的设备主体为一个中间突然收缩的圆筒，中间收缩部分直径和筒身直径比为1:(2～3)，收缩段的长度等于主体管的直径，其结构如图1-5-9所示。

糖蜜、营养液和水由稀释器下部进入，在圆筒内向上流动的过程中，因圆筒内径的几次改变使流速随着发生多次改变，促进了各种物料与水的均匀混合，混合后的糖液从稀释器的上部流出。

6. 变管径式糖蜜连续稀释器

变管径式糖蜜连续稀释器是用几种不同管径的直管段连接而成，其结构如图1-5-10

所示。

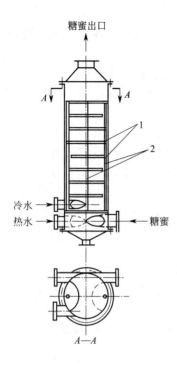

图 1-5-7　立式糖蜜连续稀释器结构
1—隔板；2—固定杆

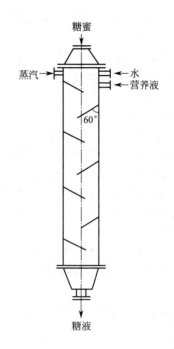

图 1-5-8　错板式糖蜜连续稀释器结构

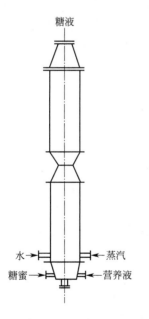

图 1-5-9　胀缩式糖蜜连续稀释器结构

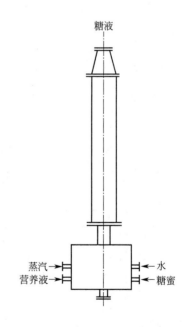

图 1-5-10　变管径式糖蜜连续稀释器结构

　　该设备的工作原理与胀缩式糖蜜连续稀释器相同，利用糖液流过不同管径截面时流速发生改变，致使器内流动的各种物料与水经几次的膨胀、收缩作用而达到均匀混合的效果。

复习思考题

1. 机械输送设备有哪几种？请分别说明带式输送机和螺旋输送机的工作原理和适用的物料。

2. 斗式提升机有哪几种上料和卸料的方式？如何确定其卸料方式？

3. 气力输送系统由哪些设备组成？从一个加料点向几个不同的地点送料时，采用什么形式的气流输送较好？

4. 液体物料输送主要有哪些设备？简述其工作原理和适用的物料。

5. 大麦的分选、精选和分级分别用什么设备？请分别说明这些设备的构造和原理。

6. 锤式粉碎机由哪些主要部件构成？请简述这些部件的构造。

7. 辊式粉碎机是如何粉碎物料？它有哪些类型？

8. 画出淀粉质原料的双酶法液化糖化设备流程图，并注明各个设备的名称。

9. 试分别画出三套管式加热器和连续液化喷射器的结构简图，比较两者的工作原理有什么不同？

10. 简述水力喷射真空泵（或称水力喷射器）的工作原理及安装要求。

11. 四器组合的啤酒麦芽汁制备系统由哪些设备组成？糊化锅的锅底为什么设计成弧形？

12. 糖蜜连续稀释器有哪些类型？试以其中一种为例，画出结构简图并说明稀释原理。

第二章　培养基的灭菌和空气除菌设备

大多数工业发酵过程是需氧的纯种发酵，只允许生产菌的存在和生长繁殖，不允许其他微生物存在。灭菌是防止发酵过程污染杂菌、确保正常生产的关键。对进入反应器的培养基以及凡是与特定微生物接触的发酵罐、管路以及通入罐内的压缩空气等均需要严格灭菌或除菌。

第一节　培养基灭菌设备

灭菌是杀死一切有生命物质的过程。常用的灭菌方法主要包括化学物质灭菌、热灭菌（包括湿热灭菌和干热灭菌）、射线灭菌和介质过滤除菌等。由于蒸汽有很强的穿透能力，来源方便，价格低廉，灭菌效果可靠，是目前发酵工业生产中培养基和设备最常用的灭菌方法。

一、湿热灭菌的原理

利用饱和蒸汽进行灭菌的方法称为湿热灭菌法。其原理是借助于蒸汽释放的热能使微生物细胞中的蛋白质、酶和核酸分子内部的化学键，特别是氢键受到破坏，引起不可逆的变性，使微生物死亡。

1. 微生物的热死规律——对数残留定律

微生物热死是指微生物受热失活直到死亡。微生物受热死亡主要是由于微生物细胞内酶蛋白受热凝固变性所致。在培养基进行湿热灭菌时，培养基中的微生物受热死亡的速率与任一瞬间残存的微生物数量成正比，这就是对数残留定律，可用下式表示：

$$\frac{\mathrm{d}N}{\mathrm{d}t} = -kN$$

式中　N——培养基中残存活菌数，个；

$\quad\quad t$——受热时间，min；

$\quad\quad k$——热死速率常数，min^{-1}。

若开始灭菌（$t=0$）时，培养基中活菌数为 N_0，经过 t 时间灭菌后的残留菌数为 N_t，对上式移项积分得：

$$\int_{N}^{N_t} \frac{\mathrm{d}N}{N} = -k\int_0^t \mathrm{d}t$$
$$N_t = N_0 \mathrm{e}^{-kt}$$

根据上式，如果要求达到彻底灭菌，即 $N_t=0$，则所需的灭菌时间 t 为无限长，这在实际生产中是不可行的。因此，通常取 $N_t=0.001$（即在工程计算中假定 1000 批次灭菌中有 1 批是失败的）。不同种类微生物对热的抵抗力不同。热死速率常数 k 是微生物耐热性的一种特征，它随微生物的种类和灭菌温度的变化而变化，在相同温度下，k 值越小，则该种微生物越耐热。一般情况下，微生物芽孢的 k 值远小于其营养细胞，不同细菌的芽孢的 k 值也不相同。

2. 培养基的灭菌温度和时间的确定

培养基在灭菌过程中，在微生物被杀死的同时，还伴随着培养基成分的破坏，尤其在蒸汽加压加热的情况下，氨基酸、维生素等成分都容易被破坏。所以在工业生产中必须选择既能达到灭菌目的，又能将培养基中营养成分的破坏减少到最小的灭菌条件。培养基成分受热破坏是化学分解反应。试验证明，随着温度上升，微生物死亡速率的增加，要比营养成分破坏的增加大得多。因此，尽量采用高温、短时的灭菌方法，既可达到规定的灭菌程度，同时又减少了营养成分损失。

从式 $N_t = N_0 e^{-kt}$ 可得：

$$t = \frac{1}{k} \ln \frac{N_0}{N_t} \quad \text{或} \quad t = \frac{2.303}{k} \lg \frac{N_0}{N_t}$$

通过上式可计算理论灭菌时间。由此式可见，在一定温度条件下，灭菌时间取决于污染程度（N_0）、灭菌程度（残留菌数 N_t）和热死速率常数 k 值。由于灭菌的时间还要受到培养基的质量、杂菌浓度、杂菌种类、培养基的 pH 等因素的影响，实际生产中使用的灭菌温度和时间是经验值。分批灭菌一般是 121℃（表压 0.1MPa），加热 15～30min；连续灭菌是将培养基通过加热装置升温至 126～132℃，加热 15～30min。这两种灭菌时间均较理论灭菌时间延长数倍，以确保杀死包括微生物芽孢在内的各种微生物。

二、培养基的分批灭菌

在发酵罐中进行实罐灭菌，是典型的分批灭菌，全过程包括升温、保温、降温三个过程。它是将配制好的培养基放在发酵罐中，通入蒸汽将培养基和发酵罐一起加热，达到灭菌要求的温度后维持一段时间，再冷却至发酵要求的温度，故也称实罐灭菌。

通用式发酵罐上一般装有空气进口管和排气管、进料管和出料管、接种管、消沫剂管、取样管以及传热用的夹套或蛇管。发酵罐采用间壁传热，夹套或蛇管与罐内不通。培养基在配制罐中配好后，通过专用管道输入发酵罐中。进料前应先将发酵罐及连接管道洗净，把发酵罐的空气用过滤器灭菌并用空气吹干，开启排气阀门，放出夹套或蛇管中冷却水。实罐灭菌的进汽、排汽及冷却水系统如图 2-1-1 所示。

分批灭菌的操作过程为：①预热、升温。进料完毕后，开搅拌以防料液沉淀。将发酵罐上封头各阀门打开排气。对于小型发酵罐，将蒸汽引入夹套或蛇管进行间壁加热，待罐温升到 80～90℃，将排气阀门逐渐关小，再从进气管、取样管和排料管向罐内直接通入蒸汽。采用间壁预热的目的是避免直接导入蒸汽进罐内而产生大量的冷凝水使培养基稀释，还能防止直接导入蒸汽造成的泡沫急剧上升而引起物料外溢。对于大型发酵罐，目前多采用不预热而直接进蒸汽的方法，逐渐提高罐温、罐压。

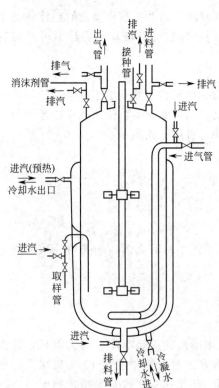

图 2-1-1　实罐灭菌的进汽、
排汽及冷却水系统

②保温。当罐温上升到 121℃，罐压达到 0.1MPa（表压）时，调节蒸汽阀门大小，保温15～30min。各路蒸汽进口要畅通，防止逆流；罐内液体翻动要剧烈，以使罐内物料达到均一的温度；排气量不宜过大，以节约蒸汽。在灭菌过程中应特别注意，液面以下与培养基接触的管道都要进蒸汽，液面以下与培养基接触的管道都要排气。这就是"非进即出"的进汽和排气原则；所有进入发酵罐的管道如果不进入蒸汽就一定要进行排气，使所有管道都被蒸汽（或二次蒸汽）通过而灭菌，不能有既不进汽也不排气的管道（死角）存在！③冷却。待保温结束后，依次关闭各排气、进汽阀门，当罐内压力低于空气过滤器供气压力后，向罐内通入无菌空气以保持罐压，然后打开夹套或蛇管冷却水冷却，以避免罐压迅速下降，产生真空而吸入外界带菌的空气。将培养基冷却到所需的温度。

分批灭菌的优点是不需要附加专门的加热和冷却设备，投资少；操作简便，灭菌效果可靠；对蒸汽的要求较低，一般 0.2～0.3MPa 即可满足要求。分批灭菌不能采用高温快速灭菌工艺，升温、保温和冷却三个阶段的操作都是在发酵罐内完成，升温慢、降温也慢，增加了发酵前的准备时间，延长了发酵周期，发酵罐利用率低，在灭菌过程中蒸汽用量变化大，造成锅炉负荷波动大，冷却水用量也大；而且无法采用高温短时灭菌，因而不可避免地使培养基中营养成分遭到一定程度的破坏，但是国外通过采取增大搅拌功率、增大冷却面积等措施，充分利用其优点而避免其缺点，即使大罐也采用实消。

三、培养基的连续灭菌设备流程

连续灭菌即培养基在发酵罐外经过一套连续灭菌装置，进行快速连续加热灭菌，并快速冷却，再立即输入预先经过空罐灭菌后的发酵罐中。

连续灭菌是在培养基流动过程中分别在加热设备、保温（维持）设备和冷却设备完成传热三个阶段。这些设备的体积可比发酵罐小得多，所以培养基可在较高的温度、短时间内加热到灭菌温度并能很快被冷却，有利于减少营养物质的破坏。

采用连续灭菌时，发酵罐在加入灭菌的培养基前应先行单独进行空罐灭菌（空消）。通常是用蒸汽加热发酵罐的夹套或蛇管并从空气分布管中通入蒸汽，充满整个容器后，再从排气管中缓缓排出。容器内的蒸汽压力保持 0.1MPa（表压），20min。在保温结束后，随即通入无菌空气，使容器保持正压，防止形成真空而吸入带菌的空气。加热设备、保温（维持）设备和冷却设备也应先行灭菌。

1. 连消塔-维持罐-喷淋冷却器连续灭菌流程

图 2-1-2 为由连消塔、维持罐和喷淋冷却器组成的连续灭菌流程，是我国 20 世纪 80 年代以前广泛使用的连续灭菌方式，由于所用设备简单，操作方便，是迄今为止仍然被部分厂家所采用的灭菌系统。

将培养基在配料罐内定容并预热到 60～75℃，用连消泵将其输入连消塔，与塔内饱和蒸汽迅速接触、混合，在 20～30s 内将培养基温度升至灭菌温度，再输送到维持罐内，自维持罐的底部进入，逐渐上升，然后从罐上部侧口处流出罐外。培养基在维持罐内要持续保温灭菌 5～7min，罐压维持在0.2MPa（表压）左右。培养基由维持罐流出后进入喷淋冷却器，冷却到 40～50℃，输送至已空消的发酵罐内。培养基输入连消塔的速度一般控制在小于 0.1m/s。

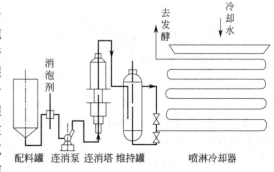

图 2-1-2　由连消塔、维持罐和喷淋冷却器组成的连续灭菌流程

2. 喷射加热连续灭菌流程

图 2-1-3 为由喷射加热、管道维持、真空冷却组成的连续灭菌流程。

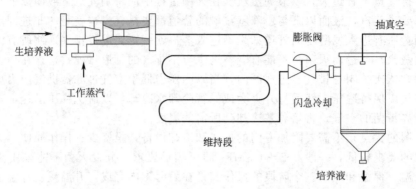

图 2-1-3　由喷射加热、管道维持、真空冷却组成的连续灭菌流程

该流程采用了喷射加热器，它使培养液与高温蒸汽直接接触，从而在短时间内可将培养液急速升温至预定的灭菌温度。蒸汽通过喷射器直接喷入培养液，培养液温度急速上升到预定灭菌温度。在此温度下的保温时间由保温段管道的长度来保证。灭菌后培养液通过一膨胀阀进入真空冷却器急速冷却。真空系统要求严格密封，以免重新污染。由于受热时间短，所以可把温度升高到130℃以上而不引起培养液的严重破坏。

灭菌温度取决于喷射加热器中加入蒸汽的压力和流量。要保持灭菌温度很定就要使蒸汽压力及培养基流量稳定，故易设置自控装置，如自控的滞后较大，也会引起操作不稳定而产生灭菌不透或过热现象。

此流程的优点是加热和冷却在瞬间完成，营养成分破坏少。可以采用高温灭菌，把温度升高到140℃而不至于引起培养基营养成分的严重破坏。设计合适的管道维持器能保证物料先进先出，避免了过热或灭菌不彻底等现象。

3. 薄板换热器连续灭菌流程

图 2-1-4 为薄板换热器连续灭菌流程。

在该流程中，薄板换热器既作为加热器，又作为冷却器。培养基在一套设备中同时完成预热、灭菌及冷却过程。换热板 3 起冷却灭菌后的培养液作用，换热板 1 既对待灭菌培养液起预热的作用，又使已灭菌培养液冷却，换热板 2 起着蒸汽加热使培养液的温度升高和灭菌的作用。维持段起保温灭菌的作用。待灭菌的培养液在换热器 1 预热后进入换热器 2，在换热器 2 里被升温到灭菌温度，然后经过维持管的保温维持后，在薄板换热器的另一段（换热板 3）

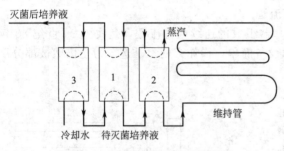

图 2-1-4　薄板换热器连续灭菌流程

冷却。

薄板换热器连续灭菌的特点是培养基在设备中同时完成预热、灭菌及冷却过程。虽然加热和冷却生培养液所需时间比使用喷射式连续灭菌稍长，但灭菌周期比分批灭菌小得多。由于生培养基的预热过程即灭菌培养基的冷却过程，所以节约了蒸汽及冷却水的用量。薄板换热器的缺点是制造加工复杂，必须有专业厂成批生产，密封要求高，密封填圈易损坏，需经常调换。

与分批灭菌相比，连续灭菌工艺的优点是可以采用高温短时，使培养基养分破坏减少到最低限度，从而增加生产率，并且缩短了发酵周期。组成培养基的耐热性物料和不耐热性物料可分开在不同温度下灭菌，也可将糖和氮源分开灭菌，以免醛基与氨基发生反应，以减少培养基受热破坏的损失并防止有害物质生成；发酵罐非生产占用时间短，容积利用率高；蒸汽用量平稳，热能利用合理，适合自动化控制。但是，连续灭菌需增加一套加热设备、保温（维持）设备和冷却设备，投资较大，且在发酵罐外附加的设备可能造成二次污染的机会，也增加了能耗；对蒸汽压力要求高，一般要求高于 0.5MPa；操作繁杂，物料焦化结垢经常发生，要时常检查清理，不适用于黏度大、泡沫多或固体成分含量高的培养基的灭菌。

四、加热设备

在连续灭菌流程中，培养基加热设备有套管式连消塔、汽液混合式连消塔和喷射式连消器等多种形式。

1. 套管式连消塔

套管式连消塔是由有许多小孔的蒸汽导入管和外套管两层管组成，其结构如图 2-1-5 所示。

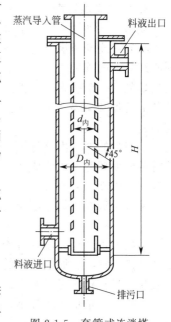

小孔的孔径一般为 5～8mm，孔数决定于蒸汽导入管的直径，通常取小孔的总截面积等于或小于蒸汽导入管的截面积。小孔与管壁成斜下 45°夹角开设。为使蒸汽均匀加热，小孔在导管上的分布是上稀下密。操作时，料液从塔的下部由泵（泵的操作压力要大于蒸汽压力）打入，在两管环隙内向上流动，并使其流速为 0.1m/s 左右。用 0.5～0.8MPa 的蒸汽从塔上部通入蒸汽导入管，经管壁小孔喷出后与物料激烈混合，加热到 126～132℃，再由外套管上部侧面流出。套管式连消塔的有效高度为 2～3m，料液在加热器中停留时间为 20～30s。

由于套管式连消塔存在蒸汽导入管小孔易堵塞，物料流速控制不均匀，易结垢等弊病；而且设备又比较高，操作时有较大噪声，目前已很少使用。

2. 汽液混合式连消器和连消塔

汽液混合式连消器结构如图 2-1-6 所示。

汽液混合式连消器为圆筒形，在圆筒的下部伸入一个套管式喷嘴，与底盖连接，喷嘴上方有圆形挡板。待灭菌的料液由下端进入，加热蒸汽由侧面进入后呈环形加热料液。上

图 2-1-5　套管式连消塔

升的料液被圆形挡板阻挡，折转向四周后再上升，随后被蒸汽第二次加热后，由圆筒顶部排出。汽液混合式连消器既可制成立式，又可制成卧式。塔的直径 D 和有效塔高 H 可分别由下式计算求得：

$$D = \sqrt{\frac{V}{0.785v}}$$

$$H = v\tau$$

式中　V——料液流量，m^3/h；

　　　v——料液在塔内流速（一般取 0.05～0.1m/s），m/s；

　　　τ——料液在塔内停留时间（一般取 15～30s），s。

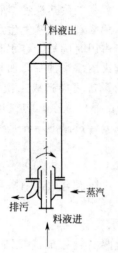

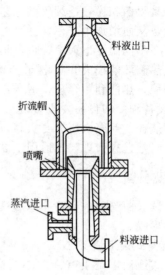

图 2-1-6　汽液混合式连消器　　　　　　　图 2-1-7　喷射式连消塔

3. 喷射式连消塔

喷射式连消塔是抗生素生产广泛使用的加热设备，其结构如图 2-1-7 所示。

喷射式连消塔塔身为圆筒形，筒口下端设置料液进口管与蒸汽进口管。料液管与蒸汽管同心组装，两管的内径相差不大，管间环隙很小，蒸汽在此间隙喷出速度很快。在文丘里喷嘴出口处有一个扩大端，扩大端顶端上方设置了一块弧形挡板（折流帽），增强了蒸汽与料液的混合加热效果。蒸汽喷口的环隙面积约为喷嘴外径的一倍，扩大管高度一般为 1m 左右。

预热后的料液由泵打入加热器的下端中心物料导入管，流速约为 1.2m/s。蒸汽从物料管外的侧面环隙引入，成环形加热料液，其流速为 20～25m/s。蒸汽通过文丘里喷嘴以很高速度（约 150m/s）喷出，与料液相遇并使料液瞬间达到灭菌温度（130～140℃）。向上喷出的料液被折流帽阻挡，沿挡板四周上升进入扩大管，在圆筒内维持一定时间后，从圆筒顶部排出。

喷射式连消塔内设有折流帽的原因是蒸汽以高速冲出文丘里喷嘴与料液均匀混合后，向上的速度仍很大，而加热器的扩大管高仅有 1m 左右，料液很容易直接冲出加热器，影响混合效果。设有挡板后，蒸汽、料液可碰撞挡板折流在扩大管内进一步均匀混合。

喷射式连消塔体积较小，结构简单，升温快，效果好，工作时噪声小、运行稳定、无振动。常见的喷射式连消塔处理量为 12～14m³/h，设备塔身采用 φ273mm×7mm 无缝钢管，直筒高度 800mm，锥体高度 150mm。

4. QSH 型汽水混合加热器

对于不含固形物的澄清液培养基，现一般使用 QSH 型汽水混合加热器作为连续灭菌加热器。

QSH 汽水混合加热器是一种新型节能环保产品。它是利用蒸汽与水直接混合将水加热，具有低噪声、无振动、热效率高等特点，被广泛地应用在加热生活、生产用水及热水除氧等系统中，其主要结构如图 2-1-8 所示。在拉伐尔喷管外加一套管，喷管外侧与外壳之间作为蒸汽室并与蒸汽汽源接通；喷管与冷水系统连接；进水端相对很小部位为喷管喉部，在喷管渐扩段的斜壁上钻有细小的喷孔。被加热水在喷管内流动，蒸汽在喷管外侧，当水高速流经拉伐尔喷管喉部进入扩散段时，蒸汽从喷管外侧壁面上的斜向小孔均匀地高速喷入水中，与水在高速流动中相互均匀混合。调节蒸汽侧阀门大小，就可得到所需温度的热水。

拉伐尔喷管（亦称渐缩渐阔喷管）是瑞典人拉伐尔在 1883 年在蒸汽涡轮机上应用的喷管。拉伐尔喷管是截面积首先逐渐变小，然后又逐渐再变大的一段管道。从拉伐尔喷管中间通过的气体可被加速到超音速，而并不会产生撞击。气体在截面积最小处（此处被称为喷管喉部）恰好达到声速。QSH 汽水混合器是利用蒸汽的热能，蒸汽经斜向的细小喷孔以多股蒸汽束射入水中，汽液接触面很大，且蒸汽在水中凝结的换热系数相当大，从而满足系统要求的加热量；同时也利用蒸

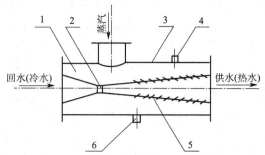

图 2-1-8　QSH 型汽水混合加热器结构
1—加热室；2—喷管；3—外壳；4—排气管；
5—加热小孔；6—泄水栓

汽的动能，在蒸汽与水进行换热的同时，把蒸汽的动能也传递给水流，从而使水流在喷管内增加动能。

QSH 型汽水混合加热器能实现蒸汽与被加热料液这两股流体的快速、充分的混合交换，噪声低、振动小，而且可以得到任意所需的加热温度。但是，对于固形物含量较多发酵培养基的连续灭菌，容易发生喷管堵塞、振动大和噪声高等故障。

5. 喷射加热器

喷射加热器是根据文丘里管的原理设计的。当高压蒸汽（或物料）通过喷嘴，使喷射器的内腔形成真空，吸引高压物料（或蒸汽）进入喷射器内腔，随即与蒸汽汇合形成湍流，料温骤升至灭菌温度。喷射加热器按喷射形式不同分为两种：一种是喷射蒸汽，以带动料液，称为"汽带料"式；另一种是喷射料液，以带动蒸汽，称为"料带汽"式。无论哪种形式，喷射过程蒸汽或者料液进入喷射器都是强制性的，即蒸汽的进入是靠蒸汽本身的压力，料液的进入则是靠物料泵提供的压力。由于工业生产中蒸汽的稳定性相对较差，所以一般都会选择以料带汽的方式。图 2-1-9 为喷射加热器的结构简图。

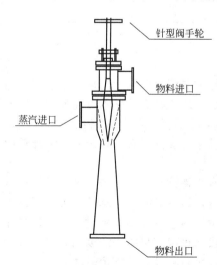

图 2-1-9　喷射加热器的结构简图

利用物料泵送入具有一定压力的物料，物料经过喷射器的喷嘴时将压力能转化为动能形成高速的射流，使喷嘴周围的空间形成一定的"低压"而不断地吸入蒸汽，依靠射流表面的摩擦作用、气液分子的扩散作用和蒸汽的压力，使蒸汽随同射流液通过压缩管进入扩压管，随着物料流速的降低动能又转化为压力能，物料在高湍流状态下迅速吸收热量瞬间达到灭菌温度并进入维持罐，然后物料以层流（避免紊流造成混流、错流致使灭菌时间不准的现象发生）的方式保持先进先出、后进后出的状态流至维持罐出口完成灭菌时间，再进入冷却器换热进入发酵罐完成连续灭菌工作。

利用喷射器连续灭菌时，一定要协调好蒸汽和料液的进入，达到稳定、均衡是连续灭菌的关键。当工作条件（蒸汽压力、灭菌温度、物料流量）发生变化时，可以通过调节喷射器上的针型阀（针形阀的阀芯是一个尖的圆锥体，具有较好的节流性能）以维持必要的压力和流速，使喷射器达到最佳的加热升温工作效果。因此，在选用连消物料泵时，一定要保证发酵培养基连续、稳定的输送，并且要具有一定的扬程，同时也要能在灭菌操作时，通过针型阀调节物料的流量。由此

可知，选用离心泵是比较合适的，它既能满足培养基连续灭菌工艺的要求，而且管路安装和操作相对简单，1～2人即可完成操作。当培养基黏度较低或者工艺管路流程阻力较小时，可以选用单级离心泵；而当培养基黏度较高或者工艺管路流程阻力较大时，可以选用多级离心泵。而选用往复泵等正位移泵（或者叫容积泵）显然是不适宜的，这主要是由于正位移泵的流量调节，只能通过支路阀调节或者通过调速器、变频器改变电机转速来调节，这就导致连消喷射器上的针型阀失去了调节功能，影响喷射器灭菌温度的稳定性以及维持罐物料的层流状态，而且严重影响物料流量计的准确性。单螺杆泵是一种新型的内啮合正位移泵，它具有流量均匀连续稳定无脉动、自吸能力好、压力和流量范围宽阔、对进入的气体和污物不太敏感等特点，可输送各种混合杂质、含有气体及固体颗粒或纤维的介质和高黏度的物质。当无合适的离心泵用于高黏度发酵培养基或者工艺管路流程阻力很大的连续灭菌工艺时，方可选用单螺杆泵，而且必须配备变频器或者调速器以及安装支路阀旁路，同时要制定复杂完整的操作程序和配备2名以上熟练的操作工，才能确保连续灭菌工艺的正确实施。

由于喷射加热器的加热混合效果好，且操作简单，所以被广泛地用于流体的加热混合过程。

上述连消塔一般是由各使用厂家自行设计加工，而喷射式连消器已有专门厂家设计制造。国内某公司生产的喷射加热器规格系列如表2-1-1所示，使用厂家可根据生产要求选用。

表 2-1-1 喷射加热器规格和型号

序号	型号	规格		序号	型号	规格	
		干物质计/(t/h)	液体计/(m³/h)			干物质计/(t/h)	液体计/(m³/h)
1	HYZ-1	0.2	0.5	8	HYZ-8	20	60
2	HYZ-2	0.5	1.5	9	HYZ-9	30	90
3	HYZ-3	1	3	10	HYZ-10	40	120
4	HYZ-4	2	6	11	HYZ-11	50	150
5	HYZ-5	4	12	12	HYZ-12	66	200
6	HYZ-6	6	20	13	HYZ-13	100	300
7	HYZ-7	10	30				

五、维持（保温）设备

维持（保温）设备的作用是在连续灭菌流程中，维持加热到灭菌温度的培养基达到灭菌时间。如果在维持设备内停留时间不足，即灭菌时间不足，培养基灭菌就不可能彻底。培养基在维持设备内一般不需要补充加热，因为补充加热会使培养基在维持设备的壁上产生炭化、结焦等现象。但是，为了避免散失热量而引起培养基温度降低，必须在维持设备外壁面进行良好的保温。

保温是杀灭微生物的主要过程，维持（保温）设备有维持罐和维持管器两种。维持罐直径比进料管直径大得多，培养基不能先进先出，返混较重，维持时间被迫延长，加剧了营养成分破坏。相比之下，物料在维持管中流动时的返混要少许多。在连续灭菌过程中，加热和冷却所需时间极短，为简化计算，可以把加热和冷却阶段的灭菌效果略去。因而，只有维持器的计算与灭菌程度相关。维持设备设计的关键在于确定物料在其中的停留时间。

1. 维持罐

维持罐（图2-1-10）为长圆筒形，上下为球形封头。罐顶部安装有压力表、排气管、人孔，圆筒上有温度计测温孔、进出物料管接口。进料管由罐体侧面伸入至罐内下部，使料液自下向上流动，至上部侧面出料管流出。停止操作时，料液由底部接管排尽。罐体外壁有保温层，以免培养基因散热而温度迅速下降。进料管从维持罐外底封头焊接缝附近进罐，进料管末端对准罐中心向下，这种结构有利于进料管的定期清洗。为了保证灭菌的培养液先进先出，也可在维持罐内加上横隔板。

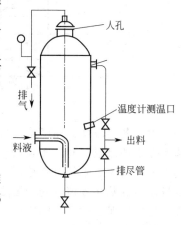

图 2-1-10　维持罐的结构

维持罐的容积应能满足物料在罐内停留时间的需要，其计算式如下：

$$V = \frac{Qt}{60\varphi}$$

式中　V——维持罐容积，m^3；

　　　Q——料液体积流量，m^3/h；

　　　t——维持时间，维持罐不能保证物料先进先出，维持时间一般取计算得到的理论灭菌时间的 3～5 倍或取经验数据 8～25min；

　　　φ——填充系数，一般取 0.85～0.9。

连续灭菌时，要求料液在维持罐中的返混要小，故一般取高径比为 2.0～2.5。

【例题 1】　欲设计一培养基连消系统，处理量为 $Q=15m^3/h$，料液密度 $1000kg/m^3$，发酵罐装料容积 $40m^3$，料液中原始菌数 10^7 个/mL，要求灭菌程度 $N_t=10^{-3}$ 个/批，灭菌温度 $T=132℃$，此温度下 $k=0.299$，试求：①理论灭菌时间为多少？②采用维持罐保温，其维持时间应为多少？③维持罐容积为多少？

解：①理论灭菌时间

由 $t=\dfrac{2.303}{k}\lg\dfrac{N_0}{N_t}$，有

$$t=\frac{2.303}{k}\lg\frac{N_0}{N_t}=\frac{2.303}{0.299}\lg\frac{10^7}{10^{-3}/15\times10^6}=132.29(s)$$

即理论灭菌时间为 $t=132.2/60=2.2(min)$

②维持时间

如前所述，维持罐不能保证物料先进先出，如果采取以上理论灭菌时间作为维持时间，则可能有一部分物料未达到所要求的灭菌程度而过早流出，为了安全起见并根据实践经验，维持时间采用理论灭菌时间的 3 倍，即

维持时间为 $t_{维持}=2.2\times3=6.6min$

③维持罐容积

由 $V=\dfrac{Qt}{60\varphi}$，有

$$V=\frac{Qt}{60\varphi}=\frac{15\times6.6}{60\times0.85}=1.94(m^3)$$

维持罐容积为 $1.94m^3$。

2. 维持管

维持管一般由 U 形管和水平管组合而成，外面用绝热保温材料保温。在具体设计维持管中，维持管长度与管径由保温灭菌时间及培养基的流量来确定。料液的停留时间计算是管长计算的关键。与维持罐相比，流体在维持管中流动时的返混更少，培养基在管内的停留时间更短，但同样不能以理论灭菌时间作为培养基在管内的停留时间。因为实际流体在管内流动时，不论作滞流流动或者是湍流流动，中心处流速最大，靠近管壁处流速减小（图 2-1-11）。

(a) 滞流   (b) 湍流

图 2-1-11　培养基在直管中流动时的速度分布

　　由于各层流体在保温阶段管内的停留时间也各不相同，不能以平均的停留时间来计算灭菌操作中的保温时间。实验指出：在实际流动情况下，因各层流体流速不同，停留时间有差别很大，灭菌效果甚至相差好几个数量级。因此，料液在内的流速一般可取 0.25～0.6m/s，尽量使培养基在管道内处于湍流区，流体各质点流速几乎相等，处于活塞流状态，返混值为零。这样既保证达到灭菌要求，又最大限度地避免了营养成分的破坏。

　　维持管设备简单、阀门少、维持时间远小于维持罐的时间，所以营养成分相对破坏少。但存在管道弯头多、流体在管内流动阻力大、不易清洗等缺点。

六、冷却设备

　　冷却设备是培养基灭菌后迅速降温的场所。冷却设备器的形式很多，应选择冷却效率高、无死角、易清洗、易灭菌、结构简单的形式。常用的有喷淋式蛇管换热器、板式换热器和螺旋板式换热器等。

1. 喷淋式蛇管换热器

　　喷淋式蛇管换热器主要由蛇管、喷淋装置、滴水板和支架等组成。其结构如图 2-1-12 所示，蛇管由上下排列的水平直管借 U 形肘管顺次连接在一起。每排管子最上面设有喷淋装置，如喷头或水槽等。

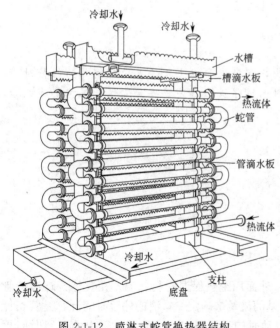

图 2-1-12　喷淋式蛇管换热器结构

　　工作时，冷却水由水槽溢流出，沿槽滴水板均匀淋洒于传热管上。冷却水呈薄膜状沿管子外壁流过管表面，与管内热流体（灭菌后的培养基）换热。热流体从下部进入冷却器，从上部排出，管内流速一般为 0.5～1.2m/s。流经管子外表面的冷却水汇集于管滴水板，逐次往下淋洒。在换热器的下面设有底盘以收集流下来的水。当喷淋不充分时会产生大量蒸汽，因此一般安装在室外通风处，为避免水被风吹走，多围以百叶窗式的护墙。由于冷却水直接喷淋于管外壁面上，部分水汽化蒸发，加上空气的共同冷却作用，传热效果较好。运行中还可经常清扫管外壁面，提高冷却效果。当直管与 U 形肘管用法兰连接时，管内清洗和传热面积的增减都比较容易。

　　安装时要注意，水平换热管应处于同一个垂直面；冷却水溢水槽两侧壁上应开有锯齿形的齿，目的是增加溢水周边，使溢水量均匀，溢水槽安装也应保持水平。

喷淋式蛇管冷却器具有结构简单、检修方便、管外除污容易、料液在管内流动不存在死角、易清洗和杀菌、泄漏容易被发现等优点，曾被广泛用作连续灭菌的冷却设备。其缺点是设备庞大，占地面积大；传热系数小，需要较大的传热面积；冷却水喷淋不均匀，耗水量较大。

2. 板式换热器

板式换热器是由一组长方形的波纹金属薄板构成，故又称薄板换热器或平板换热器。每片板的四个角都有圆孔，板片四角有孔，形成流体的通道，供换热的冷热两种流体通过（图2-1-13）。板片表面压制成波纹形不但可以增加板的刚度，提高抗变形能力；还可以增大传热面积及加强液体的湍动程度，提高传热速率。

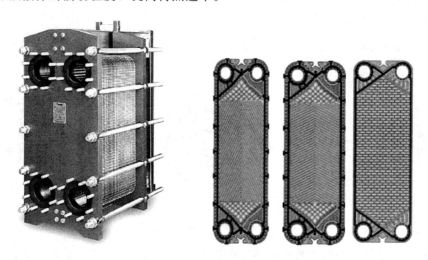

图 2-1-13　板式换热器的外形及其波纹金属薄板

金属板片安装在一个侧面有固定板和活动压紧板的框架内，并用压紧螺杆压紧。密封垫片放置于每片板的周边和两个孔口，用于密封并分成两个流体通道。调节密封垫片厚度可改变流体通道大小（图2-1-14）。压紧装置将叠合在一起的各传热板压紧，使密封垫片起到密封作用［图2-1-14(a)］。传热板片的厚度一般在1～1.2mm，板与板之间的流道4～10mm。工作时，冷热流体交替地在板片的两侧流动，通过板片进行换热［图2-1-14(b)］。

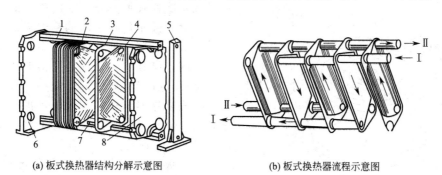

(a) 板式换热器结构分解示意图　　　　(b) 板式换热器流程示意图

图 2-1-14　板式换热器结构分解和流程示意图

1—上导杆；2—垫片；3—传热板片；4—角孔；5—前支柱；6—固定端板；7—下导杆；8—活动端板

板式换热器的优点是结构紧凑，单位体积设备所提供的传热面积大；总传热系数高，可通过增减板数调节传热面积；检修、清洗方便。其不足之处是处理量不大，操作压强较低，操作温度不能太高，密封周边长，易泄漏；适用于清液，对于固体颗粒较多的料液容易堵塞。

3. 螺旋板式换热器

螺旋板式换热器是由两张厚 $2\sim6mm$ 的薄钢板在专用的卷床上平行卷制而成，构成一对相互隔开的同心螺旋形通道，两板之间焊有定距柱以保持两板间距和增加螺旋板的刚度，再加上顶盖和进出口接管而构成圆柱体，其结构如图 2-1-15 所示。工作时，冷热两种流体分别由有两螺旋形通道流过，通过薄板进行换热。在两个均匀的螺旋通道中，冷热两种流体可进行全逆流流动，流速一般为 $0.5\sim1.0m/s$，大大增强了换热效果，即使两种流体的温差小，也能达到理想的换热效果。在壳体上的接管采用切向结构，局部阻力小，由于螺旋通道的曲率是均匀的，液体在设备内流动没有大的转向，总的阻力小，因而可提高设计流速使之具备较高的传热能力。

图 2-1-15　螺旋板换热器结构

螺旋板式换热器与一般列管式换热器相比是不容易堵塞的，尤其是悬浮颗粒杂质不易在

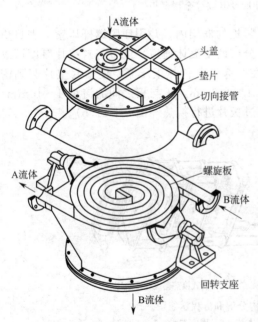

图 2-1-16　可拆式螺旋板式换热器结构

螺旋通道内沉积。这是因为它是单通道，任何沉积物将减小流道的横断面，因而使速度增大，对堵塞区域又起到冲刷作用，而且螺旋通道内没有死角，杂质容易被冲出。

螺旋板式换热器按结构形式可分为不可拆式（Ⅰ型）及可拆式（Ⅱ型、Ⅲ型）。Ⅰ型为不可拆式螺旋板式换热器，螺旋通道的端面采用焊接密封，因而具有较高的密封性；Ⅱ型可拆式螺旋板式换热器结构原理与不可拆式换热器基本相同，但其中一个通道可拆开清洗，特别适用黏性、有沉淀液体的热交换；Ⅲ型可拆式螺旋板式换热器结构原理与不可拆式换热器基本相同，但其两个通道可拆开清洗，适用范围较广（图 2-1-16）。

螺旋板式换热器的特点是总传热效率高，结构紧凑，单位体积提供的传热面积大，流速较高（$1\sim2m/s$），处理量较大，有自清刷能力，因其介质呈螺旋形流动，污垢不易沉积；能有效利用低温热源和精密控制温度仪表；不可拆式换热器检修困难，可拆式换热器允许操作压力和温度较低。

喷淋式蛇管换热器多为使用厂家自行设计加工。设计时主要是根据换热面积确定管径和管长。板式换热器和螺旋板式换热器是高效换热器，产品已标准化和系列化，无需自行设计制造。

设计或选用换热器型号时，所需传热面积 F 计算式如下：

$$F = \frac{Q}{K \Delta t_m}$$

式中　F——传热面积，m^2；

Q——单位时间换热量（由工艺提出），kJ/h；

K——总传热系数，$W/(m^2 \cdot ℃)$；

Δt_m——平均传热温度差，$℃$。

K 值通常根据经验选取：喷淋式蛇管换热器一般为 $290 \sim 580 W/(m^2 \cdot ℃)$；板式换热器一般为 $3000 \sim 4000 W/(m^2 \cdot ℃)$；螺旋板式换热器一般为 $2000 \sim 3000 W/(m^2 \cdot ℃)$。

具体计算方法可参阅《化工原理》有关章节。

第二节　空气除菌设备

微生物在繁殖和好氧发酵过程中都需要氧，一般是以空气作为氧源。但空气中含有多种微生物，这些微生物一旦随着空气进入生物反应器系统，它们也会大量繁殖，不仅消耗大量的营养成分，还可能产生各种各样的代谢产物，影响和破坏生物反应的正常进行，危害极大。

培养基灭菌的方法，主要是热灭菌法。从理论上讲空气灭菌也可用加热的方法进行。但是，由于空气的量很大，且空气的传热效果远不如液体（具体表现为空气的导热率很小），若采用一般培养基的灭菌温度，会使加热设备和维持设备的体积很大。因此，用蒸汽来加热空气再保温维持来达到灭菌的目的，这显然是不合理的。其他如射线法、化学法、静电除菌法等，虽然也可使用，但一般只限于小规模或实验室使用。因此，这里着重介绍过滤除菌法。

过滤除菌法是目前生物反应器系统普遍应用的一种制备无菌空气的方法。它是采用定期灭菌的过滤介质来阻截流过的空气中所含有的微生物，而取得无菌空气。但是进入生物反应器的空气需要经过空气压缩机，以提高压力来克服除菌系统的阻力和保持生物反应器具有一定的压力。因此，压缩空气要除油、除水后，再加热至进入总过滤器和每个罐的分过滤器除菌，便获得纯净、压力和温度均符合要求的无菌空气。

一、生物反应器用无菌空气标准

空气中微生物的数量和环境有着密切的关系。一般干燥寒冷的北方，空气中含微生物较少；而潮湿温暖的南方，空气中含微生物较多；城市空气中的微生物比人口稀少的农村多；地平面空气中的微生物比高空中多。工程设计中常以微生物浓度 10^4 个/m^3 作为空气的污染指标。

生物反应器用无菌空气，就是将自然界的空气经过压缩、冷却、减湿、过滤等过程，使空气达到无菌、无灰尘、无杂质、无水、无油、正压等要求。一般要求 1000 次使用周期中只允许有一个菌通过，即经过滤后空气的无菌程度为 $N = 10^{-3}$。

生物反应器用无菌空气标准如下：

① 空气流量。空气流量根据生物反应器的体积确定。发酵用无菌空气的设计和操作中

常以通气比或 VVM 来计量空气流量。VVM 表示单位时间（min）、单位体积（m³）培养基中通入标准状况下空气的体积（m³）。一般为 0.1～2.0m³（空气的体积)/[m³（培养基体积)·min(单位时间)]。

② 压缩空气的压强。压缩空气的压强一般为 0.2～0.35MPa，压强过低，不利于克服生物反应器中的传递阻力；压强过高，则增加空气压缩机负荷，浪费能源。

③ 相对湿度。进入总过滤器的压缩空气相对湿度控制在 60%～70%。这是为了防止空气过滤器中过滤介质受潮，影响过滤效果。

④ 空气温度。进入生物反应器空气温度可以比培养温度高 10～30℃。虽然对于生物反应而言，空气的温度较低为好，但太低的空气温度是以冷却耗能为代价的。

⑤ 空气的洁净度。在设计空气过滤器时，一般指标取失败概率为 $N=10^{-3}$。无菌空气的洁净度监测指标定为 100 级（参见表 2-2-1）。

表 2-2-1　空气洁净度等级（摘自洁净厂房设计规范 GBJ 73—84 国家标准）

序号	生产区分类	洁净级别[①]/级	尘　埃		菌落数[②]/个	工作服
			粒径/mm	粒数/(个/L)		
1	一般生产区					无规定
2	控制区	100000 级	≥0.5	≤35000	暂缺	色泽或式样应有规定
		100000 级	≥0.5	≤3500	平均≤10	色泽或式样应有规定
3	洁净区	10000 级	≥0.5	≤350	平均≤3	色泽或式样应有规定
		局部 100 级	≥0.5	≤3.5	平均≤1	色泽或式样应有规定

① 洁净级别以动态测定为依据。

② 9cm 双碟露置 0.5h。

无菌空气的监测方法，一般有接种细菌肉汤培养基进行无菌检测、微生物监测仪监测和尘埃粒子计数仪监测三种。采用尘埃粒子计数仪监测无菌空气的方法简便，效果直观迅速，便于操作。

二、压缩空气的预处理流程

生物反应器用无菌空气的制备系统包括三个部分：空气压缩、压缩空气的预处理和压缩空气过滤。

供给生物反应器用的无菌空气，需要克服介质阻力、管道阻力和发酵液静压力，故一般使用空压机。在压缩过程中，又会污染润滑油或管道中的铁锈等杂质。空气经压缩，一部分动能转换成热能，出口空气的温度在 120～160℃之间，起到一定的杀菌作用，但在空气进入发酵罐前，必须先行冷却。

一般把总空气过滤器前面的工序称为空气预处理阶段。压缩空气预处理的目的是要保证空气过滤器中过滤介质的干燥，提高过滤介质的过滤效率。因此要经过加热、冷却、除水和除油等预处理过程。从压缩空气除菌中除去水雾油雾的原因有：①导致传热系数降低，给空气冷却带来困难。②如果油雾的冷却分离不干净，带入过滤器会堵塞过滤介质的纤维空隙，增大空气压力损失。③黏附在纤维表面，可能成为微生物微粒穿透滤层的途径，降低过滤效率，严重时还会浸润介质而破坏过滤效果。

压缩空气的预处理过程由空气冷却、油水分离和空气加热三部分组成，其中能否将空气冷却到露点（25℃）以下，从而使油水彻底分离以及能否将油水分离后的冷却空气再加热，以保证空气的相对湿度降低到 60% 以下为关键点。

由于不同地区气候条件不同，空气预处理流程应根据当地空气情况作出相应的变化，以下是国内几种典型的空气预处理流程。

1. 两级冷却、分离、加热空气预处理流程

两级冷却、分离、加热空气预处理流程是比较完善的标准型空气预处理流程，对各种气候环境条件都能适应。油、水分离效率较高，并能使空气在达到较低的相对湿度时进行过滤，提高了过滤效率（图 2-2-1）。

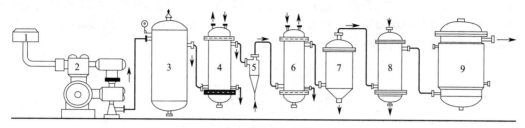

图 2-2-1 两级冷却、分离、加热空气预处理流程
1—粗过滤器；2—空压机；3—贮罐；4，6—冷却器；5—旋风分离器；7—丝网分离器；8—加热器；9—过滤器

该流程的特点是两次冷却、两次分离及适当加热。两次冷却、两次分离油水的好处是能够提高热导率，从而节约冷却水，使油水分离得较为完全。从空气压缩机出来的空气一般压力在 0.2MPa 以上，温度 120～150℃。经过第一冷却器冷却之后，大部分的油、水物质都接近或达到露点温度，已经结成较大的颗粒，并且雾粒浓度较大，因此适宜用旋风分离器加以分离。第二冷却器使空气进一步冷却后析出一部分较小雾粒，则宜采用丝网分离器分离，这样能够发挥丝网分离较小直径的雾粒和分离效率高的能力。通常第一级冷却器冷却到30～35℃，第二级冷却到 20～25℃。除去油和水之后，加热至 50℃左右，需使其相对湿度降低至 50%～60% 的程度，然后进入空气过滤器才可以保证过滤器的正常运转。

两级冷却、分离、加热除菌流程尤其适合用于潮湿的地区，其他地区可根据当地的情况，对流程中的设备作适当的增减。一些对无菌程度要求比较高的产品通常使用此流程进行操作。

2. 冷热空气直接混合式空气预处理流程

冷热空气直接混合式空气预处理流程如图 2-2-2 所示。压缩空气从贮罐出来后分成两部分，一部分进入到冷却器冷却到较低温度，经分离器分离出水、油雾后，与另一部分未处理过的高温压缩空气混合，此时混合空气已达到温度为 30～35℃，相对湿度为 50%～60% 的要求，再进入过滤器过滤。

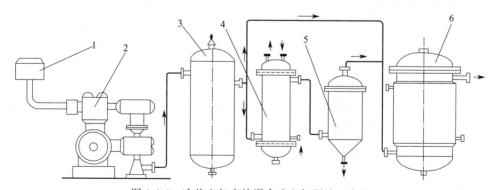

图 2-2-2 冷热空气直接混合式空气预处理流程
1—粗过滤器；2—压缩机；3—贮罐；4—冷却器；5—丝网分离器；6—过滤器

此流程的特点是可省去第二次冷却后的分离设备和空气加热设备，流程较为简单可行，利用压缩空气来加热处理后的空气，冷却水用量较少。该流程适用于中等含湿地区，但不适

合于空气含湿量高的地区。由于外界空气随季节而变化，冷热空气的混合流程需要较高的操作技术。

3. 利用热空气加热冷空气流程

热空气加热冷空气的流程如图 2-2-3 所示。它是利用压缩后热空气和冷却后的冷空气进行热量交换，从而使冷空气升温的过程，以达到降低相对湿度的目标的。该流程对热能的利用比较合理，同时热交换器还可以起到贮气罐的作用，但是由于气-气交换的传热系数很小，加热面积要足够大才能满足要求。

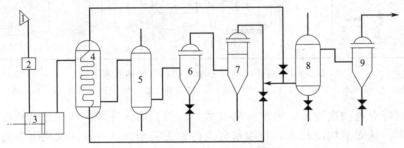

图 2-2-3　利用热空气加热冷空气流程
1—高空采风；2—粗过滤器；3—压缩机；4—热交换器；5—冷却器；
6，7—析水器；8—空气总过滤器；9—空气分过滤器

4. 高效前置过滤空气预处理流程

上述的流程都能降低空气的相对湿度，改善过滤器的过滤条件。为了提高空气的无菌程度，应尽可能采用高空采风，因为高度越高，空气中微生物含量越少。一般情况下，每升高10m，空气中微生物含量减少一个数量级。另一方面，也可以采用高效的前置过滤方法。

高效前置过滤空气预处理流程如图 2-2-4 所示。该流程的特点是在压缩机前设置一台高效过滤器，采用泡沫塑料（即静电除菌）、超细纤维纸为过滤介质，并串联使用，使空气过滤后再进入空气压缩机。

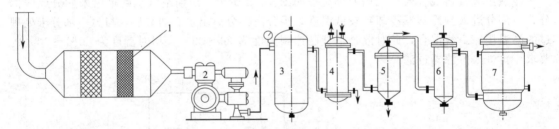

图 2-2-4　高效前置过滤空气预处理流程
1—高效前置过滤器；2—压缩机；3—贮罐；4—冷却器；5—丝网分离器；6—加热器；7—过滤器

经高效前置过滤后，空气的无菌程度已相当高，再经冷却、分离，进入主过滤器过滤。由于降低了主过滤器的负荷（即多次过滤），因而所得的空气无菌程度比较高。

三、压缩空气预处理设备

空气预处理设备主要有采风设备、粗过滤器、空气压缩机、空气贮罐和气液分离器等。

1. 采风装置

采风装置有采风塔和采风室（图 2-2-5）。

采风塔越高越好，至少10m，设计气流速度 8m/s 左右。采风塔应建在工厂的上风口，远离烟囱。采风室直接建在空压机房的屋顶上面，以节约占地面积和空间。

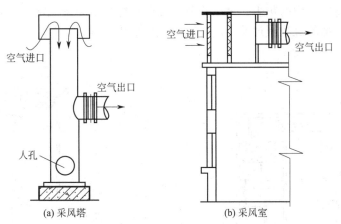

图 2-2-5　采风装置

2. 粗过滤器

粗过滤器又称前过滤器，安装在空压机吸入口前，其主要作用是拦截空气中 $5\mu m$ 以上的机械粒子和尘埃，防止空压机传动磨损，同时作为整个无菌压缩空气系统的粗过滤。要求粗过滤器过滤效率高，阻力小，灰尘容量大，否则会增加空气压缩机的吸入负荷和降低空气压缩机的排气量。

空压机前置过滤器的作用是捕集 $5\mu m$ 以上的机械粒子和尘埃，防止空压机传动磨损，同时作为整个无菌压缩空气系统的粗过滤。设计流速一般为 $0.1\sim0.5m/s$。常用的粗过滤器有：布袋式过滤器、油浴洗涤装置、水雾除尘装置和高效前置预过滤器等。

（1）布袋式过滤器

布袋式过滤器的构造结构最为简单，只要将滤布缝制成与骨架相同形状的布袋，紧套在焊在进气管的骨架上，并缝紧所有会造成短路的空隙，使其密闭就可以了。图 2-2-6 为机械振动袋式过滤装置示意图。

过滤材料有无纺布、玻璃纤维、超细玻璃纤维等，目前大多使用高分子纤维滤布或者直接织成高分子无纺布，如聚丙烯纤维滤布，具有材质稳定、使用维护方便和通过性好等特点。能够引起袋式过滤器的过滤效率和阻力损失的因素，主要是所选用的滤布结构情况和其能够过滤的面积。如果布质结实细致，则过滤效率高，但是阻力大。在布袋式过滤器中，气流速度越大，则气流通过的阻力越大，过滤效率也低。适宜气流速度一般为 $2\sim2.5m^3/(m^2\cdot min)$，空气阻力为 $600\sim1200Pa$。布袋式过滤器的滤布要定期加以清洗，以减少阻力损失，这样可以提高布袋式过滤器的过滤工作效率。

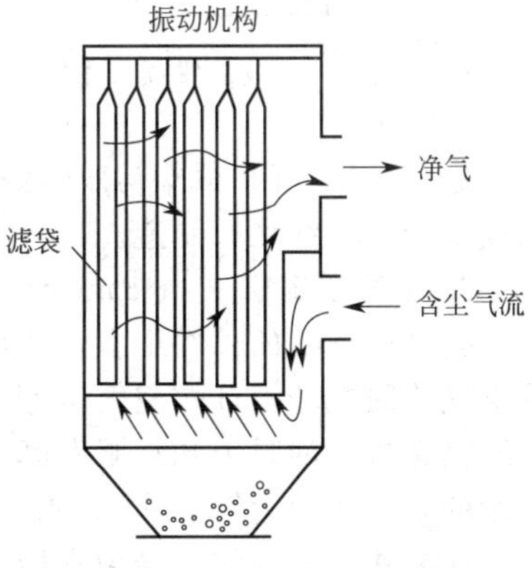

图 2-2-6　机械振动袋式过滤装置

（2）油浴洗涤装置

油浴洗涤装置如图 2-2-7 所示。空气进入装置后通过油层进行洗涤处理，空气中的微粒由于被油黏附而逐渐沉降于油箱底部进而除去。

这种装置的洗涤除菌效果好，阻力较小，但是经过处理的空气中夹带油沫较多，对空气的质量影响很大，目前大型生物工厂已不再使用。

（3）水雾除尘装置

水雾除尘装置如图 2-2-8 所示。空气从设备底部空气入口处进入，经装置上部高压水喷下的水雾洗涤，将空气中的灰尘、微生物颗粒黏附沉降，从装置底部排出，而带有水雾的洁净空气，则经过上部的过滤网过滤之后进入空气压缩机。

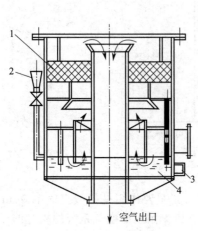

图 2-2-7　油浴洗涤装置

1—滤网；2—加油斗；3—油镜；4—油层

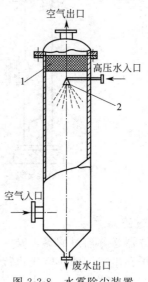

图 2-2-8　水雾除尘装置

1—滤网；2—喷雾器

水雾除尘装置可以有效地将直径为 $0.1\sim20\mu m$ 的液态或固态粒子从气流中除去，同时，也能脱除部分气态污染物。但洗涤室内空气流速不能太大，一般在 $1\sim2m/s$ 范围内，否则带出水雾太多，会影响压缩机，降低排气量。

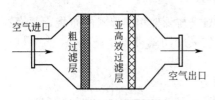

图 2-2-9　高效前置预过滤器

（4）高效前置预过滤器

在空气流量较大时可在空压机前安装高效前置过滤器，可有效地去除空气中的大颗粒。图 2-2-9 所示是一种高效前置预过滤器，其外形像一个大集装箱。过滤器内部设计有两道过滤介质层。前道粗过滤层采用绒布或聚氨酯泡沫塑料，设计流速 $\leqslant0.5m/s$；第二道亚高效过滤层采用无纺布，设计流速 $0.2\sim0.5m/s$。

还可采用 YPF 板式初效过滤器或 D 形滤筒式滤芯作粗过滤器，该类过滤器采用玻璃纤维或复合化学纤维布制造。

3. 空气压缩机（air compressor）

空气压缩机的种类很多，目前在发酵工厂使用的压缩机有往复式空气压缩机、离心式涡轮空气压缩机和螺杆式空气压缩机。空气压缩机型号要根据发酵工艺所需的空气流量、克服压缩输送过程的阻力和克服发酵罐的液柱高度所需的压强来选用。一般生物工厂要求提供生产用的空气压力为 $0.2\sim0.3MPa$，此压力的空气属低压压缩空气。

往复式空气压缩机最为常用，设备成本较低，但出口空气压强不稳定，有脉动，需要用油降温，所以有油雾夹带。离心式涡轮空压机空气压缩机最为理想，流量大，出气均匀，不夹带油雾，不用设置空气贮罐，但其安装和维修保养技术要求比较高，适合大中型生物工厂使用。目前往复式空气压缩机和离心式空气压缩机的使用都较为广泛，但离心式空气压缩机有逐步替代往复式空气压缩机的趋势。螺杆式空气压缩机为整机安装，占地面积小，排气平稳，不含油雾，但对设备的检修保养技术要求及维修费用较高，一般是新型发酵工厂使用。

4. 空气贮罐

空气贮罐的结构如图 2-2-10 所示。空气贮罐作用有：①消除压缩机排出空气时的脉动，维持稳定的空气压力；②使高温空气在贮罐里停留一定的时间，起到部分杀菌作用；③利用重力沉降作用分离部分油、水。

空气贮罐的结构简单，有些厂家在贮罐内安有冷却蛇管，利用空气冷却器排出的冷却水进行冷却，提高冷却水的利用效率，有的在贮罐内加装导筒，使进入贮罐的热空气沿一定的路线经过，增加杀菌效果。

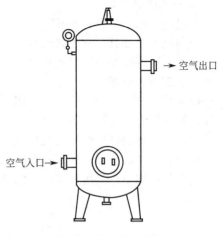

→ 空气出口

空气入口 →

空气贮罐体积可按下式计算：

$$V = 0.1 \sim 0.2 V_c$$

式中　V——贮气罐的体积，m^3；

　　　V_c——压缩空气流量，m^3/min。

图 2-2-10　空气贮罐结构

贮气罐圆筒部分的高径比通常为 $2 \sim 2.5$。贮气罐上应装安全阀，底部应装排污口，空气在贮罐中的流向应自下而上比较好，如果能在罐内安置铁丝网除雾器则可同时达去除液滴的效果。

5. 空气的换热设备

空气的换热设备的主要有加热设备和冷却设备，一般均采用列管换热器。

列管换热器主要由壳体、管束（换热管）、管板（又称花板）、顶盖（又称封头）和连接管等部件组成（图 2-2-11）。

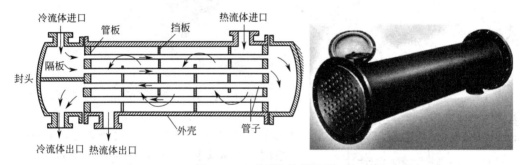

图 2-2-11　列管换热器结构

列管换热器壳体内装有管束，管束是由许多无缝钢管两端固定在管板上组成的，固定的方法可用胀接法，也可用焊接法。一种流体通过管内流动，其行程称为管程；另一种流体在壳体与管束间的空隙流动，其行程称为壳程。流体一次通过管程的称为单管程列管换热器。当换热器的传热面积较大时，管子数目较多，为提高管程的流体流速，常将管子平均分成若干组，使流体在管内依次往返多次通过，称为多管程。

在空气冷却时，空气走壳程，冷却水走管程。热空气中夹带的油、水蒸气经冷凝，由器底的油水排出阀排出。为了提高气相一侧的传热系数，在壳程可设置圆缺形挡板，流速取 $10 \sim 15 m/s$。为了增加冷却水的流速（增加液相的传热系数），可采用多管程（$2 \sim 4$ 程），流速可取 $0.5 \sim 3 m/s$。因气体的热导率很小，空气冷却的总传热系数很低，降温幅度又大，所以冷却用列管换热器一般都较大。

空气加热一般也采用列管换热器。此时，蒸汽走壳程，空气走管程。尽管蒸汽的冷凝一侧传热系数很高，但由于气体一侧传热系数很小，总传热系数仍很小。由于工艺要求的加热空气升温的幅度（温差通常在 $10 \sim 15℃$）远小于空气冷却的幅度（温差通常在 $70℃$ 以上），所以加热所需的列管换热器一般比冷却用列管换热器小得多。

6. 析水除油设备

常见的析水除油设备一般有两类，一是利用离心力进行沉降的旋风分离器，一是利用惯性拦截的填料过滤器。在生物发酵工厂一般采用旋风分离器进行初级析水除油设备，在其后安装金属丝网除沫器进行精细析水除油。

(1) 旋风分离器

旋风分离器是一种结构简单、阻力较小、分离效果较高的气固或气液分离设备。旋风分离器由进气管、上筒体、下锥体和中央排气管等组成，其结构如图 2-2-12 所示。含雾沫的气体从圆筒上侧的进气管以切线方向进入，获得旋转运动。颗粒在随气流旋转过程中，油滴和水滴受到的离心力大，故逐渐向筒壁运动，到达筒壁后沿壁面落下，自锥底落入集液斗。净化后的气流在中心轴附近范围内由下而上做旋转运动，最后经顶部中央排气管排出。

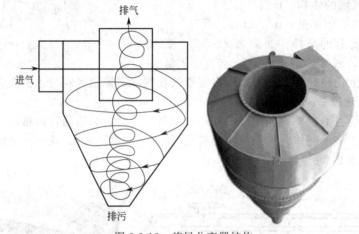

图 2-2-12　旋风分离器结构

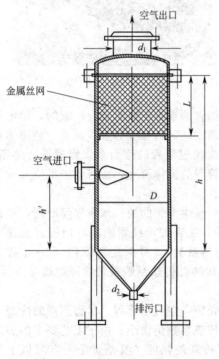

图 2-2-13　丝网除沫器结构

旋风分离器对于分离 $10\mu m$ 以上的微粒效率在 $60\%\sim70\%$，除去 $30\sim40\mu m$ 大小粒子的效率在 90% 左右。但对 $10\mu m$ 以下的微粒较为困难分离。一般的冷凝水雾粒的大小为 $10\sim200\mu m$，可以选用旋风分离器进行分离，旋风分离器的压头损失通常是 $500\sim2000Pa$。

(2) 丝网除沫器

丝网除沫器是填料过滤器的一种。目前工业上所采用的填料主要有金属丝网、瓷环、焦炭、塑料丝网及活性炭等。在各种填料中，丝网具有较高的分离效率，是利用丝网的惯性拦截作用来分离空气中的油滴和水滴。

丝网除沫器一般为立式圆筒形设备，丝网介质层厚度常用的有 $L=100mm$ 和 $L=150mm$ 两种，分离细雾时可用 $200\sim300mm$（图 2-2-13）。

丝网的材料规格很多，其主要材料有聚乙烯、聚丙烯、铜、不锈钢、镍、铝、棉纶及涤纶等，丝的直径一般为 $0.25mm$ 左右，也可为 $0.1mm\times0.4mm$ 的扁丝。一般把丝织成孔径为 $20\sim80$ 目、

64

宽度为 100mm 或 150mm 的丝网，再将丝网绕成消防带状。这样，填入分离器中的丝网介质层厚度为 100mm 或 150mm。

丝网能够除去气体中液滴的原理是：夹带液滴的气体以一定的速度穿过丝网层时，由于惯性作用，加上丝网又有一定的厚度，气流中的液滴就能与丝网撞击而附着于丝网上，然后液滴沿着细丝下流。在毛吸现象和表面张力作用下，使积聚在丝网上的液滴不断变大，直至液滴的重力大于上升气流产生的阻力及表面张力的合力时，液滴就会离开丝网掉下达到气液分离的目的。由于其分离原理不是过滤，所以控制上升气速非常重要。如果气速过快，就会把凝结的液滴又带出丝网除沫器；气速过小，液滴撞击丝网的机会变少，就有可能细小的液滴随气流绕过丝网带出。

丝网除沫器具有比表面积大、自由体积大、重量轻、使用方便等优点，尤其是它具有除沫效率高、压降小的特点。由于丝网的表面间隙小，可除去较细小的雾状微粒。它对于直径大于 $5\mu m$ 的颗粒的分离效果可达 $98\%\sim99\%$，大于 $10\mu m$ 的更可高达 99.5%，且能部分除去较细的颗粒，加上结构简单，阻力损失不大，已被广泛应用于生产中。其缺点主要是在雾沫浓度很大的场合，会因雾沫堵塞空隙而增大阻力损失。

四、空气过滤的常用介质及其除菌机制

空气的过滤除菌法，是让含菌的空气通过过滤介质，以阻截空气中所含微生物，而获得无菌空气的方法。通过过滤除菌处理的空气可以达到无菌，并有足够的压力和适宜的温度以供耗氧培养过程使用。压缩空气的过滤是空气处理的核心工序，过滤级数的选择和过滤介质的选择是需要考虑的关键问题

1. 空气过滤常用介质

过滤介质是空气过滤除菌的关键。因此，过滤介质不仅要求除菌效率高，而且还要求能够耐受高温高压，不易被油水污染，阻力小，成本低，容易更换。

传统的过滤介质有棉花（未脱脂）、颗粒状活性炭、玻璃纤维、超细玻璃纤维纸。随着膜过滤技术的不断发展，膜过滤器也被用来进行空气除菌。聚四氟乙烯、偏聚二氟乙烯、聚丙烯、纤维素酯膜等微孔膜类过滤介质的孔隙小于 $0.5\mu m$，甚至小于 $0.1\mu m$，能将空气中的细菌真正滤去，属于绝对过滤。绝对过滤易于控制过滤后空气质量，节约能量和时间，操作简便。常用空气过滤介质的适用条件及性能见表 2-2-2。

表 2-2-2 常用空气过滤介质的适用条件及性能

过滤介质类型		适用条件及性能
传统过滤介质	棉花、活性炭	可以反复蒸汽灭菌，但介质经灭菌后过滤效率降低，拆装劳动强度大，环保条件差。活性炭对油雾的吸附效果较好，可作为总过滤器用于去除油雾、灰尘、管垢和铁锈等
	超细玻璃纤维纸	可蒸汽灭菌，但重复次数有限，拆装不便，装填要求高，可作为终过滤器，但不能保证绝对除菌
新型高效过滤介质	金属烧结材料	耐高温，可反复蒸汽灭菌，过滤介质空隙在 $10\sim30\mu m$，过滤阻力小，可作为终过滤器，但无法保证绝对除菌
	硼硅酸纤维	亲水性，无需蒸汽灭菌，95% 容尘空间，过滤精度 $1\mu m$，介质受潮后处理能力和过滤效率下降；适合在无油干燥的空压系统中，作为预过滤器，除尘、管垢及铁锈等；过滤介质经折叠后制成滤芯，过滤面积大，阻力小，更换方便，容尘空间大、处理量大
	聚偏氟乙烯	疏水性，可反复高压蒸汽灭菌，容尘空间为 65%，过滤精度 $0.1\sim0.01\mu m$；可以作为无菌空气的终端过滤器；过滤介质经折叠后制成滤芯，过滤面积大，阻力小，更换方便
	聚四氟乙烯	疏水性，可反复高压蒸汽灭菌，容尘空间为 85%，过滤精度 $0.01\mu m$，可 100% 除去微生物；可以作为无菌空气的终端过滤器，无菌槽、罐的呼吸过滤器及发酵罐尾气除菌过滤器；过滤介质经折叠后制成滤芯，过滤面积大、阻力小、更换方便

2. 深层介质过滤除菌机制

按除菌机制不同，可分为绝对过滤和深层介质过滤。绝对过滤所用介质的孔隙小于营养细胞和孢子，如用聚四氟乙烯或者纤维素酯材料做成的微孔滤膜（孔径在 $0.22\mu m$），能将微生物阻留在介质的一侧，从而获得无菌空气。深层介质的除菌机理比较复杂，下面详细讨论。

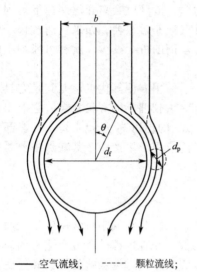

空气流线； ----- 颗粒流线；

d_f—纤维直径； d_p—颗粒直径； b—气流宽度

图 2-2-14 带微粒空气围绕一圆柱形
纤维流动的模型

深层介质过滤所用介质（如棉花、玻璃纤维等）孔隙大于微生物。空气中的微生物粒子大小在 $0.5\sim2\mu m$，而棉花的纤维直径 $d_f=16\sim20\mu m$，形成的网孔为 $20\sim50\mu m$，滤层纤维阻碍气流前进，使其无数次改变速度和方向，绕道前进，如图 2-2-14 所示。

微粒随气流通过滤层时，过滤层具有一定的厚度，滤层纤维所形成的网格阻碍气流前进，迫使气体在流动过程中产生无数次改变气流速度大小和方向的绕流运动，同时因为滤层是由无数单纤维层组成，从而引起微粒过滤层纤维产生惯性冲击、拦截、重力沉降、布朗扩散、静电吸引等作用而使其留在纤维上。在上述五种除菌机理之中，拦截和静电吸附作用不受外界影响，而其他三种机制与空气流速直接相关。一般认为惯性冲击、拦截、布朗扩散截留的作用较大，如图 2-2-15 所示。

当气流速度较高时，以惯性冲击为主；而当气流速度低于一定限度时，以拦截和布朗扩散为主，并可认为惯性冲击不起作用，此时的气流速度称为临界速度 v_c。图 2-2-16 所示为单纤维除菌效率 η 与气流速度 v_s 的关系，其中虚线段表示空气流速高时，会引起除菌效率的急速下降。

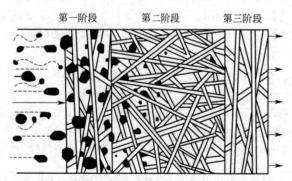

图 2-2-15 除去液滴或颗粒的纤维工作原理

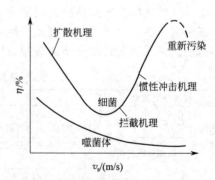

图 2-2-16 单纤维除菌效率与气流速度的关系

惯性冲击滞留作用机理是当气流前进时遇到前面的阻碍物而突然改变方向，但颗粒由于惯性力的作用仍然沿直线运动与纤维碰撞而附着在纤维表面，此颗粒就被捕集了。拦截滞留作用机理是当气速降至临界速度 v_c 以下时，惯性冲击作用已不存在，然而存在着另一种作用，即拦截作用来捕集微粒。这是因为颗粒紧紧地随着气流流动，气流改变流向时颗粒也跟着改变方向，当颗粒与纤维表面接触时就捕集了。布朗扩散是有些直径微小的微粒在很慢的气速下做不规则的直线运动。$d_p<1\mu m$ 的小颗粒呈布朗运动而发生位移，当它与纤维接触就附着于纤维表面而被捕集了。

3. 深层介质过滤除菌的对数穿透定律

过滤除菌效率或称空气过滤器的过滤效率 η 是衡量过滤设备的过滤效能的指标。它是指过滤器中过滤介质层捕集空气中的微粒与空气中原有微粒数目之比，即

$$\eta = \frac{N_0 - N_s}{N_0} = 1 - \frac{N_s}{N_0}$$

式中　N_0——过滤前空气中微粒数目，个；

　　　N_s——过滤后空气中微粒数目，个。

过滤效率 η 是单纤维各种机理除菌效率的综合体现。因此，过滤除菌效率 η 决定于单纤维除菌总效率的大小。由于惯性冲击、拦截及布朗扩散等截留作用的结果，将使微粒不断地被捕集，它的含量也就不断减少。

研究深层介质过滤器的除菌（滤除微粒）规律时，通常先排除一些复杂的因素，假定：①流经过滤介质的每一纤维的空气流态，并不因其它临近纤维的存在而受影响；②空气中的微粒与纤维表面接触后即被吸附，不再被气流卷走；③过滤器的过滤效率与空气中的微粒浓度无关；④空气中微粒在滤层中的递减均匀，即每一纤维薄层除去同样百分率的微粒数。

在上述假定条件下，空气通过单位滤层后，微粒浓度下降与进入空气微粒浓度成正比，即

$$-\frac{dN}{dL} = K_1 N$$

式中　L——过滤介质厚度，m；

　　　K_1——过滤常数或除菌常数，其值大小由过滤介质的性质和操作条件决定。

上式积分，则有

$$-\int_{N_0}^{N_s} \frac{dN}{N} = K_1 \int_0^L dL$$

$$\ln \frac{N_s}{N_0} = -K_1 L$$

令 $K_1 = \dfrac{K}{2.303}$，则有

$$\lg \frac{N_s}{N_0} = -KL \quad \text{或} \quad \lg \frac{C_s}{C_0} = -KL$$

式中　C_0——过滤前空气中微粒含量，个$/m^3$；

　　　C_s——过滤后空气中微粒含量，个$/m^3$。

此式称为深层介质空气过滤器的对数穿透定律，它表示微粒的穿透能力与滤层厚度 L 呈对数关系，滤层愈厚，微粒愈不易穿透。

对数穿透定律是以上面提到的四点假设为前提推导出来的。这只符合滤层较薄的情况。但在实际中，当滤层加厚时，K 值不是常数。也就是说，空气在过滤时微粒含量沿滤层不是均匀递减，所以以上推出的对数穿透定律就不适合于较厚滤层的情况，需要进行校正。K 值与很多因素有关，如纤维的种类、纤维直径、空气流速、填充系数 α 和空气中微粒的直径等，一般需要由实验测得。

五、空气过滤器的结构和性能

在实验室或中试生产规模，空气过滤器只设一级，而对大型生物工厂大多采用两级甚至三级过滤，第一级过滤器常称为总过滤器，二、三级过滤器称为分过滤器。过滤器在使用前，也需要进行灭菌，一般是使用高压蒸汽灭菌，灭菌后用压缩空气吹干，总过滤器大约每

月灭菌一次，为了使总过滤器不间断地进行工作，一般应有备用，以便在灭菌时替换使用。

空气经过总过滤器过滤之后，由总管进入分管，流向各发酵罐。通常在进入发酵罐之前还要经过分过滤器系统。分过滤器系统一般由预过滤器和精过滤器两部分组成：预过滤器滤除细小的微粒杂质，从而保护好精过滤器；精过滤器的目的是完全滤除空气可能含有的微生物体，确保进罐空气达到工艺无菌要求。

1. 传统的空气过滤器

（1）空气总过滤器

传统的总空气过滤器为深层纤维介质过滤器。这种过滤器通常是立式圆筒形，内部填充过滤介质，空气由下而上通过过滤介质，以达到除菌的目的。其结构如图 2-2-17 所示。

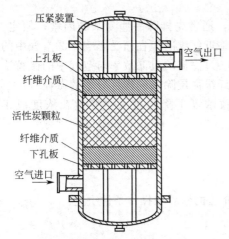

图 2-2-17 纤维状或颗粒介质过滤器结构

过滤器内有上下孔板，过滤介质置于上下孔板之间，被孔板压紧。介质主要为棉花、玻璃纤维、活性炭，也有用矿渣棉。一般纤维状介质置于上、下层，活性炭在中间，也可全部用纤维状介质。

棉花与活性炭空气过滤器中的填充物按下面的顺序安装：

孔板→铁丝网→麻布→棉花→麻布→活性炭→麻布→棉花→麻布→铁丝网→孔板

安装介质时要求紧密均匀，压紧要一致。压紧装置有多种形式，可以在周边固定螺栓压紧，也可以用中央螺栓压紧，也可以利用顶盖的密封螺栓压紧，其中顶盖压紧比较简便。在填充介质区间的过滤器圆筒外部通常装设夹套，其作用是在消毒时对过滤介质间接加热，但要十分小心控制，若温度过高，则容易使棉花局部焦化而丧失过滤效能，甚至有烧焦着火的危险。

通常空气从圆筒下部切线方向进入，从上部排出，出口不宜安装在罐顶，以免检修时拆装管道困难。过滤器上方应装有安全阀、压力表，罐底装有排污孔。要经常检查空气冷却是否安全，过滤介质是否潮湿等情况。过滤器进行加热灭菌时，一般是自上而下通入 0.2～0.4MPa（表压）的干燥蒸汽，维持 45min，然后用压缩空气吹干备用。其主要缺点是：体积大，操作困难，填装介质费时费力，介质填装的松紧程度不易掌握，空气压力降大，介质灭菌和吹干耗用大量蒸汽和空气。

过滤器在使用前，也需要进行灭菌，一般是使用高压蒸汽灭菌，灭菌后用压缩空气吹干，总过滤器大约每月灭菌一次，为了使总过滤器不间断地进行工作，一般应有备用，以便在灭菌时替换使用。

总空气过滤器直径 D 可用下式计算得到：

$$D = \sqrt{\frac{4V}{\pi v_s}}$$

式中　V——空气经过过滤器的体积流量，根据生产工艺条件确定，m^3/s；

　　　v_s——通过过滤容器截面的空气流速，一般取 $0.1～0.3m/s$。

当总空气过滤器的过滤面积确定之后，可由对数穿透定律进行计算介质层填充高度 L。

由对数穿透定律数学式 $\lg \dfrac{N_s}{N_0} = -KL$

有：$L = -\dfrac{1}{K} \lg \dfrac{N_s}{N_0}$

空气通过过滤器介质层时要克服与介质的摩擦而引起的压力损失，即压力降，它是确定压缩机出口压力的主要依据。其大小取决于过滤介质的厚度、空气通过的速度、介质的性质和填充情况等因素。

（2）空气分过滤器

分过滤器是安装在发酵罐旁，作为供净化空气在进入发酵罐之前的再过滤一次（第二次过滤），起保证无菌作用，故要求设备体积小，过滤精度高。分过滤器一般采用超细玻璃纤维纸等滤纸状过滤介质。

图2-2-18所示为一种采用滤纸的平板式纤维纸分过滤器，由筒身、顶盖、滤层、夹板和缓冲层构成，空气从筒身中部切线方向进入，空气中的水雾、油雾沉于桶底，由排污管排出，空气经缓冲层通过下孔板经滤纸过滤后，从上孔板进入顶盖排气孔排出。缓冲层可装填棉花、玻璃纤维或金属丝网等。此种过滤器的结构类似旋风分离器，故也称旋风式滤纸过滤器。在其筒身和顶盖的法兰间夹有两块相互契合的多孔板夹住滤纸。上下孔板用螺栓连接，以夹紧滤纸和密封周边。为了使气流均匀进入和通过过滤介质，多孔板上小孔直径一般为5~10mm，孔的中心距为10~20mm，开孔面积约占板面积的40%。安装时必须在上

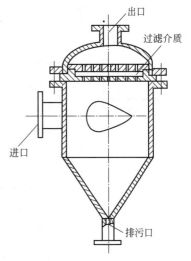

图2-2-18　旋风式滤纸过滤器结构

下孔板先铺上30~40目的金属丝网和织物（麻布），使过滤介质（滤板或滤纸）均匀受力，夹紧于中间，周边要加橡胶垫圈密封，切勿让空气走短路。过滤孔板既要承受压紧滤层的作用，也要承受滤层两边的压力差。

（3）传统空气过滤器的优缺点分析

传统的空气过滤器过去一直在生物发酵工业生产中占据着统治地位，其主要优点是：①设备台数少，便于集中布置，集中管理；②棉花、活性炭介质材料易得，价格相对较低，介质使用寿命较长；③通过总、分两级无菌过滤器配置及经常更换分过滤器介质和每批进罐前进行高温蒸汽灭菌，能够较为可靠地提供发酵过程所需的无菌空气。

但是，作为发酵无菌空气制备的过滤介质，其使得具有一些不可克服的严重缺点：①压力损失大。通常总空气过滤器的通过压降高达0.035~0.05MPa，分过滤器的通过压降达0.02~0.03MPa，过滤系统总压降（连同阀门、弯头压降等）达到0.07~0.10MPa，从而提高了发酵生产的能耗和动力成本。②过滤的可靠程度不够高，经过两级过滤之后，分过滤器出口的空气洁净度（以尘埃粒子计数器测量大于$0.3\mu m$尘粒数量）通常难以达到百级水平；而在夏季空气湿度较大的情况下，或者空气管网压力发生较大波动的情况下，则很可能会由于过滤介质受潮长菌，介质吸湿后失去吸附和过滤能力；过滤介质层被吹翻或打乱，使得过滤系统失效，进而导致发酵系统染菌甚至大面积染菌，造成重大损失。③更换介质的工作量和工作难度较大，特别是在介质装填时装有玻璃纤维垫层、总空气过滤器介质装填体积较大和在夏季更换介质时更是如此。

2. 新型高效空气过滤系统

传统的棉花活性炭、玻璃纤维为过滤介质的空气过滤器因阻力大，装料不便，过滤效率难以保证。从20世纪末开始，随着化工、材料和机械加工等技术的快速发展，采用粉末烧结金属，特别是微孔膜作为过滤介质的新型高效空气无菌过滤系统逐渐开始替代的传统空气过滤系统。

新型高效空气过滤系统一般可分为总过滤（粗过滤）、预过滤、精过滤三部分，其设备

流程如图 2-2-19 所示。

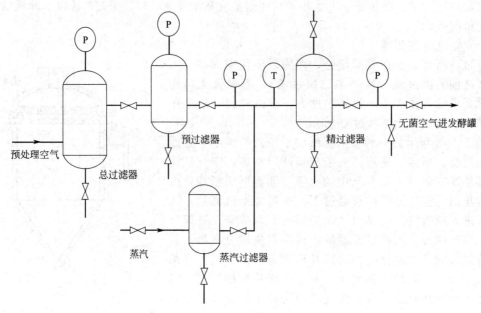

图 2-2-19　新型高效空气过滤系统

　　总过滤器的作用是滤除较大的颗粒杂质，保护后道过滤器。从总过滤器（粗过滤）出来的空气，进入空气分过滤系统。空气分过滤系统由预过滤器、蒸汽过滤器、精过滤器组成。预过滤器的作用是进一步滤除细小的颗粒杂质，保护精过滤器。合适的总过滤器和预过滤器最好能滤除尘埃、细菌、噬菌体等杂质，使精过滤器达到最长的使用寿命，降低了系统的运行费用。

　　此系统中匹配的各种滤芯如表 2-2-3 所示。

表 2-2-3　新型高效空气过滤系统中滤芯匹配

项目　　　滤芯品种	总过滤器	预过滤器	精过滤器	蒸汽过滤器
精度/μm	0.5	0.1～0.3	0.01	15
效率/%	≥95	≥99 或≥99.9	≥99.9999	≥90

　　随着和膜材料的技术进步和大规模生产，目前在空气总过滤和分过滤上越来越多地使用膜过滤装置。微孔膜类过滤介质的孔隙小于 $0.5\mu m$，甚至小于 $0.1\mu m$，能将空气中的细菌真正滤去，属于绝对过滤。绝对过滤易于控制过滤后空气质量，节约能量和时间，操作简便。微孔膜过滤器通常为圆柱体筒状结构，由微孔薄膜滤芯和不锈钢外壳以及必要的不锈钢管道、阀门组成。过滤器下部有一承插滤芯的承插板，板上有插孔，供承插滤芯之用。根据用户处理流量的不同，过滤器有单芯、多芯直至数十个滤芯的。同时，为了滤芯装卸方便，壳体分上下两部分，用快装螺栓连接。

　　（1）空气总过滤器

　　总过滤器因其过滤面积与处理量都很大，所以被称为大面积过滤器。YUD-Z 多芯圆筒式过滤器是一种常用的空气总过滤器，适用于大通气量的气体净化（图 2-2-20）。

　　YUD-Z 多芯圆筒式过滤器外壳内焊接有一块安装圆筒式滤芯的多孔板，4 芯以下的外壳花板也可以采用法兰连接，直接从顶部安装滤芯和检修。5 芯以上的过滤器外壳在侧面开人孔，以方便滤芯的安装和检修。滤芯用 3 根拉杆固定在花板下面，对于有油空压机最好在

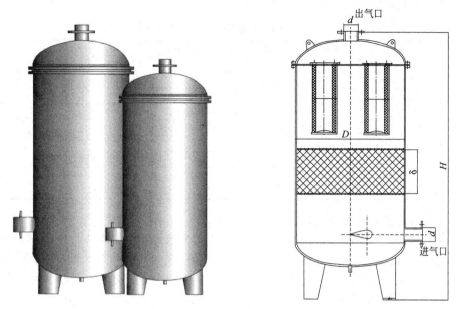

图 2-2-20 YUD-Z 多芯圆筒式过滤器结构

过滤器底部填装棉花、活性炭、吸油毡、PTFE 编织网、不锈钢编织网等除油除水材料。空气一般从底部以切向方式进入筒体，经滤芯过滤后从顶部流出。外壳可选用 Q235 或 SUS304 不锈钢材质。

　　YUD-Z 多芯圆筒式过滤器的配套滤芯如图 2-2-21 所示。滤芯滤材为超细玻璃纤维、聚丙烯纤维或混合纤维素滤纸。圆筒式滤芯的外罩、端盖和内筒可选用镀锌碳钢或不锈钢，滤材与端面采用聚氨酯类胶水封接，滤芯可更换再生。空气从滤芯下端进入，经管外壁进气过滤后，由其上端逸出。要求过滤精度为 0.5μm，过滤效率≥95%。

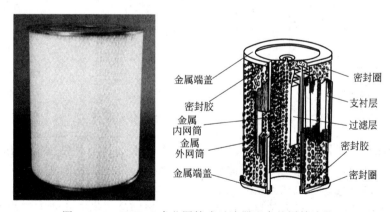

图 2-2-21 YUD-Z 多芯圆筒式过滤器配套的圆筒滤芯

　　常用的滤芯是 DMF（聚四氟乙烯聚合膜），具有耐高温消毒、孔径小、流量大、强疏水性等特性。这种滤芯可以耐 125℃ 高温灭菌，可重复使用 10 次，但是经过多次灭菌后，其除菌效率会降低。为了节约投资，可选用价格相对便宜的 DGF（玻璃纤维复合毡）。圆筒式滤芯过滤面积大，通气量高，容尘量大，压力损失小，使用寿命长，可以去除压缩空气中绝大部分尘埃和附着在尘埃上的微生物。

　　YUD-Z 型空气总过滤器的型号见表 2-2-4。空气总过滤器的选型是根据车间的空气用量，选择微孔膜滤芯的型号和数量。

表 2-2-4　YUD-Z 型空气总过滤器的型号

型号	参考通气量 /(m³/min)	滤芯配置（外径×高度） /mm	外形尺寸/mm			
			D	d	δ	H
YUD-Z-3	125～200	$\phi350\times500$（3 芯）	$\phi1000$	DN150，PN1.0	200	2752
YUD-Z-4	200～300	$\phi350\times1000$（4 芯）	$\phi1200$	DN200，PN1.0	200	3052
YUD-Z-5	300～400	$\phi350\times1000$（5 芯）	$\phi1400$	DN200，PN1.0	200	3113
YUD-Z-7	400～550	$\phi350\times1000$（7 芯）	$\phi1600$	DN250，PN1.0	200	3385
YUD-Z-9	550～700	$\phi350\times1000$（9 芯）	$\phi1800$	DN250，PN1.0	200	3584
YUD-Z-12	700～900	$\phi350\times1000$（12 芯）	$\phi2000$	DN300，PN1.0	200	3777
YUD-Z-15	900～1200	$\phi350\times1000$（15 芯）	$\phi2200$	DN300，PN1.0	200	3851
YUD-Z-19	1200～1500	$\phi350\times1000$（19 芯）	$\phi2400$	DN350，PN1.0	200	3914

（2）空气分过滤系统设备流程

工业化生产中，发酵罐的容积趋于大型化，一般发酵罐体积都在 60～100m³，如果染菌造成发酵罐倒罐将导致重大经济损失，因而保证无菌空气的质量是非常重要的。常规的生产工艺是经总过滤除菌的压缩空气在进入发酵罐之前再经过分过滤器除菌处理。空气分过滤系统由预过滤器、蒸汽过滤器、精过滤器三台设备组成一套，其设备流程如图 2-2-22 所示。

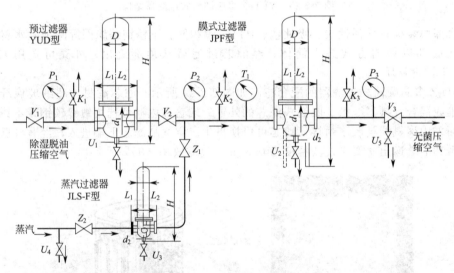

图 2-2-22　空气分过滤系统设备流程

总过滤器和预过滤器一般不需要灭菌。预过滤器一般选择适当精度的微孔膜过滤材料，滤除细小的微粒杂质，从而保护好精过滤器。精过滤器的目的是完全滤除空气可能含有的微生物体，确保进罐空气达到工艺无菌要求。对于间歇使用的精过滤器，需要在使用前进行蒸汽灭菌，其过滤介质一般选择聚偏氟乙烯微孔滤膜及聚四氟乙烯微孔滤膜等疏水性强、耐高温消毒和结构强度好的材料。灭菌的蒸汽也要经过过滤，因为蒸汽中可能含有固体颗粒，如铁锈、尘埃等，这些都可能对精过滤器造成不可弥补的损害，所以有必要进行蒸汽过滤。蒸汽过滤器的作用是过滤掉蒸汽管道系统中的铁锈、杂质，以免其在蒸汽灭菌时进入精过滤器，亦是保护和延长精过滤器使用寿命。

运行时，由空气总过滤器出来的压缩空气先经过预过滤器，除去空气管道中的微粒，再经精过滤器后进入发酵罐。定期灭菌时，蒸汽先经过蒸汽过滤器，除去蒸汽中夹带的铁锈水，以防止精过滤器的微孔滤膜被堵塞。

（3）精过滤器

精过滤器的开发应用经过了三个发展阶段。

第一代为微孔金属烧结膜材，如镍（Ni）制微孔膜、不锈钢微孔膜膜过滤器，如图 2-2-23 所示。这种过滤器的金属烧结过滤管是采用粉末冶金工艺将镍粉烧结形成单管状，将单根或几十根以至上百根金属烧结过滤管安装在不锈钢过滤器壳体内，用硅橡胶作密封材料。现在已有处理量从每分钟数升到 $100m^3$ 的系列产品。制造时用这些材料微粒末加压成型，使其处于熔点温度下黏结固定，由于只是表面粉末熔融黏结，内部粒子间的间隙仍得以保持，故形成的介质具有微孔通道，能起到微孔过滤的作用。压缩空气进入壳腔，通过金属烧结过滤管壁除去杂菌和颗粒，得到无菌空气，由管腔排出。这种过滤器的特点是：介质滤层厚度薄（0.8mm），能滤除 $0.3\sim0.5\mu m$ 的微粒，孔径均匀稳定，机械强度高，使用寿命长，耐高热，气体阻力小，安装维修方便。

图 2-2-23　微孔金属烧结膜材过滤器

但是，微孔金属烧结膜材 70% 以上的空间被金属粉末占据，使空气通过的自由空间比其他介质小得多，因此流量很小，压力降较大，而且很容易堵塞。特别是在需大量气的发酵罐系统中，往往要装数百根滤棒，需要数目越多，节点就越多，任何一个节点出现问题，就会造成除菌的失败。用蒸汽灭菌时也会因烧结金属粉末之间的结构紧密，热蒸汽不易充分渗透每个小孔，而造成灭菌不完全。使用时为了防止空气管道中的铁锈和微粒以及蒸汽管道中的铁锈对金属烧结过滤管的污染，在金属烧结管过滤器之前要加装一个与其匹配的空气预过滤器和蒸汽过滤器。而且烧结金属价格较高，耐酸性能往往由于材料种类而具有局限性，所以在工业生产上使用范围会受到一定限制。

第二代为聚偏二氟乙烯膜（PVDF）过滤器（JPF-A）和硼硅酸纤维涂氟膜（HFGF）过滤器（JPF-B），微孔直径只有 $0.1\sim0.45\mu m$，厚度为 $150\mu m$。它能滤除所有大于 $0.01\mu m$ 的微粒，除去空气中夹带的几乎所有的微生物。为了增强膜芯的强度，用不锈钢做中心柱，把滤膜做成折叠型的过滤层，绕在不锈钢中心柱上，外加耐热的聚丙烯外套。微孔滤膜过滤器制成按入式过滤器，下压推入即可安装在支架上，更换和安装非常方便。图 2-2-24 和图 2-2-25 所示分别为 JPF 空气过滤器滤芯结构和过滤器结构。

这两种过滤器具有过滤精度高、疏水性强、通量大、节点少、安装方便等优点。可耐蒸汽 125℃ 高温灭菌，反复灭菌达 160 次。

第三代为聚四氟乙烯膜（PTFE）过滤器（JPF-C），与第二代相比具有更强的疏水性、耐热性和可靠性，是当前国际上综合性能最好的膜产品。

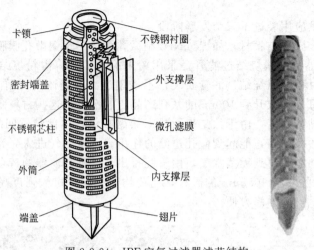

图 2-2-24　JPF 空气过滤器滤芯结构

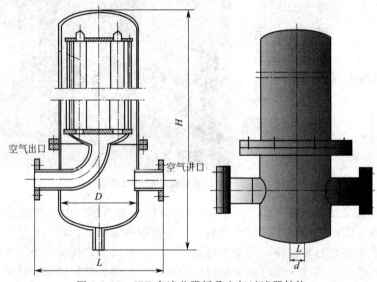

图 2-2-25　JPF 多滤芯膜折叠空气过滤器结构

1—滤芯；2—过滤器体；3—滤芯固定孔板；4—进气口；5—排污口；6—空气出口

选用精过滤器时须综合考虑以下因素：①空气的流量和质量；②过滤器所处的环境，如湿度、温度、压力等；③空气预处理效果的好坏；④使用的安全性、可靠性、经济性要求。

就可靠性与价格而言，以上三代（四种）过滤材料相比较具有如下的规律：可靠性依次排列为聚四氟乙烯（PTFE）微孔膜＞聚偏氟乙烯（PVDF）微孔膜＞玻纤涂覆氟聚合物（HFGF）微孔膜＞镍质微孔膜（Ni）；价格依次排列为聚四氟乙烯（PTFE）微孔膜＞镍质（Ni）微孔膜＞聚偏氟乙烯（PVDF）微孔膜＞玻纤涂覆氟聚合物（HFGF）微孔膜。

四种常用膜材质的耐温性能如表 2-2-5 所示。

表 2-2-5　四种常用膜材质的耐温性能

膜材质 项目	PTFE	PVDF	HFGF	Ni
长期使用最高温度/℃	80	80	90	250
短期蒸汽消毒温度/℃	142	138	140	350

镍质(Ni) 微孔膜因行业要求不同而分为 Y(医药)、W(味精)、D(电子)、M(酶制剂)四种型号，不同型号的绝对孔径与通量有所不同。JPF-A、B、C 在以上四种行业中均可使用。

JPF-A 滤芯以聚偏二氟乙烯膜（PVDF）膜制成，滤膜采用折叠形式。这种空气过滤器具有过滤效率高、空气流量大、疏水性好、耐蒸汽加热灭菌、安装与更换方便等特点，目前已在生物工厂得到越来越广泛的应用。为了维持 JPF 滤芯的高效除菌特性，延长其使用寿命，需装设预过滤器。JPF 型膜过滤器的规格型号见表 2-2-6，可根据车间的空气用量，选择滤芯的型号和数量。

表 2-2-6　JPF 型膜过滤器的规格型号

型　号	参考通气量 /(m³/min)	滤芯配置 /in①	外形尺寸/mm			
			d	L	D	H
JPF-05	0.5	5(1 芯)	DN25,PN1.0	234	φ110	434
JPF-2	2	10(1 芯)	DN25,PN1.0	234	φ110	549
JPF-4	4	20(1 芯)	DN25,PN1.0	234	φ110	800
JPF-5	5	20(3 芯)	DN50,PN1.0	324	φ180	789
JPF-10	10	20(3 芯)	DN65,PN1.0	324	φ180	1046
JPF-15	15	20(5 芯)	DN80,PN1.0	415	φ230	1178
JPF-20	20	20(5 芯)	DN100,PN1.0	415	φ230	1196
JPF-30	30	20(7 芯)	DN100,PN1.0	475	φ270	1251
JPF-40	40	20(9 芯)	DN125,PN1.0	505	φ300	1284
JPF-60	60	20(12 芯)	DN125,PN1.0	555	φ350	1303
JPF-80	80	20(15 芯)	DN150,PN1.0	606	φ400	1346
JPF-100	100	20(19 芯)	DN150,PN1.0	656	φ450	1375
JPF-120	120	20(25 芯)	DN200,PN1.0	706	φ500	1501
JPF-150	150	20(30 芯)	DN200,PN1.0	756	φ550	1514
JPF-200	200	20(40 芯)	DN250,PN1.0	946	φ700	1669

① 1in=0.0254m。

（4）预过滤器

预过滤器常使用 JLS-YUD 型单芯圆筒式过滤器，如图 2-2-26 所示。过滤器外壳采用 SUS304 不锈钢，底部设有碗状滤芯座，圆筒式滤芯用单拉杆或 3 拉杆固定在底座上。过滤器进出口在同一水平线上左右排列，阻力很小。JPF-YUD 滤芯采用的滤材为超细玻璃纤维、涂氟玻璃纤维或聚四氟乙烯滤膜，其作用是在总过滤器拦截的基础上，进一步去除空气中的尘埃和微生物，可有效保护终端精过滤器，提高整个过滤除菌系统的可靠性。通常选用超细玻璃纤维滤芯，其初始压降小于 0.005MPa，正常情况下使用寿命不小于一年半。当压降≥0.025MPa 时，应考虑更换。与聚丙烯无纺类滤材相比，玻璃纤维类滤材具有抗老性好、通气量大、容尘量高、疏水性强等特点。要求过滤精度为 0.3μm，过滤效率≥99%。

JLS-YUD 型空气预过滤器的规格型号见表 2-2-7。空气预过滤器的选型是根据车间的空气用量，选择微孔膜滤芯的型号和数量。

表 2-2-7　JLS-YUD 型空气预过滤器

型　号	参考通气量 /(m³/min)	滤芯配置(外径× 高度)/mm	外形尺寸/mm				
			d	L	D	h	H
JLS-YUD-10	10	φ200×330	DN65,PN1.0	395	φ235	380	965
JLS-YUD-15	15	φ200×500	DN80,PN1.0	395	φ235	380	1135
JLS-YUD-20	20	φ200×500	DN100,PN1.0	395	φ235	385	1135
JLS-YUD-30	30	φ350×500	DN100,PN1.0	586	φ406	426	1253
JLS-YUD-40	40	φ350×500	DN125,PN1.0	586	φ406	438	1288

型 号	参考通气量 /(m³/min)	滤芯配置(外径× 高度)/mm	外形尺寸/mm				
			d	L	D	h	H
JLS-YUD-50	50	$\phi350\times830$	DN125,PN1.0	636	$\phi406$	438	1618
JLS-YUD-60	60	$\phi350\times830$	DN150,PN1.0	656	$\phi456$	450	1655
JLS-YUD-80	80	$\phi350\times1000$	DN150,PN1.0	656	$\phi456$	450	1825
JLS-YUD-150	150	$\phi350\times1000$	DN200,PN1.0	656	$\phi456$	505	1915
JLS-YUD-200	200	$\phi420\times1000$	DN250,PN1.0	796	$\phi556$	550	2019

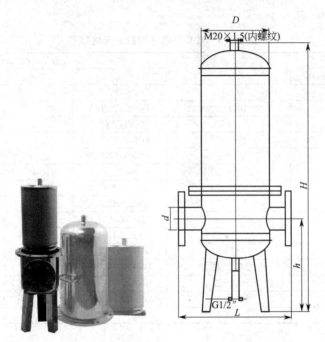

图 2-2-26　JLS-YUD 型空气预过滤器

（5）蒸汽过滤器

JPF 型膜过滤器是高精度终端无菌过滤器，采用蒸汽消毒灭菌时，由于蒸汽管道系统内杂物较多，对高精度滤膜带来严重后果，因此，对蒸汽必须进行过滤。蒸汽过滤器由 JLS-F 型过滤器外壳和管式烧结滤芯组成，能够拦截蒸汽中的铁锈等尖锐颗粒的冲击，有效保护终端除菌膜滤芯（图 2-2-27）。

JLS-F 系列过滤器滤芯与外壳采用平面密封垫密封，压钉或螺栓固定或 O 形圈密封。外壳采用 SUS304 材质，内外表面经机械抛光，左右型接管形式，排污口设置在外壳底部，有利于冷凝水的自然排流，防止污染物聚集。管式烧结类滤芯以聚四氟乙烯、不锈钢或钛超细粉末喷粉或压制成型，高温条件下粉末部分熔化接合而成多孔结构。此类滤芯耐温性好，机械强度高，使用寿命长，可反复进行高温蒸汽灭菌与清洗再生使用。一般选用聚四氟乙烯烧结管（JLS-F）滤芯，过滤精度为 $3\mu m$，过滤效率为 90%。

JLS-F 系列蒸汽过滤器规格型号见表 2-2-8，可根据 JPF 膜式空气过滤器的型号配套选用。

表 2-2-8　JLS-F 系列蒸汽过滤器规格型号

型 号	配 JPF 膜式空气 过滤器型号	滤芯配置(外径×高度) /mm	外形尺寸/mm			
			D	H	L	d
JLS-F-005	0.2～2	$\phi22\times150$(1 芯)	$\phi57$	279	190	DN15,PN1.0
JLS-F-010	2～5	$\phi22\times150$(3 芯)	$\phi89$	402	199	DN15,PN1.0

型 号	配 JPF 膜式空气过滤器型号	滤芯配置(外径×高度)/mm	外形尺寸/mm			
			D	H	L	d
JLS-F-035	5～10	$\phi22\times260$(3 芯)	$\phi89$	522	199	DN25,PN1.0
JLS-F-080	15～40	$\phi22\times260$(7 芯)	$\phi114$	530	224	DN25,PN1.0
JLS-F-1	60～200	$\phi22\times260$(13 芯)	$\phi164$	591	284	DN25,PN1.0
JLS-F-2	200 以上	$\phi22\times260$(19 芯)	$\phi234$	617	434	DN50,PN1.0

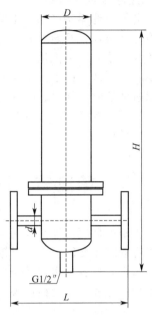

图 2-2-27　JLS-F 型蒸汽过滤器

【例题 2】　试设计一发酵车间空气过滤系统，已知该发酵车间 $100m^3$ 发酵罐 16 个，$20m^3$ 种子罐 10 个，$2m^3$ 种子罐 10 个。发酵工艺规定发酵罐通气比 1：0.6VVM。求：（1）空气总过滤器的型号和外形结构尺寸。（2）$100m^3$ 发酵罐的空气分过滤系统设备的型号和外形结构尺寸。

解：（1）空气总过滤器的计算及设计：

该发酵车间需要最大压缩空气的用量：

$$V=100\times16\times0.6+20\times10\times1+2\times10\times1=1180(m^3/min)$$

据表 2-2-4，查 YUD-Z 型空气总过滤器规格型号及台数。

选择 YUD-Z-5 型空气总过滤器，1400mm×3100mm，5 台（其中一台备用）并联使用。

配滤芯 DMF（聚四氟乙烯），每个总过滤器内有 DMF 滤芯 350mm×1000mm，5 个。

（2）$100m^3$ 发酵罐的空气分过滤系统设备的计算及设计：

根据发酵工艺每个 $100m^3$ 发酵罐最大空气用量为：

$$V_f=100\times0.6=60(m^3/min)$$

1）查表 2-2-6JPF 型膜过滤器的规格及型号：

选用 JPF-60 型膜过滤器，350mm×1303mm，1 台。过滤器配滤芯 JPF-A 或 JPF-C，滤芯长 20in，12 支。

2）空气预过滤器选型：

根据已选 JPF-60 型膜过滤器，空气通量 60m³/min。

查表 2-2-7JLS-YUD 型空气预过滤器规格型号。查得 JLS-YUD-50 型空气预过滤器，450mm×1618mm，1 台。并配置 DGF350mm×830mm 的滤芯。

3）蒸汽过滤器选型：

根据已选 JPF-60 型膜过滤器，查表 2-2-8JLS-F 蒸汽过滤器的规格型号。可选 JLS-F-1 型蒸汽过滤器，164mm×591mm，1 台。配置 JLS-F 滤芯 22mm×260mm，13 支。

3. 空气过滤器的操作要点

为了使空气过滤器始终保持干燥状态，当过滤器用蒸汽灭菌时，应事先将蒸汽管和过滤器内部的冷凝水放掉。开始时先将夹套预热，然后将蒸汽直接冲入介质层中：小型过滤器的灭菌时间约为半小时，蒸汽从上向下冲；大型过滤器的灭菌时间约为 1h，蒸汽一般先从下向上冲半小时，再从上向下冲半小时。

在使用过滤器时，如果发酵罐的压力大于过滤器的压力（这种情况主要发生在突然停止进空气或空气压力忽然下降），则发酵液会倒流到过滤器中。因此，在过滤器通往发酵罐的管道上应安装单向阀门。

第三节 设备与管路的清洗与灭菌

设备和管道的彻底清洗与灭菌十分重要。培养基贮罐因为其中的培养液富含糖、蛋白质等成分，很容易结垢变脏。在发酵罐中进行实消时，培养基易生成焦糖，与变性蛋白质反应之后附在罐壁上，也容易出现污染结垢的状况。对于通气发酵或其他有泡沫生成的过程，则泡沫会把生物细胞和变性蛋白质夹带留在罐顶。高黏度的真菌发酵和植物细胞培养中，往往有大量的生物细胞附于罐壁上生长。用于分离回收产物的设备和管路也会因为营养物质的积聚而导致高污染。

一、 设备和管路的清洗

1. 管件和阀门

典型的管件清洗操作程序，如表 2-3-1 所示。

表 2-3-1 管件清洗的操作程序

操作步骤	具体流程	清洗时间/min	温度
1	清水漂洗	5～10	常温
2	洗涤剂洗涤	15～20	常温～75℃
3	清水漂洗	5～10	常温
4	消毒剂处理	15～20	常温
5	清水漂洗	5～10	常温

通常，清洗过程容器中液流速度在 1.5m/s 即可获满意的清洗效果。若洗涤液流速高于 1.5m/s，会产生副作用；清洗时间也无需太长，多于 20min 也不会明显提高清洗效果。

洗涤剂清洗时要注意不可使用太高的温度，因为在较高的温度下容易导致蛋白质变性、残留糖分的焦糖化和酯的聚合反应等，这些反应所形成的产物难以清洗除去。实践证明，温度控制在 75℃就应该是最高操作温度了，在发酵或生物反应过程完毕后应马上对设备、管路及管件等进行清洗，否则残留物干固后就更加难以清洗去除，造成不必要的清洗困难。另外在设备清洗完毕之后，要避免残余水未及时排除干净导致设备内某处积水，从而使微生物繁殖的状况出现。

2. 罐的洗涤

生物反应设备均有系列的罐类容器，但无论是要求无菌的或是不消毒的，是抗压的或是敞口的，均需要具有一定的清洁程度。罐的洗涤，通常使是其充满一定浓度的洗涤剂加以浸泡，此法适合用于小型罐。对于大型罐的洗涤，通常是在罐顶喷洒洗涤剂，借助洗涤剂对罐壁上的固形残留物的冲击碰撞作用达到清洗效果，不仅可节约大量的洗涤剂，还可使用较低浓度的洗涤剂便可达到良好的清洗效果（图 2-3-1）。

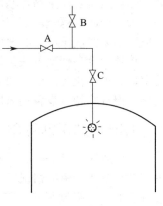

图 2-3-1　大型罐的洗涤

通常使用的洗涤装置为两类：旋转式喷射器和球形静止喷洒器。旋转式喷射器可以在较低喷洗流速下获得较大的有效喷洒半径，且冲击洗涤速度也比球形静止喷洒器大得多。但因其喷嘴易发生堵塞，故操作稳定性不及静止式喷洒器，也不能进行自我清洗。因旋转式喷射器有转动密封装置，故制造及维护技术要求较高，设备投资较大。球形静止喷洒器结构比较简单且设备费用也较低，没有转动部件，可提供连续的表面喷射，即使有一两个喷孔被堵塞，对喷洗操作的影响也不大，还可进行自我清洗；但因喷射压力不高，喷射距离有限，所以对器壁的冲洗并非喷射冲击作用（图 2-3-2）。

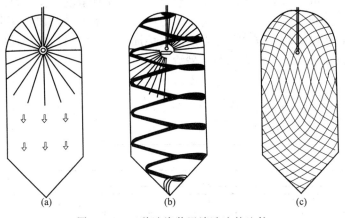

图 2-3-2　三种洗涤装置清洗迹的比较

（a）固定式洗球；（b）旋转式洗球；（c）旋转式喷射洗罐器

典型的罐清洗流程与管件的清洗是类似的。若罐内装设有 pH 和溶氧电极等传感器对洗涤剂敏感时，为了避免这些传感器的损坏，应当先把这些传感器拆卸下来另外进行洗涤，然后待罐清洗好后再重新装上。罐体或管路洗涤过程必须严格按操作规程小心进行操作，避免把有腐蚀性的洗涤剂淋洒到头或手等身体上。更应注意的是必须注意设备的热胀冷缩及会否产生真空，当加热洗涤后转为冷洗时会产生真空作用，故应在罐内装设真空泄压装置。

3. 微滤系统的清洗

微滤或超滤系统进行清洗的次数和时间增加，将会在膜表面形成一层硬实的胶体层，且这些胶体分子能进入到膜孔之中，此时用洗涤剂和清水循环轮换洗涤就很有必要。最好能对膜分离系统进行反向流动洗涤，使其在泵送作用下清洗剂把残留物从膜孔中洗脱出来。当然，能否反洗需视膜能否承受反洗压力而定。除此之外，还必须考虑有些滤膜是不是能够耐受腐蚀性的化学试剂或较高的清洗温度。设备的内径和长径比是影响洗涤效果的重要参数，如长而细的设备比短而粗的洗涤效果往往好得多。

4. 泵、过滤器、热交换器等设备的清洗

泵、过滤器、热交换器等辅助设备的清洗是比较简单的，但也必须注意下述的两个问题：①换热器若用于培养基的加热或冷却，换热面上的结垢或焦化是很难避免的，也不易清洗。为减少此问题，适当提高介质的流速是有效的。②空气过滤器经常被发酵罐冒出的泡沫污染，不易清洗干净。必要的时候需人工清洗。

传统的设备清洗方法是将设备拆卸后进行人工或半机械法清洗。这种方法劳动强度大，效率低。现代化生产已普遍采用 CIP 清洗系统（在位清洗），使清洗过程达到自动化或半自动化。但有些特殊设备还需用人工清洗。

二、CIP 清洗系统简介

CIP 是英文 clean-in-place 的缩写，即就地清洗或称为原位清洗。这是一种在不拆卸、不挪动设备或管道的情况下，利用离心泵输送一定温度和浓度的清洗液对密闭的物料管道和设备容器进行强制循环，把与物料的接触面洗净的方法。CIP 系统最初应用于乳品工业，1955 年 CIP 系统与自动控制技术相结合，使其在其它工业领域得到应用。

图 2-3-3 所示为 CIP 系统的设备流程。CIP 系统由罐（桶）、管路、加热器、泵、控制柜及附属设备组成。浓碱和浓酸（或洗涤剂）分别放在各自的贮罐（桶）里，清洗完毕，碱、酸（或洗涤剂）等洗涤液回收重复利用。当浓度降低时，补充碱、酸（或洗涤剂）再反复使用。管路按作用可分为进水管路、排液管路、加热循环清洗管路、自清洗管路等，管路中的控制阀门、在线检测仪、过滤器、清洗头等配置按要求配备。加热器常采用板式热交换器、蛇形盘管形式间接加热，也可用无声蒸汽直接加热。泵常采用离心冲压式，该种泵的最大特点是过流部位均被抛光，没有死角，易清洗干净，故俗称卫生泵。

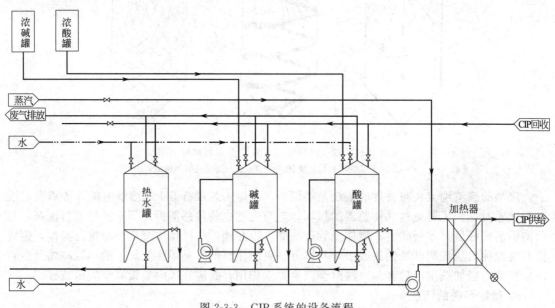

图 2-3-3　CIP 系统的设备流程

啤酒发酵罐洗涤一般采用 CIP 原位清洗法，步骤如下：①直接用水冲洗；②加入占氢氧化钠的质量 1% 的耐碱性清洗助剂，然后在常温下用 2%～4% 浓度的碱溶液冲洗 20min；③用水冲洗 10min；④酸洗中和，用 2%～3% 浓度的 HNO_3 清洗，约 20min；⑤再用清水冲洗 10min；⑥消毒，用 1% 的二氧化氯或双氧水冲洗 10～15min 以杀灭微生物。

与传统的手工拆卸机器零件的清洗方式相比，CIP 的优点主要有：①能维持一定的清洗

效果，保证产品的安全性。②节约操作时间、提高效率，以实现商业的最大利润。③节省劳动力，保证操作的安全性。④节省清洗用水和蒸汽。

三、设备及管路的灭菌

设备及管路的灭菌方法有很多，最普遍使用的方法就是使用加热蒸汽灭菌，可以把微生物细胞及其孢子全部彻底杀灭，效果最好。而蒸汽加热杀菌之所以高效，是因为与其接触的所有表面均处于高温蒸汽的渗透之下，蒸汽潜热大，穿透力强，容易使蛋白质变性或凝固。

为了确保蒸汽加热灭菌安全高效，在过程中应确保达到下述要求：①设备的各部分均可分开灭菌，且需有独自的蒸汽进口阀。②要避免死角和缝隙。若管路死端无可避免，要保证死端的长度不大于管径的 6 倍，且应装置一蒸汽阀以用蒸汽灭菌。③所有阀门均应利于清洗、维护和杀菌，最常用的是隔膜阀。④要保证所提供的灭菌用蒸汽是饱和的且不带冷凝水，不含微粒或其他气体。⑤确认设备的所有部件均能耐受 130℃的高温。⑥为减少死角，尽可能采用焊接并把焊缝打磨光滑；管路配置应能彻底排除冷凝水，故管路需有一定斜度和装设排污阀门。⑦蒸汽进口应装设在设备的高位点，而在最低处装排冷凝水阀。

1. 发酵罐和容器的灭菌

发酵罐是生化反应的场所，对生产效率以及技术经济指标均有举足轻重的影响，是工业生产最重要的设备。所以，对于发酵罐的无菌要求十分严格。除发酵罐之外，其他的一些容器也要求达到洁净无菌的效果，如培养基贮罐等。

发酵罐或容器有一定的耐压、耐温性，为安全起见必须有适当的减压装置，其加热夹套的耐压要求也应和罐体一样。罐夹套结构必须有排水、排气的设计，否则需要相当长的时间才可达到所需的灭菌温度，而且还可能存在冷点（即死角）。玻璃罐通常只用于实验室的小型发酵罐。

罐和容器在使用前必须经耐压和气密性试验。通常，在设备安装完毕或进行过机械加工或装配之后必须进行一昼夜的气密性试验，每次检修后也应如此。检查方法是维持温度不变，检查其压强是否恒定。若每次灭菌前均这样检查太费时，可用 30min 检查罐的压强是否发生改变以此确定是否有传感器接口或阀门闭合等不严密而造成渗透。

（1）罐和容器排料系统的蒸汽灭菌管路配置

罐和容器的排料口必须设在最低点，且与罐体间完全平滑无缝隙，以便于清洗、排污及灭菌，当然也保证能彻底干净排出料液。排料管大小是根据清洗过程需排除的废水量而确定其大小。装在罐上部的进口管应突出于罐体至少 50mm 并且倾斜向下较小的角度以确保进料液不会沿罐壁下流。如果进料液向罐中料液冲下时会产生大量泡沫，则可将进料管插入得更深一些避免此现象产生。

图 2-3-4 显示了罐排料管蒸汽灭菌管路配置。其蒸汽灭菌过程如下：若罐处于清洗过程时，则阀门 A、C 和 E 开启，而阀 B、D 和 F 则是关闭的。若罐内通汽处于灭菌过程中，则阀门 A、C 和 F 是开启的，而阀 B、D 和 E 则关闭。这样的管路配置可保证罐能正常通汽加热灭菌或从罐上部加入无菌的物料，同时保证阀门 A、B 和 C 经受

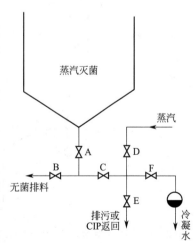

图 2-3-4　排料管蒸汽灭菌配置

彻底的通汽灭菌，若杂菌要侵入，则必须经过 2 个阀座才能渗漏进罐中。这样的配管有利于罐系统的无菌保证。

（2）发酵罐搅拌器密封装置的蒸汽灭菌配管

发酵罐或配料罐的搅拌器的设计必须有利于清洗和杀菌，尤其是发酵罐的轴封的设计对保持无菌操作尤其重要。

机械搅拌发酵罐搅拌轴的密封是无菌操作的薄弱环节。现代化的发酵罐搅拌系统均使用双端面机械密封。对密封装置的灭菌非常重要，具体的方法主要有两种：①最简单实用的方法是在机械密封装置下部装设一阀门。当发酵罐处于蒸汽加热灭菌时，打开此阀门，则蒸汽可从此阀门排出，故可使密封装置同时被蒸汽加热灭菌。实践表明，这种灭菌装置既简单又实效。当然，对于植物细胞培养等长培养周期的生物反应，需每隔数天便重复加热灭菌密封装置。此外，需在整个发酵周期用蒸汽保压，以确保密封腔正压而避免外界杂菌入侵。②另一种是搅拌轴密封装置杀菌的配置，较为复杂，但可以使密封装置维持无菌状态达一个多月，其具体装置如图 2-3-5 所示。

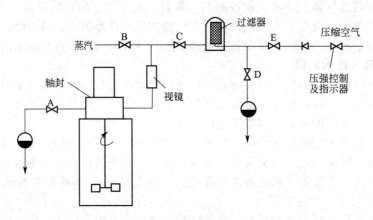

图 2-3-5　机械搅拌发酵罐搅拌轴封装置的蒸汽灭菌配管

在灭菌开始，过滤器和搅拌轴封就通入蒸汽加热杀菌；当发酵罐杀菌完毕，就可利用轴封内的蒸汽冷凝水及施加压强的无菌空气来继续保压。玻璃视镜的作用是可通过人工观察蒸汽冷凝水的液位高低以决定是否需补充通入蒸汽以维持一定量的冷凝水位。

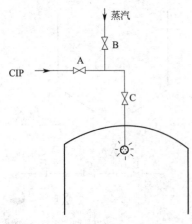

图 2-3-6　CIP 系统蒸汽灭菌管路配置

（3）罐 CIP 清洗系统的蒸汽杀菌配管

现代化的发酵罐和其他贮料罐均装配了自动在位清洗系统（CIP），这意味着在罐的顶部装置了 CIP 的喷射管或喷洒头，这些部件也必须经严格灭菌才能保证罐的无菌程度。图 2-3-6 显示了 CIP 清洗系统的蒸汽灭菌配管。在设备的蒸汽加热灭菌过程中，阀 B 和 C 打开，而阀 A 则关闭，故整套清洗喷洒头装置均可经受彻底的蒸汽加热灭菌过程。

（4）发酵罐其它装置的蒸汽灭菌配管

对于罐及容器的蒸汽加热灭菌管路配置上，需强调的是尽量避免罐上有多余的接口或管路。传感器（sensor）（如 pH 电极和溶氧电极等）的保护夹套应斜向下插入罐体以确保能排清液体，且夹套与传感器之间尽可能完美配合以不留缝隙，同时保护套的长度尽可能不大于直径的两倍。对于发酵罐或其他容器中灭菌蒸汽管路的安排，通常蒸汽进口是装在罐顶，冷凝水在罐底排出。

（5）发酵罐及容器的蒸汽加热灭菌过程

发酵罐及容器的蒸汽加热灭菌过程如下：①采用容器的气密性试验确证容器无渗漏，把所有的冷凝水排除阀打开后开启蒸汽进入阀，通入蒸汽升温。②当其内部有一定压强后，打开排空气阀（注：排气阀上连接有空气过滤器，以保证发酵系统不受外界杂菌的污染，同时也防止生物反应系统内的生产菌株细胞进入环境中），以便把容器中原有的空气排除干净。③当罐内温度升至121℃时，开始计算杀菌时间，注意在杀菌过程中，不断排除蒸汽管路及罐内的蒸汽冷凝水。④灭菌时间达到工艺规定的要求后，就结束灭菌操作，先关闭所有排污阀及排气阀，然后关蒸汽进口阀，并打开无菌空气进口阀，以确保罐内蒸汽冷凝后不致形成真空而导致杂菌污染。通常用无菌空气保压将罐内的压强控制在0.1MPa到0.15MPa之间。

2. 管道、阀门和空气过滤器灭菌

在发酵工业生产中，管路管件的设计是清洗与无菌操作的最重要的影响因素。

（1）管道系统的蒸汽灭菌

为保证设备与管路的彻底灭菌，所有管路应在物料流动方向倾斜1/100或以上的斜度，同时管路应有足够的支撑固定以防止凹陷变形。以确保冷凝水不积聚和排清；对水平安装的管道，必须在凹陷低点安装排污阀，同时，为避免较长的管路中间下垂而形成凹陷点，管路必须有足够的支撑点。管路应尽可能消除死角，若出现不可避免的死角时，则应使其长度不得超过管道直径的2～3倍。尽量使管内液体流向应朝向死角而不是相反，这样可大大增加湍流程度。同时，所有的死角均应向主管道倾斜一个角度以利于排空液体，这样利于保持无杂菌污染及利于清洗。图2-3-7所示的是容易产生灭菌死角的管路示意图。

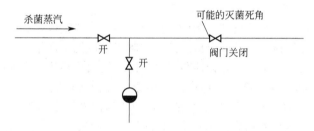

图2-3-7　容易产生灭菌死角的管路示意图（引自梁世中《生物工程设备》，2006）

管路系统的连接尽量采用焊接。当然为了清洗、检查和维修，必要时也采用可拆卸的连接如法兰等活动连接。各法兰连接通常采用O形垫圈，因为其在法兰间留下的缝隙小，易于清洗。此外，也常用平面橡胶垫圈。垫圈的常用材料为硅橡胶或聚丁橡胶。在使用平面橡胶垫圈时，必须注意垫圈的尺寸及安装均取最佳尺寸与位置。另外，还要注意弯头等管件的直径不能小于管路外径；当管件直径必须改变时，应逐渐圆滑变化，要避免突然增大或缩小。

如果物料输送管路较长，为了方便清洗和加热杀菌，应尽可能缩减管路并使其简化，弯头等管件阀门尽可能少。同时，应尽量减少其高点与低点，且在每个高点装设蒸汽进管，在低点均装冷凝水阀，这样才能保证蒸汽杀菌的稳定性、安全性及严密性。

每个罐及其管道尽可能分开灭菌，可提高系统灭菌操作的灵活性和安全性。在图2-3-8中，罐1是灭菌培养液贮罐，罐2是发酵罐。若罐1中已灭菌并冷至所需温度的培养基，要往已空罐灭菌的罐2压送时，其具体操作如下：阀A和F关闭，依次按顺序打开阀E、D、B和C，最后开启蒸汽阀，通入蒸汽杀菌；杀菌结束，先关闭阀E然后关闭阀C，让阀F开启以免管路因蒸汽冷凝而产生真空后漏入污染物；此时便可打开阀A把罐1的培养基压送到罐2。

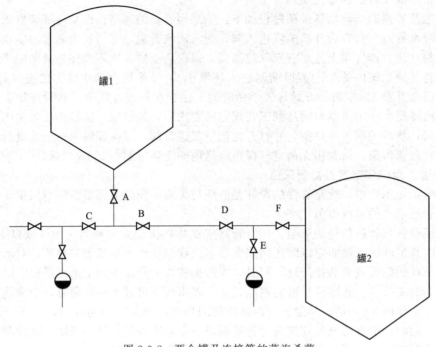

图 2-3-8　两个罐及连接管的蒸汽杀菌

（2）阀门的蒸汽灭菌

对于生物发酵生产，尤其需维持无菌的管路及设备中，膜式或隔膜式阀门结构简单，密封可靠，流体阻力小，方便检修，是应用最广泛且有利于维持无菌操作的阀门。由于需要确保隔膜的完好、无破损，故应选用有较好韧性与耐磨且能耐受加热和化学腐蚀的材料来制造膜。

隔膜式阀门在发酵工业生产上使用广泛，由于内部物料均完全密封，其内部一般不会因泄漏而与外界接触，所以有利于防污染杂菌，且便于清洗及通蒸汽加热灭菌。但是其缺点是阀膜间仍有缝隙。图 2-3-9 为隔膜阀的开启和关闭的示意图。

安装隔膜阀时，要注意使其与水平线倾斜 15°角，以保证其出水口不会阻碍液体自由排出。隔膜阀的蒸汽加热杀菌方式有三种：第一种方式是确保阀门接管的盲端管长与管径之比不大于 6 倍，且必须保证管内不积存冷凝水；第二种方式则是利用隔膜阀上面附加的取样用的或排污用小阀，可通过此小阀门通入蒸汽或放出蒸汽冷凝水，这样也可使隔膜两边均可充分灭菌；第三种方式则是蒸汽直接通过阀门，故阀门与管路均充满蒸汽，故可保证杀菌彻底，这是最佳的方式。第一种方法容易发生灭菌不彻底，故尽量不采用。

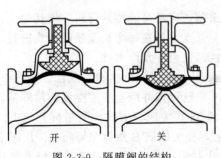

图 2-3-9　隔膜阀的结构

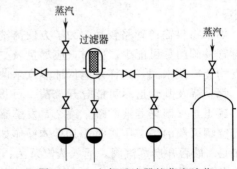

图 2-3-10　空气过滤器的蒸汽杀菌
管路和阀门的配置

（3）空气过滤器的蒸汽杀菌管路和阀门的配置

空气过滤器可以起到过滤除去空气中的微生物的作用，以达到供给通气发酵罐大量无菌空气的目标。但是过滤器本身必须经蒸汽加热灭菌后才能起到除菌过滤的作用。空气过滤器的杀菌手段主要是采用饱和蒸汽热力灭菌，为避免出现过滤介质被冷凝水堵塞而造成蒸汽通过困难的情况出现，进入空气过滤器的蒸汽必须是饱和干蒸汽，所以要着重注意冷凝水的正常排除。若发酵过程需要更换空气过滤器，必须采用过滤器单独加热灭菌的设计，其杀菌管路和阀门的配置如图 2-3-10 所示。此管路配置可保证空气过滤器单独蒸汽加热灭菌，且安全高效。

复习思考题

1. 有一发酵罐内装 40m³ 培养基，在 121℃ 温度下进行实罐灭菌。原污染程度为每 1mL 有 2×10^5 个耐热细菌芽孢，121℃ 时热死速率常数为 $1.8min^{-1}$，求灭菌概率为 0.001 时所需要的灭菌时间。若改用连续灭菌，灭菌温度为 131℃，此温度下热死速率常数为 $15min^{-1}$，求连续灭菌所需的维持时间。

2. 如何对培养基进行实罐灭菌？

3. 空罐灭菌的灭菌条件是什么？

4. 画出任意一种培养基连续灭菌的流程图，简述其加热设备、维持（保温）设备和冷却设备的工作原理。

5. 请指出下列培养基连续灭菌设备与淀粉质原料蒸煮设备之间的结构差异：

（1）套管式连消塔与套管加热器。

（2）喷射加热器与连续液化喷射器。

6. 生物工厂无菌空气质量指标是什么？如何控制？

7. 空气进入总过滤器之前为什么要进行预处理？空气为什么要降温然后又升温？

8. 画出两级冷却、分离、加热预处理流程框图，并在框内标出设备名称，简要介绍每个设备在空气预处理过程中的作用。

9. 空气的过滤除菌原理与通常的悬浮液过滤原理有什么不一样？列出 5 种以上常用的空气过滤介质，分别说明其适用条件及性能。

10. 与传统的空气过滤器相比，新型高效空气过滤系统有什么优点？

11. 设备和管道污垢的来源有哪些？如何清洗？

12. 什么是 CIP 清洗系统？该系统主要由哪些设备组成？写出发酵罐的 CIP 清洗过程以及空罐灭菌过程，并指出发酵罐管路配置的基本要求。

第三章　生物反应器设计基础

生物反应的目的可归纳为以下几种：①生产细胞；②收集细胞的代谢产物；③直接用酶催化得到所需产物。

生物反应是由各种酶（或细胞）在各种不同条件下催化的反应。生物反应的环境条件决定了生物加工过程的效率，而生物反应器的作用正是为生物反应提供可以人为控制、适当的环境条件。

生物反应器工程基本原理是指研究体系的传质、传热、动量传递和反应动力学四个方面，包括：①从微观角度研究酶动力学、发酵细胞生长、产物形成、基质消耗动力学，即本征动力学；②从宏观角度研究生化反应动力学，即考虑混合、传质、传热等因素对生化反应动力学所产生的影响；③将反应器的混合传质、传热等性能（冷模试验），与具体生物产品在反应器的应用效果（热模试验）相结合，研究反应器的结构、操作条件，为生物生产过程的优化和反应器设计放大服务。生化反应工程的核心是生物反应器技术。

在设计生物反应器时，除了与一般的化学反应器相同的地方外，要考虑一些特殊需要。例如，微生物和动、植物细胞都容易受到杂菌的污染，因此，防止染菌是生物反应器设计必须考虑的一个重要因素；应尽量少用法兰连接，多采用焊接连接；反应器内要保持一定正压，避免大气漏入等。由于微生物与动物细胞以及植物细胞的组织差异较大，因此分别与之相对应的生物反应器的差异也较大。酶反应器作为一种催化反应器与生物培养反应器有不同的要求。

此外，根据中培养基的状态，微生物反应器可分为液态和固态两大类。固态发酵是指没有或几乎没有自由水存在下，在有一定湿度的水不溶性固态基质中，用一种或多种微生物的一个生物反应过程。从生物反应过程中的本质考虑，固态发酵是以气相为连续相的生物反应过程。与液态生物反应器相比，固态生物反应器目前仍处于不断完善之中。本章主要讨论液态生物反应器，固态生物反应器将在第四章介绍。

第一节　生物反应器的分类

由于生物催化剂种类和生产目的的多样性，生物反应器种类繁多。不同的生物反应器在结构和操作方式上具有不同特点。根据生物反应器的结构和操作方式的某些特征，可以从多个角度对其进行分类。

一、根据生物催化剂分类

生物催化剂包括酶和细胞两大类，相应地，生物反应器也可以分为酶反应器和细胞反应器。

酶催化反应与一般的化学反应并无本质的区别，催化剂本身不会因为反应而增加。但是，酶催化反应的条件比较温和。酶催化反应器的结构往往与化学反应器类似，只是通常不需要太高的温度和压力。游离酶催化常采用搅拌罐反应器，固定化酶催化除了搅拌罐反应器外，常选择固定床反应器，近年来，酶膜反应器的应用正在日益增加。

细胞培养过程是典型的自催化过程，细胞本身既是催化剂，同时又是反应的主要产物之一。因此，催化剂的量是随反应的进行而不断增大的。对于这种活的催化剂，在反应过程中保持细胞的生长和代谢活性是对反应器设计的最基本要求。根据细胞类型的不同，细胞反应器又可分为微生物细胞反应器（通常称为发酵罐）、动物细胞反应器和植物细胞反应器。根据不同类型细胞的生理特点，对反应器也有不同的要求。例如，动植物细胞是好氧的，同时对剪切力又非常敏感，在设计反应器时如何在氧传递和剪切力之间的矛盾找到一个平衡点就成为要考虑的首要问题；植物细胞培养可能需要可见光，就要采用光生物反应器。

对于细胞参与的生物反应过程，一般需要满足下列基本要求。

① 几乎所有以目标产物生产为目的的生物反应过程都属于纯种培养，生物反应器应该保证反应体系不被杂菌污染；无菌空气供应系统、物料供应与排出系统、机械搅拌系统及测量和控制系统等都应该便于灭菌，并在生物反应进行期间能防止外来微生物或噬菌体的侵入。

② 细胞培养都需要在合适的温度、pH、压力、溶氧浓度、剪切力等条件下进行，因此，一个设计良好的生物反应器应该具有完善的上述参数的测量和控制系统，使这些参数能维持在适当的范围内。

③ 对于连续或半连续（流加）方式运行的生物反应器，需要有反应器液位的测量和控制系统、营养物质的供应系统及培养产物的排出系统，在可能的条件下，还需要主要营养物质、细胞及产物的在线或离线检测系统。

④ 生物反应器中的热交换器能力应能满足从反应器中移走代谢热的需要，对于间歇或流加操作的生物反应器，培养基的灭菌和冷却一般也在生物反应器中就地进行，热交换器能力还应满足这方面的需要；在反应器设计时也应该满足蒸气直接加热灭菌时需要的耐压性能。

⑤ 培养基中一般含有丰富的蛋白质或多肽，细胞培养过程中也会向培养介质中释放蛋白质，由于蛋白质具有表面活性剂的性质，在通气搅拌中会产生大量的泡沫，将影响生物反应器的正常操作，因此，生物反应器应具有机械或化学消泡能力。

酶反应器不同于细胞培养反应器，因为它不表现自催化方式，即细胞的连续再生。

二、根据底物加入方式分类

根据底物加入方式不同，可以将生物反应器分为间歇式反应器、连续式反应器和半连续式（流加）反应器。在反应过程中，间歇式反应器是不进料也不出料，连续式反应器是连续地进料和出料，而半连续式反应器则只进料不出料。

在实际应用中，由于间歇培养不会产生严重的染菌问题，因周期短而较适合于遗传变异性大的细胞，对过程控制的要求较低，能适应培养细胞株和产物经常变化的需要，因此是应用最广泛的操作模式。流加培养能延长细胞生长稳定期的时间，适合于次级代谢产物（如抗生素）的合成特点，能提高抗生素的产量；可在避免底物抑制的前提下大幅度增加单位反应器体积中的底物投入量，有利于实现细胞的高密度培养，对以细胞（如面包酵母）本身或胞内产物为目标产物的过程也非常合适。连续培养一般用于实验室研究细胞生长动力学，当用于工业生产时，只适用于那些遗传性能非常稳定、培养条件比较独特而不易受到环境微生物污染的菌种培养过程（如乙醇发酵）。连续生物反应在污水生化处理中得到了广泛应用，因为不需要考虑杂菌的问题，而且还可以在长期的连续培育过程中由于自然选择使优势微生物种群得以增殖，有利于污水处理过程。

三、根据反应器结构特征及动力输入方式分类

　　根据反应器的主要结构特征（如外形和内部结构）的不同，可以将其分为釜（罐）式、管式、塔式和生物膜反应器等。釜式生物反应器能用于间歇、流加和连续所有三种操作模式，而管式、塔式和生物膜反应器等则一般适用于连续操作的细胞反应工程。

　　根据动力输入方式的不同，生物反应器可以分为机械搅拌反应器、气流搅拌反应器和液体环流反应器。机械搅拌反应器采用机械搅拌实现反应体系的混合（图 3-1-1）；气流搅拌反应器以压缩空气作为动力来源（图 3-1-2）；而液体环流反应器则通过外部的液体循环泵或压缩空气作为动力来源（图 3-1-3）。

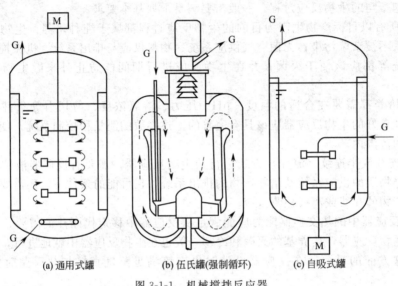

(a) 通用式罐　　　　(b) 伍氏罐(强制循环)　　　(c) 自吸式罐

图 3-1-1　机械搅拌反应器

G—气体；M—电动机

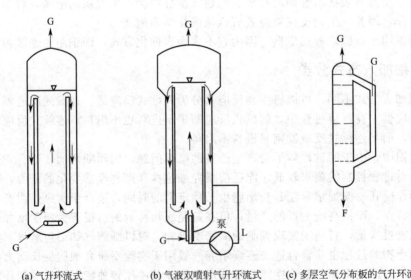

(a) 气升环流式　　　(b) 气液双喷射气升环流式　　(c) 多层空气分布板的气升环流式

图 3-1-2　气流搅拌反应器

G—空气；F—发酵液

88

四、根据反应器通气情况分类

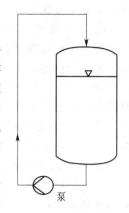

图 3-1-3　液体环流反应器

微生物有厌氧和好氧两大类，培养这两大类微生物的生物反应器也即发酵罐有很大区别。啤酒、酒精、丙酮以及丁醇等属于厌氧发酵产品，其反应器不需供氧，设备结构一般较为简单。在悬浮生长的微生物反应器内，为保证微生物与反应基质的均匀混合需要搅拌。例如厌氧的乙醇发酵，只需要很小的搅拌功率，在发酵过程中产生的二氧化碳气泡，而造成的发酵液循环就可以满足这种需要。再如乳酸发酵，搅拌功率很小，搅拌轴运转很慢（40～60r/min）就可以。抗生素、柠檬酸、味精等产品属于好氧发酵产品，在发酵过程中微生物会不断消耗氧气，因此在发酵过程中必须不断向发酵设备中补充无菌的空气或者氧气，因而其设备的结构比厌氧发酵要复杂一些。通风式发酵设备根据通风的方式不同又可以分为机械搅拌式、鼓泡式、气升循环式以及自吸式等。

第二节　生物反应器设计的机械基础

生物反应器结构与化工生产中贮存气体或液体物料的圆筒形容器相同，由筒体、封头、支座、法兰及各种开孔所组成。生物反应器要在一定温度和压力下操作，通常要求耐受130℃和0.25MPa（绝对压力）。按照我国《压力容器安全技术监察规程》的规定，生物反应器设计、制造及管理必须符合压力容器的有关规范要求。因此，一般按照压力容器（pressure vessel）的要求对生物反应器进行机械设计计算。

压力容器的结构设计和机械强度计算是根据工艺过程的要求和条件进行的。压力容器结构设计需要选择适用、合理、经济的结构形式，同时满足制造、检测、装配、运输和维修等要求。压力容器机械强度设计的基本要求包括安全性（强度、刚度、密封性、耐久性）、可靠性和经济性。强度计算内容包括容器的材料，主要结构尺寸的确定，强度、刚度和稳定性计算等，以保证容器安全可靠运行。

一、压力容器设计的基本知识

按承受压力方式可将容器分为内压容器（internal pressure vessel）与外压容器（external pressure vessel）。当容器内部介质压力大于外部介质时，称为内压容器；反之，容器内部压力小于外部压力时，称为外压容器。其中，内部压力小于一个绝对大气压（0.1MPa）的外压容器又叫真空容器（vacuum vessel）。内压容器按其所承受的工作压力分为五个压力等级，具体划分如表 3-2-1。

表 3-2-1　内压容器按压力等级的分类方法

容器分类	设计压力/MPa	容器分类	设计压力/MPa
常压容器	$p<0.1$	高压容器(代号 H)	$10.0\leqslant p<100$
低压容器(代号 L)	$0.1\leqslant p<1.6$	超高压容器(代号 U)	$p\geqslant100$
中压容器(代号 M)	$1.6\leqslant p<10.0$		

1. 压力容器的基本要求

压力容器（pressure vessel）是指在使用过程中承受有内压或外压的容器，一般需要满足以下几个方面的要求。

① 保证完成工艺生产。压力容器必须能承担工艺过程所要求的压力、温度及具备工艺生产所要求的规格（直径、厚度、容积）和结构（开孔接管、密封等）。否则，不仅直接影响产量，而且造成生产成本的大幅度上升。

② 运行安全可靠。压力容器虽然不像一般机械设备那样容易产生磨损，但如果设计或使用不当，也会发生泄漏，甚至爆炸等恶性事故。容器要有足够的强度（抵抗外力破坏的能力）、稳定性（抵抗外力使容器发生变形的能力）和密封性。承受外压的容器往往在强度足够，即在不发生破裂的情况下被压瘪或出现折皱，从而丧失其使用功能。

③ 预定的使用寿命。容器的使用寿命与材料选用和腐蚀有关。物料对容器结构材料的腐蚀，使器壁减薄，甚至烂穿。因此在设计壁厚时必须考虑附加腐蚀裕量，或在结构设计中采取防腐措施，以达到所要求的设计寿命。

④ 制造、检验、交装、操作和维修方便。结构简单、易于制造和探伤的设备，其质量就容易得到保证，即使存在某些超标缺陷也能够准确地发现，便于及时予以消除。为了满足某些使用要求，如对于有清洗、维修内件要求的容器，需设置必要的人孔或手孔。

⑤ 经济性。压力容器的设计，要尽量结构简单、制造方便、重量轻、节约材料以降低制造成本和维修费用。采用科学合理的设计，选取适当的容器壁厚，不仅能节约材料，降低容器的成本，又保证了容器的安全可靠性。

2. 压力容器钢材的性能

压力容器用钢主要是板、管材和锻件。压力容器的材料选择是压力容器设计过程的重要组成部分，要遵循适用、安全和经济的原则。生物反应器为钢制压力容器，钢材的选用应考虑使用条件（如设计温度、设计压力、介质特性和操作特点等）、材料的焊接性能、容器的制造工艺以及经济合理性。

金属材料的性能一般分为两类：一类是使用性能，包括机械性能、物理性能、化学性能等，它反映金属材料在使用过程中在外力作用下所表现出来的特性；另一类是工艺性能，包括铸造性能、切削性能、焊接性能等，它反映金属材料在制造加工过程中的各种特性。就发酵罐的制造而言，选材时考虑的最主要性能指标有强度、塑性、韧性和可焊性等。

① 强度。强度是衡量钢材在外力作用下抵抗塑性变形和断裂的特性。强度通常用抗拉强度 σ_b 和屈服点 σ_s 来表征。这两项指标通过静拉伸试验来测定：试验时在材料两端缓慢施加轴向拉力，引起试样沿轴向伸长发生变形，屈服点 σ_s 是材料开始发生明显塑性变形时的应力，抗拉强度 σ_b 是材料拉断时的应力。这两个指标也是容器设计计算中用于确定许用应力的主要依据。

② 塑性（plasticity）。塑性是指材料断裂前发生不可逆永久变形的能力。由于容器制造过程中采用冷作弯卷成型工艺，要求材料必须具备充分的塑性。直接反映钢板冷弯性能的则是冷弯试验，即对钢板在某一直径弯芯下进行常温弯曲试验，规定在冷弯 180°之后不裂方可用于制造容器。

③ 韧性（toughness）。韧性表示材料弹塑性变形为断裂全过程吸收能量的能力，也就是材料抵抗裂纹扩展的能力。它包括缺口敏感性（承受静载荷抗裂纹扩展的能力）和冲击韧性（承受动载荷时抗裂纹的能力）。压力容器在服役过程中，材料的原始缺陷会发生扩展，当裂纹扩展到某一临界值时将会引起断裂事故，此临界尺寸的大小主要取决于钢材的韧性。

④ 可焊性（weldability）。可焊性是指在一定的焊接工艺条件下，材料焊接的难易和牢固程度。压力容器的各零件间主要采用焊接连接，良好的可焊性是压力容器用钢的一项重要指标。钢材的可焊性主要取决于它的化学成分，其中影响最大的是含碳量。含碳量愈低，愈不容易产生裂纹，可焊性愈好。

3. 压力容器钢材的类型及其选用

压力容器用钢的类型按化学成分分类，可分为碳素钢（碳钢）、低合金钢和高合金钢三大类。①碳素钢强度较低，而塑性与可焊性良好，价格低廉。普通碳素钢含硫、磷杂质较多，有 Q195、Q215、Q235、Q255 及 Q275 五个品种十种钢号。优质碳素钢硫、磷含量较普通碳素钢低，其中压力容器用钢在钢号后冠以"R"。如优质碳素钢 20R 钢，一般用于常压或中、低压容器的制造。普通碳素结构钢 Q235 经复验后也可代替 20R。②低合金钢是在碳素钢的基础上加入少量的 Mn、V、Mo、Nb 等合金元素构成的，它具有优良的综合力学性能，其强度、韧性、耐腐蚀性、低温和高温性能均优于相同含碳量的碳素钢。其中 16MnR 是我国压力容器行业使用量最大的钢板。③高合金钢中常用的是铬不锈钢（铁素体不锈钢，如 0Cr13、1Cr13）和铬镍不锈钢（奥氏体不锈钢，如 0Cr18Ni9、0Cr18Ni10Ti、00Cr19Ni10）。高合金钢比低合金钢具有更高的强度、塑性、韧性以及良好的机械加工和耐腐蚀性能。不锈钢之所以能够抗腐蚀，原因就在于其表面能形成铬含量高、化学性质稳定的氧化层。铬钢中常加入镍、铝、钛、锰等元素，可以改善耐腐蚀性和工艺性能。常用的不锈钢型号有 304（即 0Cr18Ni9）、321（即 0Cr18Ni10Ti）、316（即 0Cr17Ni12Mo2）和 316L（即 00Cr17Ni14Mo2）

一般情况下，相同规格的碳素钢的价格低于低合金钢，不锈钢的价格高于低合金钢。因此在满足设备的耐腐蚀和力学性能的前提下，应优先选用价格低廉的碳素钢和低合金钢。碳素钢 Q235-A 和 Q235-B 有良好的塑性、韧性及加工工艺性，为化工容器常用材料。其板材用作低压容器的壳体和零部件，棒材和型钢用作螺栓、螺母等。由于生物反应器内常具有较高的温度和较强的介质腐蚀性，在制造过程中一般都要经过变形和焊接，因而对所使用材料的要求也较高。不锈钢因其具有较大的塑性储备、较高的韧性、较好的成型性和焊接性能而成为生物反应器的首选材料。

当前压力容器用不锈钢，尤其是承压元件在绝大多数场合采用的是 304、304L、321、316、316L 等。封头是压力容器上的端盖，是压力容器的一个使用最广泛的主要承压部件，在石油化工、原子能、食品制药诸多行业压力容器设备中不可缺少。封头产品涉及的行业非常广泛，封头加工的发展趋势是冷成型，但冷成型对材料有着特殊的要求，该要求已经成为压力容器（封头）用不锈钢的普遍要求。目前主要使用的是执行 GB、ASTM、JIS 等标准的 304、321、316L 热轧中厚板。

压力容器材料经常要和酸、碱、盐等腐蚀性介质接触而发生腐蚀，在选用材料时耐腐蚀性往往起决定性的作用。除了上述几种钢材类型外，有时压力容器还采用复合钢板制造。复合钢板由复层和基层组成。复层与介质直接接触，厚度一般仅为基层厚度的 1/3～1/10，主要起耐腐蚀的作用，它通常由不锈钢、钛等材料制成。基层与介质不接触，主要起承载作用，通常为碳素钢或低合金钢。采用复合钢板制造耐腐蚀的压力容器，可以节省大量昂贵的耐腐蚀材料，从而降低压力容器的制造成本。

压力容器用钢应符合相应国家标准和行业标准的规定，如钢材的使用温度上限和下限及其它条件应满足标准的要求，强度计算时许用应力应按标准选取。

二、无夹套生物反应器(内压薄壁容器)的应力分析

应力分析是压力容器强度设计中首先要解决的问题。圆筒形容器按壁厚可以分为薄壁和厚壁两种。当壁厚小于其直径 1/10 时称为薄壁容器（thin-wall vessel），当壁厚大于其直径 1/10 时称为厚壁容器（thick-wall vessel）。生物反应器属于薄壁容器，常用的换热形式有夹套（jacket）和罐内安装列管换热器（tubular heat exchanger）两种。大型生物反应器一般无夹套，通常按内压薄壁容器进行应力分析。

1. 薄膜应力（membrane stress）

在材料力学中，圆筒形内压薄壁容器的应力分析通常用薄膜理论（无力矩理论）进行分析和计算：将薄壁容器的器壁简化成薄膜，认为在内压作用下，均匀膨胀，薄膜的横截面几乎不承受弯矩（无力矩），因此壳体在内压作用下产生的主要内力是拉力。

内压薄壁圆筒的应力分析如图 3-2-1 所示。

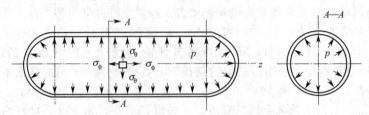

图 3-2-1　薄壁圆筒在内压作用下的应力

薄壁圆筒在内压 p 作用下，圆筒壁上任一点将产生两个方向的应力。一个是由内压作用的轴向拉应力而引起的轴向（或经向）应力，以 σ_ϕ 表示；另一个是由于内压作用使圆筒均匀向外膨胀，在圆周切线方向产生的环向（或周向）应力，以 σ_θ 表示。由于厚度很小，还假定 σ_ϕ、σ_θ 都是沿壁厚均匀分布的，并把它们称为薄膜应力。

根据材料力学中对薄壁容器的应力计算，可以推出 σ_ϕ 和 σ_θ 的计算公式分别如下：

$$\sigma_\phi = \frac{pD}{4t} \tag{3-2-1}$$

$$\sigma_\theta = \frac{pD}{2t} \tag{3-2-2}$$

式中　D——平分壁厚中面的直径，对于薄壁圆筒，可认为约等于内径 D_i，mm；

　　　p——设计压力，MPa；

　　　t——计算厚度，mm。

比较式(3-2-1)和式(3-2-2)，可以发现薄壁圆筒承受内压时，其环向应力 σ_θ 是轴向应力 σ_ϕ 的两倍。由于环向承受应力更大，如果需要在圆筒上开孔时，应尽量减少环向上的削弱面积。如开设椭圆孔时，椭圆孔之短轴应平行于筒体轴线（图 3-2-2）。

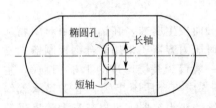

图 3-2-2　圆筒上开设椭圆孔的方向

以同样的分析方法可以求得承受内压作用下球形容器的应力。因球形容器是中心对称，故壳体上各处的应力均相等，并且轴向应力 σ_ϕ 与环向应力 σ_θ 也相等：

$$\sigma_\phi = \sigma_\theta = \frac{pD}{4t} \tag{3-2-3}$$

将球形容器的环向应力与圆筒壳的环向应力相比较，可以发现，在相同内压作用下，球形容器的环向应力要比同直径、同壁厚的圆筒壳的小一半，这是球形容器的一大优点。

2. 边缘弯曲应力

在以上的讨论中，将薄壁容器简化成薄膜，忽略了横截面上可能承受弯矩的基础上进行的。这种简便的计算方法在工程设计上完全可以满足精度要求。但在圆筒壳与封头壳、不同厚度或不同材料的连接处，以及应力沿轴向的任何突变处（称为连接边缘或边界），都必须考虑弯矩的影响。在边缘处由于两部分壳体的自由变形不协调，会产生边缘弯曲应力（简称边缘应力），其数值可达薄膜应力的几倍甚至十几倍，有时竟导致容器的失效（failure），应该予以重视。

边缘弯曲应力的数值相当大，但其作用范围是很小的。研究表明，随着离开边缘处距离的增大，边缘应力则迅速衰减。而且壳壁越薄，衰减得越快，这是边缘应力的局限性（lim-itation）。

边缘应力的另一个特性是自限性（self-limiting）。边缘应力是由边缘部位的变形不连续，以及由此产生的对弹性变形（elastic deformation）的互相约束作用所引起的。一旦材料产生了局部的塑性变形（plastic deformation），这种弹性约束就开始缓解，边缘应力就自动消失。

对于塑性好的金属材料制造的静载荷压力容器，不必精确计算其边缘弯曲应力的数值，只是在设计中进行结构上的局部处理。常见的处理方法有：①尽量采用等壁厚连接。②采用圆滑过渡，如封头加直边的处理。③在边缘区尽量避免开孔，保证焊缝质量，必要时采用局部加强（local strengthening）的结构。

三、夹套生物反应器(外压容器)的失稳

外压容器（external pressure vessel）是指壳体外面的压力大于内部压力的容器。小型生物反应器常采用夹套式换热。它是在生物反应器外部，形成一个封闭的夹层，冷或热介质进入夹层内，通过罐壁与罐内物料进行热交换。外筒受夹套内介质压力，仍属于内压容器（internal pressure vessel）；而夹套压力高于罐内压力，所以内筒则属于外压容器。

1. 外压容器失稳（instability）的概念

应用薄膜理论（无力矩理论）分析，圆筒形容器壳体受外压作用后，在壳壁的截面上同时产生"轴向"应力 σ_ϕ 和"环向"应力 σ_θ，其值与内压圆筒一样：

$$\sigma_\phi = \frac{pD}{4t} \tag{3-2-4}$$

$$\sigma_\theta = \frac{pD}{2t} \tag{3-2-5}$$

即同样为"环向"应力比"轴向"应力大一倍。对圆筒壳体而言，内压对壳壁产生拉应力（tensile stress），而外压对壳壁产生压应力（compressive stress）。这种压应力达到材料的强度极限（strength limit）时，将和内压圆筒一样，也会引起容器的强度破坏，然而这种现象是极为少见的。在外压的作用下，经常是筒壁所受的压应力还远远低于材料的屈服点（yield point）时，筒体就突然失去自身原来的几何形状，被压瘪或发生褶皱而失效。

这种承受外压载荷的壳体，当外压载荷增大到某一值时，壳体会突然失去原来的形状，被压扁或出现波纹；载荷卸去后，壳体不能恢复原状，即失去原来的稳定性的现象称为外压壳体的失稳。

容器失稳型式按受力方向分为侧向失稳（lateral buckling）与轴向失稳（axial instability）。容器由均匀侧向外压引起的失稳，叫侧向失稳，其横断面由圆形变为波形（图 3-2-3）。

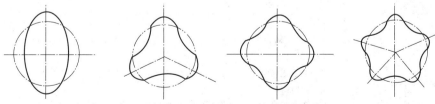

图 3-2-3　外压圆筒侧向失稳后的形状

轴向失稳由轴向压应力引起，失稳后其经线由原来的直线变为波形线，而横断面仍为圆形（图 3-2-4）。

2. 临界压力（critical pressure）及其影响因素

外压容器失稳时所受的外压力称为该圆筒的临界压力。影响临界压力的因素如下。

① 筒体几何尺寸筒长 L、筒径 D 和壁厚 t 的影响。L/D 相同时，t/D 大者临界压力高；t/D 相同时，L/D 小者临界压力高；t/D、L/D 相同，有加强圈者临界压力高。

② 筒体材料性能的影响。材料的弹性模数（elastic modulus）E 和泊松比（Poisson ratio）μ 越大，其抵抗变形的能力就越强，因而其临界压力也就越高。但是，由于各种钢材的 E 和 μ 值相差不大，所以选用高强度钢代替一般碳素钢制造外压容器，并不能提高筒体的临界压力。

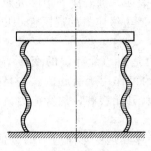

图 3-2-4 外压圆筒轴向
失稳后的形状

③ 筒体椭圆度和材料不均匀性的影响。稳定性的破坏并不是由于壳体存在椭圆度或材料不均匀而引起的。无论壳体的形状多么精确，材料多么均匀，当外压力达到一定数值时也会失稳。但壳体的椭圆度与材料的不均匀性，能使其临界压力的数值降低，使失稳提前发生。

3. 提高外压容器稳定性的措施

导致外压容器失稳的因素很多，它和内压容器的破坏是不相同的。单纯提高外压容器的材料强度并不能提高其稳定性，增加厚度则浪费材料。一般来说，失稳与筒体的几何尺寸，尤其是与 L（筒长）有关。容器在外压作用下，与临界压力相对应的长度，称为临界长度（critical length）。提高外压容器稳定性最有效的措施是设置加强圈（stiffening ring），即减小了圆筒的计算长度（effective length），所以可成倍提高圆筒的临界压力。

四、生物反应器强度设计参数的确定

1. 压力

工作压力（working pressure）p_w：指在正常工作情况下，容器顶部可能达到的最高压力。

设计压力（design pressure）p：指设定的容器顶部最高压力与相应的设计温度一起作为设计载荷条件，来确定壳体厚度的压力，其值不低于工作压力 p_w。

计算压力（calculation pressure）p_c：指在相应设计温度下，用以确定壳体各部位厚度的压力，其中包括液柱静压力。对于盛装液体的容器，当容器内液体静压大于或等于设计压力的 5% 时，液柱静压应计入容器的设计压力内。计算压力 p_c＝设计压力 p＋液柱静压力。

设计压力与计算压力的取值范围见表 3-2-2。

表 3-2-2 设计压力与计算压力的取值范围

类　　型	设计压力（p）取值
容器上装有安全阀时	取不小于安全阀的初始起跳压力，通常取 $p \leqslant 1.05 \sim 1.1 p_w$
单个容器不装安全泄放装置	取等于或略高于最高工作压力，通常取 $p \leqslant 1.0 \sim 1.1 p_w$
容器内有爆炸性介质，装有防爆膜时	根据介质特性、气相容积、爆炸前的瞬时压力、防爆膜的破坏压力及排放面积等因素考虑（通常可取 $p \leqslant 1.15 \sim 1.3 p_w$）
装有液化气体的容器	根据容器的充装系数和可能达到的最高温度确定（设置在地面的容器可按不低于 40℃，如 50℃、60℃时的气体压力考虑）
外压容器	取不小于在正常操作情况下可能产生的内外最大压差
真空容器	当有安全阀控制时，取 1.25 倍的内外最大压差与 0.1MPa 两者中的较小值，当没有安全控制装置时，取 0.1MPa
夹套容器	计算带夹套部分的容器时，应考虑在正常操作情况下可能出现的内外压差

2. 设计温度（design temperature）

压力容器一般都在一定温度的场合下使用，必须考虑一般材料的许用应力随着温度的变化而变化。设计温度是指容器在正常操作情况，在相应的设计压力下设定的受压元件的金属温度（沿元件金属截面的温度平均值）。当元件的金属温度大于或等于 0℃时，设计温度不得低于元件金属可能达到的最高温度；当元件的金属温度低于 0℃时，设计温度不得高于元件金属可能达到的最低温度。设计温度是容器的主要设计条件之一，虽然不直接反映在计算公式中，但它是材料选择及确定许用应力（allowable stress）的一个基本参数，应采用设计温度下的许用应力 $[\sigma]^t$。

3. 厚度及厚度附加量

在压力容器的设计、制造的不同阶段，有多个厚度概念，分别是计算厚度（calculated thickness）t、设计厚度（design thickness）t_d、名义厚度（nominal thickness）t_n、有效厚度（effective thickness）t_e 和毛坯厚度。

计算厚度 t 是按有关设计公式计算得到的厚度，不包括厚度附加量。

设计厚度 t_d 是系指计算厚度与腐蚀裕量之和。

名义厚度 t_n 是将设计厚度向上圆整至钢材标准规格的厚度，即是图样上标注的厚度。

有效厚度 t_e 是指名义厚度减去厚度附加量。

各种厚度的关系，如图 3-2-5 所示。

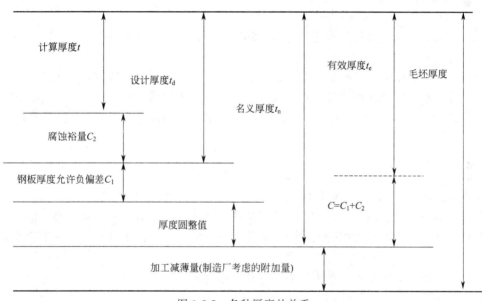

图 3-2-5　各种厚度的关系

容器壁厚的附加量包括钢板厚度允许负偏差（negative deviation）C_1 和介质的腐蚀裕量（corrosion allowance）C_2，即：

$$C = C_1 + C_2 \tag{3-2-6}$$

钢板厚度允许负偏差 C_1 应按 GB 709—88《热轧钢板和钢带的尺寸、外形、重量及允许偏差》、GB 6654—1996《压力容器用钢板》等相应的钢材标准选取。一般情况下，可按表3-2-3 选取。

表 3-2-3　钢板厚度允许负偏差 mm

钢板厚度	2.0	2.2	2.5	2.8～3.0	3.2～3.5	3.8～4.0	4.5～5.5
允许负偏差 C_1	0.18	0.19	0.20	0.22	0.25	0.30	0.50

钢板厚度	6.0~7.0	8.0~25	26~30	32~34	36~40	42~45	55~60
允许负偏差 C_1	0.6	0.8	0.9	1.0	1.1	1.2	1.3

当钢板厚度允许负偏差不大于 0.25mm，且不超过名义厚度的 6% 时，可取 $C_1=0$。

腐蚀裕量由介质对材料的均匀腐蚀速率与容器的设计寿命确定。在一般情况下，对于低碳钢和低合金钢，C_2 不小于 1mm；对于不锈钢，当介质的腐蚀性极微时，可取 $C_2=0$。

腐蚀裕量只对防止发生均匀腐蚀破坏有意义。因为均匀腐蚀是从金属表面以同一腐蚀速度向内部延伸，所以腐蚀速度可以预测。对于非均匀腐蚀（即局部腐蚀），不能单纯以增加腐蚀裕量的办法来延长容器的设计寿命，而应着重于选择耐腐蚀材料或进行适当的防腐蚀处理。

容器的壁厚不仅要满足强度要求，还要满足刚度要求。强度是指容器抵抗载荷而不损坏的能力，满足强度条件是说明该容器能够承受设计载荷而不致被破坏。刚度是指容器抵抗变形的能力。如果刚度不够，容器会产生变形，时间长，变形加大，同样会损坏容器。对于设计压力较低的压力容器，按强度计算公式计算出的壁厚很小，不能满足制造、运输和安装时的刚度要求，因此，应对容器规定一最小壁厚。按照我国钢制压力容器标准规定，容器壳体加工成型后不包括腐蚀裕量的最小壁厚按下列方法确定：对于碳素钢和低合金钢容器，不小于 3mm；对于高合金钢容器，不小于 2mm。

4. 许用应力（allowable stress）

许用应力是容器壳体等受压元件的材料许用强度，取材料极限强度（ultimate strength）与相应的安全系数之比。

材料的极限强度的选择取决于容器材料的判废标准。对于常温容器，为了防止在操作过程中出现过度塑性变形或断裂等破坏形式，在工程设计中通常取屈服点（yield point）σ_s 和抗拉强度（tensile strength）σ_b 作为强度极限。此时，许用应力 $[\sigma]$ 取下列两式中的较小值。

$$[\sigma]=\frac{\sigma_b}{n_b}, [\sigma]=\frac{\sigma_s}{n_s}$$

上述两式中，n_b 和 n_s 分别是抗拉强度、屈服点的安全系数。安全系数是一个反映包括设计分析、材料试验、制造运行控制等水平不同的质量保证参数。安全系数的数值不仅需要一定的理论分析，更需要长期的实践经验积累。目前我国推荐的中低压容器的安全系数作如下规定：

对于碳素钢、低合金钢、铁素体高合金钢：$n_b \geq 3.0$，$n_s \geq 1.6$。

对于奥氏体高合金钢：$n_s \geq 1.5$。

为方便设计，GB 150—1998《钢制压力容器》直接给出了常用钢板、钢管、锻件和螺栓材料在不同温度下的许用应力值，设计计算时可以从中查取。

5. 焊缝系数（seam coefficient）

压力容器一般由钢板焊接而成，焊接容器的焊缝区是容器上强度比较薄弱的地方。焊缝区强度降低的原因在于焊接焊缝时可能出现缺陷而未被发现，焊接热影响区往往形成粗大晶粒区而使强度和塑性降低。由于结构刚性约束造成焊缝内应力过大等，焊缝区的强度主要决定于熔焊金属、焊缝结构和施焊质量。考虑到焊缝处可能出现的各种缺陷所造成的强度削弱，所以用焊缝系数 ϕ（又称焊接接头系数）作为材料在设计温度下，焊接削弱而降低设计许用应力 $[\sigma]^t$ 的安全系数。

焊缝系数的选取主要根据焊接接头的形式和焊缝的检验程度（保证的焊接质量）而定。

按我国 GB 150 容器标准的要求，焊缝系数 ϕ 应根据焊接接头形式及无损检测（nondestructive testing）的长度比例来选取。

双面焊对接接头和相当于双面焊的全焊透对接接头：100％无损检测，取 $\phi=1.00$；局部无损检测，取 $\phi=0.85$。

带垫板的单面焊对接接头：100％无损检测，取 $\phi=0.9$；局部无损检测，取 $\phi=0.8$。

五、生物反应器的壁厚计算

作为低压容器，生物反应器罐体的壁厚是强度计算的主要内容，包括圆筒壳体、封头（碟形、椭圆形、球形、锥形）的壁厚计算。

我国压力容器常规设计的依据是国家标准 GB 150—1998《钢制压力容器》，该标准采用的容器失效标准是弹性失效（elastic failure）设计准则，即壳体上任何一处的最大应力不得超过材料的许用应力值。这里所讲的"失效"并不完全指容器破裂，而是泛指容器失去正常的工作能力。在圆筒形压力容器的强度设计中，一般先根据工艺要求确定圆筒内径，再结合设计压力、设计温度以及介质腐蚀性等条件，计算并确定合适的壁厚，以保证设备在规定的使用寿命内安全稳定地运行。

压力容器的常规设计通常采用材料力学中的第一强度理论（最大拉应力理论）进行强度设计计算。该理论认为，材料的破坏是由最大拉应力引起的，即：

$$[\sigma]^1 \leqslant [\sigma]^t \tag{3-2-7}$$

式中　$[\sigma]^1$——第一主应力，MPa；

$[\sigma]^t$——材料在设计温度下的许用应力，MPa。

1. 无夹套生物反应器（内压薄壁容器）的圆筒壁厚计算

根据前面的应力分析结果可知，无夹套发酵罐（内压薄壁容器）圆筒中的第一主应力（最大主应力）为环向应力 σ_θ。由前述计算公式(3-2-5)，按照第一强度理论得：

$$\sigma_1 = \sigma_\theta = \frac{pD}{2t} \leqslant [\sigma]^t \tag{3-2-8}$$

把上式中平分壁厚中面的直径 D 用内径 D_i 表示：$D = D_i + t$，将此式代入式(3-2-8)得：

$$\frac{p(D_i + t)}{2t} \leqslant [\sigma]^t \tag{3-2-9}$$

实际圆筒一般由钢板卷焊而成，考虑到焊缝处可能出现的各种缺陷所造成的强度削弱，所以上式中的 $[\sigma]^t$ 应乘以焊缝系数 ϕ。式(3-2-9) 化简后得圆筒计算厚度 t 为：

$$t = \frac{pD_i}{2[\sigma]^t \phi - p} \tag{3-2-10}$$

式中　t——计算厚度，mm；

ϕ——焊缝系数。

此外，考虑容器供货钢板厚度的负偏差和介质的腐蚀等因素，计算厚度 t 应加一厚度附加量 C，得到容器的设计厚度 t_d 为：

$$t_d = \frac{pD_i}{2[\sigma]^t \phi - p} + C_2 \tag{3-2-11}$$

式中　t_d——设计厚度，mm；

C_2——腐蚀裕量，mm。

式(3-2-11) 为无夹套发酵罐（内压薄壁容器）圆筒的厚度设计计算公式。如果已知圆筒的尺寸 D_i、t_n（t_n 为圆筒的名义厚度），或者需要对现存圆筒器壁中的应力进行强度校核时，式(3-2-11) 可改写为：

$$\sigma = \frac{p(D_i + t_n - C)}{2(t_n - C)} \leqslant [\sigma]^t \phi \tag{3-2-12}$$

对于球形容器受内压作用时，其设计厚度计算公式可以按上述同样分析方法推得：

$$t_d = \frac{pD_i}{4[\sigma]^t \phi - p} + C_2 \tag{3-2-13}$$

若校核应力，则用下列计算式：

$$\sigma = \frac{p(D_i + t_n - C)}{4(t_n - C)} \leqslant [\sigma]^t \phi \tag{3-2-14}$$

比较式(3-2-11) 和式(3-2-13)可知，当压力和直径相同时，球壳的壁厚约为圆筒的一半，所以采用球壳做容器，节省材料，占地面积小。但球壳是非可展曲面，拼接工作量大，所以制造工艺比圆筒复杂得多，通常用作液化气储罐、氧气储罐等结构形式。

2. 内压封头的壁厚计算

压力容器的封头又称端盖，按其形状可分为三类：凸形封头（convex head）、锥形封头（conical head）和平盖封头（flat head），其中凸形封头包括半球形封头（semi-spherical head）、椭圆形封头（ellipsoidal head）、碟形封头（dished head）和球冠形封头（spherical head）。

（1）半球形封头（semi-spherical head）

半球形封头是由半个球壳构成。半球形封头由于深度大，整体冲压成型较困难，可先将数块钢板冲压成型后，再到现场拼焊而成，如图 3-2-6 所示。

其壁厚计算公式与球壳相同，即：

$$t = \frac{pD_i}{4[\sigma]^t \phi - p} \tag{3-2-15}$$

式中　t——计算厚度，mm；

　　p——设计压力，MPa；

　　D_i——半球形封头内径，mm；

　　$[\sigma]^t$——材料在设计温度下的许用应力，MPa；

　　ϕ——焊缝系数。

所以，球形封头的计算壁厚约为相同直径与压力的圆筒的一半。但在实际工作中，为了焊接方便以及降低边境处的边缘应力，半球形封头常取与圆筒体相同的厚度。

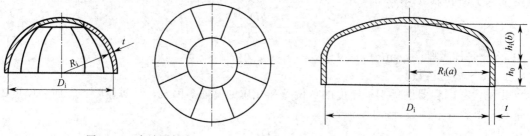

图 3-2-6　半球形封头　　　　　　　　图 3-2-7　椭圆形封头

（2）椭圆形封头（ellipsoidal head）

椭圆形封头由半椭球面和短圆筒（称为直边）组成，如图 3-2-7 所示。

椭圆的长半轴和短半轴分别为 $a(R_i)$ 和 $b(h_i)$。长轴与短轴长度比值 $[D_i/(2h_i)]$ 等于 2 时，为标准椭圆形封头。直边的作用是避免封头和筒体连接的环焊缝与椭圆壳和圆柱壳交界处重合，以改善交界处的应力状态。

有关研究结果表明，椭圆形封头中的最大应力和圆筒周向薄膜应力的比值，与椭圆形封头长轴与短轴长度之比 $[D_i/(2h_i)]$ 有关，且最大应力的位置也随 $D_i/(2h_i)$ 的改变而变化。考虑这种变化对强度的影响，同时为了使公式的通用化，采用应力为2倍于相同筒体直径 D_i 时半球形封头的应力公式，再乘以一个椭圆形封头的形状系数 K 对计算壁厚进行修正，即

$$t = \frac{2KpD_i}{4 [\sigma]^t \phi - p}$$

化简后得到：
$$t = \frac{KpD_i}{2 [\sigma]^t \phi - 0.5p} \tag{3-2-16}$$

K 为应力增强系数或形状系数，它表示封头上最大总应力与圆筒上周向薄膜应力的比值。工程设计中 K 值以下列经验关系式计算：

$$K = \frac{1}{6} \left[2 + (\frac{D_i}{2h_i})^2 \right] \tag{3-2-17}$$

当 $D_i/(2h_i)=2$ 时，为标准椭圆形封头，此时应力增强系数 $K=1$。

在工程上除特殊情况外，一般采用标准椭圆形封头，这样既提高设备部件的互换性，也可提高设备制造的质量和降低设备的成本。

（3）碟形封头（dished head）

碟形封头由半径为 R_i 的球面、半径为 r 的过渡环壳和短圆筒三部分组成，如图 3-2-8 所示。

在内压作用下，碟形封头过渡环壳与球面连接处将产生很大的边缘应力。考虑这一边缘应力的影响，在设计公式中引入形状系数 M。碟形封头的壁厚计算公式为：

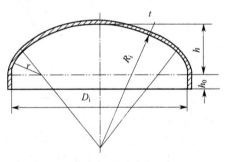

图 3-2-8　碟形封头

$$t = \frac{MpD_i}{2 [\sigma]^t \phi - 0.5p} \tag{3-2-18}$$

式中　M——碟形封头的形状系数，表示过渡环壳的总应力与球面部分应力的比值。

形状系数 M 可由下列关系式计算：

$$M = \frac{1}{4}(3 + \sqrt{\frac{R_i}{r}}) \tag{3-2-19}$$

由上式可见，球面半径越大，环壳过渡半径越小，则封头的深度越浅，这对于封头的加工是有利的，但会产生较高的应力。因此，规定碟形封头球面部分半径 R_i 一般不大于与其连接的筒体的内径 D_i，环壳过渡段半径 r 在任何情况下均不得小于筒体内径 D_i 的 10%，且不小于3倍的封头名义厚度。

当碟形封头球面部分半径为 $R_i=0.9D_i$，环壳过渡段半径 $r=0.17D_i$ 时，称为标准碟形封头，此时形状系数 $M=1.325$。

（4）球冠形封头（spherical head）

将碟形封头的短圆筒和过渡环壳去掉，就成为球冠形封头，也称无折边球形封头，如图 3-2-9 所示。

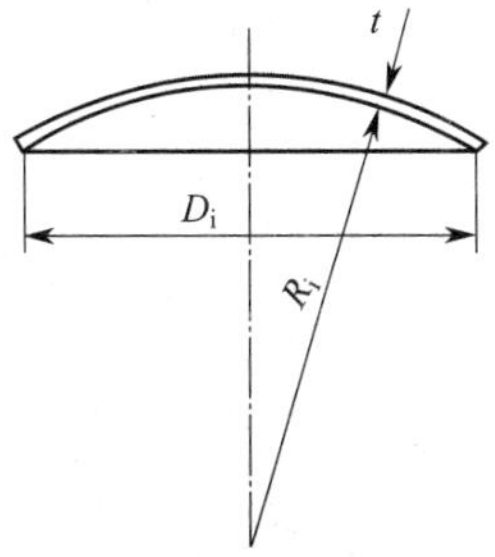

球冠形封头常用作容器中两独立受压室的中间封头，也可用作端盖。由于球面与圆筒连接处没有转角过渡，所以在连接处附近的封头和圆筒上均存在很大的边缘应力。因此，在确定球冠形

图 3-2-9　球冠形封头

封头的壁厚时，重点应考虑这些边缘应力的影响。

球冠形封头的壁厚计算公式为：

$$t = \frac{QpD_i}{2\,[\sigma]^t\phi - p}$$

(3-2-20)

式中　Q——系数，可从 GB 150—1998《钢制压力容器》中查取。

在任何情况下，与无折边球形封头连接的圆筒厚度应不小于封头厚度，否则，应在封头与圆筒间设置过渡连接。圆筒加强段的厚度 t_r 应与封头等厚，加强段长度应不小于 $2\sqrt{0.5D_i\,t_r}$。

（5）锥形封头（conical head）

锥形封头可分为无折边锥形封头和折边锥形封头两种，如图 3-2-10 所示。

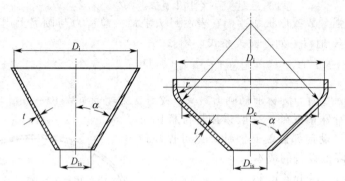

图 3-2-10　锥形封头

因锥形封头的特殊结构形式，有利于固体颗粒和悬浮或黏稠液体的排放，所以广泛用作发酵罐的下封头。

无折边锥形封头适用于锥体半顶角 $\alpha \leqslant 30°$ 的结构。根据锥形壳体的应力分析可知，受均匀内压作用的锥形封头的最大应力在锥体大端。由最大拉应力准则，可得锥体厚度的计算公式为：

$$t = \frac{pD_c}{2\,[\sigma]^t\phi - p} \times \frac{1}{\cos\alpha}$$

(3-2-21)

式中　D_c——锥体大端内直径，见图 3-2-10，当锥壳由同一半顶角的几个不同厚度的锥壳
　　　　　组成时，D_c 分别为各锥壳段大端内径，无折边时 $D_c = D_i$；

　　　α——锥体半顶角，（°）。

在锥壳大端与圆筒连接处，曲率半径发生了突变，故在两壳体连接处产生显著的边缘应力。因边缘应力具有自限性，设计规范中以 $3\,[\sigma]^t$ 作为最大应力强度的限制值。

折边锥形封头适用于锥体半顶角 $\alpha > 30°$ 的结构。此时，锥体的厚度计算公式与无折边锥形封头相同，仍按式(3-2-21) 计算。折边锥形封头大端的壁厚，按下列两式分别计算过渡段与相连接处的壁厚，取计算结果中的较大值。

过渡段的计算壁厚：

$$t = \frac{KpD_i}{2\,[\sigma]^t\phi - 0.5p}$$

(3-2-22a)

式中　K——系数，可从 GB 150—1998《钢制压力容器》中查取。

与过渡段相连接处的锥壳计算厚度：

$$t = \frac{fpD_i}{[\sigma]^t\phi - 0.5p}$$

(3-2-22b)

式中　f——系数，可从 GB 150—1998《钢制压力容器》中查取。

3. 平盖封头（flat head）

平盖厚度计算是以圆平板应力分析为基础的。在理论分析时平板的周边支承简化为固支和简支两种，但实际上平盖与圆筒的连接，即不是固支，也不是简支，而是介于两者之间。根据平盖与筒体连接结构形式和筒体尺寸参数的不同，平盖的最大应力既可能出现在中心部位（如周边简支的平板），也可能在圆筒与平盖的连接部位（如周边固支的平板）。

因此工程计算时常采用圆平板理论为基础的经验公式确定平板封头的厚度，通过系数 K 来体现平盖周边的支承情况。平板封头厚度的计算公式为：

$$t_p = D_c \sqrt{\frac{Kp}{[\sigma]^t \phi}} \tag{3-2-23}$$

式中　t_p——平盖计算厚度，mm；

　　　K——结构特征系数；

　　　D_c——平盖计算直径，mm。

K 和 D_c 均可从 GB 150—1998《钢制压力容器》中查取。

4. 带夹套生物反应器的壁厚计算

带夹套生物反应器的夹套压力高于罐内压力，又构成一外压容器。因此带夹套生物反应器壁厚一般分别按内压和外压两种情况计算，取二者中较大值。

受外压的圆筒，有的仅横向均匀受压，有的则横向和轴向同时均匀受压，但失稳（instability）破坏总是在横断面内发生，也即失稳破坏主要为环向应力及其变形所控制。由理论计算或实验得知，对于两向均匀受压的筒体，如仅按横向均匀受压进行计算，由此产生的误差很小，在工程计算上是允许的。

计算外压容器圆筒的强度时，许用外压力 $[p]$ 应比临界压力 p_{cr} 小，即

$$[p] = \frac{p_{cr}}{m}$$

式中　$[p]$——许用外压力，MPa；

　　　p_{cr}——临界压力，MPa；

　　　m——稳定安全系数，对圆筒、锥壳 $m=3$，球壳、椭圆形和碟形封头 $m=15$。

设计准则为计算压力 $p \leqslant [p] = \dfrac{p_{cr}}{m}$，并接近 $[p]$。

外压圆筒的理论计算很复杂，一般先假定一个名义厚度（已圆整至钢板厚度规格），经反复校核后才能完成。GB 150—1998《钢制压力容器》推荐采用图算法来确定外压圆筒的壁厚，其优点是计算简便。

实际使用的筒体，多少总存在几何形状和材质不匀的缺陷，载荷也可能有波动，故理论公式不一定很精确。因此，决不允许在等于或接近于导致失稳的临界压力理论值的情况下操作。

外压球壳与凸形封头的强度计算与外压圆筒类似，也是先假定一个名义厚度（已圆整至钢板厚度规格），采用图算法来确定壁厚，再反复校核后才能完成。

六、生物反应器的压力试验

容器制成后或检修后投入生产之前，必须进行压力试验（pressure test），其目的在于检查容器和设备的宏观强度，看其能否满足操作条件下及工作压力条件下的强度要求；检验容器和设备有无渗漏现象，密封性能是否可靠；在试验过程中观测受压元件的变形量和发现设备结构、材料和制造过程中的缺陷。如出现以上问题，应及时采取措施加以解决，以确保设

备在现场运行过程中的安全性和可靠性。

1. 压力试验的方法

常用的压力试验的方法有液压试验（hydraulic test）和气压试验（air pressure test）。因为气压试验的危险性大，而液体介质的压缩系数远小于气体，一般都采用液压试验，只有不宜作液压试验的某些特殊要求的容器设备，才用气压试验来代替液压试验。

液压试验通常采用水为介质，但是水的渗透性不如气体，对于细小的渗漏，短时间不易被发现，故对装易燃、易爆、有毒、有害或强挥发性物料的受压容器和设备，由于其密封性要求高，因此，还要在水压试验的基础上加作气密性实验（air tight test），对于不允许气压试验的设备而又要求密封性较高时，则可做煤油试验。

容器或设备在进行压力试验之前，也就是在强度设计计算时，就要考虑容器和设备是否能满足压力试验所需的强度要求。因此，在进行压力试验之前必须进行压力试验时的容器强度校核（应力校核）。

对于需要进行焊后热处理的容器，应在全部焊接工作完成并经热处理之后，才能进行压力试验，对于大型的容器和设备，往往是分段制造，现场组装。对于这种容器，可分段进行热处理。在现场焊接后，对焊缝区进行局部热处理后，再进行压力试验。对于夹套容器先进行内筒试压，试压合格后再焊夹套。液压试验完毕，应将液体排尽，并用压缩空气或其它办法使容器保持干燥。

2. 内压容器（internal pressure vessel）**的试压**

液压试验压力按下式确定：

$$p_T = 1.25p \frac{[\sigma]}{[\sigma]^t} \tag{3-2-24}$$

式中　p_T——试验压力，MPa；

　　$[\sigma]$——试验温度下材料的许用应力，MPa；

　　$[\sigma]^t$——设计温度下材料的许用应力，MPa。

气压试验压力按下式确定：

$$p_T = 1.15p \frac{[\sigma]}{[\sigma]^t} \tag{3-2-25}$$

介质为易燃或毒性程度为极度、高度危害或设计上不允许有微量泄漏（如真空度要求较高）的压力容器，必须进行气密性试验。气密性试验的压力大小视容器上是否配置安全泄放装置而定。若容器上没有安装安全泄放装置，气密性试验压力值一般取设计压力的1.0倍；若容器上设置了安全泄放装置，为了保证安全泄放装置的正常工作，气密性试验压力值应低于安全阀的开启压力或爆破片（bursting disc）的设计爆破压力，建议取容器最高工作压力的1.0倍。

已经做过气压试验，并检验合格的容器，可免做气密性试验。

液压试验或气压试验时，还需按下式校核圆筒的应力：

$$\sigma_T = \frac{p_T [D_i + (t_n - C)]}{2(t_n - C)\phi} \tag{3-2-26}$$

对于液压试验，此应力值不得超过该试验温度下材料屈服点（yield point）的90%；对于气压试验，则不得超过屈服点的80%。

3. 外压容器（external pressure vessel）**和真空容器**（vacuum container）**的试压**

外压容器和真空容器均以内压进行压力试验。

试验压力为：

液压试验　　　　　　　　　$p_T = 1.25p$

气压试验 $$p_T = 1.15p$$

式中 p——设计压力，MPa；

p_T——试验压力，MPa。

对于带夹套的容器，应在图样上分别注明内筒和夹套的试验压力，并注明应在内筒的液压试验合格后，再焊接夹套和进行夹套的液压试验，确定了夹套的试验压力值后，必须校核内筒在该试验压力下的稳定性。如果不能满足稳定要求，则应规定在做夹套的液压试验时，须在内筒保持一定压力，以使整个试压过程（包括升压、保压和卸压）中任一时间内内筒和夹套的压力差不超过设计压差。这一要求以及试验压力和允许压差值应在图样上予以说明。

第三节 生物反应器中的传递与混合

生物反应必须在近似细胞生理条件下进行，而生物反应器中的环境条件会随着时间的进程而改变，就产生了一个如何控制反应过程以使其最优化的问题。混合物中某一组分从其高浓度区域向低浓度区域方向迁移的过程与动量传递、热量传递并列为三种传递过程。

质量传递可以在一相内进行，也可能在相际进行。质量传递是物理过程，但当反应器中存在多相时，反应速率不但与化学因素有关而且与物理因素也有关。质量传递与化学因素交织在一起，极大地影响着生物反应器内的实际反应速率。生物反应器内质量传递主要为气液传递和液固传递。气液传递主要是好氧发酵过程中的氧传递以及二氧化碳的释放，而液固传递主要发生于反应系统中含固定化酶、固定化细胞、生物膜、絮凝细胞的过程。

对好氧微生物和动植物细胞，氧是呼吸作用的最终电子受体，而 CO_2 则是能量代谢的主要终产物，因此空气（少数情况下也可能是纯氧气）和 CO_2 等气体是生物反应体系中常见的气相组。液体深层细胞培养是典型的多相反应体系，通常存在明显的气相、液相和固相。在这样的多相反应体系中，相间的传递现象有时可能代替化学反应成为影响甚至主导总括反应速率的限制性因素。即便是对厌氧微生物，其代谢也会产生、甲烷等气体。正是因为气相在生物反应体系中的普遍存在，使得气液传递成为生物反应体系中最重要的传递现象之一。对于工业上最常见好氧培养过程，由于氧在水中的溶解度很小，限制了作为传质推动力的浓度差，因此氧传递又常成为其中最重要和最普遍的气液传递过程。

除了相间的物质传递外，生物反应体系的能量传递（传热）是反应器设计和操作要考虑的另一个重要因素。

生物反应过程是在溶液中进行的，流体的特性对三传过程与结果影响很大，必须有足够的重视。

一、生物反应流体的流变特性

流体是由大量的、不断做热运动而且无固定平衡位置的分子构成的，它的基本特征是没有一定的形状和具有流动性。流体在受到外部剪切力作用时发生变形（流动），接内部相应要产生对变形的抵抗，并以内摩擦的形式表现出来。所有流体在有相对运动时都要产生内摩擦力，这是流体的一种固有物理属性，称为流体的黏滞性或黏性。流体的黏性不同，施加于流体上的剪切应力与剪切变形率（剪切速率）之间的定量关系也不同。流体的这种剪切应力与剪切速率的变化关系称为流体的流变学特性。

1. 流体的流变学分类

流变学常用黏度（对流动的抗性）、流动行为（黏度和切变率的关系）和屈服应力（产生静液流需要的力）等术语来表述。液体流变性通常根据下式进行分类：

$$\tau = \tau_0 + \mu(\gamma)^n$$

式中　τ——所施的剪切力；

　　　τ_0——屈服应力；

　　　μ——黏度系数；

　　　γ——产生的切变率；

　　　n——流动特性指数。

流体剪切力 τ 与切变率 γ 的关系如图 3-3-1 所示。

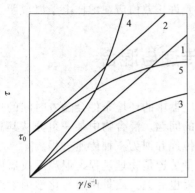

图 3-3-1　流体剪切力 τ 与切
变率 γ 的关系
1—牛顿型流体；2—宾汉塑性流体；
3—拟塑性流体；4—涨塑性流体；
5—凯松流体

真实流体可分为牛顿型和非牛顿型两类。

（1）牛顿型流体

当 $n=1$，$\tau_0=0$ 时：

$$\tau = \mu\gamma \quad 或 \quad \mu = \tau/\gamma$$

上式被称为牛顿黏性定律。符合牛顿黏性定律的流体称为牛顿型流体，其黏度 μ 在温度恒定时保持不变（τ 与 γ 之比是常数）（图 3-3-1 中曲线 1）。

牛顿型流体的主要特征是 μ 只是温度的函数，与流动状态无关。若切变率 γ 增加，剪切力 τ 同倍数增加。这意味着搅拌罐内搅拌转数的快慢（相应于切变率的增减）对 μ 没有影响。搅拌时和静止时 μ 一样（同温度下），而且整个培养液浓度均匀（切变率的分布随离开搅拌器的远近而异）。

气体、低分子的液体或溶液为牛顿型流体。水解糖浆或糖蜜为原料的细菌和酵母菌的培养液是典型的牛顿型流体；直接用淀粉等大分子为原料的细菌和酵母菌的培养液接近牛顿型流体。

（2）非牛顿型流体

非牛顿型流体黏度 μ（τ 与 γ 之比）不是常数。据此，非牛顿型流体又可分为以下几类：

① 宾汉（Bingham）塑性流体

$$\tau = \tau_0 + \mu\gamma$$

此流体在 $\tau<\tau_0$ 时，流体不流动，流动曲线为不过原点的直线（图 3-3-1 中曲线 2）。黑曲霉、产黄青霉、灰色链霉菌等丝状菌培养液为宾汉塑性流体。

② 拟塑性（Pseudoplastic）流体

$$\tau = \mu(\gamma)^n$$

此流体的流动特性指数的大小为 $0<n<1$，n 越小，非牛顿型特性越明显，与牛顿型流体的差别越大（图 3-3-1 中曲线 3）。其主要特征是随切变率的升高，τ 不成比例增加，μ 是下降趋势。青霉、曲霉和链霉菌的发酵液以及高浓度的植物细胞和酵母悬浮液为拟塑性流体。

③ 涨塑性（Dilatant）流体

$$\tau = \mu(\gamma)^n$$

此流体的流动特性指数的大小为 $n>1$，n 越大，流体的非牛顿型特性越显著（图 3-3-1 中曲线 4）。链霉素、四环素和卡那霉素的发酵过程中，接种后的一段时间内发酵液以及淀粉、砂以及含固量大的颜料悬浮液为涨塑性流体。

④ 凯松流体（Casson body）

$$\tau^{1/2}=\tau_0^{1/2}+\mu_c(\gamma)^{1/2}$$

式中　μ_c——凯松黏度。

与宾汉塑性流体相似，当剪切力小于 $\tau_0^{1/2}$ 时，流体不流动（图 3-3-1 中曲线 5）。青霉素发酵液以及油墨、融化的巧克力、血液、酸酪等为凯松流体。

2. 影响培养液流动特性的因素

影响培养液流动特性的因素如下。

① 细胞浓度和形态。细胞浓度越大，培养液的黏度也相应增大；细胞形态变化对培养液的流动特性影响也很大。例如，不同形态和菌龄的黑曲霉培养液。

② 胞外产物。一些微生物能分泌多糖，它们的培养液因多糖的存在显示出非常复杂的流动特性。

其他的大分子如蛋白质，当培养液中存在分散得很小的气泡时也会影响流变学特性，但在生物过程中一般并不考虑。

3. 流体性质对氧的传递的影响

在培养液中，氧的传递受到培养液流变学的影响，氧传递系数随黏度的增加而下降。造成氧传递速率低的原因可能是形成气泡的速率低、气泡合并速度增加或培养液在发酵罐中流动速度降低。

如果培养物受氧限制，生长量就与氧传递量相关。在分批培养中，菌丝体浓度增加，氧传递速率降低，生长速率很快减慢到零。在受氧限制的连续培养中，由于单位培养基中氧传递的总量随滞留时间的降低而降低，在高的稀释率下，菌丝体浓度下降。为了克服氧限制在工业发酵中的影响，可加水稀释发酵液，从而降低黏度，增加氧传递速度。

二、剪切力对生物反应的影响

1. 生物反应器中的剪切力的度量

剪切力是设计和放大生物反应器的重要参数，在生物过程中，严格地讲，对细胞的剪切作用仅指作用于细胞表面且与细胞表面平行的力，但由于发酵罐中流体力学的情况非常复杂，一般剪切力指影响细胞的各种机械力的总称。

为表示生物反应器中的剪切力，人们提出了多种表示方法，通常有以下几种。

（1）搅拌桨叶尖线速度 μ_t

$$\mu_t=\pi N D_i$$

式中　N——搅拌桨转速；

　　　D_i——搅拌桨直径。

对于耐剪切力较强的生物细胞，搅拌桨叶尖线速度应不大于 7.5m/s。

（2）平均剪切速率 γ_{av}

$$\gamma_{av}=KN$$

式中　N——搅拌桨转速；

　　　K——常数，其值因搅拌桨尺寸及流体性质而变，一般为 $10\sim13$。

该式主要应用于层流及过渡流，在湍流中也可应用。

在动物细胞培养中，Sinskey 等运用积分剪切因子（integrated shear factor，ISF）来定义剪切力。为估算鼓泡塔中剪切力，Niskikawa 通过测量传热速率，发现剪切速率与表观气速成正比。湍流漩涡长度也与生物反应器中的剪切力相关。

2. 剪切作用的影响

（1）剪切力对微生物的影响

通常认为剪切力对细菌的影响较小，因为它的大小比发酵罐中常见的漩涡要小，而且有坚硬的细胞壁。

　　酵母比细菌大，但仍比常见的湍流漩涡小。酵母的细胞壁也较厚，具有一定抵抗剪切力的能力，但其细胞壁上的芽痕和蒂痕对剪切力的抗性较弱。

　　在深层液体培养中，丝状微生物（包括霉菌和放线菌）可形成两种特别的颗粒，即自由丝状颗粒和球状颗粒。自由丝状颗粒导致传质困难。为增强混合和传质，需要强烈的搅拌，但高速的搅拌产生的剪切力会打断菌丝，造成机械损伤。若为球状颗粒，则发酵液中黏度较低，混合和传质比较容易，但菌球中心的菌可能因为供氧困难而缺氧死亡。搅拌会对菌球产生两种物理效果，一种是搅拌消去菌球外围的菌膜，减小粒径，另一种是使菌球破碎。这些效果主要是由于湍流漩涡剪切造成的。除颗粒外，发酵液中还存在自由菌丝体，由于剪切力会使菌丝断裂，所以需要控制搅拌强度。搅拌强度会对菌丝形态、生长和产物生成造成影响，还可能导致胞内物质的释放。

　　（2）剪切力对动物细胞的影响

　　用大规模的动物细胞培养来生产高价值的药物已日趋广泛，但因动物细胞无细胞壁且尺寸较大，故对剪切力非常敏感。因此如何克服剪切力已是动物细胞大规模培养的一个重要问题。

　　动物细胞可分为两类，贴壁依赖性的和非贴壁依赖性的。剪切力对两种细胞的破坏机制不同，对前者，主要是由点到面的湍流漩涡作用及载体与载体间、载体与浆及反应器壁的碰撞造成的。对于后者则主要是因为气泡的破碎造成的。

　　（3）剪切力对植物细胞的影响

　　植物细胞因有细胞壁，所以其对剪切力的抗性比动物细胞大，但因其细胞个体相对较大，细胞壁较脆，柔韧性差，所以与微生物相比它对剪切力仍然很敏感，在高剪切力的作用下会受到损伤甚至死亡或解体。植物细胞在培养的过程中一般会结团，结团会影响产物的释放，细胞结团的大小受到剪切力的影响。

　　剪切力的大小对细胞的生长也有影响。不同植物细胞对剪切力的耐受性不同，不同生长阶段的细胞对剪切力的耐受性也不同。在同样的剪切力下，细胞在高浓度状态下具有较高的成活率，在细胞浓度较低时，如在反应器操作的起始阶段，剪切力应控制在低水平，以有利于培养。

　　剪切对次级代谢产物的生产也有影响，同时在高剪切应力下，细胞延迟期缩短，指数生长时间段也缩短。

　　（4）剪切力对酶反应的影响

　　酶是一种活性蛋白质，剪切力会在一定程度上破坏酶蛋白分子精巧的三维结构，影响酶的活性，一般认为酶活性随剪切强度的增加和时间的延长而减小。在同样的搅拌时间下，酶活力的损失与叶轮尖速度呈线性关系。不同类型的叶轮对酶活性的影响有差异。

　　为了设计低剪切力的反应器，对传统搅拌器的改造，已开发出了一些低剪切力的搅拌器，其中以轴向流式翼形搅拌桨为主，它的特点是能耗低，轴向速度大，主体循环好，剪切作用温和，还开发了漩涡膜式等非搅拌反应器。

三、生物反应器中氧的传递

　　在微生物反应过程中，物质的传递是一个重要的因素。例如基质向细胞内扩散，发酵产物向细胞外扩散，好氧微生物反应需要充分供给氧气，这些都涉及传质过程。微生物反应过程的传质有几种水平：胞内传质、细胞膜-胞外传质和超细胞传质。

　　细胞内部的结构是不均一的，各个部位中有着不同的组成、结构和功能。胞内存在蛋白质从核糖体传向细胞膜、RNA从细胞核传向细胞质等传递过程，这些物质的传递对细胞的功能都是极为重要的。目前虽已有人对细胞内的传递提出若干模型，但应用仍有很大困难。

并且人们认为，细胞的体积很小，其内部起控制作用的依然是生化反应动力学，并非传质动力学。这意味着细胞内部可被看作混合极好的均一体。

传质的第二个水平是细胞膜和它外部环境之间大的传质。这个传质过程必须足够快，否则将影响细胞的生长。

传质的第三个水平是超细胞传质。由于细胞的外表面常常覆盖有一层黏性多糖物质，使细胞相互黏结在一起。经黏结的微生物颗粒，又会逐渐发展变大，最后形成絮凝体，其尺寸要比单个微生物体大得多，这些微生物体被深深埋藏在絮凝体内部的黏性物质中，它们不能与基质直接接触，反应基质必须以扩散的方式进入絮凝体内部，从而达到微生物体内。

溶氧问题是通气发酵的关键问题之一，对通风生物反应器的设计与研究也是围绕着溶氧问题进行的。

1. 氧传递过程的各种阻力

好氧微生物只有在氧分子存在下才能完成生物氧化过程，因此供氧对于需氧微生物是必不可少的。一般认为在通风发酵中，微生物利用空气气泡中氧的过程可分成两个阶段进行。空气中的氧首先溶解在液体中，这个阶段叫做"供氧"。然后微生物才能利用液体中的溶解氧进行呼吸代谢活动，这个阶段叫做"耗氧"。微生物不断消耗掉发酵液中的溶解氧，同时通入的空气又不断地予以补充，使整个过程达到平衡。生物反应器中的供氧过程是气相中的氧首先溶解在发酵液中，然后传递到细胞内的呼吸酶位置上而被利用。氧在传递过程中必须克服一系列的阻力，才能到达反应部位，被微生物所利用（图 3-3-2）。

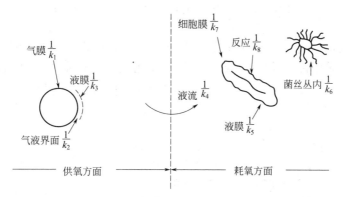

图 3-3-2　氧传递过程的各种阻力

从氧的溶解过程可知，供氧方面的主要阻力是气膜和液膜阻力，所以工业上常将通入培养液的空气分散成细小的气泡，尽可能增大气液两相的接触面和接触时间，以促进氧的溶解。耗氧方面的阻力主要是细胞团内与细胞膜阻力所引起的，但搅拌可以减少逆向扩散的梯度，因此也可以降低这方面的阻力。

2. 氧传递速率方程与溶氧系数

氧的溶解过程本质是气体吸收过程，气体吸收是物质自气相到液相的转移。空气中的氧气能否进入发酵液里，取决于两个因素：①空气中氧气的分压；②培养液中氧气的浓度。如果空气中氧气分压大于培养液中氧平衡的蒸汽压，氧气就从气相转移到液相。这就是气体的吸收过程。对于氧传递问题，也就是气体的气相到液相传质问题，人们提出了很多模型，双膜理论是被大多数学者接受及被大多数工程人员接受并应用的模型，因为这个模型简洁，又与实际情况大体上符合。目前关于传质的分析与计算基本上按此模型。

双膜理论基于以下的三种假设为前提。

① 在气、液两相的主流内，溶解气体主要通过对流传递，可是沿着气液界面的气、液

两侧各存在着层流薄膜，溶质气体只靠分子扩散在两界膜内移动。

② 溶解气体在两界膜内的浓度分布与时间无关（稳定状态），即：$p_i = Hc_i$。

③ 在界面处，气相中的分压与液相中的浓度之间常常达到平衡，即：$p_i \propto c_i$，完全不存在物质传递的阻力。

氧分子通过双膜的溶解过程如图 3-3-3 所示。

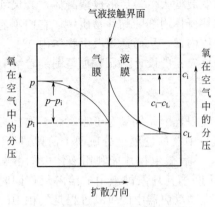

图 3-3-3 双膜理论的气液接触

p，p_i 分别为气相和气液界面氧分压（MPa）；

c_i，c_L 分别为气液界面和液相溶解氧浓度（mol/m³）；

k_G，k_L 分别为气膜和液膜传质系数 [mol/(m² · h · MPa)]。

因此：

氧气从气相主体扩散到界面的推动力是 $p - p_i$，相对应的阻力是气膜阻力 $1/k_G$；

氧气从界面扩散到液相主体的推动力是 $c_i - c_L$，相对应的阻力是液膜阻力 $1/k_L$。

令单位面积界面氧气的传递速率为 N [mol/(m² · h)]，在稳定传质过程中，通过气、液膜的传氧速率 N 应相等：

$$N = 推动力/阻力 = (p - p_i)/(1/k_G) = (c_i - c_L)/(1/k_L)$$

即：
$$N = k_G(p - p_i) = k_L(c_i - c_L) \tag{3-3-1}$$

由于气液界面处的氧分压 p_i 和浓度 c_i 均无法测量，故式(3-3-1) 没有实用价值。为了便于计算，一般不采用传质系数 k_G 或 k_L，而采用包括这两个因素在内的总传质系数 K_G 或 K_L，同时采用总推动力 $p - p^*$ 和 $c^* - c_L$ 代替传质推动力 $p - p_i$ 和 $c_i - c$。因此，式(3-3-1) 可改写为：

$$N = K_G(p - p^*) = K_L(c^* - c_L) \tag{3-3-2}$$

式中　K_G——以氧分压差为总推动力的总传质系数；

K_L——以氧浓度差为总推动力的总传质系数；

p^*——与液相中氧浓度 c 相平衡时氧的分压；

c^*——与气相中氧分压 p 相平衡时氧的浓度。

因为气相主体中氧的分压 p 和液相主体溶氧浓度 c_L 均可直接测定，而 p^* 和 c^* 可由亨利定律求出，故采用式(3-3-2) 来计算氧的传递速率非常方便。

根据亨利定律有：
$$p = Hc^*$$
$$p^* = Hc$$
$$p_i = Hc_i$$

式中　H——亨利系数。

根据上述公式可得到：

$$\frac{1}{K_L} = \frac{1}{k_L} + \frac{1}{Hk_G}$$

因为氧气为难溶性气体，H 很大，上式第二项 Hk_G 可以忽略，则 $\frac{1}{K_L} \approx \frac{1}{k_L}$。这说明氧气传递主要受液膜控制。即：

$$K_L \approx k_L$$
$$N = K_L(c^* - c_L) = k_L(c^* - c_L)$$

也即：
$$N = k_L(c^* - c_L)$$

令单位体积培养液所具有气液接触面积为 a，则有：
$$OTR = k_L a(c^* - c_L) \tag{3-3-3}$$

在式(3-3-3)中，OTR (oxygen transfer rate) 为单位体积氧传递速率 $[mol/(m^3 \cdot h)]$；而 a 实际上不可测量，所以将 $k_L a$ 合并作一个参数处理，称 $k_L a$ 为体积溶氧系数。在氧的传递过程中液膜阻力远大于气膜阻力，故通常是以 $(c^* - c_L)$ 为溶氧推动力来计算传氧速率。由于 OTR 为每立方米液体每小时的溶氧量，是可以实际测量的，加上 $(c^* - c_L)$ 也是可知的，故可算出 $k_L a$。

$k_L a$ 是反映罐传氧速率大小的标志，是衡量好氧培养罐的一个重要指标，但不是唯一的指标。不同形式、不同大小的培养罐欲获得相等的 $k_L a$ 所消耗的能量可能有很大的差别。因此，把每溶解 1kg 溶氧所消耗的电能定义为传氧效率指标，也可直接称为 1mol 单位溶氧功耗。性能良好的培养罐，$k_L a$ 应大，同时消耗的功应小。一般大罐比小罐的传氧效率高，牛顿型流体比非牛顿型流体传氧效率高，液柱高的比液柱低的对增进溶氧有利。

3. 体积溶氧系数 $k_L a$ 的测定方法

体积传递系数 $k_L a$ 的测定方法有：亚硫酸盐氧化法、极谱法、氧的物料衡算法和溶氧电极法。各种不同方法测出的结果互相不能比较，因为方法的机理不同。用同一方法测得的结果才能相比较。

亚硫酸盐氧化法是测定 $k_L a$ 的经典方法。常用的亚硫酸盐为 Na_2SO_3，它在溶液中浓度 1mol/L 左右时，在相当大的范围内，并在 Cu^{2+} 存在时，被氧化的速度很快，氧溶解速度控制了氧化反应。

$$2Na_2SO_3 + O_2 \xrightarrow{CuSO_4} 2Na_2SO_4$$

这个反应是基团反应，反应级数随 Na_2SO_3 浓度、溶解氧和用作催化剂的 Cu^{2+} 浓度的范围而不同，而且 Cu^{2+} 以外的微量金属离子的存在大大影响反应速率的敏感性。

实验中，用 I_2 滴定剩余的 Na_2SO_3：

$$Na_2SO_3(剩余) + I_2 \xrightarrow{H_2O} Na_2SO_4 + 2HI$$
$$2Na_2S_2O_3 + I_2(剩余) \longrightarrow Na_2S_4O_6(连四硫酸钠) + 2NaI$$

则：
$$O_2 \longrightarrow 4Na_2S_2O_3$$

由此可计算溶解氧的物质的量，并得到：

$$N_v = \frac{M(V_2 - V_1)}{4 \times 1000 \times t \times m}[molO_2/(mL \cdot min)]$$

或
$$N_v = \frac{M(V_2 - V_1) \times 60}{4 \times t \times m}[molO_2/(L \cdot h)]$$

式中　M——$Na_2S_2O_3$ 的物质的量浓度；

t——搅拌时间；

m——取样的体积，mL；

$V_2 - V_1$——两次取样液体用 $Na_2S_2O_3$ 滴定所用体积的差，mL。

将上面得到的 N_v 代入下式，即可计算 $k_L a$：
$$N_v = k_L a(c^* - c)$$

在亚硫酸盐氧化法中，由于水中的 SO_3^{2-} 在 Cu^{2+} 的催化下很快被溶氧所氧化，成为 SO_4^{2-}，所以在整个氧化过程中，溶液中溶氧的浓度为 0，即 $c = 0$。另外，在 25℃、1atm[❶]

---

❶ 1atm=101325Pa。

下，空气中氧的分压为 0.21atm，与之相平衡的纯水中的溶氧浓度 $c^* = 0.24$mmol/L。但在亚硫酸盐氧化法的具体条件下，规定 $c^* = 0.21$mmol/L。

由 $N_v = k_L a c^*$ 得到：

$$k_L a = N_v/0.21 \quad 或 \quad k_L a = 4.8 \times 10^3 N_v (h^{-1})$$

溶氧电极法测定 $k_L a$ 比较先进、合理，可以在高温条件下连续测量。其测定原理是把溶解氧转化为电流信号。

$k_L a$ 测定的具体方法和详细步骤请参阅其它相关书籍。

测定 $k_L a$ 的意义在于：①对生物反应器的传氧性能进行测定，以便选择最佳条件进行操作，并对其进行评价。②对发酵过程传氧情况进行了解，以便判断发酵过程的供氧情况。③为通风罐的研究过程找出设备参数、操作变数与 $k_L a$ 的关系，以便进行运用发酵罐的放大和合理设计。

4. 影响氧传递速率的因素

研究影响 $k_L a$ 的因素的意义在于：找出关系公式，以便于知道哪些变量对其影响大；调整 $k_L a$ 时，从哪些变量下手，进行反应器放大设计。在反应器设计中，计算设计条件下的 $k_L a$ 的值，与实际所需值（小试得来，或由细胞的耗氧速率等理论值间接计算）进行比较，以判定设计的可行性。

由氧传递速率方程可知，影响氧传递速率的因素有溶氧系数 $k_L a$ 和推动力 $(c^* - c)$，而与溶氧系数 $k_L a$ 值有关的则有搅拌、空气线速度、空气分布器的形式和发酵液的黏度；与推动力 $(c^* - c)$ 有关的则为发酵液的深度、氧分压及发酵液性质等。

影响氧传递速率的因素如下。

（1）搅拌

① 搅拌能把大的空气气泡打成微小气泡，增加了接触面积，且小气泡上升速度比大气泡慢，接触时间延长。

② 搅拌使液体做涡流运动，使气泡不是直线上升而是做螺旋运动上升，延长了气泡的运动路线，即增加了气液接触时间。

③ 搅拌使发酵液呈湍流运动，从而减少气泡周围液膜的厚度，减少液膜阻力，因而增大 $k_L a$ 值。

④ 搅拌使菌体分散，避免结团，有利于固液传递中的接触面积增加，使推动力均一。同时减少菌体表面液膜的厚度，有利于氧的传递。

搅拌器的形式、直径大小、转速、组数、搅拌器间距以及在罐内相对位置，对 $k_L a$ 值有影响。一般增加搅拌器直径 D 对增加搅拌循环量有利，增加转速对提高溶氧系数有利。

（2）空气流速的影响

机械搅拌通风发酵罐的溶氧系数 $k_L a$ 与空气线速度 (v_g) 的关系为 $k_L a \propto v_g^\beta$，$k_L a$ 单位为 m/s，指数 β 在 $0.4 \sim 0.72$ 间。

当加大通风量 Q 时，v_g 相应增加，溶氧增加。但是，另一方面，增加 Q，在转速 N 不变时，搅拌功率 P_g 会下降，又会使 $k_L a$ 下降。同时 v_s 过大时，会发生过载现象。因此，单纯增大通风量来提高溶氧系数并不一定取得好的效果。因此，只有在增大 Q 的同时也相应提高转速 N，使 P_g 不致过分降低的情况下，才能最有效地提高 $k_L a$。

（3）空气分布管

空气分布装置有单管、多孔环管和多孔分支环管等几种。当通风量很小时，气泡的直径与空气喷口直径的 1/3 次方成正比，也就是说喷口直径越小，溶氧系数越大。但是，一般发酵工业的通风量远远超过这个范围，这时气泡直径只与通风量有关，与喷口直径无关。

（4）氧分压

根据亨利定律，增大氧分压可提高溶氧浓度，从而增大推动力（$c^* - c$），增大溶氧速率。采用纯氧、含氧量高的空气、增大罐压三种方法均能增大氧分压。但采用纯氧在经济方面是不合算的；增大罐压使空气压力要求增大，整个设备耐压要求也提高了。

（5）罐内液柱高度

在空气流量和单位发酵体积消耗功率不变时，通风效率是随发酵罐的高径比的增加而增加。据报道，当 H/D（高径比）从 1 增加到 3 时，$k_L a$ 可增加 40% 左右。当 H/D 从 2 增加到 3 时，$k_L a$ 增加 20%。由此可见，H/D 小，氧利用率小，氧利用率差。H/D 太大，溶氧系数增加不大。相反由于罐身过高液柱压差大，气泡体积被压缩，以致造成气液界面小的缺点。H/D 大，厂房要求也高，一般 $H/D = 1.7 \sim 4$，以 $2 \sim 3$ 为宜。

（6）罐容

通常发酵罐体积大的氧利用率高，体积小的氧利用率差。

（7）醪液性质

在发酵过程中，由于微生物的生命活动，分解利用培养液中的基质及大量繁殖菌体、积累代谢产物等，都引起培养液的物理性质的改变，特别是醪液的黏度、表面张力、离子浓度等，从而影响气泡的大小、气泡的稳定性和氧的传递速率。培养物浓度增大、黏度增大、$k_L a$ 值降低。有些有机物质，如蛋白胨，能降低 $k_L a$ 值。当水中加入 1% 蛋白胨时，会将 $k_L a$ 减少到原来的 1/3 左右，同时气泡直径减少 15% 左右。

以上讨论同样适于其它气体的传递，例如二氧化碳从液相到气相的传递。

在机械搅拌反应器中，$k_L a$ 与操作变量的关系可以用以下经验公式计算：

$$k_L a = K \left(\frac{P_g}{V} \right)^\alpha v_g^\beta \tag{3-3-4}$$

式中　P_g——通气搅拌功率；

　　　　V——液体体积；

　　　　v_g——空气线速度；

K、α、β——系数，与不同的容器类型、搅拌器类型有关。

对于装有多层搅拌器的发酵罐，福田等人对装料量为 $100 \sim 4200$L 的几何不相似的发酵罐得到如下关联式：

$$k_L a = 1.86 \times (2 + 2.8m) \times \left(\frac{P_g}{V} \right)^{0.56} v_g^{0.7} n^{0.7} \tag{3-3-5}$$

式中　m——搅拌器层数；

　　　　P_g——通气搅拌功率；

　　　　V——液体体积；

　　　　v_g——空气线速度；

　　　　n——搅拌器转速。

四、生物反应器中的热量传递

细胞的生命活动总是伴随着大量的化学反应，这些化学反应往往伴随着热量的释放。例如，在异化作用时，细胞分解糖类或其他有机物，将分解过程中产生的一部分能量以高能磷酸键或还原型辅酶的形式储存起来，但并不是每步反应的能量变化都恰好等于高能磷酸键或还原型辅酶所能储存的量，总有一部分多余的能量以热量的形式被释放到细胞的生长环境中。同样，在消耗能量的同化反应中，也并不是高能磷酸键或还原型辅酶上所有的能量都完全被转移到反应产物上。即便是在氧化磷酸化过程中，在产生 ATP 的同时，也会释放多余的能量。因此，生物反应本身是放热过程。此外，机械搅拌和通气所做的功最终也将转化为热量。这些热量如果不能被及时地从反应体系中移去，就会使体系温度上升。

另一方面，生物反应体系不可避免地与外界环境之间存在自然的热量交换。这种热量交换的方向随环境温度和反应体系温度的不同而不同。当环境温度低于反应温度时，热量会从反应体系向环境转移。对好氧发酵，随通气而产生的液体的挥发也会带走一些热量。

但是，生物反应体系产生热量的速率和热量自然排出的速率通常并不一致。对实验室中的小型反应器，当室温较低时，热量自然排出的速率可能大于热量产生的速率；而对工业上用的大型反应器，热量产生的速率一般就会大于热量自然释放的速率。这样，为控制反应温度，就必须采用一定的热交换装置，人为调节热量的输入或输出。因此，生物反应器的热量传递也是设计反应器时必须考虑的因素。

发酵热是引起生物反应器中温度变化的原因。所谓发酵热 $Q_{发酵}$ 就是发酵过程中释放出来的净热量，包括在发酵过程中产生菌分解基质产生热量 $Q_{生物}$、机械搅拌产生热量 $Q_{搅拌}$，以及水分蒸发与空气排气 $Q_{蒸发}$ 及罐壁散热 $Q_{辐射}$ 带走热量，其计算式如下：

$$Q_{发酵}＝Q_{生物}＋Q_{搅拌}－Q_{蒸发}－Q_{辐射}$$

五、生物反应器中的流动和混合特征

1. 生物反应器内流体的流动

生物反应器内的流体有两种理想的流动模型（图 3-3-4）：一种是反应器内的流体在各个方向完全混合均匀，称为理想混合或全混流（CSTR）；另一种则是在流体流动方向上完全不混合，而在流动方向的截面上则完全混合，称为活塞流、平推流或柱塞流（PFR）。

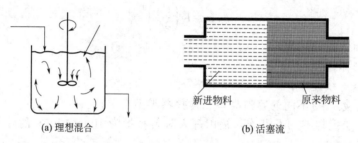

(a) 理想混合 　　　　　　　(b) 活塞流

图 3-3-4　流体的两种理想流动模型

CSTR 中的流体流动为理想混合型，其特点是物料在反应器内完成混合，反应器各点的物料组成和温度都相同，且等于出口流的组成和温度；物料微元在反应器内的停留时间不同。

PFR 中的流体为理想置换型，物料沿着流动方向逐段向前移动，没有轴向混合，像活塞一样向前移动。其特点是流体微元通过反应器的停留时间相同，没有返混现象；反应器中流体的组成和温度沿着管程或轴向而递变，即在管子的轴向存在浓度梯度、温度梯度等；但管程中每一个点上，流体的组成和温度在时间的进程中是不变的，即在管子的径向上是充分混合的，无梯度。

严格地说，实际生产中不存在理想反应器。大多数真实反应器中的流体流动为中间流型，即存在着部分返混现象。

根据计算，由于搅拌而达到混合所需要的时间较之物料通过容器的平均停留时间要短得多，故常把带搅拌的釜式反应器认为是全混流反应器；管式、固定床催化反应器的轴向扩散作用不大，形成的返混程度很小，通常可把它近似地作为活塞流反应器。在工艺计算时按理想反应器的模式进行，计算结果用经验系数校正即可。

2. 生物反应器内流体的混合

（1）混合程度的度量

混合程度是不同物料经过混合所达到的分散掺和的均匀程度的度量。混合程度与所考察的尺度有关。从混合的尺度来看，可分为微观混合与宏观混合两种。

流体的混合尺度与设备的尺度相关。图 3-3-5 所示的 A、B 两种互溶液体处于某种混合状态：在设备尺度上，两者都是均匀的（即呈现宏观均匀状态）；但在微团尺度上，两者具有不同的均匀度；在分子尺度上，两者都是不均匀的。

如取样尺寸远大于微团尺寸，则两种状态的平均调匀度都接近于 1。如取样尺寸小到与图 3-3-5(b) 中微团尺寸相近时，则图 3-3-5(b) 状态调匀度下降，而图 3-3-5(a) 状态调匀度不变。即：同一个混合状态的调匀度随所取样品的尺寸而变化，说明单凭调匀度不能反映混合物的均匀程度。

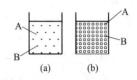

图 3-3-5　A、B 两种互溶液体的混合状态

要达到宏观上的均匀，则要有足够大的流量，即总体流动强度要大。要达到小尺度上的均匀，则要提高总流动的湍动程度，即压头要大。微观混合是由微小尺度的湍流流动将流体破碎成微团，并借分子扩散使之达到分子尺度均匀的过程，为反应器传递过程之一。

搅拌的目的就是将能量输入到流体中，达到所需的混合效果。单位体积液体的功率消耗，是判断搅拌过程进行得好坏的重要依据。但同时还存在一个能量的合理分配问题：如果需要宏观混合，则要有较大的流量、较小的压头；如果需要快速分散成微小液团，则流量要小，而压头要大。

（2）微观流体与宏观流体

当流入反应器内的物料在较平均停留时间短得多的时间内，达到分子级的分散，任一特定分子的周围没有与其同时进入的分子，这种流体称为微观流体（也称为完全不分隔）。微观流体如图 3-3-6 所示，流入的流体按分子尺度进行分散（Ⅰ），釜内组成的分子尺度上是均一的（Ⅱ），出口流体组成与釜内组成相一致（Ⅲ）。

当进入反应器的流体以微元的尺度均一地分布，且这些微元中同时进入的各分子永远保持在一起，也就是微元之间相互没有影响和作用，这种流体称为宏观流体（也称为完全分隔）。宏观流体如图 3-3-7 所示，流入的流体按具有不同组成的流体微元尺度状态进行分散（Ⅰ），任何时间釜内组成的平均值是相同的，但各流体的微元组成是不一样的，微元间没有相互作用（Ⅱ），出口流体是各种组成的流体微元的聚集（Ⅲ）。

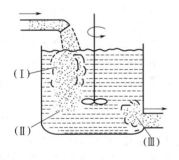

图 3-3-6　微观流体

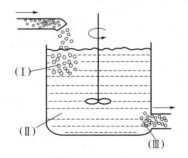

图 3-3-7　宏观流体

微观流体不显示分隔，微观流体相当于单个分子，它在流体内可以自由移动，并与流体中的其它分子相互接触和混合。微观流体的反应是分子间的碰撞，因此，邻近分子的情况会影响转化程度，而宏观流体则显示完全分隔。当流体的混合尺度不显示这两种极端的行为时则称为部分分隔流体。真实流体则显示出部分分隔，其分隔程度的大小取决于流体的性质和产生混合情况。

113

（3）反应器内流体的流动

在总体流动的作用下，流体微元由总体流动带至容器各处，造成大尺度上的均匀混合。这种混合并不关注液团的尺寸，重要的是将产生的液团分布到容器的每一角落。这就要求搅拌器能够产生强大的总体流动，同时在搅拌釜内尽量消除流动达不到的死区。但总体流动不足以将流体微元破碎到很小尺寸。尺寸很小的流体微元是由总体流动中的湍动造成的，湍流可看成是由平均流动与大量不同尺寸、不同强度的漩涡运动叠加而成。总体流动中高速旋转的漩涡与流体微元之间会产生很大的相对运动和剪切力，将微元破碎得更小。不同尺寸和不同强度的漩涡对流体微元有不同的破碎作用。漩涡的尺寸和强度取决于总体流动的湍动程度。总体流动的湍流程度越高，漩涡的尺寸越小，强度越高，数量越多。流体微元的破碎主要发生在搅拌釜内高度湍流的流区里，破碎微元的大小取决于漩涡尺寸。

从混合的对象来看，一是具有相同年龄的流体微元间的混合，如间歇式反应器流体微元的混合，其流体微元在釜内的停留时间是相同的；二是不同年龄的流体微元的混合，称为返混，或称为逆向混合。这里指的逆向主要是指时间（time）概念上的逆向，而不是指空间（space）上的逆向。

返混是连续化操作的伴生现象，两种连续理想反应器的返混情况处于两种极端状态：在平推流反应器中，流体像活塞一样向前运动，不存在着任何返混；在理想混合反应器中，物料的停留时间有长有短，这些具有不同停留时间的物料由于受搅拌的作用，其返混程度达到最大。实际反应器流体流动的返混程度介于这两种理想反应器之间。

（4）反应器内流体混合的成因

由于液体中的分子扩散速度很慢，故流体的混合在很大程度上受主流及湍动的影响，而主要影响因素则是主流的速度。

当主流为层流状态时，垂直于流动方向物料的分散只能靠扩散来进行。对于液体，特别是黏滞性液体，分子扩散的速度是很慢的，使得反应器中存在不同浓度的区域，流体呈分隔状态——宏观流体。这种现象常见于发酵过程、高分子溶液配制与药物制剂过程以及工业上的层流流动反应器中。

当主流呈湍流状态时，主流流动与速度的涨落使得流体微元在各个方向扩散混合，并且主流速度越大，物料的混合和分散程度就越接近微观混合。连续搅拌反应器中主流以呈湍流状态为多，流体的流动与混合是由进料的喷射效应以及机械搅拌所造成的，通常机械搅拌是造成混合的主要因素。

（5）反应器内流体返混的成因

反应器内流体返混，一是由不均匀的速度分布引起，如流动过程中有死角和沟流以及黏性流体在管式反应器做层流流动时，均使流体的停留时间不同而造成返混；二是由物料的流动方向相反的运动引起，如连续釜式反应器的搅拌作用和管式反应器的分子扩散、涡流扩散而引起的速度波动，以致有不均匀的速度剖面而形成返混。

一般说来，由反应器的形状和内部结构关系引起流体的沟流、（停滞）死角等非理想流动所引起的返混十分严重。非牛顿型流体流动过程中的次生流以及高黏性流体循环流动形成的层流都会引起返混。对固定化酶或固定化细胞（包括各类菌）生物反应器，存在因固定化结构对流体的吸附以及分子在其中的扩散作用而形成的返混。

连续操作过程，各流体元的停留时间：在 PFR 中是相同的，在 CSTR 中是不相同的；实际的生化反应器中（流体是非理想流动的）是不相同的。间歇操作过程，因在一个封闭系统流动，故在 BSTR 中各流体元的停留时间是相同的，无返混问题。

就连续搅拌反应器中的混合而言，其混合可视为三个不同部分所组成：一是因搅拌器的旋转而造成的液体的流通或循环，称为主流，使得整个反应器中的物料引起湍动而混合；二是在较小的范围中因搅拌器的剪切或进料的喷射而引起的湍动使物料分散成微团（或小滴）；三是分子扩散，是均匀化的最后步骤。

一般地，混合程度随搅拌转速的增加而增加，在同样转速下，比较斜桨式、平桨式和螺旋桨式搅拌器，其混合程度则依次减弱。在一定转速下，混合将因进料速率的加大而增强。另外，进出料口的位置与搅拌器的距离也对混合有所影响，进料位置以靠近搅拌器为宜，这样物料一进入反应器立即能得到分散及混合。否则反应器中由进口至搅拌器间会存在一股高浓度的平推流区域。出料口位置则应远离搅拌器和进料口，这样可以减少短路的影响，使得反应器中物料停留时间分布的离散程度较小。

3. 停流时间分布

流体微元（粒子）停留时间是指流体微元（粒子）从进入反应器到离开反应器所经历的时间。在不同的流动状况下，同一时间点（瞬间）进入反应器的物料在反应器内的停留时间是各不相同的。即在该时间点进入反应器的物料离开反应器的时间点不同，于是，就形成了停留时间的某种分布。产生这种分布的原因主要是由于流体的摩擦而产生的流速分布不均匀、分子扩散、湍流扩散和对流以及由于搅拌而产生的强制对流、沟流和反应区内的死角等所引起的物料主流方向相反的物料运动。反应器内各流体元的停留时间是否均一的程度，可用停留时间的分布密度和分布函数来描述。

根据物料（微元）粒子在反应器内的停留时间分布，了解实际反应器内的流动状况及设备的性能，并依此判断反应器是否符合工艺要求或依此制定改进设备的方案及措施。如反应器内是否存在短路或沟流，是否需要重新装填填料，是否需要增加反应管的长径比或者增设横向挡板以使流动更加趋于理想置换等。还可以根据物料（微元）粒子在反应器内的停留时间分布，确定其在反应器内的流动模型；并通过数学期望及方差计算模型参数，预测反应结果或进行反应器体积及实际转化率的定量计算。

实际转化率是指整个物料中反应组分所能达到的平均转化率。由于物料（微元）粒子在实际反应器中的停留时间各不相同，其反应程度也不一样，结果出口物料中各个（微元）粒子的浓度也不相同，因此需要根据停留时间的不同求得出口物料中反应组分的平均浓度，进而计算出平均转化率。当然该数值还与流体的混合状态有关。

复习思考题

1. 酶反应器的结构与一般化学反应器有什么相似之处和区别？酶反应器与细胞反应器的主要区别是什么？

2. 什么是剪切力？剪切力对各种类型微生物生长繁殖的影响有什么不同？

3. 在生物反应器中，空气中的氧传递到微生物细胞内部经历了哪几个阶段？影响氧传递速率的因素有哪些？

4. 什么是体积溶氧系数？如何测量？

5. 什么是全混流（CSTR）？什么是活塞流（PFR）？请分别说明其特点。

6. 什么是微观流体？什么是宏观流体？它们与真实流体有什么不同？

第四章 微生物反应器

微生物细胞反应器通常称为发酵罐，是发酵工厂中最关键、最主要的设备。发酵罐按是否需要氧气，可分为好氧（通风）发酵罐和厌氧发酵罐。20世纪40年代中期，伴随青霉素的工业化生产出现的液体深层通风发酵技术，标志着近代发酵工业的开始。优良的发酵罐应具备以下条件：①传质（溶解氧）和传热性能好；②结构密封、防杂菌污染；③维修方便、生产安全；④生产能力高、能耗低；⑤检测控制系统完善、易放大。

本章主要讨论液态微生物反应器，固态微生物反应器在第五节予以介绍。常用的液态通风发酵罐有机械搅拌式、气升式和自吸式等，其中以机械搅拌通风发酵罐应用最为广泛。

第一节 机械搅拌通风发酵罐

机械搅拌通风发酵罐（通用式发酵罐）是指既具有机械搅拌又有压缩空气分布装置的发酵罐。其通风原理是向罐内通风时，靠机械搅拌作用使气泡分割细碎，与培养液充分混合，密切接触，以提高氧的吸收系数。由于这种形式的发酵罐是目前大多数发酵工厂最常用的深层液态通风培养设备，适宜几乎所有的发酵场合，占发酵罐总数的70%～80%，故又常称为通用式发酵罐。

一、基本结构

通用式发酵罐主要由罐体、搅拌器、挡板、轴封、空气分布器、传动装置、传热装置、冷却管、消泡器、人孔、视镜等组成，其基本结构如图4-1-1所示。

发酵罐作为生物反应场所，其功能必须能满足生物反应对各种条件参数的需要。发酵是放热的，反应中需要不断地将放出的热量移出，反应体系温度的控制是通过性能良好的换热器实现的。在发酵过程中，需要对过程及其参数进行监控，比如温度、酸碱度、溶解氧、空气流量、尾气氧和二氧化碳、罐内压力、装料体积等。另外，发酵过程中产生的泡沫需要消除。一般采用加入消泡剂的方法进行消泡。发酵过程是纯种培养过程，进行的是无菌操作，进入罐内的培养基、补加物料和空气需要灭菌，在反应过程中，罐内与大气相通时必须安装无菌呼吸器。培养基、补加物料和空气等物质经过的管道以及发酵罐体都要能清洗方便，密封性好，灭菌容易。在进行发酵罐管道布置时，要设计相应的接管管口（图4-1-2）。

二、罐体和传热装置

1. 罐体

罐体由罐身、罐顶、罐底三部分组成。罐身一般为圆柱体。罐顶装有视镜及灯镜、进料管、补料管、接种管（为了减少管路，可将进料管、补料管、接种管合并为一个接管口）、排气管和压力表接管，在罐身上有冷却水进出管、进空气管、温度计管和检测仪表接口，取样管则视操作的方便可装在罐侧或罐顶。中大型容积的发酵罐罐顶、罐底采用椭圆形或碟形

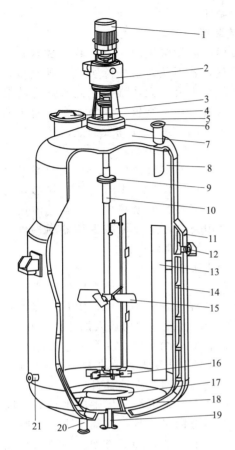

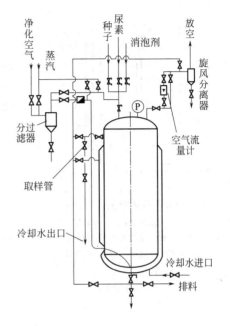

图 4-1-1　通用式发酵罐的基本结构

1—电动机；2—减速机；3—机架；4—人孔；
5—密封装置；6—进料口；7—上封头；8—筒体；
9—联轴器；10—搅拌轴；11—夹套；12—载热介质出口；
13—挡板；14—螺旋导流板；15—轴向流搅拌器；
16—径向流搅拌器；17—气体分布器；18—下封头；
19—出料口；20—载热介质进口；21—气体进口

图 4-1-2　发酵罐的接管管口

封头通过焊接形式与罐身连接，要求双面焊接，焊接面要光滑无砂眼和死角，防止杂菌潜伏在缝隙中，在罐顶装设有快开人孔。而小型容积的罐顶采用平板盖通过法兰连接形式与罐身连接，在罐顶设有清洗用的手孔。

罐体材料多采用不锈钢。为满足工艺要求，罐体必须能承受发酵工作时和灭菌时的工作压力和温度，通常要求耐受 130℃ 和 0.25MPa（绝压）。罐壁厚度取决于罐径、材料及耐受的压强。罐体各部分的尺寸有一定的比例，有关尺寸的符号如图 4-1-3 所示。

发酵罐罐体的各部分一般采用如下尺寸比例：$H/D = 1.7 \sim 4.0$；$d/D = 1/3 \sim 1/2$；$B/D = 1/12 \sim 1/8$；$C/d = 0.8 \sim 1.0$；$S/D = 2.5 \sim 3$ 或 $S/d = 1.5 \sim 2$；$H_0/D = 2.0 \sim 3.0$；$H_L/D = 1.4 \sim 2.0$。

罐的高度与直径之比一般为 1.7～4，新型的高位罐高度与直径之比在 10 以上，其优点是大大提高了氧的利用率，但是压缩空气的压力需要较高，顶料和底料不易混合均匀，厂房高，操作不便。发酵罐通常装有两组搅拌器，两组搅拌器的间距 S 约为搅拌器直径的三倍。对于大型发酵罐以及液体深度 H_L 较高的，可安装三组以上的搅拌器。最下面一组搅拌器与风管出口较近为好，与罐底的距离 C 一般等于搅拌器直径 d，但也不宜小于 $0.8d$，否则会

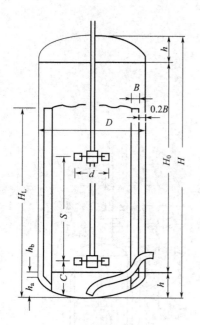

图 4-1-3 罐体有关尺寸符号

H—罐总高；D—罐径；d—搅拌叶轮直径；

B—挡板宽；C—下搅拌叶轮与罐底间距；

S—相邻两搅拌叶轮间距；H_0—圆柱体筒身高；

H_L—液位高；h、h_a、h_b—椭圆形

封头的总高、短半轴长、直边高

影响液体的循环。

2. 换热装置

机械搅拌通风发酵罐除了有生物合成热外，还有机械搅拌热，若不从系统中除去这两种热量，发酵液的温度就会上升，无法维持工艺所规定的最佳温度，所以需要有传热装置。发酵罐冷却面积的大小主要考虑微生物发酵过程的发酵热，还要考虑发酵罐空消、实消后的冷却时间。

换热装置用来对发酵罐输入或移出热量，以保持适宜的发酵温度。发酵罐中常用的换热形式有夹套和内盘管等。当夹套的换热要求能满足传热要求时，应优先采用夹套，这样可减少容器内构件，便于清洗，不占用设备有效容积。

（1）夹套式换热装置

所谓夹套就是在容器的外侧，用焊接或法兰连接的方式装设各种形状的钢结构，使其与容器外壁形成密闭的空间。在此空间内通入加热或冷却介质，可加热或冷却容器内的物料。夹套的主要结构形式有整体夹套、半圆管夹套和蜂窝夹套等（图 4-1-4）。

半圆管夹套的半圆管在筒体外的布置，既可螺旋形缠绕在筒体上，也可沿筒体轴向平行焊在筒体上或沿筒体圆周方向平行焊接在筒体上。半圆管或弓形管由带材压制而成，加工方便。当载热介质流量小时宜采用弓形管。半圆管夹套的缺点是焊缝多，焊接工作量大，筒体较薄时易造成焊接变形。蜂窝夹套是以整体夹套为基础，采取折边或短管等加强措施，提高筒体的刚度和夹套的承压能力，减少流道面积，从而减薄筒体厚度，强化传热效果。常用的蜂窝夹套有折边式和支撑式两种形式。

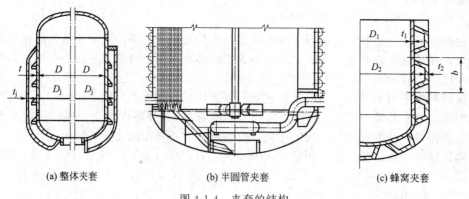

(a) 整体夹套   (b) 半圆管夹套   (c) 蜂窝夹套

图 4-1-4 夹套的结构

夹套设计无须进行冷却面积的计算，夹套的宽度对于不同直径的发酵罐取不同的尺寸，一般 50~200mm；夹套的高度比静止液面高度稍高即可，一般取 50~100mm。夹套上设有水蒸气、冷却水或其他介质的进出口。当加热用水蒸气，进口管应靠近夹套上端，冷凝液从底部排出；如果冷却介质是液体，则进口管应安在底部，使液体从底部进入上部流出。带夹

套发酵罐的内圆筒壁厚要按外压容器设计计算。整体夹套多应用于容积小于 $5m^3$ 的发酵罐或种子罐，中大型发酵罐一般采用半圆管夹套和蜂窝夹套。采用半圆管夹套和蜂窝夹套可增强罐体强度，因而降低罐体壁厚，使整个发酵罐造价降低。

夹套换热装置的优点是结构简单，加工容易，罐内无冷却设备，死角少，容易进行清洁灭菌工作，有利于发酵，同时提高发酵罐的有效容积。其缺点是传热壁较厚，冷却水流速低，发酵时降温效果差。

（2）内盘管换热装置

换热装置一般优先采用夹套。当发酵罐的热量仅靠外夹套传热，换热面积不够时常采用内盘管。内盘管多以金属管子弯绕而成，或由弯头、管件和直管连接，形状主要取决于容器的形状，可以是螺旋盘管或竖式蛇管等。蛇管不能太长，否则管内流阻大，耗能多；管径也不宜过大，因为管径大加工困难，通常取 76mm 以下管径弯制成。内盘管可分为螺旋形盘管（图 4-1-5）和竖式蛇管（图 4-1-6）。

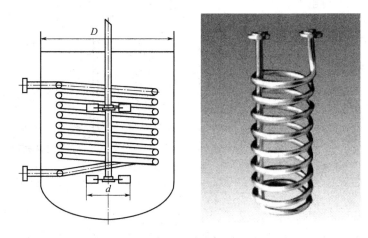

图 4-1-5　螺旋形盘管

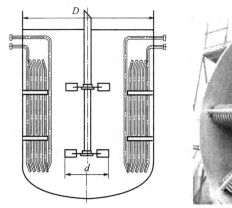

图 4-1-6　竖式蛇管

内盘管浸没在物料中，热量损失小，传热效果好，但清洁灭菌和检修较困难。大型发酵罐一般采用竖式蛇管换热装置。竖式蛇管分组安装于发酵罐内，有四组、六组或八组不等，根据管的直径大小而定。其优点是加工方便，适用于气温较高、水源充足的地区。对称布置的几组竖式蛇管除传热外，还起到挡板的作用。这种装置的缺点是：传热系数较蛇管低，用水量较大。在气温高的地区，冷却用水温度较高，则发酵时降温困难，发酵温度经常超过40℃，影响发酵产率，因此应采用冷冻盐水或冷冻水冷却，这样就增加了设备投资及生产成本。此外，弯曲位置容易被腐蚀，增加培养液中金属离子的浓度，甚至引起穿孔，导致发酵液污染，所以冷却蛇管最好用不锈钢制造。

三、通气和搅拌装置

发酵罐的通气是由空气分布装置导入罐内的。搅拌有助于增加传质、传热速率。

1. 通气装置

通气装置的作用是向发酵罐内吹入无菌空气，并使空气均匀分布。通气管的出口应位于最下层搅拌器的正下方，空气由通气管喷出上升时，被搅拌器打碎成小气泡，与培养液充分混合。空气分布装置通常有两种结构：一种为多孔环形管式结构（图4-1-7），另一种为单管式结构（图4-1-8）。

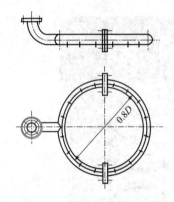

图4-1-7　多孔环形管式空气分布装置

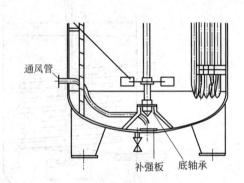

图4-1-8　单管式空气分布装置

环形管的分布装置以环径为搅拌器直径的0.8倍为好，喷孔直径为$\phi 5 \sim 8mm$，喷孔向下，喷孔的总截面积约等于通风管的截面积。环形管上的空气喷孔应在搅拌叶轮叶片内边之下，同时喷孔应向下以尽可能减少培养液在环形分布管上滞留。这种空气分布装置的空气分散效果不如单管式。同时由于喷孔容易堵塞，现已很少采用。

常用的是单管式，其结构简单，管出口位于最下面的搅拌器的正下方，开口往下，以免培养液中固体物质在开口处堆积和罐底固形物质沉淀。管口正对罐底中央，与罐底的距离约40mm，这样的空气分散效果较好。距离过大，分散效果较差，这可根据溶氧情况适当调整。空气由分布管喷出上升时，被搅拌器打碎成小气泡，并与醪液充分混合，增加了气液传质效果。通风量在$0.02 \sim 0.5mL/s$时，气泡的直径与空气喷口直径的1/3次方成正比。也就是说，喷口直径越小，气泡直径也越小，因而氧的传质系数也越大。但实际生产的通风量均超过上述范围，此时气泡直径与风量有关，而与喷口直径无关，所以单管的分布装置的分布效果并不低于环形管。通常通风管的空气流速取20m/s。为了防止吹管吹入的空气直接喷击罐底，加速罐底腐蚀，在空气分布器下部罐底上加焊一块不锈钢补强，可延长罐底寿命。

2. 搅拌器与流体流型

搅拌器又称搅拌桨或搅拌叶轮，是搅拌反应器的关键部件，其功能是提供过程所需要的能量和适宜的流动状态。搅拌器旋转时把机械能传递给流体，在搅拌器附近形成高湍动的充分混合区，并产生一种高速射流推动液体在搅拌容器内循环流动，这种循环流动的途径称为流型。

（1）搅拌器的三种基本流型

流体流型与搅拌效果、搅拌功率的关系十分密切。搅拌器的改进和新型搅拌器的开发往往从流型着手。搅拌容器内的流型取决于搅拌器的形式、搅拌容器和内构件几何特征以及流体性质、搅拌器转速等因素。对于在立式反应器筒体中心安装的搅拌器，有三种基本流型（图 4-1-9）：①径向流，流体的流动方向垂直于搅拌轴，沿径向流动，碰到容器壁面分成两股流体分别向上、向下流动，再回到叶端，不穿过叶片，形成上、下两个循外流动；②轴向流，流体流动方向平行于搅拌轴，流体由桨叶推动，使流体向下流动，遇到容器底面再翻上，形成上循环流；③切向流（水平环向流），无挡板的容器内，流体绕轴做旋转运动，流速高时液体表面会形成漩涡，这种流型称为切向流。此时流体从桨叶周围周向卷吸至桨叶区的流量很小，这个区域内流体没有相对运动，混合效果很差。

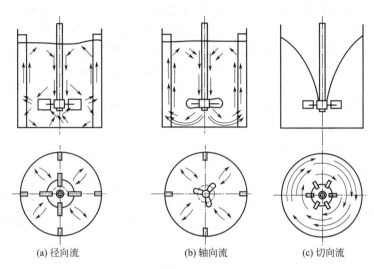

(a) 径向流　　　　　　　　(b) 轴向流　　　　　　　　(c) 切向流

图 4-1-9　搅拌器的三种基本流型

上述三种流型通常同时存在，轴向流与径向流对混合起主要作用，切向流应加以抑制。发酵罐常用的搅拌器型为涡轮式和旋桨式。

（2）涡轮式搅拌器

涡轮式搅拌器（又称透平式叶轮）结构与离心泵的叶轮相似（叶片多而短），是应用较广的一种搅拌器，能有效地完成几乎所有的搅拌操作，并能处理黏度范围很广的流体。常用的涡轮式搅拌器，按叶片形式可分为平叶式、弯叶式、箭叶式、斜叶式和半圆管式，叶片数量一般为六个，少至三个，多至八个。桨叶用扁钢制成，一般和圆盘焊接，而后再将圆盘焊在轴套上（图 4-1-10）。

(a) 六平叶涡轮　　　(b) 六弯叶涡轮　　　(c) 六箭叶涡轮　　　(d) 六半圆叶涡轮　　　(e) 六圆弧叶涡轮

图 4-1-10　各种型式的涡轮结构

涡轮式搅拌器安装在中央的旋转轴上，叶轮直径一般取发酵罐直径的 1/3～1/2，以较高的速度旋转，一般转速为 100～2000r/min。涡轮式搅拌器实质上就是一个无泵壳的离心泵，叶轮端速度为 3～8m/s，在涡轮搅拌器中液体能有效地产生径向流动，但同时也能产生轴向流动。当液体以很高的绝对速度由搅拌器出口冲出时，径向分速度就使液体流向反应器壁面，然后分成上、下两个回路流回搅拌器。涡轮式搅拌器形成的主体循环流动属于径向流动式〔图 4-1-9(a)〕。

在涡轮式搅拌器中液体以高速甩出时，会在叶片外缘附近造成激烈的漩涡运动和很大的剪切力，可将通入的气泡分散得更细，并可提高溶氧的传质系数。发酵罐中的搅拌是为了更好地溶解氧，气泡粉碎得越细越好，属于小尺度混合，因此广泛采用涡轮式搅拌器。涡轮搅拌器分为中央有圆盘和无圆盘两大类。机械搅拌通风发酵罐大多采用带圆盘的涡轮式搅拌器。这是因为在大型发酵罐中，无菌空气由单开口管通至搅拌器下方，为了避免气体沿轴上升，在搅拌器中央设有圆盘。大的气泡受到圆盘的阻挡，避免从轴部的叶片空隙上升，保证了气泡更好地分散。气体的分散首先是在桨叶背面形成较为稳定的气穴，气穴在尾部破裂，形成富含小气泡的分散区，并随液体的流动分散至罐内其它区域。气速过大或搅拌转速过低时，大气穴合并，整个搅拌器被气穴包裹，气体穿过搅拌器直接上升到液面，从而发生气泛现象。所谓气泛现象，就是空气流速过大时，气流形成大气泡在轴的周围逸出。

在相同的搅拌功率下，对不同形式的叶片粉碎气泡的能力进行比较，结果表明：平叶搅拌大于弯叶搅拌，弯叶搅拌大于箭叶搅拌；但其翻动流体能力则与上述相反。这是因为平叶搅拌叶面积最小，消耗同样功率条件下转速最快，剪切力就大；箭叶搅拌叶面积最大，消耗同样功率条件下转速最慢，但面积大有利于流体的翻动。根据这一解释，可在同一搅拌轴上安装不同叶形的涡轮搅拌器，如上层采用箭叶以强化混合效果，而下层采用平叶以利于粉碎气泡，强化传质，达到最佳搅拌效果。

通用式发酵罐的搅拌是为了更好地溶解氧，而气体分散是属于小尺度的混合，因此广泛采用涡轮式搅拌器。国内通用发酵罐最广泛使用得是六平直叶涡轮搅拌器，部分尺寸比例已规范化。其具有结构简单、传递能量高、有较大的剪切力、溶氧速率高等优点，但存在的缺点是轴向混合差，搅拌强度随着相邻两搅拌叶轮间距的增大而减弱，故当培养液较黏稠时，混合效果就下降。

（3）旋桨式搅拌器

旋桨式搅拌器的桨叶形状与通常使用的推进式螺旋桨相似，故又称船用推进器。旋桨式搅拌器的叶轮直径较小，一般取发酵罐直径的 1/4～1/3，其结构如图 4-1-11 所示。

旋桨式搅拌器的叶轮直径较小，一般不超过 0.54m。这类搅拌器旋转速度较高，螺旋桨叶端速度一般为 7～10m/s，最高达 15m/s。

旋桨式搅拌器实质上是一个无外壳的轴流泵，在发酵罐内形成由下向上的轴向螺旋运动。搅拌时流体由桨叶上方吸入，下方以圆筒状螺旋形排出，流体至容器底部后沿器壁向上运动最后沿轴返回桨叶上方，形成的主体循环流动属于轴向流动式〔图 4-1-9(b)〕。

螺旋桨搅拌器结构简单，制造方便，循环能力强，混合效果较好，动力消耗小，可应用到很大容积的搅拌容器中。但因其主体流动的湍流程度不高，对气泡造成的剪切力较低，溶氧效果不好。

（4）多层组合搅拌器

发酵罐比其它反应器更为细长，存在氧的传递问题，为了使发酵液充分被搅动，根据发酵液的容积，一般在同一搅拌轴要安装多层桨叶。搅拌器数量要根据罐内的液位高低、发酵液的特性和搅拌直径等因素来决定。为了提高混合效率，有时需要将两种或两种以上形式不同、转速不同的搅拌器组合起来使用，称为组合式搅拌设备。

国外生产实践结果表明：在保持单罐产量一定的条件下，以三层搅拌器为例，最下层仍采用径向流型的涡轮搅拌器，其余两层改用轴向流型搅拌器时，与三层均采用径向流型搅拌器相比，功率消耗可降低 15%～30%。国内医药行业在 50m³ 发酵罐内，上两挡改装成轴向流型搅拌器（图 4-1-12）做土霉素发酵试验表明，不但消耗功率下降，发酵指数也提高了近 15%。

(a) 推进式叶轮

(b) 扇形圆弧叶轮

图 4-1-11　旋桨式搅拌器的叶轮结构

图 4-1-12　多层组合搅拌器

（5）高效轴流式搅拌器

径向流型的涡轮搅拌器，为了破碎气泡，能产生很大的剪切力。但过大的剪切力不利于微生物的生长，这是个矛盾。20 世纪 80 年代以来，国际上发达国家开始研究高效轴流式搅拌方式，开发出四宽叶螺旋式叶轮、机翼螺旋式叶轮和四斜叶开启涡轮等高效轴流叶轮桨（图 4-1-13），以提高搅拌的均匀性和溶氧性能，同时减少流体的剪切力，有利于微生物的生长。

(a) 四宽叶螺旋式叶轮

(b) 机翼螺旋式叶轮

(c) 四斜叶开启涡轮

图 4-1-13　高效轴流式搅拌器

高效轴流式搅拌器使中间的流体向下流动，靠近罐体的流体向上运动，大量含有气泡的液体会被第一层桨叶重新压回罐底，少量通过第二层桨叶时被压回，增加了停留时间。例如，用于发酵罐的四宽叶螺旋桨式搅拌器循环能力较大，宽叶之下可存些气体，使气体分散平稳。而涡轮式搅拌器由于圆盘的存在虽然防止了气泡沿轴上升，但使流体分成以圆盘为界的上下两个区域，接近高剪切区的溶氧高，远离剪切区的溶氧低。

高效轴流式搅拌器的优点是：具有流量大，使气、液、固三相均匀程度高，为发酵提供了良好的环境；功率消耗低，流动剪切力小，气体滞留能力强，有利于溶氧和微生物的生长。

除在发酵罐中心安装的搅拌器外，还有其它安装方式，如图 4-1-14 所示。显然，不同方式安装的搅拌器产生的流型也各不相同。

（6）挡板

罐中心垂直安装的搅拌器，在转速较高的情况下会产生切向流，液体做圆周运动，在离心力作用下，液面在罐壁处上升，搅拌轴中心处下凹，形成凹陷的漩涡，又称"打漩"现象（图 4-1-15）。"打漩"的危害在于：①几乎不存在轴向混合，会出现分离现象；②液面下凹，有效容积降低；③当漩涡较深时，会发生从液体表面吸气现象，引起液体密度变化或机械振动。

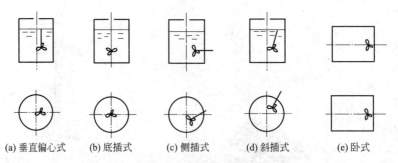

(a) 垂直偏心式　　(b) 底插式　　(c) 侧插式　　(d) 斜插式　　(e) 卧式

图 4-1-14　搅拌器在发酵罐内的各种安装方式

从图 4-1-15 可以看出，在不带挡板的情况下，发酵液中间的液面下陷，形成一个很深的漩涡。这是因为在搅拌过程中会产生切向流，由于切向分速度的作用，液体在罐内做圆周运动，产生的离心力使罐内液体在径向分布呈抛物线形，中心形成下凹现象。当搅拌转速增大时，这个现象会更严重，甚至可能使搅拌器不能完全浸没在发酵液中，导致搅拌功率下降。

在发酵罐内壁装设挡板，可以改变被搅拌液体的流动方向，使液体的螺旋状流受挡板折流，被迫向轴心方向流动，使漩涡消失。图 4-1-16 是加了挡板的搅拌流型。液体从搅拌器径向甩出，遇到挡板后形成向上、向下两部分垂直方向运动，向上部分经过液面后，流经轴中心而转下。由于挡板的存在，有效地阻止了罐内液体的圆周运动，下凹现象消失。

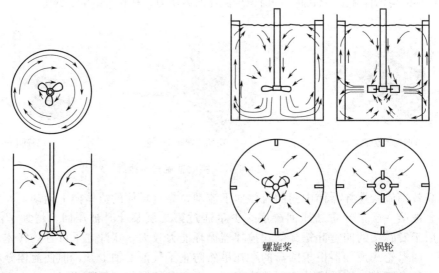

螺旋桨　　　　涡轮

图 4-1-15　打漩现象　　　　图 4-1-16　挡板对流型的影响

发酵罐内加挡板以达到全挡板条件为宜。所谓"全挡板条件"是指能达到消除液面漩涡的最低挡板条件。全挡板条件与罐的直径 D 有关。满足全挡板条件的挡板数 n 及挡板宽度 B，可由下式计算得到：

$$\left(\frac{B}{D}\right)n=\frac{(0.1\sim 0.12)D}{D}n=0.5$$

式中　D——罐的直径，mm；

　　　n——挡板数，个；

　　　B——挡板宽度，mm。

通常设 4~6 块挡板，其宽度为 0.1~0.12D，即可满足全挡板条件。挡板的长度从液面起至罐底为止。挡板与罐壁之间的安装方式要恰当，挡板不能紧贴焊在壁面，否则会造成发酵培养基的残渣堆积于挡板背侧形成死角。

为避免形成死角，防止物料与菌体堆积，挡板与罐壁之间应留有空隙，该间距一般为挡板宽度的 $1/8 \sim 1/5$（图 4-1-17）。

竖立的蛇管等，也可起挡板作用。故一般具有竖式蛇管的发酵罐罐内不另设挡板，也可基本消除轴中心凹陷的漩涡。但对于螺旋形盘管，仍应设挡板。

（7）搅拌器对溶氧传质系数 k_La 的影响

由于空气中的氧在发酵液中的溶解度很低，大量经过净化处理的无菌空气在给发酵液通气过程中因溶解少而被浪费掉。因此，必须设法提高传氧效率。溶氧系数 k_La 的大小是评价发酵罐通气的重要指标。搅拌器对溶氧系数 k_La 的影响因素有：搅拌器的形式、直径大小、转速、组数、搅拌器间距以及在罐内相对位置。

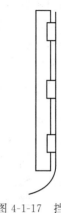

图 4-1-17 挡板与罐壁的安装方式

增大搅拌器直径 d 对增加搅拌循环量有利，增大转速 ω 对提高溶氧系数有利。一般要求一定的搅拌翻动量，使混合均匀，又要求一定的转速，使得发酵液有一定的液体速度压头，以提高溶氧水平。要根据具体情况决定 ω 和 d：①当空气流量较小、动力消耗也较小时，以小叶径，高转速为好；②当空气流量较小、功率消耗较大时，d 的大小对通气效果的影响不大；③当空气流量大、功率消耗小时，以大叶径，高转速为好；④当空气流量大、功率消耗都大时，以大叶径、低转速为好。

四、轴封装置和传动装置

1. 轴封装置

通用式发酵罐的轴封装置是指静止的发酵罐封头和转动的搅拌轴之间的搅拌轴密封装置（图 4-1-18）。

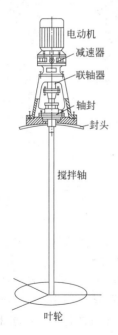

图 4-1-18 通用式发酵罐的轴封装置

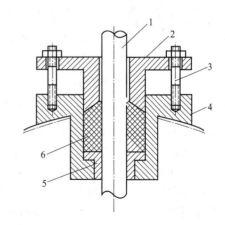

图 4-1-19 填料函轴封的结构
1—转轴；2—填料压盖；3—压紧螺栓；
4—填料箱体；5—铜环；6—填料

125

轴封的作用是使罐顶或罐底封头与轴之间的缝隙加以密封，防止泄漏和染菌。常用的轴封有填料函轴封（填料涵密封圈）和端面轴封（机械轴封）两种。

（1）填料函轴封

填料函轴封（图 4-1-19）是由填料箱体、填料、铜环、填料压盖和压紧螺栓等零件构成，使旋转轴达到密封的效果。这种密封是依靠填料和轴的外表面接触来实现密封的。常用填料有纤维织物、橡胶、工程塑料、金属组合材料等。填料函轴封的优点是结构简单，价格便宜，填料拆装方便。其缺点是死角多，很难彻底灭菌，容易渗漏及染菌；在运转中填料与轴始终摩擦，轴的磨损较严重，功耗损失大；寿命较短，需经常更换填料，因此，目前在通风发酵罐中已经很少使用。

（2）端面式轴封

端面式轴封又称机械轴封，又分为单端面轴封和双端面轴封两种，其结构如图 4-1-20 所示。端面式轴封的密封作用是靠弹性元件（弹簧、波纹管等）的压力使垂直于轴线的动环和静环光滑表面紧密地相互贴合，并做相对转动而达到密封。由于密封效果好，通用式发酵罐一般均采用端面式轴封。

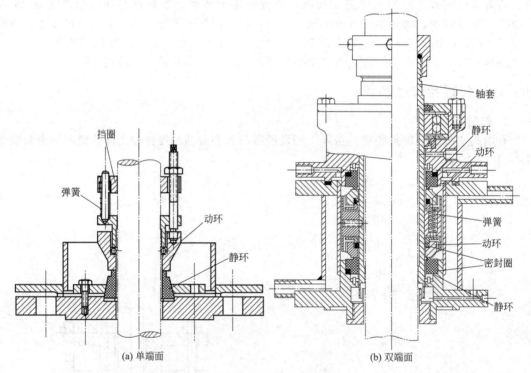

(a) 单端面   (b) 双端面

图 4-1-20　端面式轴封结构

端面式轴封的基本构件如下：①动环和静环。动环和静环之间旋转面的密封是机械轴封的关键。因此，动、静环材料均要有良好的耐磨性，摩擦系数小，导热性能好，结构紧密，空隙率小，且动环的硬度应比静环大。②弹簧加荷装置。此装置的作用是产生压紧力，使动、静环端面压紧并密切接触，以确保密封。弹簧座靠旋紧的螺钉固定在轴上，用以支撑弹簧，传递扭矩。③辅助密封元件。辅助密封元件有动环和静环的密封圈，用来密封动环与轴以及静环与静环座之间的缝隙。

端面式轴封有三个密封点：①静环与罐体之间的密封通常用各种形状有弹性的辅助密封圈来防止液体从静环与罐体之间泄漏，这是一静密封。②动环与轴之间的密封。也是用各种形状有弹性的辅助密封圈来防止液体从动环与轴之间泄漏，这是一个相对静止的密封。但是，当端面磨损时，允许其做补偿磨损的轴向移动，这个补偿移动是靠弹簧或波纹板来实现的。③动环与静环之间的密封。靠弹性元件（弹簧、波纹管等）和密封液体压力在相对运动的动环和静环的接触面（端面）上产生一适当的压紧力使两个光洁、平直的端面紧密贴合，端面间维持一层极薄的液体膜达到密封的作用。

端面式轴封的优点是：①清洁；②密封可靠，在较长的使用期中，不会泄漏或很少泄漏；③无死角，可以防止杂菌污染；④使用寿命长，质量好的可用2～5年不需维修；⑤摩擦功率耗损小，一般为填料函式的10％～50％；⑥轴或轴套不受磨损；⑦它对轴的精度和光洁度没有填料函那么要求严格，对轴的震动敏感性小。

端面式轴封的缺点是：①结构比填料密封复杂，装拆不便；②对动环及静环的表面光洁度及平直度要求高，否则易泄漏。

搅拌轴一般从罐顶伸入罐内，但对于大容积的大型发酵罐，也可采用下伸轴。下伸轴式装置使发酵罐重心降低，轴的长度缩短，稳定性提高，发酵罐操作面传动噪声也可大为减弱，而且罐顶空间可充分用来安装高效的机械消沫器及其他自控部件。采用下伸轴时，对轴封的要求更为严格，一般上伸轴可用机械单端面轴封，而下伸轴要采取双端面轴封，并用无菌空气进行防漏和冷却。

轴封渗漏是造成微生物泄漏的重要原因。采用无菌水流动作用方式不仅对机械密封起到密封和润滑的作用，而且能带走搅拌产生的热量而起到冷却的作用，有利于延长搅拌器的寿命。对用于基因工程菌发酵的发酵罐，要求采用双端面轴封，并要求作为润滑剂的无菌水压力应高于罐内压力。

2. 联轴器及轴承

大型发酵罐搅拌轴较长，常分为二至三段，用联轴器使上下搅拌轴成牢固的刚性连接。常用的夹壳联轴器（图4-1-21）由两个半圆筒状夹壳组成，沿轴向剖分，用螺栓夹紧以实现两轴连接，靠两半联轴器表面间的摩擦力传递转矩，利用平键作辅助连接。

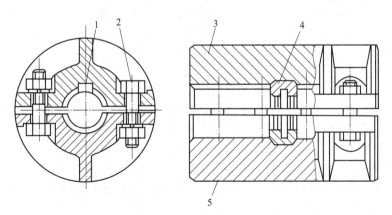

图 4-1-21　夹壳联轴器
1—键；2—螺栓；3—夹壳1；4—悬吊环；5—夹壳2

小型发酵罐搅拌轴可用法兰连接，轴的连接应垂直，中心线对正。为了减少震动，中型发酵罐一般在罐内装有底轴承，而大型发酵罐装有中间轴承，底轴承和中间轴承的水平位置应能适当调节。罐内轴承不能加润滑油，轴瓦材料采用液体润滑的石棉酚醛塑料和聚四氟乙烯。轴瓦与轴之间的间隙常取轴径的0.4％～0.7％，以适应温度差的变化。罐内轴承接触处的轴颈极易磨损，尤其是底轴承处的磨损更为严重，可以在与轴承接触处的轴上增加一个轴套，用紧固螺钉与轴固定，这样仅磨损轴套而轴不会磨损，检修时只要更换轴套就可以了。

3. 传动装置

小型试验罐采用无级变速装置。生产发酵罐常用的变速装置有三角皮带变速传动、圆柱或螺旋圆锥齿轮减速装置，其中以三角皮带变速传动效率较高，但加工、安装精度要求高。

采用变级电动机做阶段变速，即在需氧高峰时采用高转速，而在不需较高溶解氧的阶段适当降低转速。这样，发酵产率并不降低，而动力消耗则有所节约。自动化程度较高的发酵罐，采用可控硅变频装置，根据溶氧测定仪连续测定发酵液中溶解氧浓度的情况，并按照微生物生长需要的耗氧及发酵情况，随时自动变更转速，这种装置进一步节约了动力消耗，并可相应提高发酵产率，但其装置颇为复杂。

发酵罐搅拌器的转速，依罐的大小而异。小罐的搅拌器转速要比大罐的快些。但是所有发酵罐搅拌器的叶尖的线速度，在一般情况下几乎是恒定的值，即为 $150\sim300m/s$。

五、消泡和尾气排放装置

1. 消泡装置

由于发酵液中含有大量的蛋白质，故在强烈的通气搅拌下将产生大量的泡沫，严重的泡沫将导致发酵液外溢和增加染菌机会。减少发酵液泡沫较实用有效的方法是加入消沫剂或使用机械消泡装置将泡沫打碎，通常生产上是将这两种方法联合使用。消泡装置就是安装在发酵罐内转动轴的上部或安装在发酵罐排气系统上，可将泡沫打破或将泡沫破碎分离成液态和气态两相的装置。在泡沫的机械强度较差和泡沫量较少时有一定作用。

机械消泡是靠机械作用引起压力变化（挤压）或强烈振动，促使泡沫破裂。这种消泡装置可放在罐内或罐外。在罐内最简单的是在搅拌轴上方装一个消泡桨，它可使泡沫被旋风离心压制破碎。罐外消泡法，是把泡沫引出罐外，通过喷嘴的喷射加速作用或离心力，将排气中溢出的泡沫破碎后，分离出的液体仍返回罐内。在机械搅拌通风发酵罐中装一个耗能小的消泡装置，不仅要求保证不含"逃液"，使设备保持无菌，而且菌体不能受到机械损伤。机械消泡的优点是不需引进其他物质，如消泡剂，这样可以减少培养液性质上的微小改变。也可节省原材料，减少污染机会。但缺点是不能从根本上消除引起稳定泡沫的因素。

机械消泡装置主要有四种。

第一种是桨（耙）式消泡器 [图 4-1-22(a)]。这是最为简单实用的耙式消泡桨，可直接安装在搅拌轴上，消泡耙齿底部应比发酵液面高出适当高度，消泡桨随搅拌轴转动，消泡桨的直径为罐直径的 0.8～0.9 倍，以不妨碍旋转为原则。因为泡沫的机械强度较小，当少量泡沫上升时，耙齿可将泡沫打碎。将消泡桨由耙式改为蛇形栅条 [图 4-1-22(b)]，泡沫上升与栅条桨反复碰撞，搅破液面上的气泡，不断破坏生成的气泡，控制泡沫的增加，可提高消泡效果。由于这一类消泡器安装在搅拌轴上，往往因搅拌转速太低而效果不佳。

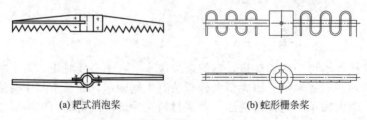

(a) 耙式消泡桨　　　　　　　　　　(b) 蛇形栅条桨

图 4-1-22　桨（耙）式消泡器

第二种是半封闭式涡轮消泡器，它是由桨（耙）式消泡器发展改进而来。对于罐顶空间较大，如下伸轴发酵罐，可以在罐顶装半封闭式涡轮消泡器（图 4-1-23）。涡轮高速旋转时，泡沫可直接被涡轮打碎或被涡轮抛出撞击到罐壁而破碎。该种消泡器基本上和桨（耙）式消泡器一样，没有太大的变化，同样存在着以上缺点。

第三种是离心式消泡器。这是一种离心式气液分离装置，置于发酵罐的顶部，利用高速旋转产生的离心力将泡沫破碎，液体仍然返回罐内（图 4-1-24）。该消泡器装于发酵罐的排气口上，夹带泡沫的气流以切线方向进入分离器中，由于离心力作用，液滴被甩向器壁，经回流管返回发酵罐，气体则自中间管排出。这种装置适用于泡沫量较大的场合，但不能将泡沫全部破碎。

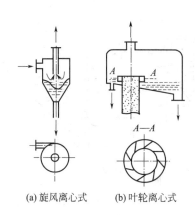

(a) 旋风离心式　　(b) 叶轮离心式

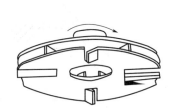

图 4-1-23　半封闭式涡轮消泡器　　　　　图 4-1-24　离心式消泡器

第四种是刮板式消泡器（图 4-1-25）。它安装于发酵罐的排气口处，排气夹带着泡沫进入消泡器高速旋转的刮板中，刮板转速为 1000～1450r/min，泡沫迅速被打碎。由于离心力作用，液体和空气分离。液体被甩向壳体壁上，经回流管返回罐内，气体则由气孔排出。这种消泡器基本上不用或少用消泡剂，即可达到消泡效果。

此外，还有碟片式消泡器（图 4-1-26）。其主要部件为碟片，碟片数目为 4～6 个。碟片的斜角均为 35°，两碟片之间的间距约 10mm。碟片式消泡器装在发酵罐的顶部，当泡沫与碟片接触时，泡沫受碟片的离心力作用，被分离成液态及气态两相，气相沿碟片向上，通过通气孔沿空心轴向上排出，液体则被甩回发酵罐中而达到消泡目的。这种消泡器的消泡能力大，功率消耗小，消泡效果很好，但设备投资大。

常用安装在发酵罐中的电导式或电容式泡沫探头监测泡沫，并与消泡装置或消泡剂添加装置连接控制泡沫。

2. 尾气处理装置

早期的发酵罐只要能维持罐压，保证尾气的顺利排放以及无染菌空气的逆流，就达到当时的生产要求了。因此，尾气的处理并未得到重视。但到了 20 世纪 70 年代，基因工程技术得到迅猛发展使人们越来越重视尾气处理的问题。例如，利用大肠杆菌生产重组干扰素和白细胞介素-2 的工程菌等，这种用特殊菌株的发酵或后处理过程中，若出现泄漏就会造成对人体和生态环境带来意想不到的危害。目前很多国家都对处理重组的实验室提出严格的管理准则。因此，用于基因工程菌的发酵罐同普通的微生物发酵就有很大的不同。

在培养过程中，造成发酵罐内微生物泄漏的一大原因是排气。有人在 5L 玻璃发酵罐中培养普通的大肠杆菌时，对排气带菌的情况做了测定。发现在当通气量为 1：1VVM、搅拌转速为 400r/min 时，接种后 4h 内排气中有 511 个菌被带出，而以后 1.5h 则有 1267 个菌被带出，所以，基因工程发酵的尾气必须经过适当处理后才能排放到大气中去。

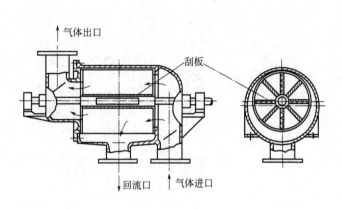

图 4-1-25　刮板式消泡器

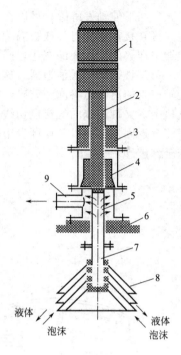

图 4-1-26　碟片式消泡器

1—电机；2—实心轴；3—滚动轴承；
4—轴封；5—排气孔；6—固定法兰；
7—空心轴；8—叶片；9—排气管

要想使尾气无菌，采取的方法类似于进罐空气的除菌方法。但要注意，因为空气流动量大以及气体一侧的传热系数小，如用热灭菌的方法会带来设备过大的问题。如果采用深层过滤的方法对尾气除菌，必须先对尾气进行预处理才能进行。因为，通常尾气中含有大量水分并夹带着大量小水滴，不宜直接进入过滤器。另外，由于发酵罐内含有丰富的蛋白质，从下向上的二氧化碳冒出时会带起大量的泡沫，也不利于尾气直接过滤。

涡轮分离器可以提高预处理的气液分离效率，其结构如图 4-1-27 所示。

涡轮分离器的特点是在低压尾气条件下可有效分离水雾和泡沫，分离效率可达 99.99%。尾气经处理后，再经蒸汽夹套升温 10～15℃后，就可使相对湿度降到 60% 左右。然后经过高效除菌滤芯后气体可安全地排出，除菌滤芯能保持长久的使用寿命。

此设备也可安装在普通发酵罐外作为除沫装置，可使发酵罐的装料系数达 90% 以上，消沫剂也可节省 50% 左右，减少后处理工序，降低了成本。

为了防止在取样时基因工程菌的泄漏，取样后，要用蒸汽将有关管道灭菌时冲出的污物经专门管道收集到污物贮罐，达到一定量时统一灭菌处理。另外，在接种和放料后也要考虑防止工程菌的外泄，因此，基因工程菌发酵罐的配管应有特殊要求。

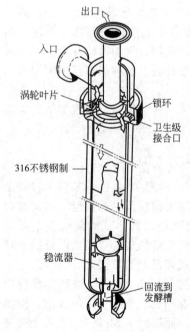

图 4-1-27　涡轮分离器

六、机械搅拌通风发酵罐的优缺点

机械搅拌通风发酵罐是最常用的生物反应器，规模从实验式的几升容积的小型发掘罐到工业规模几百立方米的大型发酵罐。

这类生物反应器的优点是：pH 和温度易于控制；工业放大方法已规范化；适合连续培养。在搅拌桨的剪切力作用下，一方面强化流体的湍流；另一方面，对气泡具有良好的破碎作用，降低了气泡的平均尺寸，提高了气液相界面积。两者都将有利于促进氧传递，使通气搅拌罐即使在发酵液黏度较高时也能满足细胞生长和代谢对氧传递的要求。对于丝状微生物，适当的剪切力也有利于减小菌丝团的尺寸，改善氧和营养物质的传递。当然，过高的剪切力对细胞生长有害，应该通过对搅拌桨结构、数量、转速及挡板和搅拌罐内件的优化设计予以避免。

机械搅拌通风发酵罐也存在以下缺点：①搅拌功率消耗大；②因罐内结构复杂，不易清洗干净，易被杂菌污染，此外，虽装有无菌密封装置，但在轴承处还会发生杂菌污染；③机械搅拌桨叶的剪切力易使丝状菌菌丝被切断，细胞受损伤。

此外，机械搅拌通风发酵罐的放大仍存在许多问题，在很大程度上还需要逐级放大数据和实际经验。由于机械搅拌装置的存在，使其在避免杂菌污染问题上也会遇到困难，能耗比较高、设备投资也比较大，有必要研究开发高效、低能耗的新型生物反应器。

第二节　气升式通风发酵罐

机械搅拌通风发酵罐功率消耗大，加工困难，投资高，维修麻烦，轴封易泄漏，易染菌，搅拌剪切力大，随着设备体积的增大，混合不均匀，传质效率下降，因而难于超大型化。因此，非机械搅拌发酵罐，特别是气升式发酵罐（反应器）的研究和应用得到迅速发展。

气升式发酵罐是 20 世纪 70 年代开始发展应用的一种新型生物反应器。主要特征是高径比较大，一般以压缩空气为主要的能量输入形式，因为无机械搅拌机构，所以最大限度地减少了染菌率，降低了剪切对细胞的伤害。它具有传质效率高、能耗低、结构简单、操作噪声低、料液充填系数高、可靠性好、易放大等优点，但要求的通气量和通气压头较高，使空气净化工段的负荷增加。

目前气升式反应器已广泛应用于生物工程领域的好氧培养方面，如动植物细胞的培养、单细胞蛋白的培养、某些微生物细胞的培养及污水处理等。由此生产的产品有单细胞蛋白、酒精、抗生素、生物表面活性剂等。我国利用生物反应器生产的大量生物制剂，多采用的是气升式反应器。世界上超大型的生物反应器就是气升式生物反应器，如国际上著名的用于生产单细胞蛋白的 ICI 压力循环发酵罐以及用于废水处理的 BIOHOCH 多气升管生化反应器。

气升式反应器有多种类型，常见的有鼓泡塔式、环流式和空气喷射式等。气升式环流式反应器又有多种形式，大致可分为以下几种类型：内环流和外环流，单级和多级，单筒和多筒，气升式、喷射式和推进器式等。

一、鼓泡塔反应器简介

鼓泡塔反应器是最简单的气流搅拌生物反应器，其高径比较大，靠鼓入空气而提供混合与传质所需的功率，故又称空气搅拌高位反应器。

鼓泡塔反应器工作时，塔内充满液体，气体从反应器底部通入，分散成气泡沿着液体上升，既与液相接触进行反应同时搅动液体以增加传质速率。这类反应器适用于液体相也参与反应的中速、慢速反应和放热量大的反应。

鼓泡塔反应器结构简单、造价低、易控制、易维修、防腐问题易解决，用于高压时也无困难。但塔内液体返混严重，气泡易产生聚并，故效率较低。

1. 鼓泡塔反应器的结构

鼓泡塔反应器主要由罐体和气体分布器组成。其罐体为一个较高的柱形容器，可安装夹套或其它形式换热器或设有扩大段、液滴捕集器等。热效应不大时采用夹套式换热器，热效应较大时采用蛇管式或外循环换热式。气体分布器使气体分布均匀，强化传热、传质，是气液相鼓泡塔的关键设备之一。其形式类似机械搅拌通风式发酵罐的气体分布装置，有多孔板、喷嘴和多孔管等，目的是使空气形成分散的小气泡进入发酵液中。

鼓泡塔反应器的基本形式是从圆筒状反应器底部的气体导入装置吹入空气，空气以分散相在连续的液相中上升通过，以气流的动力实现反应体系的混合，结构十分简单（图 4-2-1）。反应器顶部主要是起到脱气作用，发酵液中夹带的气体在此处被分离，通过排气管排除。有些鼓泡塔反应器顶部脱离区的直径要大于主罐体的直径，目的是降低该区域的流体运动速率，给气泡脱离以充分的时间。

与机械搅拌通风罐相比，鼓泡塔反应器不需要机械搅拌，能耗较低，反应器中的剪切力也较小。另外，由于避免了轴封，减少了一个潜在的染菌途径。因此，鼓泡塔反应器比较适合于那些对剪切力敏感而且容易染菌的细胞培养体系，如某些微生物发酵、动物细胞培养和植物细胞培养等。但是，由于鼓泡塔反应器缺乏控制流体运动的措施，其混合和氧传递效率较低，为达到一定的混合和氧传递效果，鼓泡塔反应器通常采用高于通气搅拌罐的通气量，多数鼓泡塔反应器的高径比在（7～20）：1 之间。较高的高径比使鼓泡塔反应器具有较高的气含率和较长的气体停留时间，也使其底部的空气分布装置处具有较高的静水压，这些都在一定程度上有利于提高氧传递效率。

图 4-2-2 为带有多层筛板的鼓泡塔反应器，在塔内安置有水平多孔筛板以提高气体分散程度和减少液体返混（即液体纵向循环）。空气进入培养液后有较长的停留时间。多孔筛板的作用在于阻截气泡，使之在多孔板下聚集而形成气层，气体通过多孔板时，又被重新分散为小气泡，这样空气在反应器内经多次聚并与分散，一方面延长了空气与培养液的接触时间，另一方面不断形成新的气液界面，减小了液膜阻力，提高了氧的利用率。

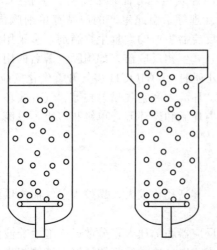

图 4-2-1　鼓泡塔反应器的基本形式

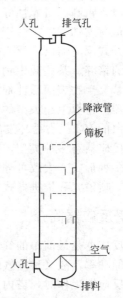

图 4-2-2　带有多层筛板的鼓泡塔反应器

鼓泡塔反应器结构简单，省去机械搅拌装置，造价较低，动力消耗少，减少了剪切对细胞的破坏；不存在轴封装置，从而避免因轴封不严造成的杂菌污染。其缺点是罐体较高，需要安装在室外。鼓泡塔反应器适用于培养液黏度低、含固量少、需氧量较低的发酵过程。

2. 鼓泡塔反应器的操作状态及其流体力学特性

通气是向鼓泡塔反应器输入能量的主要途径，所以通气速率是其最重要的操作变量。反应器内流体的流动状况及传递性能，均与通气速率有关。

（1）流动特性

气液（固）多相流体在反应器内流动，由于反应器结构与操作工况的不同，形成各种流动结构形式，即流型，它极大地影响着气液（固）多相流的流动特性和传热传质特性，同时也影响着流动参数的准确测量以及多相流系统的运行特性。

根据其流动特性，可将鼓泡塔反应器内流体的流动状况分为三个区域（图4-2-3）：①安静鼓泡区（又称均匀鼓泡区）。当气体表观速度低于0.05m/s时，鼓泡塔内的气体流量较小，所有气泡呈分散状态，气泡大小比较均匀，相互作用程度很小，并以相同速度上升，液体搅拌并不显著，既能达到一定的气体流量，又可避免气体的轴向返混。此时，气泡呈分散状态，气泡大小均匀，行有秩序的鼓泡，目测液体搅动微弱。②湍流鼓泡区。当气体表观速度大于0.08m/s反应器直径大于0.2m时，气泡不断地分裂、合并，气泡运动呈不规则现象，液体做高度湍动，塔内物料强烈混

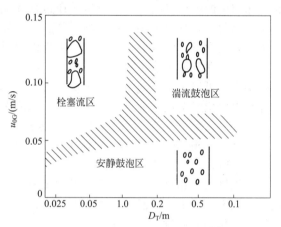

图4-2-3　鼓泡塔流动状态分布区区域图

合，气泡作用的机理比较复杂。此时，气泡大小不均匀，大气泡上升速度快，小气泡上升速度慢，停留时间不等，加之无定向搅动，不仅呈极大的液相返混，也造成气相返混。③栓塞流区。对于小直径反应器，高气体表观速度下出现栓塞气泡流动区。由于器壁限制了大气泡直径，实验观察到，栓塞气泡流发生在直径为0.15m的小直径鼓泡反应器中。

在生产装置中，简单的鼓泡塔往往选择在均匀鼓泡区状态下操作，而气体升液式鼓泡塔往往在湍动区操作。当气体空塔气速低于0.05m/s时，气体分布器的结构就决定了气体的分散状况、气泡的大小，进而决定了气含率和液相传质系数的大小。当气体空塔气速大于0.1m/s时，气体分布器的结构无关紧要。此时的气泡是靠气流与液体间的冲击和摩擦而形成，气泡大小及其分布状况主要取决于气体空塔气速。

鼓泡塔内的气泡有两种形成机制，当气速比较低时，靠分布器的小孔分散成气泡；当气速较高时，靠液体的湍动使喷出的气流破裂形成气泡。气泡的大小直接关系到气液传质面积。在同样的空塔气速下，气泡越小，说明分散越好，气液相接触面积就越大。在安静区，因为气泡上升速度慢，所以小孔气速对其大小影响不大，主要与分布器孔径及气液特性有关。在湍动区，气泡是靠气流与液体之间的喷射、冲击和摩擦而形成。因此在这种鼓泡塔内，气泡的形状、大小和运动是各式各样的，是瞬息万变的，是随机的，形成大小不一的气泡群。

（2）传递特性

鼓泡塔内的传递特性与气体表观速度、鼓泡塔的设计和反应液的性质等因素有关。

气含率是指气液混合液中气体所占的体积分率，液体不流动时的含气率称为静态含气

率；液体连续流动时的含气率称为动态含气率。可用下式表示：

$$\varepsilon_{G} = \frac{V_{G}}{V_{L} + V_{G}} = \frac{V_{G}}{V_{GL}}$$

式中　ε_{G}——气含率；

　　　V_{G}——气体体积，m^3；

　　　V_{L}——液体体积，m^3；

　　　V_{GL}——气液混合物体积，m^3。

气含率的测定方法常用液位测定法，分别测定未通气前和通气后的液位，两者之差与通气时液位之比即为平均气含率。这种方法有局限性，起泡和液面的波动会使此法不精确。

气含率是一个重要参数，其大小还影响到单位体积床层所具有的相界面积，以及气液两相在床层中的停留时间，从而影响传质过程和化学反应结果。对圆柱形塔来说，由于横截面一定，因此气含率的大小意味着通气前后塔内充气床层膨胀高度的大小。对于传质与化学反应来讲，气含率非常重要，因为气含率与停留时间及气液相界面积的大小有关。

影响气含率的因素主要有设备结构、物性参数和操作条件等。一般气体的性质对气含率影响不大，可以忽略。而液体的表面张力 σ_{L}、黏度 μ_{L} 与密度 ρ_{L} 对气含率都有影响。溶液里存在电解质时会使气液界面发生变化，生成上升速度较小的气泡，使气含率比纯水中的高 $15\% \sim 20\%$。空塔气速 u_{0G} 增大时，ε_{G} 也随之增加，但 u_{0G} 达到一定值时，气泡汇合，ε_{G} 反而下降。ε_{G} 随塔径 D 的增加而下降，但当 $D > 0.15m$ 时，D 对 ε_{G} 无影响。当 $u_{0G} < 0.05 m/s$ 时，ε_{G} 与塔径 D 无关。

鼓泡塔内液相存在返混，所以通常工业鼓泡塔反应器内液相视为理想混合。塔内气体的返混一般不太明显，常假设为置换流，其计算误差约为 5%。但要求严格计算时，尤其是当气体的转化率较高时，需考虑返混。

鼓泡塔内的气体阻力由两部分组成：一是气体分布器阻力；二是床层静压头的阻力。鼓泡塔反应器内的传质过程中，一般气膜传质阻力较小，可以忽略，而液膜传质阻力的大小决定了传质速率的快慢。当鼓泡塔在安静区操作时，影响液相传质系数的因素主要是气泡大小、空塔气速、液体性质和扩散系数等；而在湍动区操作时，液体的扩散系数、液体性质、气泡当量比表面积以及气体表面张力等，成为影响传质系数的主要因素。

鼓泡塔中的传热，通常以三种方式进行：利用溶剂、液相反应物或产物的汽化带走热量；采用液体循环外冷却器移出反应热；采用夹套、蛇管或列管式冷却器。

3. 鼓泡塔反应器几何尺寸的计算

由于气液反应过程是伴有化学反应的传递过程，比较复杂，虽然气液反应理论有了很大发展，对于工业生产设备的选型和过程强化指导能起指导作用，但尚不能定量地设计气液反应器设备，鼓泡塔反应器体积的确定仍然使用经验法。

（1）反应器体积的计算

鼓泡塔反应器除内件（隔板、换热器等）的体积外，其体积主要由四部分构成：静液层体积 V_{L}、气液层所含气体体积 V_{G}、气液分离空间体积 V_{E} 及顶盖死角体积 V_{C}。即

$$V = V_{L} + V_{G} + V_{E} + V_{C}$$

其中：充气液层的体积 V_{R} 为：$V_{R} = V_{G} + V_{L} = \dfrac{V_{L}}{1 - \varepsilon_{G}}$

气液分离空间体积 V_{E} 为：$V_{E} = \dfrac{\pi}{4} D^2 H_{E}$

顶盖死角体积 V_{C} 为：$V_{C} = \dfrac{\pi D^3}{12\varphi}$

式中　　φ——形状系数，球形盖 $\varphi=1$，标准椭圆形封头 $\varphi=2$。

（2）反应器直径和高度的确定

由空塔气速：$u_{0G}=\dfrac{V_G}{\dfrac{\pi}{4}D^2}$，可得塔径：$D=\sqrt{\dfrac{4V_G}{\pi u_{0G}}}$

u_{0G} 由实验或工厂数据确定，V_G 由生产任务确定，u_{0G} 一般为 $0.0028\sim0.0085\mathrm{m/s}$。当 u_{0G} 取值较小时，塔径 D 必然较大，应考虑气体沿径向均匀分布；当 u_{0G} 取值较大时，D 则较小，液面会比较高，气体入口处静压力增大，气体输送费用增加，并可能出现液柱腾涌的不正常现象。

塔高 H 为充气液层高度 H_R、气液分离空间高度 H_E 和顶盖死角高度 H_C 之和：

$$H=H_R+H_E+H_C$$

塔高 H 和塔径 D 之比一般取值在 $3\sim12$ 之间。

4. 鼓泡塔反应器的工业应用实例

国内曾经有工厂用容积为 $40\mathrm{m}^3$ 的高位塔式发酵罐生产抗生素，设备的直径为 $2\mathrm{m}$。总高 $14\mathrm{m}$，共装有 6 块筛板，筛板间距为 $1.5\mathrm{m}$，最下面的一块筛板有直径 $10\mathrm{mm}$ 的小孔 2000 个，上面 5 块筛板各有 $10\mathrm{mm}$ 直径的小孔 6300 个，每块筛板上都装有直径为 $450\mathrm{mm}$ 的降液管，在降液管下端的水平面与筛板之间的空间是气液混合区。由于筛板对气泡的阻挡作用，再加上液柱高度比普通发酵罐大得多，可使空气在罐内停留较长的时间；此外在筛板上大气泡被重新破碎分散，代替了搅拌，进一步提高氧的利用率。这种发酵罐结构简单，无机械搅拌装置，使造价大大下降，操作费用也相应降低。其缺点也很明显，如混合效果差，在发酵罐底部会有较多的培养基原材料堆积。

高位筛板式发酵罐因液层深度大，罐底部液柱静压头较大，与普通发酵罐相比，要求空气压缩机应有较大的出口压力。又因罐体很高，给操作带来不便，单独为其建造厂房又不经济，因此，一般将其置于室外，配备必要的自控装置进行操作。

二、气升式环流式反应器的结构与类型

气升式环流式反应器是在鼓泡塔反应器的基础上发展起来的。但为了克服鼓泡塔反应器氧传递效果差、轴向混合不良的缺点，在鼓泡塔反应器的基础上增加了用于流体循环的定向流动结构——导流管（拉力筒），从而大大改善了相间混合与接触条件，有利于气液传质和反应过程。

1. 气升式生物反应器的基本结构及工作原理

按导流管与反应器主罐体的位置关系可以分为内置导流管［图 4-2-4（a），图 4-2-4（b）］和外置导流管［图 4-2-4（c）］两类，分别为气升式内环流式反应器和气升式外环流式反应器。

气升式反应器工作时，在反应器的下部通入空气，由于导流管（又称环流管）内形成的气液混合物密度降低，使环流管内的液体向上运动，同时反应器内含气率小的发酵液下降而重新进入环流管的下部，形成反复的循环流动，实现混合与溶氧传质。

无论是内循环型还是外循环型，气升式反应器内部都由四个基本部位组成：上升段、下降段、器底和气液分离器。每一部位的液体流动特性各有差异，基质传递、产物形成、热量交换情况在各处也不一样。上升段：气体由这一段的下部注入，液体向上流动。下降段：与上升段相平行，在底部和顶部与上升段相连，液体向下流动。这一段中液体与上升段中液体存在的静压差是液体循环的动力。

反应器顶部的气液分离区主要是起到脱气作用，发酵液中夹带的气体在此处被分离，通

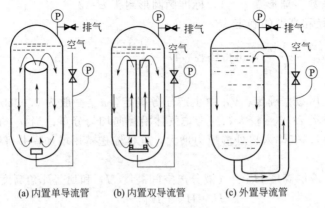

(a)内置单导流管   (b)内置双导流管   (c)外置导流管

图4-2-4 气升式环流式反应器

过排气管排除，有时为了增加脱气的效果会在这里设置脱气装置。

气体导入装置主要有鼓泡和喷射两种方式。鼓泡式的气体通过分布器形成气泡，直接进入发酵液，分布器有单孔、环形，也有采用分布板的。为了提高氧传递效率，也可采用喷嘴，利用喷嘴口及其附近高速运动的流体产生强剪切力来减小气泡尺寸。喷嘴的设计方式多样，但其基本原理均一致（图4-2-5）。

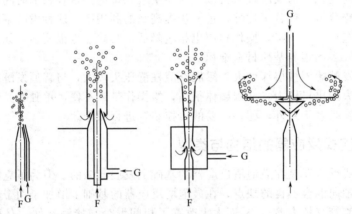

图4-2-5 气升式反应器的几种喷嘴设计方案

G—气体；F—循环流体

2. 气升式内环流式反应器

气升式内环流式反应器的主罐体内置一个（或若干个）导流管（或导流筒），其结构简单、设备制造比较容易，所以最为常见。多数气升式内环流式反应器内置同心轴导流管，也有内置偏心导流管或隔板的。

图4-2-4(a)和（b）所示的气升式内环流式反应器内没有搅拌器，其中央安装有导流管，将发酵醪液分为上升区和下降区，在上升区的下部安装了环形空气分布管或空气喷嘴，空气分布管的下方有许多喷孔。加压的无菌空气通过喷嘴或喷孔喷射进发酵液中，从空气喷嘴喷入的气速可达250～300m/s，无菌空气高速喷入上升管，通过气液混合物的湍流作用而使空气泡分割细碎，与导流筒内的发酵液密切接触，供给发酵液溶解氧。由于导流筒内形成的气液混合物密度降低，加上压缩空气的喷流动能，因此使导流筒内的液体向上运动；到达反应器上部液面后，一部分气生泡破碎，二氧化碳排出到反应器上部空间，而排出部分气体的发酵液从导流筒上边向导流筒外流动，导流筒外的发酵液因气含率小，密度增大，发酵液

则下降，再次进入上升管，形成循环流动。物料在反应器内循环，循环速度最高可达 2m/s，因此气液可达到必要的混合、搅拌并取得充分溶氧。

按进气方式的不同，气升式内环流式反应器可分为中心进气气升式反应器（空气从内置导流管内部通入）和环隙进气气升式反应器（空气从内置导流管外侧通入），两种情况下的上行区和下行区刚好相反（图 4-2-6）。

导流管的主要作用是：①将反应体系隔离为一个通气区（上行区）和一个非通气区（下行区），使反应器中的流体产生规律性地垂直运动，增强流体的轴向循环；②使流体沿固定的方向运动，减少了气泡之间的接触机会，减少了气泡的碰撞和兼并，使气泡的平均尺寸降低、$k_{L}a$ 提高，促进了氧传递；③使整个反应器内的剪切力分布更加均匀。

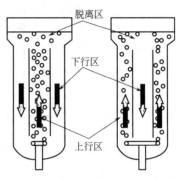

图 4-2-6　气升式内环流式反应器

反应器顶部是气体脱离反应体系的区域，因而称为脱离区。有些气升式反应器顶部脱离区的直径要大于主罐体的直径，目的是降低该区域的流体运动速率，给气泡脱离以充分的时间，避免或减少富含二氧化碳的气泡通过下行区循环回反应器；另外，这也有助于减少因形成气雾而损失培养基，并可减少泡沫的产生。气液混合物在脱离区停留时间若远大于气泡分离所需的时间，则下降段流体中气体含量将会减到最小值。

环隙气升式反应器具有更多的优点，如较高的体积传质系数、优良的消泡作用等，因此更适用于微生物发酵。

3. 气升式外环流式反应器

气升式外环流式反应器结构如图 4-2-4(c) 所示。上升管装在罐外，上端与罐身切线相连，形成循环系统。在上升管下部装有空气喷嘴，压缩空气以 250～300m/s 的速度喷出，形成细小气泡，与液体密切接触，进行质量传递。上升管内气液混合物的密度小，向上运动；罐内液体密度大，向下运动而形成循环，实现混合与溶氧传质。气升式外环流式反应器将上升区和下降区分开，这为分别控制上升区和下降区的反应条件提供了方便。同时，置于反应器外部的环流管也有利于散热。

气升式外环流式反应器的分离区具有更好的分离作用，因此升、降流区的密度差异更大，导致液体循环速度也更大，最终将降低升流区内气含率。因此，较之内循环气升式反应器，外循环气升式反应器具有更高的气含率与更大的气液传质速率，传热传质性能优于内循环气升式生物反应器。

4. 其它形式的气升式环流反应器

如果在气升式内环流式反应器的基础上加装外循环冷却装置，就可以更有效地除去发酵热。图 4-2-7 所示为具有外循环冷却的气升式环流式反应器。通气管与反应器底部的距离是通气管的 0.5～1 倍，气体经多孔板进入反应器内，多孔板之下是气液分离带，此处回流培养液的气含率降低至 10% 以下。从反应器底部引出培养液，用循环泵输送到热交换器后从上部回流入反应器内。

图 4-2-8 所示为气液双喷射气升式内环流式反应器。用机械泵喷嘴引射压缩空气，在喷嘴出口处形成强的剪切力场，将射入的空气在液相中分散为小气泡。在反应器内重新聚并起来的大气泡，通过环流得以再度分散，从而加快传质速率。与机械搅拌式发酵罐相比，在同样的能耗下，喷射环流式发酵罐的氧传递速率要高得多。

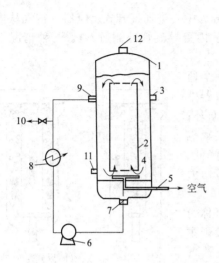

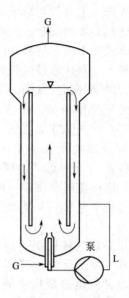

图 4-2-7 具有外循环冷却的气升式环流式反应器

1—发酵罐；2—通气管；3—发酵液入口；
4—气体分布器；5—空气入口；6—离心泵；
7—发酵液出口；8—热交换器；9—喷嘴；
10—导管（连续发酵时用）；11—喷嘴（可引出
部分发酵液）；12—气体出口

图 4-2-8 气液双喷射气升式内环流式反应器

G—气体；L—循环流体

5. 气升式生物反应器应用实例

自 20 世纪 60 年代起，俄罗斯和东欧便广泛应用气升式环流式反应器进行单细胞蛋白（SCP）酵母菌培养。20 世纪 70 年代，英国帝国化学工业公司（ICI）开发出的加压内循环反应器，其单细胞蛋白生产能力为 5000t/年，后来该公司又成功将 2000m³ 的气升式内循环生物反应器用于废水的生物处理。国内开发的气升式发酵罐也已成功地应用于谷氨酸发酵工业生产。

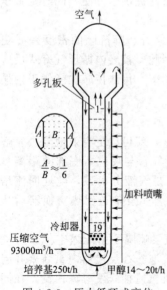

图 4-2-9 压力循环式高位
筛板气升式反应器

1984 年，ICI 公司以导流筒内多孔板分布结构的超大型内循环罐形用于烃类发酵生产酵母取得成功。ICI 压力循环式发酵罐为高位筛板气升式反应器（图 4-2-9），用于以甲醇为原料 SCP 的生产。反应器体积高达 3000m³，装液量为 2100m³。其筒身直径为 7m，筒身部分高度 60m，顶部扩大段是高度为 10m 的气液分离区，扩大段直径为 10.8m。反应器中央设有一个上升管，管内液柱高达 55m，故通气压力高，称为压力循环罐，具有溶氧效率高的特点。由于反应器顶部和底部的压差很大，气体在上升管的浮力很大，使循环速度太高，气液混合物在反应器顶部脱离区的气泡脱离时间太短，造成脱气不彻底，导致过高的气含率（大于 50%）。为了降低循环速度和改善相分离，防止气泡合并，在上升管内装有 19 块多孔板，冷却器装于上升管底部。此外，为了使进料均匀和发酵热分散，沿反应器轴向分布了 5000～8000 个甲醇加料喷嘴。

在环境工程中应用的气升式反应器，为了保证氧的供应及提供高循环速度，一般采用多点进气的设计。BIOHOCH 多气升管废水处理生化反应器如图 4-2-10 所示，反应器内设多个导流管，有效体积高达 8000～20000m³。径向喷嘴是其核心元件，空气和水相对喷入。含极大能量的水，使空气分散成又细又均匀的气泡。循环管保证流向及液体充分曝气。

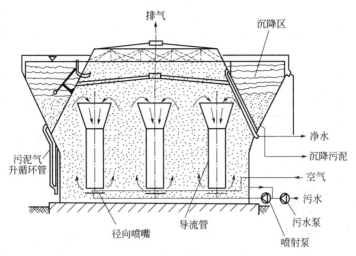

图 4-2-10　BIOHOCH 多气升管废水处理生化反应器

　　BIOHOCH 反应器的特点是：①紧凑，无噪声，无异味。反应器很高，故占地面积小，不会受噪声和气味侵扰。②经济。氧利用率高，节省能量。③可靠。优质的防腐处理比混凝土更不易泄漏。一旦泄漏发生，也可立即监控。一套完整的系统保证废水不会无控制流出。

三、气升式环流式反应器的传递特性参数

　　影响气升式反应器（ALR）性能的主要特性参数有操作参数、结构参数和性能参数等。操作参数主要是通气表观线速度；结构参数有导流筒高度与反应器直径之比（高径比）、上升与下降室面积比、底部澄清区高度、通气孔径等；而性能参数则有很多，如液体循环速率、气含率、剪切力等。

　　1. 气含率

　　气含率是反应器最基本的气相特性参数，还影响到液相循环速度。

　　气含率是气升式发酵罐的一个重要参数，直接或间接影响到其它性能参数，是气相平均停留时间和气液传质系数的指示器。它对气液相界面积有直接影响，并进而影响相间传质速率以及环流反应器的混合行为。气含率太低，氧传递不够；反之，太高则反应器的利用率太低。

　　由于部分气体在上升管的顶部离开反应器，下降管的气含率较低，因此气升式反应器中的平均气含率低于相同条件下的鼓泡反应器气含率。气升式反应器中各处的气含率是不同的，特别是较高的反应器，由于液体的静压不同，气含率沿轴向发生变化。

　　气含率是用气相在反应器中所占的体积分数表示，根据考察空间的不同可分为平均气含率和局部气含率等。在含同轴导流筒的内循环气升式发酵罐中，气含率的定义如下。

　　平均体积气含率 ε：

$$\varepsilon = \frac{V_G}{V_G + V_L}$$

　　导流管内（上升区域）的气含率 ε_r：

$$\varepsilon_r = \frac{V_{Gr}}{V_{Rr}} = 1 - \frac{V_{Lr}}{V_{Rr}}$$

环隙内（下降区域）的气含率 ε_d：

$$\varepsilon_d = \frac{V_{Gd}}{V_{Rd}} = 1 - \frac{V_{Ld}}{V_{Rd}}$$

局部气含率 ε_l：

$$\varepsilon_l = \frac{V_{Gl}}{V_{Rl}}$$

式中　V_R、V_G 和 V_L——分别为反应器各部分的体积、气相体积和液相体积；

下标 r、d 和 l——分别为导流管内（上升区域）、环隙内（下降区域）和反应器局部。

气含量与许多因素有关，包括通气量、液体性质、反应器几何形状等。气含率通过气液传质比表面积与氧的体积传质系数关联，液体的气含率较高，氧的传递能力较大，因此气含率是气升式反应器的关键操作参数。由于导流管内和环隙内的密度差是液体循环的主要推动力，气含率与物料的混合效果关系密切。

2. 体积氧传递速率系数

氧的体积传质系数 $k_L a$ 表示单位液体内在单位传氧推动力下的传质速率。$k_L a$ 反映的是整个反应器的供氧情况。在机械搅拌通风发酵罐中，液体的 $k_L a$ 基本保持一致，而在气升式环流式生物反应器中，传氧在各部位中情况不一样，$k_L a$ 主要由上升段决定。气升式环流式生物反应器能获得较大的 $k_L a$，氧传递的推动力来自于气液两相间的气体浓度梯度，对反应器整体，其数值与气含率有关，主要取决于通气表观线速度。

气升式反应器的气液传质速率主要取决于发酵液的湍动及气泡的剪切细碎状态，而气液两相流动与混合主要受反应器输入能量的影响，其体积传递系数的经验公式表示为：

$$k_L a = \alpha u_G^\beta$$

式中　u_G——导流管内气体空管流速，m/s；

α 和 β——均为经验常数，对水和电解质液，β 取 0.8，而常数 α 则是空气分布器形式和溶液性质的函数，由实验确定。

Barker 和 Worgan 推荐，对于低黏度的发酵液，$k_L a$ 和 u_G 的关系为：

$$k_L a = 853 u_G^{0.78}$$

对高黏度流体：

$$k_L a = 22.83 - 5.35n + 10.22n^2$$

式中　n——流变指数。

对气升式环流式发酵罐，当通气输入功率为 $P_g / V_L = 1 kW/m^3$ 时，溶氧速率 OTR = $2 \sim 3 kg/(m^3 \cdot h)$，相应的溶氧效率约为 $2 kg(O_2)/(kW \cdot h)$。由于气升式反应器的不同部位的气含率有差别，因此相应的 $k_L a$ 有不同的数值。

有研究表明，在发酵液固含率较小时，气速是影响 $k_L a$ 的主要因素，而在固含率较大时，$k_L a$ 主要受固含率的影响。

3. 混合效果

流入反应器的物质能否被快速地混合均匀是反应器正常运行的关键。混合效果受通气情况的影响：随着通气速率的增加而下降，但通气率达到一定值后，混合效果不再提高。气升式环流式反应器上升段横截面积 A_D 与下降段横截面积 A_R 之比（A_D/A_R），对混合情况也有大的影响：在 A_D/A_R 较大的情况下，可得到理想的混合效果。A_D/A_R 的大小还影响到液体和气体在反应器各个部位的停留时间，进而影响到气含量。若在总截面积不变、通气量不变的情况下，A_D/A_R 值减小，则上升段中液体流速下降，气体的停留时间延长，而下降段中液体流速则加快，使更多的气泡随流体进入下降段，上升段中也由于气体的再循环量增多，而气含量增加，总的气含量得以提高。

四、气升式环流式反应器的操作特性

气升式反应器的主要操作参数为通气表观线速度，它会通过液体流动速度影响其余各个传递特性参数，如气含率、氧的传质速率、液体流动速度或循环速度以及混合特性等。对于不同的反应器结构与尺寸，这些参数有所变化，但其基本性质相同，对反应器的传递特性有较大的影响。

1. 循环周期（平均循环时间）

发酵液在导流管内与大量空气接触，溶解氧浓度较高，在气升式内环流式反应器中，当发酵液进入环隙内时菌体消耗了氧，使溶解氧浓度逐渐降低，当发酵液再次进入导流管时，重新补充氧，因此发酵液在环隙内的停留时间不能过长。这就对反应器中发酵液的循环时间和循环速度提出了要求。

发酵液必须维持一定的环流速度以不断补充氧，使发酵液保持一定的溶氧浓度，适应微生物生命活动的需要。发酵液液体微元在反应器内升流区、降流区之间循环流动一周所需要的平均循环时间，称为循环周期。循环周期（平均循环时间）t_m 的长短，由液相在反应器内的流动路径和循环速度决定，可由下式计算：

$$t_m = \frac{V_L}{V_C} = \frac{V_L}{\frac{\pi}{4} D_E^2 v_m}$$

式中　V_L——发酵罐内培养液量，m^3；

　　　V_C——发酵液循环流量，m^3/s；

　　　D_E——导流管（上升管）直径，m；

　　　v_m——导流管中液体平均流速，m/s。

循环周期必须符合菌种发酵的需要。不同菌的需氧量不同，所能耐受的循环周期也不同，一般控制为 $1\sim3min$，过长细胞会缺氧。用黑曲霉发酵生产糖化酶时，当微生物浓度为 7％时，要求循环时间在 $2.5\sim3.5min$ 才能保证正常发酵，如果大于 $4min$，糖化酶产量会因缺氧急剧下降。高密度单细胞蛋白培养则要求循环时间在 $1min$ 左右才能取得较好的效果。

2. 循环速度

气升式环流反应器内的液相混合主要通过液相在导流筒内外的循环完成，因此液相循环速度是反应器操作的主要参数之一。

液体循环速度是因上升液体与下降液体之间气含率的不同所致，但其又对气含率有重要作用。循环速度的增加，反应器内湍动加剧，加快了气泡的表面更新率，有利于相间传质的进行，强化了传质与传热；对于气液固环流反应器，循环液速的增加有利于固体颗粒在反应器内的均匀分布、改善液固相间传质。

以气升式内环流式反应器为例，对反应器液体流动速度的分析，可由通气速率对液体循环的作用机制进行。在对反应器通气时，由于导流管内上升液中气泡相对液体的密度较小，一般气泡在其上部的气液分高区离开液面，环隙内下降液中气泡量较小。为提高下降液中的持气量，主要途径是提高通气速率，随之使液体流动速度增加。升液和降液两者的气含量差异和密度差异是循环流动的驱动力，故通气速率与液体流动速度密切关联。液体流动速度或循环速度受到导流管与环隙的横截面积的影响，例如对给定通气表观线速度和导流管的横截面积，增加横截面积，将降低其流动阻力，增加液体的循环速度。因此液体流动速度主要影响因素为通气的表观线速度以及导流管与环隙的横截面积之比。

液体流动速度 V_L 依赖于气体流动速度 V_G，二者有如下关系：

$$V_L = \alpha V_G^\beta$$

式中　α，β——与反应器几何形状和液体性质有关的常数。

根据实验研究和生产实践表明，通常液体在导流管内的平均环流速度 v_m 可取 $1.2 \sim 1.8 \text{m/s}$，这有利于混合与气液传质，又不至于环流阻力损失太大而有利于节能。当然，若采用多段导流管或内设筛板，则 v_m 可降低。

循环液速的影响因素主要有表观气速、液相物性和反应器尺寸等。值得注意的是，表观气速影响气升式反应器的气含率、循环时间及液体体积传质系数 $k_L a$，并且其影响还与反应器结构（如气体预分布器、内件设置等）和物料的特性有关。因此操作气速要从反应器结构、物料特性综合考虑，使其在功耗最小下得到最大的 $k_L a$。恒定的液体流速是气升式环流式生物反应器区别于其它气液类型反应器的一个显著特点，这使得反应器液体中剪切力大小一致，这一特点是气升式环流式生物反应器在动植物细胞培养中应用成功的原因。

3. 通风量和通气功率

通风量是影响氧传递的主要因素，对气升式发酵罐的混合与溶氧起决定作用。

（1）液气比

在气升式环流式生物反应器中，通风不仅要考虑反应器内的发酵液总体积，还要考虑发酵液的环流量，因此，常用液气比 R 表示通风的大小，其定义式如下：

$$R = \frac{V_C}{V_G}$$

式中　V_C——反应器内发酵液环流量；

　　　V_G——通风量。

（2）通气功率

气升式反应器的通气功率 P_G 可用以下公式计算：

$$P_G = \rho_L g H Q$$

式中　ρ_L——液体密度；

　　　g——重力加速度；

　　　H——喷嘴距液面高度；

　　　Q——通气量。

一般来说相同条件下，单位体积输入的通气功率越大，供氧速率越大，但输入的功率效率因数越小。

一般是内循环气升式发酵罐功耗为 3.5kW/m^3，而机械搅拌罐的功耗为 $5 \sim 10 \text{kW/m}^3$。

【例题1】　一气升式环流式发酵罐中发酵液体积为 10m^3，导流筒半径为 200mm，导流筒内发酵液的平均流速为 1.5m/s，若通风量为 $1 \text{m}^3 /\text{min}$，计算发酵液的环流量 V_C（m^3 /min）、平均循环时间 t_m（s）及液气比 R。

解：已知 $V_L = 10 \text{m}^3$，$v_m = 1.5 \text{m/s}$，$V_G = 1 \text{m}^3 /\text{min}$，$D_E = 0.2 \text{m} \times 2 = 0.4 \text{m}$

（1）环流量 V_C 计算：

$$V_C = \frac{\pi}{4} D_E^2 v_m = 60 \times \frac{\pi}{4} \times 0.4^2 \times 1.5 = 11.31$$

$$V_C = 11.31 \text{m}^3 /\text{min}$$

（2）平均循环时间 t_m 计算：

$$t_m = \frac{V_L}{V_C} = \frac{10}{11.31} \times 60 = 53 (\text{s})$$

（3）液气比 R 计算：

$$R = \frac{V_C}{V_G} = \frac{11.31}{1} = 11.31$$

五、气升式环流式反应器的设计要点

由于气升式反应器含气液两相，气体的密度较小，由密度差引起循环，操作弹性较小，没有通用性。它的相对几何尺寸对反应器的流动特性影响很大，由于可变因素很多，而且这类研究耗资巨大，至今还没有建立通用的定量关系。已有许多经验、半经验关系式估计气升式环流式反应器内的流体力学参数。虽然经验的方法使放大设计的可靠性有所改善，但离科学、基于机理的方式放大和设计反应器的目标还有很大的距离。这些模型是简化的模型，不同的研究者采用不同的简化假设，是局限于特定范围的反应器结构和操作条件得到的，适用范围非常窄，不具备通用性，将这些关系式外推具有较大的风险。下面仅以气升式内环流式反应器为例，讨论其设计要点。气升式内环流式反应器几何尺寸如图 4-2-11 所示。

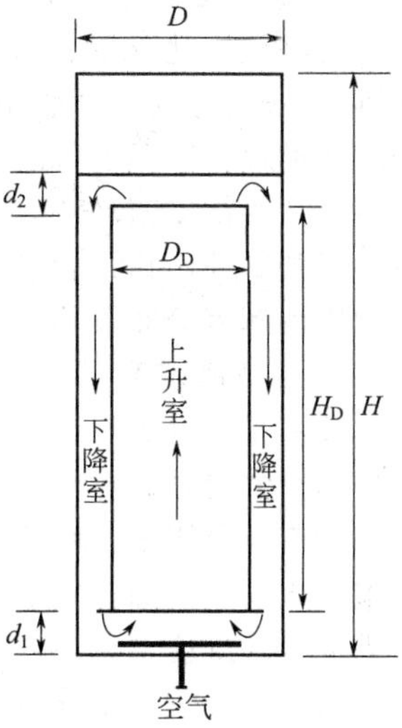

1. 反应器高径比 H/D

Russell 等研究了在反应器直径维持不变的情况下，升液管高度对反应器流体力学特征的影响。结果表明反应器中的气含率与升液管的高度近似无关，而液体循环速率则随升液管高度增加而增加，因此，在反应器高径比较低时，适当增加高径比，有利于提高反应器的性能，但高径比也不是越大越好，其原因在于，随着升液管高度的增加，反应器内的混合时间也相应增加，并且单位体积内的气液接触面积下降，不利于混合与传质。所以在反应器设计时，考虑高径比是十分必要的。

图 4-2-11　气升式内环流式反应器的几何尺寸

d_1—底部澄清区高度；
d_2—气液分离区高度；
D_D—升液管直径；
H_D—升液管高度；
H—反应器高度

在相同条件下，反应液面越高，气泡在反应器内的停留时间越长，氧输入功率的效率高，气含率越高，反应器底与反应器顶的压差越大，提升力越大，循环速度越大。但由于反应器底距反应器顶的距离长，所以循环周期长，混合时间也长。对于溶解氧浓度要求高的微生物培养不宜采用过高的液面，再则微生物在缺氧区域停留时间过长，死亡率会因缺氧而上升。液位高度是影响提升效果的重要因素，在大规模的工业反应器中要达到较好的提升效果，通常要求 $H \geqslant 4$m。动物细胞培养和植物细胞培养的规模通常较小，又要求较小的剪应力，一般不强调提升效果。

研究实验结果表明，H/D 的适宜范围是 $5\sim9$，既有利于混合，也有利于溶氧。放大设计时应以溶氧为主较好。

2. 升液管直径 D_D 与反应器直径 D 之比（D_D/D）

对一定的发酵罐，确定了反应器的高度 H 和直径 D 之后，升液管直径 D_D 与反应器直径 D 对发酵液的循环流动与溶氧也有很大影响。这是因为升液管直径 D_D 与反应器直径 D 之比（D_D/D）决定了上升室截面积与下降室截面积的大小。而上升室截面积与下降室截面积会影响液体流动速度或循环速度、气含率以及流体剪切力等几个重要性能参数。

通过不同 D_D/D 值对过程变量的影响的实际数据分析，D_D/D 的适宜范围是 $0.6\sim0.8$，最佳选值要根据发酵液的物化特性及生物细胞的生物学特性进行具体实验来确定。

3. 反应器底部澄清区的高度

所谓底部澄清区高度指的是升液管底边与反应器底部间的距离，其对反应器液体循环有着至关重要的作用。如果底部澄清区高度不合适会造成无法循环，当然此时氧的传递和物料的混合就无法完成。E. R. Gouveia 在研究过程中得出一个近似的结论：底部澄清区高度和反应器直径之比（d_1/D）应该在 $1/6 \sim 1/3$ 之间。

4. 反应器上部气液分离区高度

升液管上边缘到液面的距离 A_0 会影响液体的循环速度，随 A_0 的增加而上升，当 A_0 达到 0.5m 后，A_0 再增加，循环速度基本不再变化。循环速度的改变也影响混合时间，对于较小的设备，不通气时 $A_0 = 0$ 的混合时间最长，$A_0 = 2D$ 时，混合时间最短。

环流管高度对环流效果有很大的影响，实验表明环流管高度应大于 4m，罐内的液体要高出环流管的出口，否则环流效果明显下降。但过高的液面会产生"液体循环短路"现象，使罐内溶解氧分布不均匀，一般罐内液面高度不应高出循环管出口 1.5m。

5. 空气喷嘴直径

喷嘴是气升式反应器的重要部件之一，它一般位于反应器底部，气体是通过喷嘴进入反应器内部并与液相作用产生气泡，进而形成气液循环，因而喷嘴的结构对反应器内流动和传质行为有重要影响。喷嘴的结构参数主要包括喷口的大小和个数以及喷口的排列方式，其中喷口的大小和个数决定了喷口气速，而喷口的排列方式则影响气泡在反应器内的分布状况。

气升式反应器采用安静区操作，所谓安静区操作，即反应器中的气体流量较小，气泡大小比较均匀，规则地浮升，液体搅拌并不显著。在安静区操作，既能达到一定的气体流量，又可避免气体的轴向返混，很适用于动力学控制的慢反应。在生物反应过程中，气泡既是氧源，又是搅拌的动力。小气泡在液相中停留时间长，就可保证气泡中的氧充分地传递给液相，气泡的大小直接关系到气液传质面积。在同样的表观气速下，气泡越小，说明分散越好，气液相接触面积就越大。因为气泡上升速度慢，所以小孔气速对其大小影响不大，主要与通气孔径及气液特性有关。

因此，影响体积氧传递 k_La 的最主要结构参数是空气喷嘴直径。在设计环流管底部喷嘴时，要考虑环流管内气泡达到分裂细碎，使气液混合达到良好的效果，因此空气自喷嘴出口的雷诺数要大于液体流经喷嘴处雷诺数。

气升式反应器的设计必须建立在小试逐步放大的基础上，特别是对于丝状菌和黏性流体，发酵液的流变学特性在过程中不断变化，不能用模拟介质来研究其在气升式反应器中的流体动力学特性。

六、气升式环流式反应器的优缺点

由于气升式发酵罐内没有搅拌器，只有定向循环流动，因此具有许多优点。

① 发酵体系内的物质分散比较均匀。发酵罐内搅拌的一个重要作用是使得发酵罐内任意两处的菌体量、发酵液组成、气泡情况以及温度等都应该是完全相同的，这样才有利于菌体在发酵液中的生长。从实验数据和生产实践情况进行分析后可知，气升式发酵罐的效果要好于机械搅拌式发酵罐。此外，在机械搅拌式发酵罐顶部一般都会聚集一层泡沫层，大量微生物细胞附着在泡沫层上对发酵液很不利。气升式发酵罐能自消泡，没有这样的泡沫层，因而不须加消泡剂。装料系数可达 $80\% \sim 90\%$。同时，对于发酵液中含有一些容易产生沉淀的颗粒状物质（如淀粉等），气升式发酵罐更加容易使得这些颗粒状物质分布在发酵液中。

② 溶氧速率和溶氧效率高。气升式发酵罐有很高的气含率（单位体积发酵液所含有的气体体积）和气液接触界面，因而有较高的气体传质速率和溶氧效率。

③ 剪切力小。搅拌器的叶轮在发酵液中高速旋转，会产生剪切力，对菌体造成伤害，

搅拌速度越快，混合和传质的效果越好，但对菌体的损伤也越大。气升式发酵罐就没有这方面的问题。

④ 热传递效果好。由于气升式发酵罐内液体综合循环速率高，同时又比较便于在外循环管路上安装换热装置，因此很容易实现发酵液内热量的控制，便于热量的交换。

⑤ 结构简单。气升式发酵罐不需要搅拌器，因此避免了设计和安装复杂的搅拌系统，结构简单，密封容易保证，设计和加工制造容易，设备投资也相对较低。同时，由于结构简单，操作和维护也相对容易。

⑥ 能耗低。因为没有搅拌系统，所以避免了搅拌过程中机械能转化成热能。一方面减小了换热系统的负担，另一方面总的能耗也相对降低很多。

然而，气升式发酵罐自身的结构特征也决定了它有不足之处。

① 发酵罐高，厂房和设施投资增加。气升式发酵罐最大的问题是高径比较大，工业规模的气升式发酵罐大都有数十米高，厂房和设施投资增加。

② 耗气量非常大。由于整个循环作用完全依靠气体来进行，对通气量和通气的压强要求较高，耗气量非常大，而进入发酵液的气体都是经过净化处理的无菌空气，因此，使空气过滤除菌工段的负荷大幅度增加。对于黏度大的醪液，相间混合接触较差。无菌空气压力高，罐压低，罐底易出现沉淀。降温也比较困难。

③ 氧传递能力受到限制。由于气升式发酵罐内的剪切力较小及氧传递能力受到限制，一般不适合于丝状微生物培养及高黏度或含大量固体的培养液的发酵。

第三节　自吸式通风发酵罐

自吸式发酵罐是一种不需要空气压缩机提供加压空气，而依靠特设的机械搅拌吸气装置或液体喷射吸气装置所产生的真空自吸入无菌空气，并同时实现混合搅拌与溶氧的传质的反应器。

自吸式发酵罐可以利用搅拌涡轮或液体流动的喷射作用所产生的真空自吸入空气，所以不需要空压机。因此能耗也相对较小。自吸式发酵罐的搅拌转速比传统发酵罐高，搅拌功率也较高，但由于不需要空压机，自吸式发酵罐的总动力消耗反而减少约30％。但因一般的自吸式发酵罐是负压吸入空气的，故发酵系统不能保持一定的正压，较易产生杂菌污染。同时，必须配备低阻力损失的高效空气过滤系统。为克服上述缺点，可采用自吸气与鼓风相结合的鼓风自吸式发酵系统，即在过滤器前加装一台鼓风机，适当维持无菌空气的正压，这不仅可减少染菌机会，而且可增大通风量，提高溶氧系数。

自吸式发酵罐根据吸气部件的不同，可分为机械自吸式搅拌发酵罐、文式管吸气自吸式发酵罐、液体喷射自吸式发酵罐和溢流喷射自吸式发酵罐。机械搅拌自吸式发酵罐结构简单，制作容易，比较广泛采用，其传动装置有装在罐底及罐顶两种，如装在罐底，则端面密封装置的加工和安装要求特别精密，否则容易漏液染菌。喷射自吸式反应器是近几十年迅速发展起来的多相反应器，多用于气液两相反应，也可用于含催化剂等悬浮颗粒的气液固三相反应，喷射自吸式反应器电耗较少，但泵的构造复杂。

一、机械搅拌自吸式发酵罐

机械搅拌自吸式发酵罐不需要空气压缩机，利用改变搅拌的形式，在搅拌过程中自行吸入空气。这种反应器的研究始于20世纪50年代，最初应用于醋酸发酵，如今已应用于抗生素、维生素、有机酸、酶制剂、酵母等行业。

1. 机械搅拌自吸式发酵罐的结构与吸气原理

机械搅拌自吸式发酵罐的结构大致上与通用式发酵罐相同，如图 4-3-1 所示。两者主要的区别在于搅拌和通气装置不同。机械搅拌自吸式发酵罐不需空气压缩机供应压缩空气，而是利用搅拌器旋转时产生的抽吸力吸入空气。搅拌器是一空心叶轮，叶轮快速旋转时液体被甩出，在叶轮中心形成负压，从而将罐外空气吸到罐内。

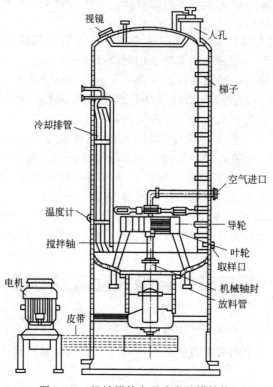

图 4-3-1　机械搅拌自吸式发酵罐结构

机械搅拌自吸式发酵罐的搅拌轴采用下伸入罐内的方式，最关键的构件是带有中央吸气口的搅拌器和导轮，分别称为转子和定子。转子的形式有三叶轮、四叶轮、六叶轮和九叶轮等，叶轮均为空心形。转子的作用是将转子内的液体甩出，形成内部真空，将气体吸入。定子的作用是将气体与液体混匀，甩出，将大气泡打碎，促进溶氧。四叶轮定子与转子的结构见图 4-3-2。

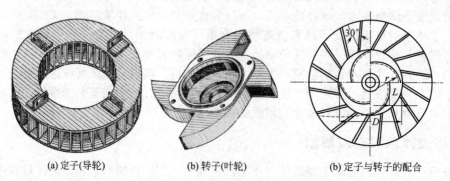

(a) 定子(导轮)　　　　(b) 转子(叶轮)　　　　(b) 定子与转子的配合

图 4-3-2　四叶轮定子与转子的结构

工作时，自吸式装置的转子由罐底向上升入的主轴带动，当转子转动时空气则由导气管吸入。在转子启动前，先用液体将转子浸没，然后启动电动机使转子转动，由于转子高速旋转，液体或空气在离心力的作用下，被甩向叶轮外缘，在这个过程中，流体便获得能量，若转子的转速愈快，旋转的线速度也愈大，则流体的动能也愈大，流体离开转子时，由动能转变为压力能也愈大，排出的风量也越大。当转子空腔内的流体从中心被甩向外缘时，在转子中心处形成负压，转子转速愈大，所造成的负压也愈大，由于转子的空腔用管子与大气相通，因此大气的空气不断地被吸入，甩向叶轮的外缘，通过导向叶轮而使气液均匀分布甩出。由于转子的搅拌作用，气液在叶轮周围形成强烈的混合流（湍流），使刚离开叶轮的空气立即在循环的发酵液中分裂成细微的气泡，并在湍流状态下混合，翻腾，扩散到整个罐中，因此自吸式装置在搅拌的同时完成了充气作用（图 4-3-3）。

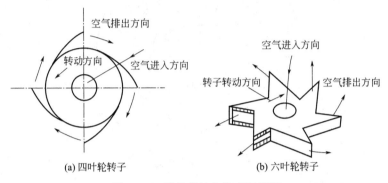

(a) 四叶轮转子　　　　　　　　(b) 六叶轮转子

图 4-3-3　导轮的结构及充气原理

由于发酵过程中需要空气与料液充分混合，所以空气进口需要安装在罐体下部，经转子、定子将空气均匀分配成气泡状，再由空气在料液中的比重差引起的自然上升，以达到空气与料液的充分结合，由于搅拌在罐体底部，因此采用下伸轴有以下优点：大大缩减了轴的长度；减少了动力的损耗；增加了运行的平稳度，从而延长了使用寿命。但也增添了罐与轴之间液体料的密封等一系列的问题。

为了防止杂菌污染，自吸式发酵罐必须保持一定的正压。但是，由于搅拌装置的转子产生的负压不是很大，因此自吸式发酵罐的罐压不能太高，一般在 $200 \sim 500 \mathrm{mmH_2O}$❶。搅拌器上方的液柱压力也不能过高，液柱高度 H_L 与罐体直径 D 之比一般为 $H_L/D = 1 \sim 1.5$。罐体积不宜太大。同时，必须配备低阻力损失的高效空气过滤器。为克服上述缺点，可采用自吸气与鼓风相结合的鼓风自吸式发酵系统，即在过滤器前加装一台鼓风机，适当维持无菌空气的正压，这不仅可减少染菌机会，而且可增大通风量，提高溶氧系数。

为了保证发酵罐有足够的吸气量，搅拌器的转速应比一般通用式的要高。功率消耗量应维持在 $3.5 \mathrm{kW/m^3}$ 左右。由于结构上的特点，大型自吸式充气发酵罐的搅拌充气叶轮的线速度在 $30 \mathrm{m/s}$ 左右，在叶轮周围形成强烈的剪切区域。因此该反应器只适用于酵母和杆菌等耐受剪切应力能力较强的微生物发酵生产。

2. 机械搅拌自吸式发酵罐的设计要点

（1）关于发酵罐的高径比 H/D

由于自吸式发酵罐是靠转子转动形成的负压而吸气通风的，吸气装置是沉浸于液相的，所以为保证较高的吸风量，发酵罐的高度 H 与直径 D 之比不宜过大，一般取 $H/D = 2 \sim 3$，罐体积增大时，H/D 应适当减小，以保证搅拌吸气转子与液面的距离为 $2 \sim 3 \mathrm{m}$。对于黏度

---

❶　$1 \mathrm{mmH_2O} = 9.80665 \mathrm{Pa}$。

较高的发酵液，为了保证吸风量，应适当降低罐的高度。

（2）转子与定子的确定

国内常见的是带有固定导轮（定子）的三棱空心叶轮（转子）。三棱叶叶轮直径 D 一般为发酵罐直径的 $1/3$，为提高溶氧，可减少转子直径，适当提高转速。叶轮上下各有一块三棱形平板，在旋转反向的前侧夹有叶片。导轮由十六块具有一定曲率的翼片组成，排列于搅拌器的外围，翼片上下有固定圈予以固定。三棱叶搅拌器的尺寸及其比例关系分别见图 4-3-4 和表 4-3-1。

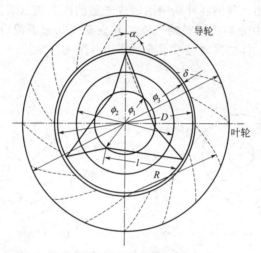

图 4-3-4　三棱叶搅拌器的尺寸

表 4-3-1　三棱叶搅拌器的比例关系

名称	符号	与叶轮比例	名称	符号	与叶轮比例
叶轮外径	d	$1d$	翼片曲率	R	$7/10d$
桨叶长度	l	$9/16d$	翼片角	α	$45°$
交点圆径	ϕ_1	$3/8d$	间隙	δ	$1\sim2\text{mm}$
叶轮高度	h	$1/4d$	叶片厚	b	按强度计算
挡水口卷	ϕ_2	$7/10d$	叶轮外缘高	h_1	$h+2b$
导轮外径	ϕ_3	$1\frac{1}{2}d$	导轮外缘高	h_2	h_1+2b

由于三棱叶的吸气效率较低，为弥补不足，需要增大转子半径来实现更大的吸气量和克服足够的静压差，但加大了流体剪切力，增加了能耗。对于 100m^3 以上的大型自吸式发酵罐，通常采用四弯叶或六直叶转子自吸式搅拌器。

四弯叶转子的特点是剪切作用较小，阻力小，消耗功率较小，直径小而转速高，吸气量较大，溶氧系数高。叶轮外径与罐径比为 $1/15\sim1/8$，叶轮厚度为叶轮直径 D 的 $1/5\sim1/4$。有定子的叶轮比无定子的叶轮流量和压头均增大。其余部件的尺寸比例分别为：$D/L=5$，$D/r=2.5$，定子厚度为叶轮直径的 $1/5\sim1/4$，定子直径为叶轮直径的 2 倍，定子与转子间距为 $1\sim2.5\text{mm}$。

由于三棱叶的吸气效率较低，为弥补不足，需要增大转子半径来实现更大的吸气量和克服足够的静压差，但加大了流体剪切力，增加了能耗。偏置电机皮带传动方式引起传动轴径向受力不均，导致设备正常运行寿命周期缩短。随着食醋行业规模化发展，年产万吨以上液态深层食醋发酵车间需要有大型反应器技术来支持。三直叶吸气搅拌装置的自吸式反应器难以满足大型醋酸设备的设计要求，而采用六直叶吸气搅拌装置的自吸式反应器则可以适应

100t 以上的醋酸反应器设计。

（3）吸气量计算

根据实验研究，对于三棱叶转子自吸式搅拌器，当液柱高度 H_L 与罐体直径 D 之比为 $H_L/D=1.5$ 时，搅拌器克服重力加速度后的吸气量 V_g 可由下式确定：

$$V_g=0.0628nD^3$$

四弯叶转子自吸式搅拌器的吸气量 V_g 可按下式计算确定：

$$V_g=12.56nCLB(D-L)K\,(m^3/min)$$

式中　n——叶轮转速，r/min；

　　　D——叶轮外径，m；

　　　L——叶轮开口长度，m；

　　　B——叶轮厚度，m；

　　　C——流率比，$C=K/(1+K)$；

　　　K——充气系数。

自吸式发酵罐优点是利用机械搅拌的抽吸作用将空气自吸入反应器内，达到既通风又搅拌的目的，虽然自吸式发酵罐消耗功率较大，但不必配备空气压缩机及其附属设备，不仅节省了设备和厂房投资，而且无菌空气不须经过预处理，因此，总的动力消耗还是较为经济的，一般只为通用式发酵罐搅拌功率和压缩空气动力消耗之和的 2/3 左右。其缺点是吸程一般不高，必须采用低阻力高效空气除菌装置；罐底部机械搅拌装置需要特殊材料的机械密封，因此维修复杂，特别是在生产过程中如果出现故障，较难排除。由于自吸式发酵罐相对于传统发酵罐较难清洗，因此在生产过程中易出现染菌。适用于对无菌要求较低的醋酸和酵母增殖的发酵；不适用于对剪切力敏感的丝状菌微生物。

二、喷射自吸式发酵罐

喷射自吸发酵罐既不用空压机，又不用机械搅拌吸气转子，而是利用循环泵连续地将发酵液通过具有喷射作用的通气单元，如文丘里管、溢流管等使空气吸入，并在湍流状态下和发酵液充分混合。

喷射自吸式发酵罐有较好的内循环流动及匀称的动量传递性质，对细胞的损坏极微。同时，加外循环又易于调控体系温度，对于反应温度控制要求严格的生化体系特别有利。

1. 文式管自吸式反应器

文式管自吸式发酵罐结构如图 4-3-5 所示。

其工作原理是用泵将发酵液压入文氏管中，由于文氏管的收缩段中液体的流速增加，形成负压将无菌空气吸入，并被高速流动的液体打碎，使气泡分散与液体混合，增加发酵液中的溶解氧（图 4-3-6）。

同时由于上升管中发酵液与气体混合后，密度较罐内发酵液轻，再加上泵的提升作用，使发酵液在上升管内上升。当发酵液从上升管进入发酵罐后，微生物耗氧，同时将代谢产生的二氧化碳和其它气体不断地从发酵液中分离并排出，这部分发酵液的密度变大，向发酵罐底部流动，待发酵液中的溶解氧即将耗竭时，发酵液又从发酵罐底部被泵打入上升管，进入下一个循环。

这种设备的优点是：吸氧的效率高，气、液、固三相均匀混合，设备简单，无须空气压缩机及搅拌器，动力消耗省。据实验证明：收缩段中液体的雷诺数 $Re=6\times10^4$ 以上时，气体的吸收率最高。如果液体流速再增高，虽然吸入气体量有所增加，但由于压力损失也增加，动力消耗也增加，总的吸收效率反而降低，对于耗氧量较大的微生物发酵不适宜。

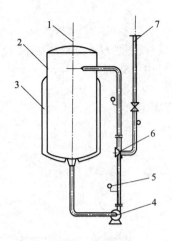

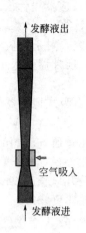

图 4-3-5　文氏管自吸式发酵罐结构
1—排气管；2—罐体；3—换热夹套；4—循环泵；
5—压力表；6—文氏管；7—吸气管

图 4-3-6　文氏管的工作原理

2. 液体喷射自吸式发酵罐

液体喷射自吸式发酵罐原理基本与文式管自吸发酵罐相同。但其吸气过程则通过专门的喷射吸气装置来实现。由于提供了特别的混合空间，故其吸气量与混合效果要明显强于文式管吸气式反应器。这类反应器目前已广泛用于化工、医药环保等领域，在生物反应中也有应用。

液体喷射自吸式发酵罐的液体借助于一个液体泵进行输送，同时气体在液体的喷嘴处被吸入发酵罐。液体喷射吸气装置是这种自吸式发酵罐的关键装置，制造要求精密。其结构如图 4-3-7 所示。

在发酵罐内装入导流筒，喷射器导流尾管插入至导流筒液面下一定深度，则反应器内气液混合物的流态如图 4-3-8 所示。气液混合物由中心射流管中混合向下，由于气泡所受浮力与曳力方向相反，会延长气体在器内的停留时间，进而强化传质过程，喷出的液体沿筒内壁上升，经环隙下流。

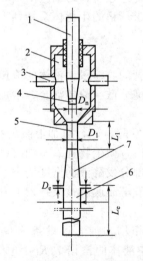

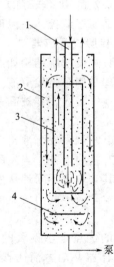

图 4-3-7　液体喷射吸气装置简图
1—高压料液管；2—吸气室；3—进风管；
4—喷嘴；5—收缩段；6—导流尾管；7—扩散段

图 4-3-8　喷射自吸式发酵罐的流态
1—喷射导流尾管；2—发酵罐体；3—导流管；4—挡板

由图 4-3-8 可以看出，喷射口的插入深度，必须考虑喷射流体的穿透深度以及总体湍动强度的要求。但是，喷射口不应设置过深，否则由喷射器喷出的气液混合物高速向下，易与环隙中流入的流体发生冲突，阻碍环隙内的下降流形成不规则漩涡，同时喷射阻力增大，不利于内环流的整体流动。

3. 溢流喷射自吸式发酵罐

溢流喷射自吸式发酵罐如图 4-3-9 所示，其吸气原理是液体溢流时形成抛射流，由于液体的表面与其相邻的气体的动量传递，使边界层的气体有一定的速率，从而带动气体的流动形成自吸气作用。要使液体处于抛射非淹没溢流状态，溢流尾管略高于液面，尾高 1～2m 时吸气速率较大。

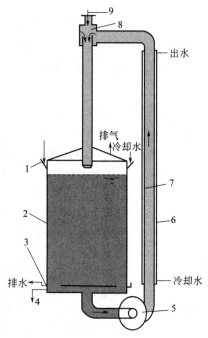

图 4-3-9　溢流喷射自吸式发酵罐
1—冷却水分配槽；2—罐体；3—排水槽；4—放料口；5—循环泵；
6—冷却夹套；7—循环管；8—溢流喷射器；9—进风口

第四节　厌氧微生物反应器

厌氧发酵罐不需供氧，设备结构一般较好氧发酵罐简单。为保证微生物与反应基质的均匀混合需要搅拌，只需要很小的搅拌功率或发酵过程中产生的气泡造成液体循环，就可以满足均匀混合的需要。

一、酒精发酵罐

传统的间歇式酒精发酵过程从外观现象可以将其分为前发酵、主发酵期和后发酵期三个阶段。间歇发酵（fermentation batch）是指酒精的发酵全过程都在一个发酵罐中完成，而半连续发酵（semicontinuous fermentation）指主发酵采用连续发酵而后发酵采用间歇发酵的工艺过程（图 4-4-1）。

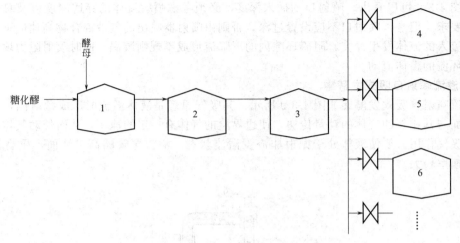

图 4-4-1 半连续发酵设备流程

1. 传统酒精发酵罐结构

酵母在生长繁殖代谢过程中会会产生一定量的热量及生物热，如果这些热量不能及时移走，那么必将反过来影响酵母的生长繁殖和代谢，从而影响酒精的最终的转化率。鉴于以上原因，酒精发酵罐（alcohol fermentation tank）的结构一定要满足以上工艺条件。除此之外，发酵液的排出是否便利、设备的清洗和维修以及设备制造安装是否方便也是需要考虑的一系列相关且非常重要的问题。

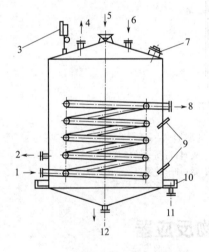

图 4-4-2 酒精发酵罐结构示意图

1—冷却水入口；2—取样口；3—压力表；
4—CO_2 气体出口；5—喷淋水入口；
6—料液及酒母入口；7—人孔；8—冷却水出口；
9—温度计；10—喷淋水收集槽；
11—喷淋水出口；12—发酵液及污水排出口

酒精发酵罐（图 4-4-2）的主要部件有罐体、人孔、视镜、洗涤装置、冷却装置、二氧化碳气体出口、取样口、温度计、压力表以及管路等。

酒精发酵罐的罐体由筒体、顶盖、底盖组成。筒体呈圆柱体，顶盖和底盖均为碟形或锥形，材料一般为不锈钢。酒精发酵罐顶盖、底盖与发酵罐筒体多采用碟形封头通过焊接在一起。顶盖上装有人孔、视镜及二氧化碳回收管、进料管、接种管、压力表和测量仪表接口管等，底盖装有排料口和排污口，筒体的上下部有取样口和温度计接口。

人孔主要用于设备装置内部的维修和洗涤。一般而言，中小型酒精发酵罐一般安装在盖顶上，而对于大型酒精发酵罐往往在接近盖底处也需要安装人孔，这样就更加便利维修和清洗操作。

视镜一般安装在顶盖上，主要用来观测酒精发酵罐中的发酵情况，观察是否发生发酵异常现象。

以前，酒精发酵罐的洗涤主要借助人力完成罐体内部洗涤任务，但是劳动强度较大，且经常发生 CO_2 中毒事件，主要是由于罐体中的 CO_2 气体未排尽导致的。为了改善人工劳动强度和提高效率及安全性，酒精发酵罐安装了水力洗涤装置（见图 4-4-3）。

水力洗涤装置的主体部分为两头的带有一定的弧度喷水管，喷水管上均匀分布着一定数目的喷孔，喷水管一般采用水平安装，借助活接头与固定供水管道相连。当水从喷水管两头喷嘴以一定速度喷出时就会产生反作用力促使喷水管自动旋转，从而使喷水管内的洗涤水由喷水孔均匀喷洒在罐壁、顶盖和底盖上，以达到水力洗涤的目的。

当进入管道的水的压力不大时，会导致水力喷射强度和均匀度都不够理想，引起洗涤效果不彻底，尤其在大型酒精发酵罐中表现更为突出。为了达到更佳的洗涤效果，防止发酵染菌，通常在大型酒精发酵罐中安装高压强的水力喷射洗涤装置（图 4-4-4）。

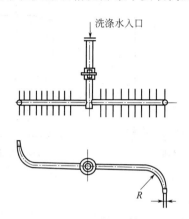

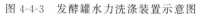

图 4-4-3　发酵罐水力洗涤装置示意图

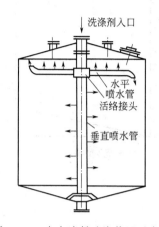

图 4-4-4　水力喷射洗涤装置示意图

高压强的水力喷射洗涤装置为一根直立的喷水管，通常沿中轴安装在罐体的中央部位，上端与供水总管相连，下端和垂直分配管相连，垂直喷水管上每间隔一定距离均匀分布着 4～6mm 的喷孔，小孔与水平呈 20° 的倾斜角，水平喷水管接活接头，并依靠 0.6～0.8MPa 高压洗涤水由水平喷孔喷出作用使中央喷水管产生自动旋转，转速可以达到 48～56r/min，使水流以同样的速度喷射到罐体内壁，一般在 5min 左右就可完成洗涤任务，若采用热水洗涤，效果更佳。

对于中型和小型酒精发酵罐，大多数采用从顶盖喷水于罐外壁表面进行淋浴冷却；而对于大型酒精发酵罐来说，若仅从顶盖喷水淋浴冷却是不够的，还必须配合罐内冷却蛇管共同冷却，以实现快速降温，也有的采用罐外列管式喷淋冷却方法。通常在罐体底部沿罐体四周安装集水槽以防止发酵车间的潮湿和积水。

2. 现代大型酒精发酵罐的结构

近年来，大型酒精发酵罐逐渐发展到 500m³ 以上，最大容积已突破 4200m³。制造酒精发酵罐的材料也从原来的木材、水泥、碳钢等材料发展到目前的不锈钢材料。由于酒精罐的体积大，在运输方面受到一定限制，一般设备厂家直接到酒精厂现场加工制作，发酵罐的合理布局也容易实现。与传统酒精发酵罐相比较，现代大型发酵罐不仅在容积上发生了重大变化，而且在设计上也不断应用新的科技成果，发酵罐的直径与罐高之比也越来越趋向 1:1。

酒精罐的几何形状主要有蝶形封头圆柱形发酵罐、锥形发酵罐、圆柱形斜底酵罐、圆柱形卧式发酵罐。一般体积小于 600 m³ 的酒精发酵罐为锥形发酵罐，超过此体积的酒精发酵罐为圆柱形斜底发酵罐。图 4-4-5 所示的三种不同类型的酒精发酵罐分别为 1500m³ 斜底发酵罐、500m³ 锥形发酵罐和 280m³ 碟形发酵罐。

大型斜底发酵罐（图 4-4-6）基本构件包括罐体、人孔、视镜、CIP 自动冲洗系统、换热器、二氧化碳气体排出口、搅拌装置、降温水层以及管路等。

大型斜底酒精发酵罐的罐体由筒体、罐顶、罐底组成。筒体呈圆柱体，内有保温水层（效果优于冷却蛇管），外有保温层；罐顶呈锥形，罐底具有一定的倾角，一般为 15°～20°。罐体材料一般为不锈钢。发酵罐罐顶、罐底与发酵罐筒体通过焊接连接在一起。罐顶上装有

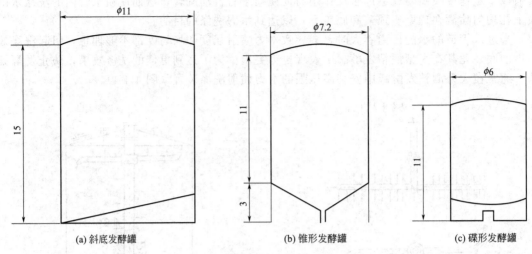

(a) 斜底发酵罐　　　　(b) 锥形发酵罐　　　　(c) 碟形发酵罐

图 4-4-5　三种不同类型的酒精发酵罐（单位：m）

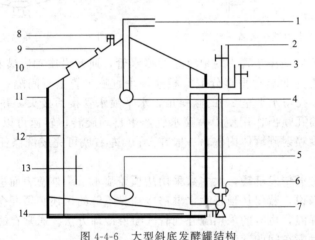

图 4-4-6　大型斜底发酵罐结构

1—CIP 清洗系统；2—酵母菌入口；3—糖化醪入口；4— CIP 清洗系统；5—罐底入口；
6—换热器；7—泵；8—CO_2 排出口；9—视镜；10—罐顶入口；11—保温层；
12—降温水层；13—侧搅拌；14—罐底斜角

人孔、视镜、二氧化碳排除口以及 CIP 冲洗系统入口；罐体上方有糖化醪进料管、酵母菌接种管入口，罐体下部有侧搅拌装置；罐底有入口，斜面底端通过泵与换热器相连，从筒体上部进料管回流到发酵罐。

在大型斜底发酵罐的锥形罐顶有人孔，在罐底也安装有人孔，主要便于内部设备装置的维修和清洗操作。视镜一般安装在顶盖上，主要是用来观测酒精发酵罐中的发酵情况是否异常。

由于大型斜底发酵罐由于体积很大，如果采用高压蒸汽灭菌，那么几乎不可能，通常采用灭菌成本低且灭菌时间较短的化学灭菌法，通过罐内上方的 CIP 系统高压喷头完成，喷头采用伸缩喷射管系统。灭菌大致工艺流程如下：首先通入清水冲洗酒精发酵罐内壁，然后改用 NaOH 或者 $NaHCO_3$ 等低浓度碱水进行第二次洗涤，接着改用低浓度盐酸溶液或柠檬酸等酸性溶液进行第三次洗涤，最后再换用清水将设备冲洗干净。这种化学灭菌法洗涤的碱液和酸液可以单独回收，可供重复使用，只需检查碱液和酸液的浓度并及时调整便可。

大型斜底发酵罐为锥形封顶封闭结构，锥顶有二氧化碳气体出口，可以回收发酵过程产生的二氧化碳气体，同时也可以回收被二氧化碳气体带走的酒精蒸气以提高酒精率，除此之外还可以防止空气中的杂菌侵入发酵罐内，以减少染菌。

发酵罐的搅拌装置安装在罐体侧面，将发酵液和菌体混合均匀，同时也可以防止局部过热影响酵母生长繁殖以及代谢生理作用。还在发酵罐外专门配备薄板换热器，除了使发酵罐快速降温之外，也可以起到混匀发酵液的作用。

3. 新型大容积酒精发酵系统的设计要点

随着现代酒精酿造工艺（固定化酵母技术、喷射液化等）的不断成熟，促使人们改进现有的酒精发酵罐系统，使之与酿造工艺同步并向前发展。新型斜底大型发酵罐系统见图4-4-7。

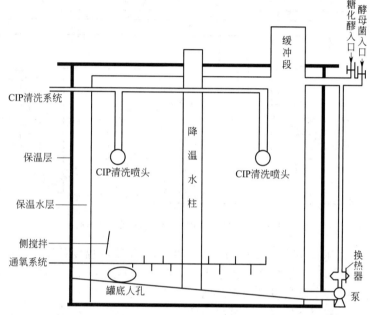

图 4-4-7　新型斜底大型发酵罐系统的设计示意图

对比图 4-4-6 和图 4-4-7 可以看出，新型斜底大型发酵罐系统的设计主要有以下几点改变：①大型酒精发酵罐向径向扩大，截面积可以达到 $100m^2$ 以上；②发酵罐顶部由锥形设计成平顶形并增加加温水层和保温层，这样酵母就能更好地生长繁殖，促进酒精发酵；③在罐顶的一侧增设了一段缓冲段，可以防止酵母前期增殖时通氧致使发酵液外流损失，仍使发酵罐填充系数达到 100%，可以解决发酵旺盛期出现溢流现象；④由于径向面积增大会导致发酵罐中心温度较高，在中央增加一段降温水柱，这样可以防止发酵旺盛期中间局部温度过高；⑤CIP 系统喷头增加为 2 个，使清洗灭菌更为彻底，最大限度减少染菌机会；⑥增设通氧系统，由于酵母接种量加大，那么前期酵母繁殖耗氧量也会急剧上升，从而满足酵母对氧气的需求，正常生长繁殖。

4. 大罐连续发酵设备流程

大罐连续发酵生产酒精的设备流程见图 4-4-8。

首先从酵母培养罐将已培养好的成熟酵母泵入预发酵罐中，接着将糖化醪液以 $5m^3/h$ 的速度也送入预发酵罐直到装满为止。当预发酵罐中糖度为 $8.0\sim9.0°Bx$ 且温度为 $32\sim33℃$时，以 $5m^3/h$ 的流度将预发酵罐的发酵液输入到发酵罐①，仍以相同的流速将糖化醪输送至预发酵罐中，与此同时以 $25m^3/h$ 的流速将糖化醪送入到发酵罐①。当发酵罐①装满后，以 $30m^3/h$ 的速度输入发酵罐②、③、④和发酵罐⑤直至罐满为止而进行发酵（①罐的温度

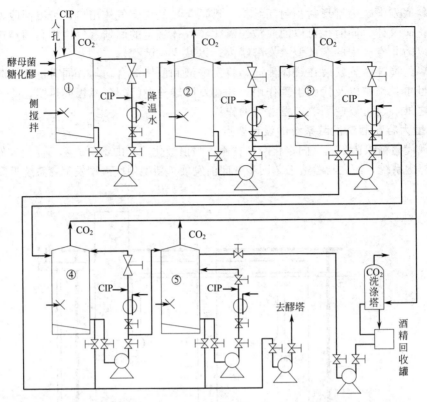

图 4-4-8　大罐连续发酵生产酒精的工艺流程图

控制在 $33\sim34℃$；②和③罐的温度控制在 $36\sim38℃$；④罐的温度控制在 $33\sim34℃$；⑤罐的温度控制在 $32\sim34℃$），当发酵罐⑤中的成熟发酵醪液量达到 $60\%\sim70\%$ 后以 $30m^3/h$ 的速度送入蒸馏塔进行蒸馏，整过发酵的总时间 $60\sim65h$。

　　大罐连续发酵具有以下优点：发酵罐一般采用露天安装，从而减少工程造价，投资小；发酵过程中采用封闭连续进料，以减少杂菌污染，为酵母厌氧发酵提供良好的环境，发酵速度较快且发酵彻底，酒精产率得以提高；容易实现微机自动化控制，发酵工艺过程更准确与稳定。

二、啤酒发酵罐

　　啤酒发酵一般采用下面发酵，最高温度控制在 $8\sim13℃$，前发酵（又称主发酵）过程分为起泡期、高泡期、低泡期，一般 $5\sim10$ 日后排出底部酵母泥。前发酵得到的啤酒称为嫩啤酒，口味粗糙，CO_2 含量低，不宜饮用。为了使嫩啤酒后熟，将其送入贮酒罐中或继续在圆柱锥底发酵罐中冷却至 $0℃$ 左右进行后发酵（又称贮酒），调节罐内 CO_2 压力使其溶入啤酒中，贮酒期需 $1\sim2$ 个月。在此期间残存的酵母、冷凝固物等逐渐沉淀，啤酒逐渐澄清，CO_2 在酒内饱和，口味醇和。

1. 传统啤酒发酵设备

　　现在许多小型啤酒厂仍采用传统发酵工艺，即采用开放式发酵池和后酵罐。发酵池是发酵车间的主要设备，主发酵过程在发酵池中进行。图 4-4-9 为传统主发酵车间的设备布置图。

　　根据发酵池制作材料和内衬材料不同，可分为木制、钢制、铝制和混凝土发酵池。现在大多采用合金钢制作发酵池，以无机合成材料做内衬，原因在于发酵过程中对酸碱不敏感，不会产生异味带入啤酒中，易清洗。若采用不锈钢材料则无需内衬材料。此外，由于发酵池

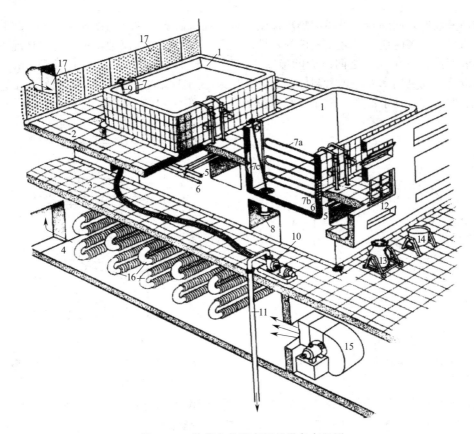

图 4-4-9　传统主发酵车间的设备布置图

1—发酵池；2—主酵室上层；3—主酵室下层；4—冷却间；5—冷却水进管；6—冷却水排出管；7a—冷却蛇管；
7b—冷却夹套；7c—冷却带；8—出口接管；9—开阀杆；10—下酒泵；11—下酒管道；12—CO₂排出口；
13—酵母罐；14—酵母盆；15—抽风机；16—循环空气冷却管；17—冷空气进入主酵室入口

是开放式发酵，因此要杜绝一切杂菌感染，这样才能延长啤酒的保质期。

　　主发酵室的墙壁较厚，这样可以起隔热作用，减少对外界温度的影响。主发酵室分为两层，即主酵室上层和主酵室下层，一般上层比下层高出 0.6m 以上，便于发酵池中麦汁和啤酒可以借助自由落差从上部和下部流动，不需要泵从而节约能耗。为防止楼顶冷凝水滴入啤酒中，楼顶通常建成拱形，宽度与发酵池相等。主发酵室通常在上下层铺瓷砖，这样可以阻止和彻底杜绝杂菌污染，此外还要防止清洗液的聚积，必须尽快通过合适的排水设施将水排尽。在发酵过程会产生大量 CO_2 气体，为防止中毒事件发生，在进主酵室前需要开启抽风机将室内 CO_2 气体排出。

　　由于在发酵过程中会产生大量的热量，通常在发酵池内安装了冷却蛇管、冷却夹套和冷却带将热量转移，热量大多通过冷却夹套转移。主发酵室的冷却通过循环空气冷却装置实现，冷空气从一侧墙壁上冷空气入口进入主发酵室，并在另一侧被抽走，从而使主酵室降温到适宜的条件。

　　酵母罐主要用于培养酵母菌以供发酵用。酵母盆外有冷却夹套可以使温度保持在0℃左右，主要用于保存酵母，通常悬挂在可倾斜的支架上一便于酵母倒出之用。

　　后酵在后酵罐中完成，后酵罐又称贮酒罐，其作用是将发酵池转送来的嫩啤酒继续发酵，并饱和二氧化碳，促进啤酒的稳定、澄清和成熟。在啤酒的酿造过程中，啤酒在后酵间停留时间的最长，后酵间因此而成为啤酒厂最大的车间。后酵间通常由各分贮酒间组成。后酵间的墙壁较厚，起到与外界环境隔离保温作用，同时需要配置空间冷却装置，冷却装置由盐水管组成，安装时应尽量避免上面的水珠落在后酵罐上面以防腐蚀罐体。通常情况下，后酵间的温度控制在 $0 \sim 2 ℃$ 之间。后酵罐以前使用木制桶，每年必须重新上沥青，清洗劳动强度大以及空间利用率差，且木制桶不耐压；后来采用金属罐后酵罐进行啤酒后酵工艺，涂层能够长期保存且易于清洗。金属后酵罐包括卧式（图 4-4-10）和立式（图 4-4-11）两种。

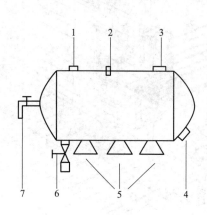

图 4-4-10　卧式后酵罐

1—CO_2排出口；2—温度计；3—压力表和安全阀；
4—人孔；5—支架；6—啤酒进（出）口；7—取样阀

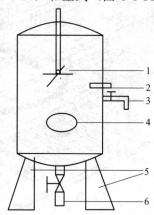

图 4-4-11　立式后酵罐

1—压力调节装置；2—温度计；3—取样阀；
4—人孔；5—支架；6—啤酒进（出）口

现在多数小型啤酒厂采用卧式后酵罐。一般后酵设备均有保压装置（如图 4-4-10 中的压力表和安全阀以及图 4-4-11 中的压力调节装置）以确保啤酒中必需的 CO_2 含量。后酵罐以前也曾选用铝板和 A_3 钢材制作，但内壁需要涂防腐层，一方面防止材料被腐蚀，另一方面防止对啤酒口味的影响。后酵罐属于压力容器（表压 $0.1 \sim 0.2 MPa$），现在大多采用不锈钢材料制作，这样就不需要涂层，不会影响啤酒的风味，使用不受限制，易清洗。后酵罐罐身装有人孔（用于罐的内部维修与清晰）、取样阀（用于啤酒后酵过程取样分析）、温度计（检测罐体中的发酵液温度）、压力表（检测罐体内部压力）、安全阀（保证罐体安全）、二氧化碳排出口（回收发酵过程中产生的二氧化碳用于后续工艺如饱和二氧化碳）以及啤酒进（出）口，嫩啤酒一般从后酵罐底部进入，这样一方面可以避免不必要的二氧化碳损失，另一方面还可以防止啤酒吸氧。由于下酒到后酵罐中发酵相对比较剧烈，可能会形成白色泡盖，产生凝固物并导致浸出物损失，因此开始不要装液太满，而是等一段时间后无泡沫出现时再继续装满。

2. 现代大罐啤酒发酵设备

传统的啤酒发酵工艺中发酵池和后酵罐的容积仍有一定的限度，20 世纪 60 年代以后，圆柱锥底发酵罐（简称锥形罐）开始引起各国的注意，相继出现了其他类型的大型发酵罐，如日本的朝日罐（Asaki Tank，1965 年）、美国的通用罐（Uni-Tank，1968 年）、西班牙的球形罐（Spherotank，1975 年）等。我国在 20 世纪 70 年代末，开始采用室外露天锥形罐发酵，并逐步取代了传统的室内发酵。这不仅具有技术上的优点，而且其发酵和后熟过程可以保证啤酒质量。

锥形罐是密闭罐，可以回收 CO_2，也可进行 CO_2 洗涤；既可作发酵罐用，又可作贮酒罐用；发酵罐中酒液的自然对流比较强烈，罐体愈高，对流作用愈强，对流强度与罐体形状、容量大小和冷却系统的控制有关。锥形罐不仅适用于下面发酵，同样也适用于上面发酵。圆柱锥底发酵罐的尺寸过去没有严格的规定，高度可达 40m，直径可超过 10m。一般而言，锥形发酵罐中的麦汁液位最大高度为 15m，留空容积至少应为锥形罐中麦汁量的

25%。径高比为 1:（1～5），直径与麦汁液位总高度应为 1:2，直径与柱形部分麦汁高度之比为 1:（1～1.5），锥形罐大多采用两排形式的室外露天安装。

锥形罐的基本结构如图 4-4-12 所示。其主要部件有罐体、冷却夹套、保压装置、保温层、锥底人孔、取样阀、感温探头、CIP 清洗系统、检测装置以及管路等。

罐体由罐身、罐顶、锥底组成。锥形罐内表面光洁度要求极高，一般要求进行抛光处理。罐身为圆柱体，设有 2～3 段冷却夹套。锥底锥角为 60°～90°，设一段冷却夹套，主要便于酵母回收，锥底有人孔，与罐顶连接的 CO_2、空气、CIP 等的进出管，内容物容积测量装置，空罐探头以及保压装置等。

罐顶上有各种附件（图 4-4-13），包括 1 个正压保护阀、1 个真空阀、带管道的 CIP 清洗附件。正压保护阀有配重式和弹簧式两种，主要是防止罐内压力过大而发生危险；真空阀主要是防止负压引起的罐外形的改变，在正常压力或超压状态下是关闭的，在出现负压时，则通过压力传感器反馈给控制系统并下达指令，通过压缩空气来制动，真空阀门被打开，外界空气进入。真空阀通常与 CIP 清洗系统相连，这样可以为了防止真空阀被黏糊或冻结。

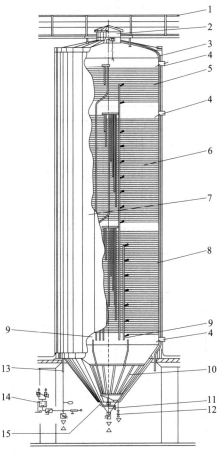

图 4-4-12　锥形罐的结构
1—操作平台；2—罐顶装置；3—电缆管和排水管；
4—感温探头；5，6，8—冷却夹套；7—保温层；
9—液氨流入口（左）和流出口（右）；10—锥底冷却夹套；
11—锥底人孔；12—取样阀；13—清洗管或排气管；
14—保压装置；15—内容物容积测量装置、空罐探头

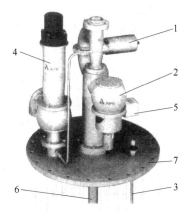

图 4-4-13　罐顶装置图
1—远控蝶阀及清洗管道；2—真空阀；
3—液位探头；4—正压保护阀；
5—压力传感器；6—洗球；7—罐顶法兰

由于锥形罐多采用露天安装，因此发酵罐要进行良好的保温，以降低生产中的耗冷量，

必须采用热导率低、密度小、吸水率低、不易燃烧的绝缘保温材料，聚苯乙烯泡沫塑料是最佳绝缘保温材料，但价格较高，聚酰胺树脂价格便宜、施工方便但是易燃。一般采用铝合金板或薄型不锈钢板作为保温材料外部防护层。

冷却夹套一般柱体部分设两段或三段，锥底部分设一段，柱体上部冷却夹套的顶端一般距离液面以下15cm，柱体下部冷却夹套的顶端则位于50％液位以下15cm，锥角冷却夹套尽量靠近锥底（图4-4-14）。

发酵罐的冷却方式包括间接冷却和直接冷却两种。间接冷却方式是以乙醇或乙二醇与水的混合液作为冷溶剂，液体从下面流入，从上面流出，通常采用水平流动的冷却管段（图4-4-15）。直接冷却方式则是以液氨作为冷溶剂，流动方式包括半圆管的垂直流动式（图4-4-16）和水平流动式（图4-4-17），采用垂直流动形式时不分区，而采用水平流动形式时每个冷却区段均由4～6个盘管组成。液氨从分配管进入冷却夹套并在向下流动过程中，液氨本身蒸发需要吸收罐内发酵液的热量而使罐品温下降，蒸发吸热的液氨由出口流出并收集。由于液氨直接蒸发冷却具有节约能源、所需设备和泵少、耗材少、安装费用低等优点而被广泛采用，但是冷却夹套不但能承受116MPa压力，而且必须保证管道各处焊接良好，否则会因氨气渗漏而导致损坏。

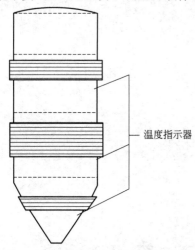

图 4-4-14　锥形罐冷却夹套分布示意图

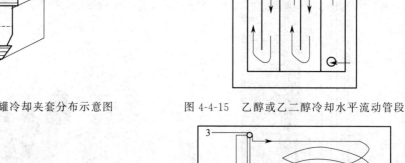

图 4-4-15　乙醇或乙二醇冷却水平流动管段

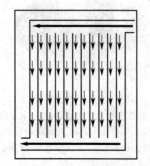

图 4-4-16　液氨冷却垂直流动管段

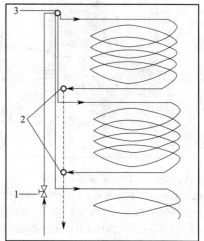

图 4-4-17　液氨冷却水平流动管段
1—液氨流入调节阀；2—吸收热量氨的出口；
3—各冷却区冷溶剂分配器

160

取样阀与取样装置相连通过泵随时进行酵母取样或嫩啤酒取样。一般情况下设 2 个温度传感器（感温探头），分别设在柱体的底部和柱体上部冷却夹套的下面。检测装置主要包括温度计、液位高度显示器、压力显示仪、检查孔、最低液位探头和最高液位探头。温度计通常安装在罐上 1/3 处和罐下 1/3 处，并与计算机相连；液位高度显示器通过压差变送器将压力信号转化为液位高度，同样与计算机相连；压力显示仪与计算相连采集数据并分析罐内压力是否正常；检查孔一般在发酵罐上下各开一个直径大于 50cm 的可关闭的人孔，主要用于检查罐内是否出现裂缝或腐蚀以及冲洗不到的死角；最低液位和最高液位探头可以保证在进液时不超过最高液位，在出罐时能终止液体的流出。

CIP 清洗装置是发酵罐中重要的组成部分，它是加强啤酒安全生产和卫生管理的前提。锥形罐采用 CIP 系统清洗，冲洗喷头（对于大罐来说要使用特殊的定向高压冲洗器，见图 4-4-18）与罐顶附件相连接，其尺寸大小要保证喷出的液体能覆盖整个柱体，锥体也要能够被很好清洗，清洗每米罐周长通常每小时约需 30hL 清洗液。

图 4-4-18　定向高压冲洗器

清洗罐顶装置时，要卸下所有的阀门，以防止粘接。大罐的清洗装置主要有下列三种形式，即固定式洗球、旋转式洗罐和旋转式喷射洗罐。传统的 CIP 常规清洗由以下工序组成：用冷水进行预冲洗；用热碱（1%～2%）和添加剂进行冲洗；用水进行中间冲洗，以冲净热碱和进行冷却；用硝酸（1%～2%）和其它添加剂清洗；用冷水冲洗。

三、废水厌氧处理反应器

水的厌氧生物处理是指在大分子氧存在条件下，通过厌氧微生物（或兼氧微生物）的作用，将废水中的有机物分解转化为甲烷和二氧化碳的过程，所以又称厌氧发酵或厌氧消化。研究表明，厌氧消化主要依靠污泥中三大主要类群的细菌即水解产酸细菌、产氢产乙酸细菌和产甲烷细菌的联合作用完成。因而将厌氧发酵过程分为三个连续的阶段，即水解酸化阶段、产氢产乙酸阶段、产甲烷阶段。现代高速厌氧生物反应器具有水力停留时间短、有机负荷大、处理效率高、能耗低、产泥量少等优点，在废水处理领域，特别在高浓度有机废水处理方面逐渐显示出它的优越性。

1. 升流式厌氧污泥床反应器

升流式厌氧污泥床反应器（upflow anaerobic sludge bed，UASB），由荷兰 Lettinga 等人开发成功，1983 年荷兰帕克公司首先将 UASB 反应器，应用于荷兰 Roermond 造纸厂。

UASB 是一种结构紧凑、集生物反应与沉淀于一体的厌氧反应器（图 4-4-19）。污水自下而上通过 UASB。反应器底部有一个高浓度、高活性的污泥床，污水中的大部分有机污染物在此间经过厌氧发酵降解为甲烷和二氧化碳。因水流和气泡的搅动，污泥床之上有一个污泥悬浮层。反应器上部有设有三相分离器，用以分离消化气、消化液和污泥颗粒。消化气自反应器顶部导出；污泥颗粒自动滑落沉降至反应器底部的污泥床；消化液从上部澄清区出水。

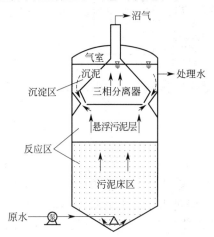

图 4-4-19　升流式厌氧污泥床反应器（UASB）结构

由于 UASB 负荷能力很大，适用于高浓度有机废水的处理。运行良好的 UASB 有很高的有机污染物去除率，不需要搅拌，不需要加温，在创造高效的同时实现了低能耗，并可提供大量的生物能沼气，因此，UASB 反应器是一种产能型的废水处理设备。由于 SRT（泥龄）很长，不仅产生的污泥是稳定的，而且产泥量很少，从而降低了污泥处理费用。

2. 厌氧膨胀颗粒污泥床反应器

厌氧膨胀颗粒污泥床反应器（expanded granular sludge bed，EGSB）是在 UASB 反应器的基础上发展起来的第三代高效厌氧生物反应器（图 4-4-20）。与 UASB 反应器相比，EGSB 反应器增加了出水回流，这样就提高了液体表面上升流速，使得颗粒污泥床层处于膨胀状态，提高了颗粒污泥的传质效果。

EGSB 实质上是固体流态化技术在有机废水生物处理领域的具体应用。在 UASB 反应器中，水力上升流速一般小于 1m/h，污泥床更像一个静止床，而 EGSB 反应器通过采用出水循环，其水力上升流速一般可以达到 5~10m/h，所以整个颗粒污泥床是膨胀的。EGSB 反应器这种独有的特征使它内部的液体上升流速远远高于 UASB 反应器，污水和微生物之间的接触加强了；正是由于这种独特的技术优势，使得它可以用于多种有机污水的处理，并且获得较高的处理效率。它的构造决定了该反应器可以进一步向着空间化方向发展，反应器的高径比可高达 1：20 或更高。因此，对于相同容积的反应器而言，EGSB 反应器的占地面积大为减少。

3. 厌氧内循环反应器

厌氧内循环（internal circulation，IC）反应器是基于 UASB 反应器颗粒化和三相分离器的概念而改进的新型反应器，可看成是由两个 UASB 反应器的单元相互重叠而成。它的特点是在一个高的反应器内将沼气的分离分成两个阶段。底部一个处于极端的高负荷，上部一个处于低负荷。IC 反应器由 4 个不同的功能单元构成：混合部分、第一反应区、第二反应区和回流部分，如图 4-4-21 所示。

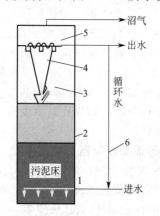

图 4-4-20 厌氧膨胀颗粒污泥床
反应器（EGSB）结构
1—配水系统；2—反应区；3—三相分离器；
4—沉淀区；5—出水系统；6—出水循环部分

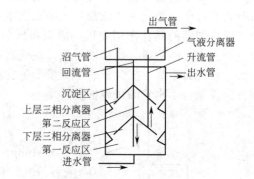

图 4-4-21 厌氧内循环（IC）反应器结构

IC 反应器的构造特点是具有很大的高径比，一般可达到 4~8，高度可达 16~25m。大部分有机物（BOD 和 COD）是在反应器下部的第一反应区颗粒污泥膨胀床内降解为沼气，沼气经由下层三相分离器收集，通过气体升力携带水和污泥进入气体上升管（升流管），至位于反应器顶部的液气分离罐进行液气分离，水与污泥经过中心循环下降管流向反应器底部，形成内循环流。经第一反应区处理后的废水，除一部分被沼气提升外，其余的都通过下层三相分离器进入第二反应区继续。第一级分离气的出流在第二级（上部）处理区得到后续处理，大部分剩余的可降解的有机物得到进一步降解，所产生的沼气被下层三相分离器收集，出水通过溢流堰流出反应器。

内循环是基于气体上升原理，通过含气体的"上升管"和"下降管"介质密度的差别产生的，在此不需水泵实现这一内循环，内循环量（速度）通过上升管内沼气的含量，即进水中COD浓度的变化实现自我调节。该内循环功能使IC反应器具有较灵活的特点，比如：当进水COD负荷增高时，沼气产量增大，内循环管内气体上升力增大，经由下降管至下部的循环水进一步稀释了COD的浓度；反之，当进水COD负荷较小时，较少的沼气产量产生较小的气体上升力，使得较小的循环水流至反应器底部稀释进水COD浓度。由此可见，内循环特点可以保证在进水COD负荷波动的情况下，实现稳定的COD负荷自动调节。

IC反应器的优点：①容积负荷率高，水力停留时间短。②基建投资省，占地面积小。由于IC反应器的容积负荷率高，故对于处理相同COD总量的废水，其体积仅为普通UASB反应器的30%～50%，降低了基建投资。同时由于IC反应器具有很大的高径比，所以占地面积特别省，非常适用于一些占地面积紧张的厂矿企业采用。③节省能耗。由于IC反应器是以自身产生的沼气作为提升的动力实现混合液的内循环，不必另设水泵实现强制循环，故可节省能耗。④抗冲击负荷能力强。由于IC反应器实现了内循环，内循环液与进水在第一反应室充分混合，使原废水中的有害物质得到充分稀释，大大降低了有害程度，从而提高了反应器的耐冲击负荷的能力。⑤具有缓冲pH值变化的能力。IC反应器可充分利用循环回流的碱度，对pH起缓冲作用，使反应器内的pH值保持稳定，从而节省进水的投碱量，降低运行费用。⑥出水水质稳定。IC反应器相当于两级UASB处理，下面一个的有机负荷率高，起"粗"处理作用，上面一个有机负荷率低，起"精"处理作用，故比一般的单级处理的稳定性好，出水水质稳定。

IC反应器存在的缺点：经污泥分析表明，IC反应器比UASB反应器内含有的细微颗粒污泥（形成大颗粒污泥的前体）浓度高，加上水力停留时间相对短，高径比大，所以IC反应器的出水中含有更多的细微颗粒污泥，这使后续沉淀处理设备成为必要。

4. 厌氧折流板反应器

厌氧折流板反应器（anaerobic baffled reactor，ABR）是在UASB基础上开发出的一种新型高效厌氧反应器，其结构简单、运行管理方便、无需填料、对生物量具有优良的截留能力、启动较快、水力条件好、运行性能稳定可靠。

ABR反应器结构如图4-4-22所示。在ABR反应器中，使用一系列垂直安装的折流板使被处理的废水在反应器内沿折流板做上下流动，借助于处理过程中反应器内产生的沼气使反应器内的微生物固体在折流板所形成的各个隔室内做上下膨胀和沉淀运动，而整个反应器内的水流则以较慢的速度做水平流动。由于污水在折流板的作用下，水流绕折流板流动而使水流在反应器内的流径的总长度增加，再加之折流板的阻挡及污泥的沉降作用，生物固体被有效地截留在反应器内。

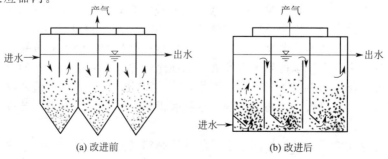

图 4-4-22　厌氧折流板反应器（ABR）结构

由此可见，虽然在构造上 ABR 可以看作是多个 UASB 的简单串联，但在工艺上与单个 UASB 有着显著的不同，UASB 可近似看作是一种完全混合式反应器，ABR 则由于上下折流板的阻挡和分隔作用，使水流在不同隔室中的流态呈完全混合态（水流的上升及产气的搅拌作用），而在反应器的整个流程方向则表现为推流态。在反应动力学的角度，这种完全混合与推流相结合的复合型流态十分利于保证反应器的容积利用率、提高处理效果及促进运行的稳定性，是一种极佳的流态形式。同时，在一定处理能力下，这个复合型流态所需的反应器容积也比单个完全混合式的反应器容积低很多。

ABR 工艺在反应器中设置了上下折流板而在水流方向形成依次串联的隔室，从而使其中的微生物种群沿长度方向的不同隔室实现产酸和产甲烷相的分离，在单个反应器中进行两相或多相的运行。也就是说，ABR 工艺可在一个反应器内实现一体化的两相或多相处理过程。

在结构构造上，ABR 比 UASB 更为简单，不需要结构较为复杂的三相分离器，每个隔室的产气可单独收集以分析各隔室的降解效果、微生物对有机物的分解途径、机理及其中的微生物类型，也可将反应器内的产气一起集中收集。

ABR 反应器有两种不同的构造形式。图 4-4-22(a) 为改进前的 ABR 反应器构造形式。这种反应器中的折流板是等间距均匀设置的，折板上不设转角。这种构造形式的 ABR 反应器所存在的不足是，由于均匀地设置了上下折流板，加之进水一般为下向流形式的，因而容易产生短流、死区及生物固体的流失等问题。图 4-4-22(b) 为改进后的 ABR 反应器构造形式。改进后的 ABR 反应器中，其折流板的设置间距是不均等的，且每一块折流板的末端都带有一定角度的转角。

ABR 反应器具有构造简单、能耗低、抗冲击负荷能力强、处理效率高等一系列优点。其不足之处有：为保证一定的水流和产气上升速度，ABR 反应器不能太深，因此占地面积较大；与单级 UASB 反应器相比，进水均匀分布相较难解决。

与 UASB 相比，ABR 反应器的第一隔室要承受远大于平均负荷的局部负荷，有资料表明，对一个拥有 5 格反应器的 ABR，其第一隔室的局部负荷约为系统平均负荷的 5 倍。一般对于低浓度废水，采用和后边几个隔室相同的尺寸即可；但对于隔室数较多或者进水浓度较高的情况，应适当增大第一隔室的容积，以便有效地截留进水中的固体悬浮物。

第五节　固态发酵生物反应器

固态发酵（solid-state fermentation，SSF）是指在不含或几乎不含自由水的湿的水不溶固体物料中培养微生物，以气相为连续相的生物反应过程。与此相反，液态发酵是以液相为连续相的生物反应过程。固态发酵具有如下优点：培养基简单且来源广泛，多为便宜的天然基质或工业生产的下脚料；投资少，能耗低，技术较简单；由于高底物浓度产物浓度较高；基质含水量低，可大大减少生物反应器的体积，废水少，环境污染较少，后处理加工方便；发酵过程一般不需要严格的无菌操作；通气一般可由气体扩散或间歇通风完成，一般不需要连续通风。近些年来固态发酵得到很大发展，如在生物除污和有害化合物的生物降解、工农业废弃物的脱毒、作物和秸秆营养加富的生物转化、生物制浆、高附加值产物如生物活性次级代谢产物以及酶、有机酸、生物杀虫剂、生物表面活性剂、生物燃料、芳香化合物等领域展示良好应用前景。

固态发酵生物反应器要求根据固态发酵的热质传递特点尽可能提供适宜的微生物生长环境，以利于微生物生长繁殖并积累代谢产物。固态发酵影响微生物生长的主要因素有温度、水活度、氧气及 pH 等，固态发酵设备需对这些主要影响因素进行调节。固态发酵设备按物料基质运动状态分为两类，即静态固态发酵反应器和动态固态发酵反应器。

一、固态发酵体系的传质和传热

1. 固态发酵体系模型

固态发酵反应器内的物料，由气体（气相）和培养物料层（固相，包括含结合水的固相）组成，如图 4-5-1。反应器内的培养物料层由培养基质和微生物组成，是生物反应的主要场所。物料层中的固态物料颗粒和气相间发生物质和能量交换及传递。气相由空气、水蒸气和代谢气体如 CO_2 组成。

物料层由培养基质颗粒和生长于基质颗粒表面的微生物组成，如图 4-5-2 所示。

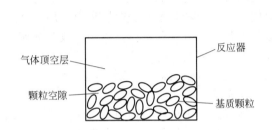

图 4-5-1　固态发酵宏观模型

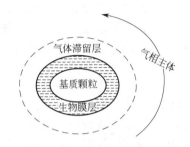

图 4-5-2　固态发酵微观模型

生长在基质颗粒表面的微生物形成生物膜层，一部分微生物可以生长到基质颗粒内部和气相层，生物膜层和气相主体之间形成一层气体滞流层。在以天然原料为基质颗粒的固态发酵过程中，基质颗粒既是微生物细胞支撑物又是微生物生长营养源，由于菌丝体的生长和水分蒸发常会导致基质颗粒收缩和结块，基质颗粒结构不具有刚性，这会导致固态发酵过程传质和传热恶化。

2. 固态发酵体系的传质和传热特点

生长于固态物料中的微生物，基本上是处于静止状态，固态发酵物料含水量很低，物料几乎不存在对流，营养物质和产物在物料层仅靠扩散进行传递，因而物质传递缓慢，造成固态发酵周期较长，正是这种传递限制造成物料层各种物质形成浓度梯度，这种物质浓度不均匀性是固态发酵显著特征。

氧气从气相主体向物料颗粒空隙传递，传递速率与物料堆积的紧密程度即孔隙率、颗粒大小以及气体压力有关；氧气穿过气液界面进入水膜，并在水膜中扩散，水膜也是菌丝体密集所在地即生物膜层；水膜中的溶解氧被微生物利用；氧气从气液界面进入水膜层后的扩散是限速步骤。水膜层的厚度、密度、菌体的比呼吸活力、氧气扩散系数、气液界面面积以及 CO_2 的反向扩散等都会影响水膜层内氧气的传递速率。此外，在基质颗粒内部氧气扩散非常困难，通常在基质内部扩散深度只有 0.5mm 左右，因此基质颗粒内部的菌丝体容易缺氧。

水作为溶剂，只有溶于水中的营养物质，才能被微生物加以利用。固态物料中的水分，大多以结合水的形式存在，不能被微生物利用，少部分自由水存在于基质颗粒和水膜内能被微生物利用。固态发酵物料，在原料预处理过程如浸泡和蒸煮时，已吸收足够的水分，但在培养过程中，由于受供氧的限制，好氧微生物主要在物料颗粒的表面生长，新的菌体细胞摄取水分和水分的蒸发也在颗粒的表面，故颗粒表面的水分含量较低，水分通过扩散由颗粒内传到物料颗粒的表面，从而形成水分浓度梯度。另外，微生物菌丝总是就近摄取糖分，这就会造成在物料颗粒的不同部位上溶质浓度形成梯度，溶质的浓度梯度所导致的水分浓度梯度也同样存在，由此产生水分的扩散。在固态发酵过程中蒸发散热是最主要的降温措施，为保证微生物的正常生长，在培养过程中必须适时补水。

固态发酵是以气体为连续相的生物反应过程，物料含水量低，单位体积物料中基质含量和菌体浓度高于液态发酵，因此单位体积内产生的热量高于液态发酵，由于固态干基物料和空气的比热容比水低，固态发酵产热旺盛期产热速率会非常高，若不及时排出热量，将导致物料温度快速大幅上升，尤其是颗粒内部以及堆积物料或块状物料内部热量散发很困难，造成严重的温度梯度，生产上常发生"烧曲"现象。因此，以气相为连续相的固态发酵热量的排除成为固态生物反应器设计和操作的关键，热传递成为固态发酵传递过程主要矛盾，正如液态发酵氧气传递是主要矛盾一样，这是固态发酵最重要的特征。由于干基物料和空气的导热性差，固态发酵产生的热量通过热传导散失的很少，大部分热量是在基质颗粒表面通过水分蒸发排除，因此，传热和水分调节相耦合，这是固态发酵传热的重要特点。生产上解决传热的问题通常有如下途径：①通过机械翻动物料使内部高温物料翻至物料层表面，加快蒸发从而排除热量，机械搅拌器翻动物料是常用方法，但易伤害真菌菌丝体。将物料放在圆筒内机械滚动圆筒使物料层翻动，散热效果优于搅拌且对菌丝体伤害小。②通过强制通风实现降温，有效的通风方式是空气通过物料层，使空气与蒸发水分强制对流实现快速降温，这是生产中最常用的方法。③加大通气使物料呈流化态，让基质颗粒完全悬浮在空气中，显然这种方法散热效果最好，缺点也显而易见，就是动力消耗很大，单位体积物料量少而致设备体积庞大。④通过顶空层气压的脉冲加压和快速泄压，使物料层像海绵一样反复受到挤压和蓬松化，强化蒸发水分与空气的对流，从而实现降温，这种方式称为气相双动态。生产上往往将上面两个或多种方法组合起来使用改善传热。固态发酵主要通过水分蒸发散热，不管使用哪种方法都要注意及时补充水分。

固态发酵是以气相为连续相的多相生物反应过程，反应过程极其复杂，加之参数检测很困难，而且各参数还存在不均匀性，所以到目前为止固态发酵过程还没有建立普遍有效的微生物生长和传递过程的数学模型用于指导反应器设计和生产操作，生产中大多在上述传质机理基础上通过反复实践掌握各种参数的控制。

二、静态固态发酵生物反应器

在静态固态发酵反应器中，物料在发酵过程中处于静止状态，设备均没有搅拌机构，这类设备具有结构简单、操作能耗低等优点；缺点是由于物料处于静止状态，传热与传质即热量和氧气传递困难，从而会导致基质内部温度、湿度不均，菌体生长状态不均匀等。

1. 托盘式固态发酵反应器

亦称浅盘式固态发酵反应器，是所有反应器类型中最简单的发酵设备，也是比较常用的一种固态发酵设备，该反应器构造简单，由一个密室和许多可移动的托盘组成，如图4-5-3所示。托盘可以由木料、金属、塑料等材料制成，底部打孔，以保证底部通风。培养基经灭菌冷却后装入托盘，将托盘

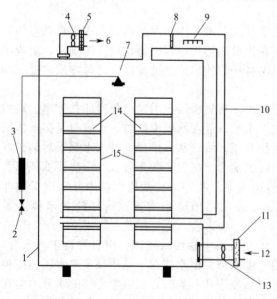

图 4-5-3　托盘式固态发酵反应器

1—浅盘室；2—水阀门；3—紫外灯管；4，8，13—空气阀门；5，11—空气过滤器；6—排气口；7—加湿器；9—加热器；10—空气循环；12—进气口；14—浅盘；15—浅盘架

置于密室的层架上。托盘在层架上层层摆放，层与层之间留有空隙，以利通风。发酵基质的温湿度随密室的温湿度变化，可通过调节密室空间的温湿度调节浅盘中固态基质中生物反应过程的供氧、水分和温度。

由于浅盘发酵过程中没有强制通风和搅拌，导致了传热和传质很差。首先好氧微生物的耗氧量远远高于氧气的供给量，主要指可以溶于基质颗粒表面生物膜层的实际氧气供应量，因此氧气含量常常成为浅盘固态发酵过积中的限制因子。氧气和二氧化碳的传递完全依赖自身的扩散作用。由于氧气传递过程的限制，以及微生物代谢过程中对氧气的消耗，由此导致了在发酵过程中出现氧气浓度梯度。其次，在好氧浅盘固态发酵的前期，整个发酵床的温度是相同的，没有温度梯度，在反应过程中随着反应的持续进行，微生物代谢会产生热量，由于固体底物较差的导热性，使得热量难以扩散，造成局部热量过高，引起整个浅盘形成温度梯度。好氧浅盘固态发酵过程中不同的料层高度温度并不相同，随着填料高度的增加，料层间的温度差值呈现递增趋势，通常料层高度每变化 1cm，温度即变化 1.7℃。发酵过程中固体基质由于微生物的代谢作用而产生形变，进一步妨碍了热量传递，导致整个系统出现高温区和低温区。温度梯度的影响有时比较显著，影响菌体自身生长，进而导致生物量和目的产物受到影响。此外，培养基质温度梯度会导致自然对流的产生，会使氧气、二氧化碳的传递以及水分的蒸发受到影响。浅盘中的料层高度，对于生长迅速的微生物来说，只能是几厘米，为了控制发酵过程中热量与质量的传递，装料高度必须严格控制。生产中可以降低空气的湿度来促进基质中水分的蒸发，蒸发作用促进固态基质的降温，但会使培养基质表面很快干燥，不利于微生物生长代谢。

浅盘固态发酵反应器体积较大，发酵过程中需要较多人力。装料高度较低导致产率较低，发酵设备利用率较低，而当装料高度较大时会产生传热、传质的问题，进而阻碍发酵过程。发酵过程中微生物生长易受外界因素影响、基质传热性差、放大困难、劳动强度高等限制了浅盘固态发酵反应器广泛使用。

2. 填充床式固态生物反应器

填充床固态生物反应器是将发酵基质填充在圆柱中，通过一个带孔的支撑板托住发酵基质，空气通过孔板进入柱体，实现整个发酵过程的供氧、温湿度的调节控制。典型的填充床反应器如图 4-5-4 所示。填充床反应器一般是一个高而细的圆柱，在上下两端有进气口和出气口。在操作过程中空气从一端进入，从另一端排出。一般的使用方式是将物料置于反应器的孔板上，从下面吹入空气，从上面排出。

传统的通风室（或曲池）也属填充床反应器类型，其工作原理与上述圆筒柱式一致，如图 4-5-5。

填充床式反应器实际操作过程中固态反应基质保持相对静止，气体穿过物料层流动，实现传热和传质，因此填充床式固态发酵反应器适合于对剪切力较为敏感的好氧微生物。

填充床式反应器物料厚度通常比浅盘物料厚得多，因而存在较大的氧气浓度梯度和温度梯度。填充床反应器往往做成高而细的圆柱体，好处是增加物料和外界接触的表面积，增加传热面积。相比于氧气浓度梯度，填充床式固态发酵器中温度梯度对菌体的损害更大，因此温度梯度是填充床式反应器首先需要克服的困难。随着填料高度的增加，通气速度的降低，反应器床底层到顶层的温度梯度逐渐增大。当温度超过一定值时，微生物生长代谢受到抑制，甚至会导致菌体死亡。微生物可以承受的最高温度决定了反应器固体基质的填充高度，称为临界高度，受微生物自身特点和培养条件影响。针对上述问题，主要采用强制通风的措施，通过气流运动强化水分蒸发，从而实现降温。蒸发在填充床式反应器的传热过程中占有重要地位，实践中 $65\%\sim78\%$ 的热量是通过蒸发的方式被带走。通过空气循环促进蒸发进而实现控温虽然是一个很好的办法，但同时会使发酵基质很快变干，过多的水分散失对于固

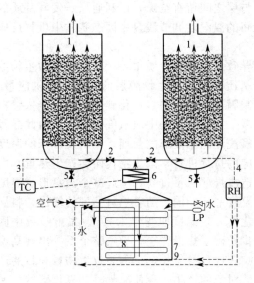

图 4-5-4　填充床式固态发酵反应器
1—发酵罐；2—空气调节阀门；3—空气温度传感器；
4—湿度传感器；5—排气阀；6—温度控制；
7—加湿器；8—冷却盘管；9—加热器；
LP—液面探针；TC—温度控制器；RH—相对湿度调节器

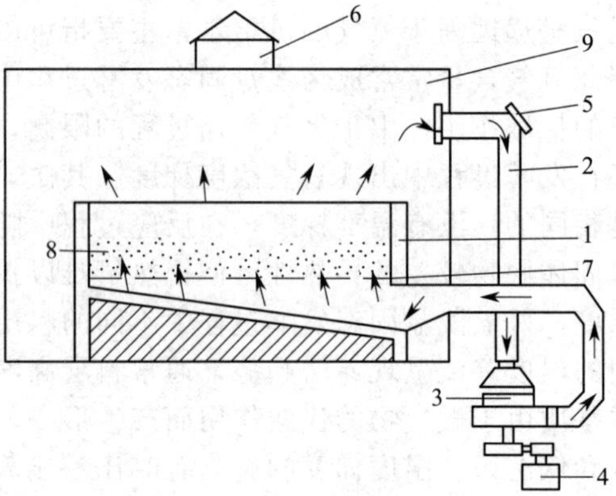

图 4-5-5　通风池结构
1—曲床；2—风道；3—鼓风机；4—电动机；
5—入风口；6—天窗；7—帘子；8—曲料；9—曲池罩

态发酵来说是有害的，而使用饱和水蒸气，可以避免整个发酵过程由于缺水而受到影响。降低进口空气的温度也是一个很好的办法，实际操作中空气进口的温度要比微生物的最适温度低 10～15℃，但同时会抑制进口处微生物的生长。为了强化通风效果，可以降低反应器的直径。在直径较小的填充床反应器中，反应器底部温度较低，适于微生物生长，因此微生物代谢活性加快，而由于其产生的热量不能有效通过径向传导实现热平衡，造成局部温度升高，加热了快速流动的空气，造成了上层温度升高，另一方面，由于上层温度升高而导致微生物生长受到影响，使微生物不能快速地生长，造成代谢热减少，又使温度逐渐下降。

填充床反应器的优势是结构简单，而且工艺尤其是温度和湿度的控制较容易。填充床式固态发酵技术的主要问题是：①控制整个反应器轴向和径向的温度梯度；②控制反应器的水分蒸发，以免培养基干涸造成微生物生长受到影响；③随着反应器高度的增加，以及丝状真菌生长带来的反应基质致密度增加，进而会导致通气过程中压力的增加；④对于小型填充床式反应器氧气的供给不需要作为考虑因素，通气的作用主要是促进传热与传质的过程，而对于大型填充床式反应器，氧气必须作为考虑因素。

针对填充床的温度梯度特点，有人设计了改进型填充床反应器，如图 4-5-6 所示，填充床反应器中间设置多孔圆柱筒，以消除轴向的温度梯度，需要注意的是物料过高时反应器底部空气阻力较大。

填充床式反应器设计和操作时考虑的主要参数是反应器高度、空气流量和进气口处空气温度。整个反应器温、湿度的控制可以通过强制通风实现。

除了通风降温外，大规模的生产实践中，对小型反应器通常采用夹套实现温度的控制，对于大直径填充床

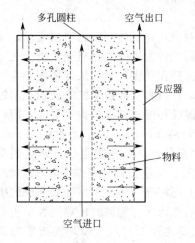

图 4-5-6　带多孔圆柱筒填充床反应器

反应器，也可在反应器中间设置多个传热冷却板消除整个反应器的温度梯度，只要该冷却板的间隔空间适当，就可以实现控温。

相对于浅盘式发酵反应器，填充床式反应器可以强制通风降温，加之结构相对简单，因而应用较广。但填充床反应器相对于动态固态发酵反应器主要缺点还是传热性差，所以反应器大小受到限制，放大很困难。

三、动态发酵生物反应器

在动态发酵反应器中，物料处于间歇或连续运动状态，有利于传热和传质，设备结构紧凑，自动化程度相对较高。由于机械部件多，结构相对复杂，固态物料的搅拌能耗大。动态固态发酵反应器主要有下面几种类型。

1. 转鼓式反应器

1941 年 Takamine 首次对转盘式固态发酵反应器进行改进，设计出了转鼓式固态发酵反应器。利用麸皮为固体基质，培养 *Aspergillus oryzae* 生产淀粉酶。后来该装置进一步改进，建立了 40 个 13m³ 的大型转鼓式固态发酵反应器，并用于商业化生产盘尼西林。

图 4-5-7 是一个转鼓式反应器，反应器的主体是一个水平的或倾斜的圆柱体，圆柱体绕着它的中轴旋转而使反应器中的发酵基质随之翻动。转鼓式反应器包含底物基质床、气体循环空间和鼓壁，部分反应器中还包含挡板系统。通过控制系统实现反应器温度、湿度的控制，转动方向可以周期性改变，一般装填系数 30% 左右。不同的转鼓式反应器转速不同，通常在 1～15r/min 之间。培养过程中通过转鼓转动来搅拌混合基质。由于转鼓转动和通气是同时进行的，因而促进了基质与空气接触，有利于热量的排除和氧气供应。

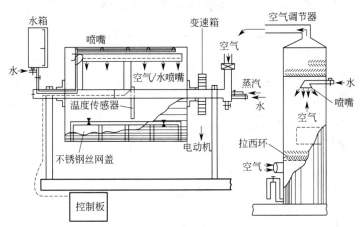

图 4-5-7 转鼓式反应器

值得注意的是转鼓式反应器中气体从顶部通入，在气体顶空层循环流动，并无强制通风，即空气没有强制穿过物料层，而是从料层顶部流动通过顶部空间，所以，空气和基质的热质交换是通过转鼓的转动来促进。转鼓式反应器热量的传递主要有两种途径：一是直接通过对流和蒸发将热量传递到转鼓的顶部空气；二是由反应器的筒壁进行热传导。这种反应器可以通入干空气加强基质的水分蒸发实现降温，可以从顶部通过喷水来调节基质的水分含量。

转鼓反应器在静止阶段其操作像浅盘反应器，间歇转动时可防止菌丝编织板结，这是与浅盘反应器的关键差异。与连续转动相比，间歇转动对霉菌菌丝的损伤较低，并可降低转动能耗。转动操作可以由插入料床内的热电偶所测量到的温度激活。控制不同的转速可使转鼓内物料的流动方式不同：对于典型的低转速，在没有挡板的转鼓内，料层在转鼓内壁面以整体下滑的方式流动，导致物料层混合较少，在这种情况下转鼓不比浅盘反应器好，采用10～

50r/min 的较高转速可以改善这种混合。另一个方法是安装挡板，但必须注意高转速产生较高的剪切作用，有可能导致微生物的损伤，不利于微生物生长。发酵过程中的搅拌速度是影响发酵效率的重要因素，在低速时随着搅拌速率的增加，会加速发酵基质氧气、二氧化碳和热量的传递，发酵效率随之逐渐提高，但过高时搅拌过程中产生剪切力，破坏菌体生长，发酵效率开始下降。

转鼓式固态发酵过程中，微生物代谢过程中的产热决定了通入空气的温度、湿度、流速等，适当的通风有利于温度调节及供氧，一般通气量范围为 0.1~0.66VVM。实际中采用喷淋的方式间隔补水使发酵基质湿润，利用不饱和空气促进发酵基质水分快速蒸发，促进热的散失。

在大规模生产中，由于转鼓式反应器通气是非强制性通风，若非连续性搅拌或振荡，并不能很好地促进热质的传递。加之转鼓式固态发酵过程中小颗粒发酵基质会形成结团，影响整个发酵过程的热质传递，另外，连续转动过程中产生的剪切力对丝状真菌的菌体产生伤害，因此，为了改善热质传递除了前述的增加挡板外，还可以通过设置夹套控制反应温度，也可在转鼓内安装对菌体伤害较小的弯曲状搅拌桨来实现良好热质传递，但这种设备属于搅拌式固态发酵反应器。

2. 搅拌式固态发酵反应器

由转鼓式反应器改进而来的搅拌式固态发酵反应器如图 4-5-8 所示。该反应器最大特点是不靠罐体的转动促进物料翻动，而是靠由安装在搅拌轴上的两条不同螺距的反向螺带构成的内外双螺带搅拌器翻动物料。罐体上装有进料口和出料口，罐体外可设置夹套。固态物料从进料口进入罐体内，装于搅拌轴上的搅拌螺带带动物料翻动。蒸汽可直接通入罐体内，对物料进行灭菌，无菌空气直接通入罐体内喷向物料，保证微生物生长所需的足够氧气。

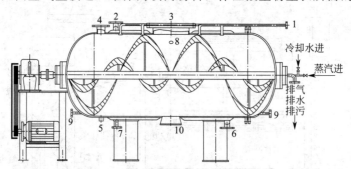

图 4-5-8　搅拌式固态发酵反应器
1—接种口；2—出液口；3—进料口；4—排气口；5—取样；
6—进液口；7—排污口；8—测温口；9—进气口；10—出料口

固态环境中，基质的流动性差，形成死角的机会大，搅拌式反应器的搅拌桨对基质物料的翻动混合具有决定性影响。对螺带式搅拌桨，螺旋升角是主要参数，所谓螺旋升角是指螺旋线的切线与垂直于搅拌轴线的平面间的夹角。螺带的螺旋升角决定基质在罐体内沿轴向或切向运动的强度，从而影响搅拌效果。当螺旋升角较小时，螺距较小，螺带叶片趋于水平，基质轴向运动很小，近似于只做沿筒壁的切向滑动，分散作用弱。随着螺旋升角的逐渐增大，基质沿轴线方向的运动分量逐渐提高，因而叶片的搅拌作用得到加强。随着螺旋升角的增大，基质沿叶片滑动的摩擦阻力也相应加大，达到一定程度，就易造成基质在叶片上的淤积，使其运动受阻。这不但使搅拌效率下降，还会造成堵塞。当螺旋升角趋于 90° 时，叶片与搅拌轴线近似平行，搅拌作用很弱。加装反向的小螺带可以克服单螺带的这些缺点，利于基质物料在径向和轴向的双向运动，从而实现良好的翻动混合效果。

在固态发酵过程中，床层会因基质菌体缠结和干缩而造成板结，混合难度相对初始基质更高，而发酵过程中搅拌器的主要作用目标便是这种粘连状态的基质。搅拌器的破碎能力与搅拌径向作用力有关，螺旋升角较小（或螺距较小）效果较好，增大螺旋升角，径向作用力减弱，破碎效果变弱。与这种破碎作用相伴的是对菌体的破坏伤害，实践证明，只要螺旋升角设计恰当，控制搅拌转速，相对于其他形式的搅拌桨，螺带式搅拌桨对菌体的破坏作用很小，对有些菌体发酵甚至没有影响。

在搅拌器搅拌的同时通入空气，由于物料随搅拌桨做轴向和径向运动，空气和物料可以很好混合，一方面充分供氧，另一方面空气和物料蒸发水分实现对流混合，可以快速降温，为防止物料水分过度散失，控制空气湿度可以对物料水分加以调节。

这种设备搅拌器的翻动混合效果除了螺旋升角这个因素外，还与搅拌器与罐壁的间隙、螺带带宽、搅拌转速以及搅拌方式（间歇或连续）有关。装料量一般是设备容积的 40%～70%，比转鼓式反应器容积率高。

该反应器结构简单，混合性能好，能耗低，装料系数大，设备所占空间及作业面积小，操作维修方便，因而应用广泛。由于这种设备搅拌器对细胞剪切力较小，不论卧式发酵罐还是立式发酵罐都适合植物细胞液体培养。除此之外，该设备还可以在发酵完成之后通入溶剂进行产物的浸提，所以是一种多功能设备。

3. 旋转圆盘式反应器

（1）固体通风发酵机

如图 4-5-9 所示为广东省农业机械研究所研制的 GTF-5 型固体通风发酵机，这是一种广泛使用的旋转圆盘式反应器。

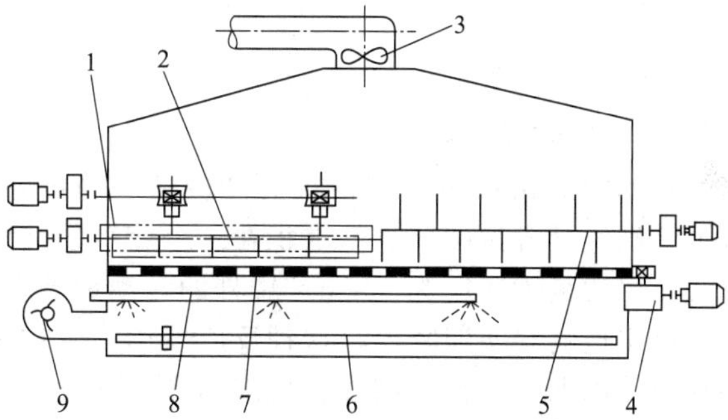

该机密封效果较好，能有效避免杂菌污染，更能有效地保持料床上部空间

图 4-5-9　GTF-5 型固体通风发酵机

1—抛撒机构；2—摊刮机构；3—抽风机；4—筛盘转动机构；5—翻料机构；6—升温装置；7—筛盘；8—喷雾装置；9—鼓风机

的温度、湿度，实现良好的测温、控温、控湿，并能方便地根据实际需要进行自动化翻料及摊平，防止板结，保证物料疏松，为微生物生长繁殖提供了有利条件。

该机圆形筛盘上的物料可随筛盘一起旋转，既可以消除发酵"死角"，又得以与入料、翻料、摊平、出料等部件有机地配合，实现出入料、摊平、翻料机械化，极大地方便了生产，从而可与前后工序的设备配套，形成自动化程度较高的生产线。该反应器内设置了蒸汽灭菌系统，灭菌时间为 1～3h，时间长短根据物料特性、粒度结构、物料层厚度等进行调节。灭菌后可直接通风冷却，配合物料层上部喷洒系统可直接采用菌液喷洒接种，原地发酵，避免了灭菌、接种、培养需要在不同设备进行的情况，减少染菌机会，提高发酵效率和质量。筛盘间歇转动，通过翻料、抛撒、摊刮机构的联合动作，可以方便地将板结的物料打散并混合均匀。摊刮机构可以控制上下运动，根据料层的厚度适当调整位置，保证料层厚度均匀及表面平整，以保证通气顺畅及均匀，从而实现良好的控温。该设备关键部件是抛撒机构和摊刮机构，物料在抛洒和摊刮时，与空气存在对流进行热质交换，因而热量散失较快。摊刮机构使物料层保持一定厚度，避免了由于厚度不匀导致的通气不匀和温度梯度。该反应器结构简单，造价较低，机械化程度较高，工作性能稳定，发酵水平较高，产品质量控制平稳，已经在大规模工业化生产中得到了较好的推广应用。

（2）旋转式双盘反应器

图 4-5-10 所示为用于米曲制备的旋转式双盘反应器。该反应器安装了螺旋混合器，器

壁绝热，配有加热器。用冷却塔来调节循环空气，用输送机添加或卸除固态基质，每隔一段时间用螺旋桨进行搅拌。接种后的固体基质首先被装料进入到发酵罐的 1 号室，1 天后再被转送到 2 号室。培养温度可以根据时间曲线预先安排，由电脑自动控制。

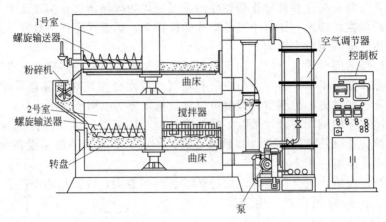

图 4-5-10　旋转式双盘反应器

（3）酒曲工业制曲设备

日本的 Fujiwara 公司销售的制造酒曲的设备也是一种搅拌式固态反应器，如图 4-5-11 所示。已经处理过的培养基堆积在一个旋转的圆盘上。圆盘的直径决定所需的工作体积，但通常一层的最大厚度为 50cm。螺杆的转动和圆盘的旋转使物料的翻动混合，与此同时通入空气可实现物料快速降温。这种反应器用一台控制着所有的参数（入口空气的温度、空气流速和搅拌周期等）的微型计算机来运作。该设备主要缺点是在把基质填充到反应器前需要在其他设备中进行预处理和接种。

上述圆盘式固态反应器均是在填充床静止培养的基础上经由物料翻动改进而来，除了强制通风外，搅拌可以有效克服填充床无法克服的温度梯度，因而热质传递效果更好，物料层可以更厚，产能更大。不过相应的缺点是设备结构复杂，能耗较高。相对于静态反应器，圆盘式固态反应器显然是一种更先进的设备，随着科技的发展，广大科技工作者基于固态发酵的传递机制开发的固态反应器层出不穷，主要都是围绕搅拌和通气具体形式展开，以促进热质传递为目的，这里不一一介绍。

4. 气固流化床反应器

气固流化床反应器由一个大的腔室和一个旋转浅盘组成，如图 4-5-12。

气体从一个堆有固体颗粒的填充床通过，如果从底部通入足够速度的空气气流，那么这些固态颗粒就会悬浮在气流中，在这种状态下，这个床被流态化了。在流态化条件下，基质颗粒处于理想的以气相为连续相的反应体系，热质传递阻力大为减小。流化床底部通常会加搅拌装置，以避免发酵过程中由于结块而在床底形成沉积基质。为了节约气体成本，发酵过程中通常采用循环气流，但这个过程中氧气浓度和二氧化碳浓度应保持在较适宜范围。在发酵过程中，由于固体基质处于悬浮状态，可以很容易与气体进行充分热质交换，很好地克服了固态发酵过程中热质传递问题，这是流化床反应器最显著特点。由于通气良好，因此有助于好氧微生物的生长，在流化床上生长的微生物呼吸率可以达到静态培养的 10 倍；代谢热去除完全，不会出现基质温度梯度现象；挥发性的代谢产物可以很快去除，从而减小了反馈抑制；混合效果更好，流化床中基质所处环境条件均一，有利于发酵工艺参数的控制；某些产物如单细胞蛋白，可以直接在反应器中进行干燥；相对于传统的静态固态培养，生产效率显著提高。

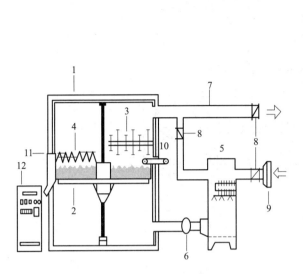

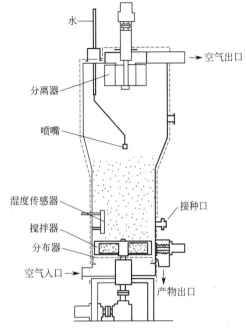

图 4-5-11 酒曲工业制曲设备
1—曲室；2—多孔板；3—旋转机；4，11—卸料螺杆机；
5—空气调节器；6—鼓风机；7—排气管；8—调节阀；
9—空气过滤器；10—装料机；12—控制台

图 4-5-12 气固流化床反应器

由于流化床内的热质传递速率较大，传热一般不会成为主要矛盾，设计中可不予考虑。固体基质的特性是影响流化床操作的主要因素，如果固体基质黏度高，有时会出现大量结团和粘壁现象，而当团块不能被打散时会严重影响发酵过程。发酵基质粒径大小和粒径分布也是重要因素，粒径分布越狭窄，颗粒越容易保持流化状态。粒径分布越宽即大小越不一致，会导致发酵过程粒子悬浮的差异，一些小粒径粒子会沸腾，而大粒径粒子不能沸腾。在发酵过程中，固体基质会随着微生物生长代谢，整体特点如质量形状等会发生改变，从而导致发酵过程受到影响。

5. 气相双动态反应器

在固态发酵工艺中，通常采用机械翻动强化传质、传热过程，以达到固体基质颗粒完全混合，强化颗粒和气体分子间的接触，使料层间的气体由分子扩散变为对流扩散。中国科学院过程工程研究所的研究者，从固态发酵传递理论基础着手，改变思维方式，提出了以动态气体产生的法向作用力为动力源的"外界周期刺激强化生物反应及细胞内外传递过程"的生物反应器设计新原理，此技术不借助机械搅拌装置使气相和固相的双相同时运动，从而实现物料层和气体的对流热质传递。设计开发出了具有完全自主知识产权的"压力脉动固态发酵新技术"，相应的反应器称为气相双动态固态反应器。已从实验室的 0.5L 试验放大到 70m³ 工业规模，该项技术经济指标优于液体深层发酵。在此基础上，逐步发展成为气相双动态固态纯种发酵新技术，成为现代固态发酵新技术之一。

该系统组成如图 4-5-13 所示。气相双动态固态反应器包括卧式固态发酵罐筒体、罐内压力脉动控制系统、罐内空气循环系统、多组冷却水管、小推车盘架系统和机械运输系统。

发酵罐前部设置快开门盖结构，内置循环风道及多组冷却排管，其后部连接离心式鼓风装置，强制罐内循环，由风道和离心式鼓风装置组成固态发酵罐内空气循环系统。

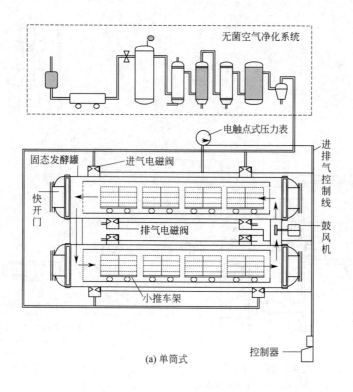

(a) 单筒式

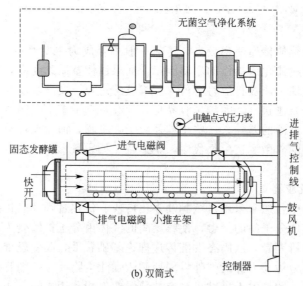

(b) 双筒式

图 4-5-13　气相双动态固态反应器

　　固态发酵罐筒体分单筒式［图 4-5-13(a)］和双筒式［图 4-5-13(b)］两种。单筒式固态发酵罐，其特征在于在单筒体内焊接正方形隔板，在正方形隔板内外形成循环风道。而双筒式固态发酵罐，其特征在于由一个循环接管和一个循环风机管连接两个固态发酵罐筒体，形成循环风道。采用磁耦合传动内循环风机，以保证罐的严格密封。

　　罐内压力脉动控制系统是在卧式固态发酵罐上安装进气电磁阀、排气电磁阀和电触点式压力表，电触点式压力表和电磁阀与控制系统相连。

　　小推车盘架系统由小推车盘架和盛放固态培养基的浅盘组成。盛放固态培养基的浅盘密集排放在小推车盘架上，料层厚 20～25cm，小推车盘架在固态发酵罐内放置两排，小推车盘架有钢轮可在固态发酵罐内外的钢轨上滚动。

机械运输系统由罐外部分活动轨道与固态发酵罐内固定轨道相连接，在轨道上由机械牵引车牵引小推车盘架进出固态发酵罐，罐外部分活动轨道不影响固态发酵罐快开门盖的开启，如图 4-5-14 所示。

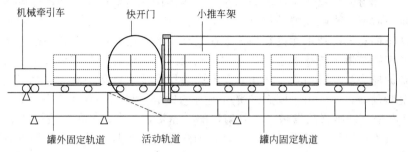

图 4-5-14　气相双动态固态反应器机械运输系统

气相双动态发酵过程中压力脉动通过无菌空气的充压与泄压实现：一个周期由充压阶段、维压阶段、泄压阶段及谷压四段组成，压力时间曲线如图 4-5-15 所示，其控制系统组成如图 4-5-16。峰压值一般为 0.15～0.35MPa，谷压值一般为 0.01～0.05MPa。充压过程时间较长，曲线上升平缓。泄压速度要快，时间要求尽可能短，一般在数秒至 1min 之内完成，使固体培养基潮湿颗粒因气体发生突然膨胀而松动。不同的发酵过程，高压时间与谷压时间可根据情况而定。一般在微生物对数生长期，变化频率高，延迟期与稳定期频率小。周期一般为 15～150min。气相双动态固态发酵装置是在浅盘发酵技术的基础上施以周期变化的气相压力，通过快速泄压物料层瞬间从高压环境转变为低压环境，基质中的水分实现"闪蒸"蒸发从而将生物代谢热大量移除，同时基质颗粒也会蓬松化，基质颗粒特性以及基质颗粒界面的水膜和气膜都会发生改变，强化了气相与固相料层间热质传递，并对微生物生长代谢产生影响，这是气相双动态固态发酵的基本工作原理。气相双动态固态发酵可以克服传统固态发酵中的一些缺点，提高传质、传热速率，减小温度、O_2 及 CO_2 浓度梯度。实践证明在微生物代谢活跃阶段，较高的压力脉冲可以更好地促进微生物生长，利于酶产量的提高。

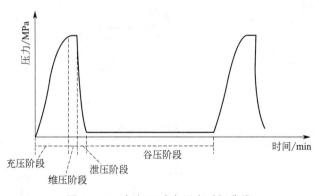

图 4-5-15　气相双动态压力时间曲线

气相双动态反应器有如下一些特点：①无机械搅拌翻动装置，传质与传热由气体循环系统实现；②反应器结构简单、容易密封，便于工业放大；③发酵罐为一耐压容器，可用压力蒸汽进行严格的空罐或实罐灭菌；④反应过程始终维持在正压阶段，易于保持无菌过程；⑤周期压力刺激促进微生物代谢、强化细胞内外的传质，减少代谢产物的反馈抑制；⑥反应器内的温度、湿度均匀一致，易于控制，易于发酵过程实现自控。

　　周期性压力脉冲有利于发酵过程的传热与传质，利于微生物生长代谢。但较高频率的压力脉动会加速固体基质水分损失，导致水活度下降影响菌体的生长。因此需要对脉冲周期进行适当控制。实际操作中通常根据湿度探针反映基质湿度变化，建立底物湿度变化与菌体生长曲线，通过上述曲线结合实际情况来优化气体脉冲周期。发酵罐中气体内循环使气相始终处于对流状态，随着微生物代谢活动的加剧，气体内循环速率也应增加，但风速太大时，料层表面基质将被吹起，影响发酵的进行。

　　气相双动态固态发酵技术无论在理论上还是在生产应用上都具有开创性意义。根据已有的试验与生产实践结果，该技术适用微生物范围较广，无论是细菌、霉菌还是放线菌均可采用，有着广阔的应用与发展前景。气相双动态固态发酵技术打破了现代发酵工业中液体深层发酵技术的垄断局面，而且由于固态发酵所独有的优势，可以替代目前很多液态发酵技术。如杀虫剂 BT 发酵、纤维素酶发酵、果胶酶发酵、赤霉素发酵、核黄素发酵等。利用气相双动态固态发酵技术可以生产出很多新产品，开创众多的新产业，更重要的是可以以木质纤维素原料为底物，实现木质纤维素的生物转化，如纤维素乙醇、生物有机肥料、饲料等。相对于传统固态发酵生产技术，气相双动态固态发酵技术往往可使发酵时间缩短三分之一，变温操作往往可提高菌体的活性。另外，在混菌发酵方面也发挥着重要作用，如传统白酒酿造、风味食品的生产，甚至可以创新新的风味发酵食品以及保健食品等。

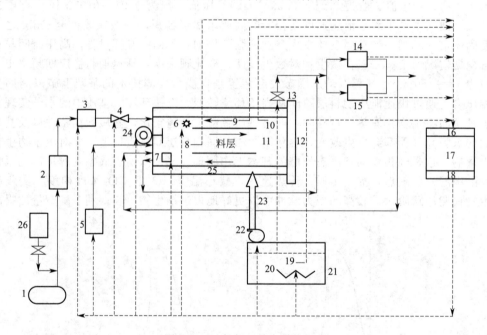

图 4-5-16　气相双动态系统组成

1—空压机；2—空气除菌过滤系统；3—外置加湿器；4—进气阀；5—氧气瓶；6—光源；7—内置加湿器；
8—料温探头；9—气温探头；10—空气湿度探头；11—发酵罐；12—罐门；13—放气阀；14—红外 CO_2 分析仪；
15—磁氧分析仪；16—A/D 转换器；17—工业控制机；18—D/A 转换器；19—水温探头；20—加热电阻；
21—循环水箱；22—循环水泵；23—循环水管；24—变速风机；25—发酵罐夹套；26—蒸汽发生器

6. 呼吸式发酵罐

　　中国科学院过程工程研究所研究人员在已有的气相双动态固态发酵工艺的基础上，进一步研究设计开发了呼吸式发酵罐，并建立了呼吸式固态发酵新工艺。整个发酵系统由两个发酵罐组成，如图 4-5-17 所示。两个罐之间加装一个往复泵，空气从一个发酵罐内抽出，进入到另外一个发酵罐中。负压罐吸入新鲜空气形成常压，高压罐排出气体形成常压，在这个过程中交替出现负压、常压和高压环境，直至发酵结束。通过并联的两个罐一"呼"一"吸"重复循环，排出代谢废气，减少对微生物的抑制作用，同时呼出的气体将发酵热带走。整个发酵罐不存在机械搅拌，也不存在二氧化碳和氧气浓度周期变化。

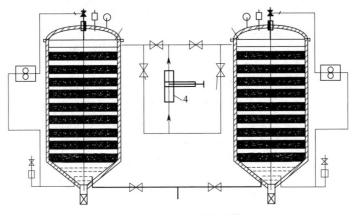

图 4-5-17　呼吸式发酵罐

7. 吸附载体固态发酵装置

（1）吸附载体固态发酵的特点

传统的固态发酵只适用于对纯度要求低或容易分离纯化的发酵产品的生产，同时固态发酵基质通常采用天然粗原料（如玉米、高粱、小麦、大豆、木质纤维素等），因而存在着许多缺点：①固态发酵基质既是微生物生长的营养源，又是微生物生长的微环境，还是发酵产物的聚集地，在微生物发酵生长过程中，培养基逐渐被分解，底物容易结块，孔隙率降低，由于底物的外形和物理特性都发生了变化，结果降低了发酵过程中的传质和传热；②固体物中的杂质容易带入发酵提取液中，难以应用于纯度要求高的发酵产品；③由于底物的不均匀性，难以维持发酵反应的稳定性和一致性，生物量和代谢产物的成分不易分析，不利于发酵过程的控制以及动力学研究与模型建立等。

吸附载体固态发酵是在固态发酵原理的基础上，针对传统固态发酵传质传热困难、生物量难以测定、发酵过程难以控制、产品难以提纯等问题而提出的。吸附载体固态发酵是一种新型固态发酵方式，它是以惰性固态载体为固态发酵过程中的固相，微生物吸附在惰性载体上，以吸附在载体上的培养液作为营养物进行的固态发酵。

吸附载体固态发酵的优点：①具有稳定结构的固态载体充当固态发酵的固相，可以克服底物结块以及传质和传热差的难题；②培养基为合成培养基，可以像液体培养基一样进行优化设计，以满足发酵工艺；③选用适宜的惰性吸附载体，可以避免载体中的杂质带入发酵提取液中，简化提纯工艺；④目标产物产率高，副产物少；⑤能够维持固态发酵过程中环境的均匀性与一致性；⑥可对固态发酵过程中微生物的生理代谢及发酵动力学进行详细的研究；⑦采用培养基实消、液体种子原位无菌接种和在位超声控湿等配套的无菌操作方法，可以解决大规模固体培养基难以灭菌和大规模无菌接种的问题。该技术拓宽了固体发酵应用范围，具有广泛的适用性与推广意义。

目前在吸附载体固态发酵中应用的惰性载体主要分为两类：一类是天然存在的载体，如木质纤维素类、矿物岩石（蛭石，珍珠岩等）；另一类是人工合成的载体，如离子交换树脂、聚苯乙烯、聚氨酯泡沫、硅凝胶等。其中聚氨酯泡沫是一种多孔性弹性材料，吸水性能很高，比表面积巨大，是理想的惰性载体，应用最为广泛。

（2）吸附载体固态发酵装置的组成及其操作

中国科学院过程工程研究所研究设计了一种多孔吸附载体固态发酵装置，如图 4-5-18
所示。

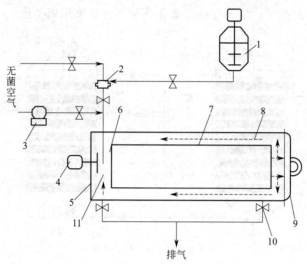

图 4-5-18　吸附载体固态发酵反应器

1—种子发酵罐；2—文氏接种管；3—超声雾化器；4—循环风机；5—固态发酵反应器；6—气体分布板；
7—多孔吸附载体筒；8—气体循环通道；9—固态发酵罐盖门；10—阀门；11—气体分布环

吸附载体固态发酵装置由种子发酵罐、循环风机、固态发酵生物反应器组成。在卧式固
态发酵生物反应器内的支架上放置多孔吸附载体筒，筒的两端设有气体分布板。气体分布板
的直径为固态发酵罐直径的 4/5，气体分布板上的开孔率为 50%～70%。在卧式固态发酵生
物反应器一端安装循环风机以及与气体分布板相对的气体分布环，直径为气体分布板直径的
2/3，气体分布环上开孔率为 20%～50%。在卧式固态发酵生物反应器内，通过循环风机使
罐体内的气体由多孔吸附载体通过气体循环通道形成循环实现热质传递。在卧式固态发酵生
物反应器外部，由文氏接种管将种子罐内种子液接种到多孔吸附载体上。发酵过程可通过超
声雾化器控制罐体内的湿度。

吸附载体固态发酵装置的一般操作过程是：①在卧式固态发酵生物反应器中的多孔吸附
载体筒内装入多孔吸附载体及其可溶性培养基，其中多孔吸附载体与培养基的固液比为
1:2，升温到 120℃灭菌 20～30min。开启循环风机，将培养基冷却到 40℃后，由文氏管接
种液体种子罐内的种子液（相对于培养基质量 5%的接种量）于多孔吸附载体中，控制多孔
载体内的温度为 30℃、湿度 85%～95%，进行发酵。②在固态发酵过程中，通过超声雾化
器控制罐体内一定的湿度，进入罐体内的无菌空气通气量为 0.8～1.2VVM。③发酵终点
后，打开罐体快开盖门，取出多孔吸附载体内筒，将多孔载体和发酵产物倒入抽提罐内进行
产物提取，再将浸提液按传统分离纯化方法精制产品。

复习思考题

1. 分别画出大型（20m³ 以上）和小型（4m³ 以下）通用式机械搅拌发酵罐的示意图，
并至少注明 10 个部件的名称，并分别阐述其作用。

2. 简要回答下列有关通用式机械搅拌发酵罐的问题：

（1）搅拌的作用是什么？常用的搅拌器类型及其流型？带圆盘的涡轮式搅拌器中圆盘的

作用是什么？如何选用多层搅拌桨的形式？

（2）挡板的作用是什么？挡板为什么不能紧贴焊在壁面？

（3）空气分布器的安装要注意些什么？为什么大型发酵罐通常选用单孔管，而不选用多孔环管？

3. 画出鼓泡塔反应器的结构简图，并说明鼓泡塔反应器有利于提高氧传递效率的原因。

4. 气升式发酵罐按其所采取的液体循环方式的不同可分为哪两种？图示并简述一典型气升式环流式生物反应器的工作原理。

5. 什么叫自吸式发酵罐？有哪些类型？简述各类型的结构及其工作原理。

6. 画出传统酒精发酵罐的结构简图，并标出各部件名称？为何传统酒精发酵罐的冷却装置多用蛇管，而机械搅拌通风发酵罐多用列管？

7. 传统啤酒生产的前发酵设备和后发酵设备在结构和作用上有何不同？

8. 圆筒锥底啤酒发酵罐内的发酵液是如何自然对流的？为什么要在其上封头安装真空安全阀？

9. 培养面包酵母应选用什么类型的发酵设备？为什么？

10. 画出升流式厌氧污泥床反应器（UASB）的结构简图，简述其工作原理。

11. 与液态发酵相比，为什么固态发酵的传热成为主要矛盾？为改善传热，可采取哪些措施？强制通风的静态反应器温度梯度如何消除？

12. 转鼓式反应器与搅拌式反应器有何异同？

第五章　动植物细胞培养反应器
与酶反应器

在生物工程领域中，人们已广泛围绕细菌、酵母、丝状真菌等微生物采用大规模培养技术生产乙醇、氨基酸、有机酸、抗生素、酶等各种传统生物发酵产品。然而，许多有重要价值的生物制品，必须借助动植物细胞大量培养获得，例如疫苗、干扰素、单克隆抗体、毒素、色素、香味物质等。动植物细胞培养是指动植物细胞在体外条件下的存活或生长，是将离体的动植物细胞进行大量培养生产产品的生物反应过程。

动物细胞离体培养技术出现于 1945 年，自 20 世纪 80 年代以来，工业规模动物细胞培养的主要用途是生产高附加值蛋白质产品，其最大优势是动物细胞合成的蛋白质都经过了充分的翻译后修饰，产物与天然蛋白质结构非常一致，不会使人体产生免疫原性。鉴于动物细胞培养的巨大经济价值和重要的应用前景，已成为现代生物技术研究和开发的重点。

植物次级代谢产物是一个不可估量的宝库，它们在医药、食品及化妆品等与人们密切相关的领域有着广泛的应用。日本首次实现了紫草细胞的大量培养用于天然色素紫草宁的生产和西洋参细胞物质的工业化生产。20 世纪 90 年代，利用太平洋紫杉细胞培养生产抗癌药物紫杉醇也获得了成功。植物细胞培养可以在可控制的优化条件下生长，可以比自然种植条件下有更高的生长速率，大量的实验研究与工业应用已经证明，植物细胞大量培养为植物次级代谢产物快速合成找到一条捷径。

毫无疑问，无论微生物还是动植物细胞培养，生物反应器都是生物工程核心设备。人类在微生物大规模培养方面积累了大量理论知识和丰富实践经验，动植物细胞培养借鉴了微生物大规模培养技术，动植物细胞培养反应器大多在微生物反应器尤其是通风机械搅拌罐基础上发展形成，但动植物细胞培养在诸多方面与微生物存在很大差异，始于近代的动植物细胞大量培养技术理论远不及微生物培养体系完善，设备设计与放大也不如微生物反应器那样成熟。广大科技工作者在微生物反应器基础上结合动植物细胞培养特点，开发了各种类型的动植物生物反应器，并日臻完善。本章主要介绍动植物细胞大量培养方法和相应生物反应器。

反应器的作用是以尽可能低的成本，按一定的速度由规定的反应物制备特定产物。以酶作为催化剂进行反应所需的装置称为酶反应器。酶反应器不同于化学反应器，它是在低温、低压下发挥作用，反应时的耗能和产能也比较少。酶反应器也不同于细胞培养反应器，因为它不表现自催化方式，即细胞的连续再生。但是，酶反应器和其它反应器一样，都是根据它的产率和专一性来进行评价的。

第一节　动植物细胞大规模培养方法

一、动植物细胞培养特性

离体的动植物细胞在生物反应器中进行大量培养与微生物细胞培养表现出很大差异，如

表 5-1-1。

表 5-1-1 各种生物细胞培养特性比较

项目	微生物	哺乳动物细胞	植物细胞
大小/μm	1~10	10~100	10~100
悬浮生长	可以	少数可以,多数贴壁生长	可以但易成团,无单个细胞
营养要求	简单	非常复杂	较复杂
生长速率	快,倍增时间 0.5~5h	慢,倍增时间 15~100h	慢,倍增时间 24~74h
代谢调节	内部	内部,激素	内部,激素
环境敏感性	耐受范围广	非常敏感	耐受范围较广
细胞分化	无	有	有
$k_La(h^{-1})$要求	100	10	20
剪切力敏感	低	非常高	高
细胞或产物浓度	较高	低	低

动植物细胞比微生物细胞要大很多,在培养时多数不能像许多微生物那样呈单细胞悬浮生长,而且生长很慢,培养时对设备供氧要求比微生物小很多,对搅拌剪切力和环境很敏感等,这些特点是动植物细胞培养和反应器设计和选择时重要影响因素。

1. 动物细胞培养特性

动物细胞不像微生物和植物细胞那样有细胞壁保护,只有一层细胞质膜,因此动物细胞对剪切力和机械作用特别敏感,哪怕是气泡破裂时产生的冲击力都会损伤细胞。

动物细胞的生长都离不开氧气,但对设备供氧要求比好氧微生物小得多,所以动物细胞培养反应器既要考虑供氧又要兼顾培养液混合均匀,所以在微生物领域广泛使用的机械通风罐不适于动物细胞培养。

动物细胞对 pH 也很敏感,一般应在中性 pH 附近,pH 的控制不能采用酸碱调节,一般采用在通气时控制氧气和二氧化碳含量进行调节。

动物细胞根据是否需要依附在固体支撑介质表面生长可以分为贴壁生长型和悬浮生长型,生物反应器选择和设计必须充分考虑生长类型。

动物细胞的生长速率很慢,细胞的传代时间大约需要几小时到几天,动物细胞丰富的营养为微生物的繁殖创造了良好的条件,因此,动物细胞培养反应器必须能够保持无菌操作。

2. 植物细胞培养特性

植物细胞在自然状态下并不像细菌和真菌那样悬浮存在,而是作为整株植物器官组织的一部分,植物细胞之间有着各种紧密接触,细胞间存在物质交换。当细胞从天然环境中分离出来并悬浮于人工环境时,保持一定的细胞聚集度,就可以保持植物细胞间的联系,利于合成次级代谢产物,因此,植物细胞在反应器中往往结团生长。单个植物细胞比微生物大数十倍以上,细胞结团尺寸就更大,细胞在培养液中所占的体积可高达 40%~50%,比微生物更容易发生沉降,为了保证它们处于悬浮状态,必须提供充分的动力。

在悬浮培养时,植物细胞分泌的多糖和糖蛋白进入培养基中,造成悬浮细胞的胞壁较薄,这样使得细胞容易受到剪切力的伤害。因此,流体剪切力对植物的影响包括正反两方面,适当的剪切力可以增加培养系统的通气性,保持良好的混合状态和分散性,从而提高细胞的生物量和增加产物的积累,过高的剪切力伤害细胞。

植物细胞生长缓慢,与微生物相比,植物细胞生长速率极慢,即使生长最快的烟草细胞,其倍增时间也需 15h 左右。典型的悬浮培养植物细胞则需要 1~2 天的时间才能增殖一倍。因此,长期的无菌操作对反应器提出很高要求。

植物细胞培养液的黏度和微生物发酵液表现出明显不同,它随细胞浓度的增加而显著上升,如烟草细胞对数生长期的培养液黏度约为培养初期的 30 倍。同时,植物细胞大规模培养中易产生大量的泡沫，且覆盖有蛋白质和黏多糖，细胞极易被包埋其中从循环的培养液中带出来，从而影响系统的稳定性和生产率，这些流变特性在搅拌和通气时都要予以考虑。

植物细胞对溶氧需求比微生物小很多，对溶氧非常敏感，气体组成需要保持一定比例二氧化碳。通气在植物细胞培养时除了供氧外还提供培养液混合动力。

有些植物细胞在反应器中培养积累次级代谢产物时还需要光照，小型反应器现在多采用LED模块照射，大型反应器尚有困难。

二、动植物细胞大规模培养方法和生产操作方式

在动植物细胞反应器的选择和设计工作中除了考虑细胞生长特点外还要结合动植物细胞培养方法和生产操作方式，使培养过程更有针对性和更有效率。

1. 动物细胞体外大规模培养方法

根据动物细胞培养生长特点，动物细胞体外大规模培养主要有如下四种方法。

（1）悬浮培养

所谓悬浮培养，是指细胞在反应器中自由悬浮生长的过程，主要用于非贴壁依赖型细胞培养，只有少数哺乳动物细胞可以悬浮生长，如淋巴细胞和肿瘤细胞等。悬浮培养系统，工业放大容易，成本低，不易受污染。

（2）贴壁培养

只有在固体基质上附着才能存活或增长的细胞称为贴壁依赖型细胞，大多数动物细胞属于贴壁依赖型细胞。贴壁培养的动物细胞需要在固体表面以单层细胞的形式生长。贴壁依赖型细胞培养，最初采用滚瓶系统，其结构简单、投资少、技术成熟、重演性好，放大只是简单地增加滚瓶数。但是滚瓶系统劳动强度大，单位体积提供细胞生长的表面积小，占用空间大，按体积计算细胞产率低，监测和控制环境条件受到限制。

（3）微载体培养

1972年，Wezel等人使用色谱分离的DEAE sephadex A50粒子作为固体介质用于脊髓灰质炎疫苗的工业规模生产，类似于DEAE sephadex A50的固体粒子经细胞贴壁后可以悬浮培养方式培养贴壁依赖型细胞，此项技术称为微载体培养。微载体培养实际是把贴壁培养和悬浮培养巧妙结合在一起，微载体的直径在$200\sim250\mu m$的范围，微载体体积可占培养液体积的5%～15%，微载体的比表面积高达$0.5\sim1.5m^2/L$，每升培养体积中的细胞量相当于10～30个标准转瓶。微载体密度只是稍高于培养液体，为$1.03\sim1.05g/cm^3$，培养过程中只要很小的搅拌就能使微载体悬浮在液体中，同时，当搅拌停止时，微载体又能够快速沉降，有利于细胞的分离和产物的分离提纯。因此，微载体培养具有生产效率高、成本低、重演性好、放大较容易、劳动强度小、占用空间小等优点，现已被广泛用于动物细胞的大量培养以生产各种生物制品（图5-1-1）。

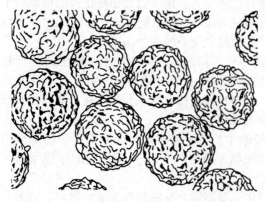

图5-1-1　微载体贴壁培养后显微照片

为了解决微载体培养系统中细胞受到机械损伤及最大限度扩大比表面积，人们又开发了具有完全连通沟回的多孔微载体。细胞接种后，大部分可进入载体内部生长，比表面积是普通微载体的几倍甚至几十倍。在孔内，能避免剪切力或气泡的影响，细胞密度可达实心微载体的10倍以上。另外，与包埋法相比，传质尤其是传氧效果好，且适用于长期培养，因此有人预言，多孔微载体技术将成为动物细胞

大规模培养的一种常用方式。一些常用的商品化微载体材料列于表 5-1-2。

表 5-1-2　一些常用的商品化微载体材料

普通微载体		多孔微载体	
商品名	生产公司	商品名	生产公司
Biosilon（聚苯乙烯基）	Nunclon	Cultisphere（胶原、明胶）	Cyclone
Cytodex 1（DEAE-葡聚糖）	Phamacia	Cytoline（聚乙烯）	Phamacia
Cytodex 2（DEAE-葡聚糖）	Phamacia	Cytopore（纤维素）	Phamacia
Cytodex 3（明胶）	Phamacia		
玻璃，羟基磷灰石涂层的高分子材料	Solohill engineering		

　　优良微载体需要具备以下条件：微载体表面性质必须使细胞能够附着并快速生长；能够使用的微载体要求有一定的密度，需略大于培养液的密度；微载体的大小分布应该比较集中，以便可以均匀地悬浮在培养液中；微载体不应该对细胞的生长有任何毒性作用，对细胞产品也不能有任何不良作用；微载体需要有一定的强度；微载体尽量具有多孔结构，提高比表面积；理想的微载体应该能够重复使用。

　　（4）大载体培养（固定化培养）

　　悬浮培养适用于非贴壁依赖型细胞，贴壁培养适用于贴壁依赖型细胞。除此之外，还有一种对两类细胞都适用的包埋培养，亦称大载体培养。此方法借鉴了微生物固定化培养技术，其基本原理是通过一定方法将动物细胞限制在载体里面从而形成一定大小的胶囊，有网格包埋和半透膜包裹等具体方法，典型制备方法如图 5-1-2。常用包埋材料有：多糖类高分子材料如海藻酸钙、琼脂、纤维素等；蛋白质类材料如胶原、明胶、血纤维蛋白等；人工合成材料如聚丙烯酰胺、聚丙烯甲酸酯、聚乙烯醇等。生产上对非贴壁依赖型细胞常用海藻酸钙包埋，对贴壁依赖型细胞常用胶原包埋，形成的胶囊通常数毫米以上，相对于微载体这种培养方法称为大载体培养。这种方法细胞生长的密度高，产物产率高，由于细胞包

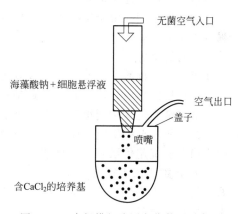

图 5-1-2　大规模细胞固定化装置示意图

埋在载体内部，因此相对于前面几种方法细胞抗剪切力和抗污染能力强，适合用固定床和流化床生物反应器操作。但该法也有一定缺点，如扩散限制，并非所有细胞都处于最佳营养物浓度。

　　2. 动物细胞大规模培养生产操作方式

　　动物细胞大规模培养生产中有如下五种操作方式。

　　（1）分批培养

　　将细胞接种入预先灭菌的培养基中，随着细胞的生长，培养基中的营养物逐渐消耗，产物与副产物也逐渐分泌到培养液中。当营养物消耗殆尽或者不良副产物积累过多时，细胞停止生长，此时结束培养。在分批培养时，只对温度、pH、溶氧及泡沫等因素进行必要的调节和控制。分批培养过程细胞生长环境随时间变化很大，细胞密度低，产率也不高，但操作过程相对简单。细胞的生长阶段可分为延滞期、对数生长期、平稳期和衰退期。

　　（2）换液培养又称半分批培养

　　这种方式是对分批培养的一种改进，在细胞增长和产物形成过程中，每间隔一段时间，从中取出部分培养液，再用新的培养液补足到原有体积，使反应器内的总体积不变。这种类

型的操作是将细胞接种一定体积的培养基，让其生长至一定的密度，在细胞生长至最大密度之前，用新鲜的培养基稀释培养物，每次稀释反应器培养体积的 $1/2 \sim 3/4$，以维持细胞的指数生长状态，从而可维持反复培养，无需反应器的清洗、消毒、接种等一系列复杂的操作。可使细胞密度和产品产率一直保持在较高的水平，提高了生产效率，广泛用于动物细胞培养。

（3）流加式培养

在生物反应器中加入 $1/2 \sim 2/3$ 体积的培养基，待细胞生长到对数生长期或产物形成的高峰期，即可进行流加新鲜培养基，整个过程反应体积是变化的。流加培养方法的优点是可以避免高浓度基质对细胞生长或产物生成的抑制，使细胞生长或产物形成在相当长的时期内处于最佳状态，使细胞副产物积累维持在比较低的水平，从而延长动物细胞的培养时间，提高细胞密度。在流加培养时，新鲜培养基的组成和流加速率的控制是流加培养能否取得成功的关键。

（4）连续培养

将细胞接种到一定体积的培养基后，在细胞达到最大密度之前，以一定流速向生物反应器连续添加新鲜培养基，同时，含有细胞的培养物以相同的流速连续从反应器流出，以保持培养体积的恒定。连续培养的优点是反应器中细胞培养状态保持恒定，可有效地延长分批培养中的对数生长期。由于连续培养是开放式操作，加上培养周期较长，容易造成污染，过程控制技术要求很高。

（5）灌流培养

灌流培养亦称灌注培养，培养基不断流入反应器，同时通过细胞分离装置将细胞全部或部分截留在反应器内，培养液则不断地流出反应器，反应液体积维持不变。采用灌流培养方法时，动物细胞能够达到很高的细胞密度、能维持较长的操作周期及较高的目标产物生产能力，因此，所需要的生物反应器可以采用较小的体积。这种培养方式特别适合于细胞株的遗传性质稳定、细胞倍增时间长且细胞体积大易沉降分离的动物细胞。

3. 植物细胞大规模培养方法

植物细胞大规模培养方法有以下两种。

（1）悬浮培养

植物细胞的悬浮培养是在离体条件下将愈伤组织或其他易分散的组织置于液体培养基中，将组织振荡分散成游离的悬浮细胞，通过继代培养使细胞增殖来获得大量细胞群体的方法，大规模生产利用发酵罐进行悬浮培养。

（2）固定化培养

固定化培养是在微生物和酶的固定化基础上发展起来的植物细胞培养方法。该法与固定化酶或微生物细胞类似，应用最广泛的、能够保持细胞活性的固定化方法是将细胞包埋于海藻酸盐或卡拉胶中。细胞固定化后的密集而缓慢的生长有利细胞的分化和组织化，从而有利于次生物质的合成。在普通悬浮培养时，细胞生长周期比较短，一般每隔 $15 \sim 35$ 天就必须继代，而固定化培养细胞的培养周期可以达到 $90 \sim 180$ 天，因而大大减少了继代培养的次数，对于一些能将绝大部分次生代谢产物分泌到培养液中的植物细胞，用固定化培养方法是非常有意义的，这不仅可以减少对细胞的操作，有利于提高产量，简化了产物分离工程，降低了生产成本。固定化培养保护细胞、换液方便、能除去有毒或抑制性代谢物等。

一般来说，悬浮培养适于大量快速地增殖细胞，但往往不利于次生物质的积累，固定化培养则相反，细胞生长缓慢而次生物质含量相对较高。

4. 植物细胞大规模培养生产操作方式

上述动物细胞培养五种操作方式也适用于植物细胞培养操作。植物细胞大规模培养的目标产物都是次级代谢产物，它们的积累与细胞的生长速率无关，一般在对数生长后期才开始合成，因此提高次级代谢产物产量的重要方法是尽可能延长植物细胞处于稳定期的时间。所以生产可以采用两段分批培养的方法：第一阶段是利用生长培养基，尽可能快地使细胞的生物量得到增长；第二阶段是通过生产培养基来诱发和保持次生代谢作用，这种操作实际是把分批培养和换液培养结合到一起。另一种常用方法是流加式培养，间隔数次添加培养液让细胞始终处于稳定期，这里流加的培养液组成、流加量以及添加次数是关键。连续培养也是常用操作方式，先期也是让细胞增殖，然后控制稀释率和培养液组成使细胞尽可能长时间维持在稳定期。

第二节　动物细胞培养反应器

动物细胞的大规模培养需要特殊的反应器，与微生物和植物细胞不同，动物细胞外层没有细胞壁，质膜脆性大，对剪切敏感以及对体外培养环境有严格的要求。因此，传统的微生物发酵用的反应器不能用于动物细胞的大规模培养，而具备低的剪切效应、较好的传递效果和力学性质是这类反应器设计或改进所必须遵循的原则。20世纪70年代以来，细胞培养用生物反应器有很大的发展，种类越来越多，规模越来越大，反应器的主要结构形式仍以搅拌式、气升式和固定床为主。

一、动物细胞贴壁培养反应器

1. 滚瓶培养系统

传统的动物培养装置采用的是滚瓶系统，滚瓶如图5-2-1所示。滚瓶固定在支加上，倾斜度为5°～10°，或将转瓶放在一排排转轴之间，使转瓶随着转轴以6～12r/h缓慢转动。细胞贴附于滚瓶四周，细胞贴壁和生长只有一个表面，经转动一方面使培养液流动，利于细胞吸收营养和进行代谢，另一方面使细胞有机会接触气体，利于细胞呼吸。培养瓶内保持有相当大的上方空间，以维持合适的氧和pH水平。若需提高细胞产量，除可增加转瓶数量外，使瓶

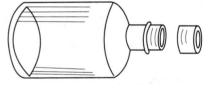

图 5-2-1　贴壁培养用滚瓶

直径变小或长度增大，从而增加细胞贴壁生长表面面积。目前有不少生物制品厂家用4～30L大小的滚瓶进行动物细胞贴壁培养来生产疫苗。

采用滚瓶系统进行培养，其结构简单，投资少，技术成熟，放大只是简单增加滚瓶数和滚瓶机；缺点是劳动强度大，比表面积小，占用空间大，按体积计算细胞产率低，监测和控制环境条件受到限制，只能用于规模不大的生产中。

2. 中空纤维培养系统

中空纤维是由聚合物，如聚苯乙烯制成的非常细的管状物纤维，内径200～500μm，壁厚50～100μm，管壁布满大量微孔，中空纤维的内层有一层超滤膜。中空纤维最先用于贴壁生长细胞的培养，将中空纤维浸渍在培养液中，细胞贴着中空纤维的外壁（亦称外室）生长，细胞培养需要的氧气或二氧化碳通过中空纤维的内室供给，图5-2-2是这种反应器的结构示意图。

这种中空纤维细胞反应器在结构上类似列管换热器，其中，成束的中空纤维代替了列管换热器中的列管位置。这些中空纤维束固定在两个密封端板上，外面分别套上外壳和密封板形成两个区域：中空纤维内室和中空纤维外室。当使用这种中空纤维反应器进行贴壁细胞培

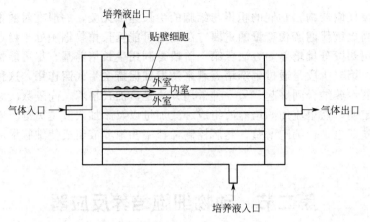

图 5-2-2　中空纤维反应器示意图

养时，细胞和培养液放在中空纤维外室，细胞可沿着中空纤维外表面生长，新鲜的培养液可

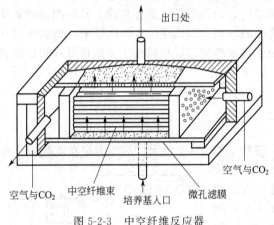

图 5-2-3　中空纤维反应器

由接口进出。细胞培养需要的氧气和二氧化碳通过接口进入中空纤维内室，经过纤维壁上大量的小孔供给细胞生长需要。中空纤维很细，其外壁可以提供非常大的比表面积，每立方米体积的中空纤维能够提供的外表面积可达几千平方米，因此中空纤维反应器生产效率较滚瓶培养系统高很多。图 5-2-3 是这种中空纤维反应器设备结构图。

中空纤维反应器的放大主要通过中空纤维管数量的增加实现，放大效应较小，因此常用于动物细胞的大规模贴壁培养。中空纤维反应器设备投资较大，对分泌到胞外产物的培养过程产物分离容易，但对胞内产物的

分离则较麻烦。

二、动物细胞悬浮培养反应器

1. 通气搅拌式反应器

通气搅拌式反应器是最经典、最早被采用的一种生物反应器。在诸多生物反应器类型中，搅拌式生物反应器最能体现动物细胞培养专用生物反应器的设计理念。这种反应器是在微生物发酵罐基础上改进的一类细胞培养反应器，适用于悬浮细胞的培养或者生长在微载体上贴壁细胞培养。

通气搅拌式反应器的设计必须考虑动物细胞没有细胞壁和对剪切敏感的特性。吸管式搅拌器常用于动物细胞的悬浮培养中，其结构如图 5-2-4 所示。气体从中空转轴底部通入，向上由旋转的出口排出。这种搅拌在使用时转速都不高，一般在 $30\sim80\mathrm{r/min}$。

典型的是笼式通气搅拌反应器，其结构如图 5-2-5 所示。它通常由罐体、管路、阀门、泵及电动机组成。小罐体通常采用硼硅酸盐玻璃制作，用于实验室规模使用；大罐体采用不锈钢材质，用于大规模生产。通常由电动机带动桨叶混合培养液，通过搅拌器的作用使细胞和养分在培养液中均匀分布。罐体上安装的不同传感器在线持续检测培养液的 pH、温度、溶氧等一些参数。小体积玻璃材质的反应器可以在高压灭菌锅内进行灭菌，大体积不锈钢的

反应器则通常采用高压蒸汽在线灭菌。

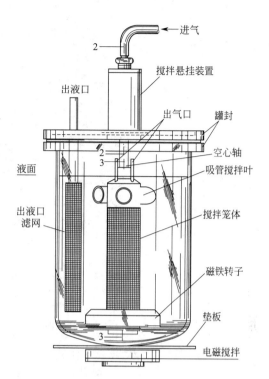

图 5-2-5　笼式通气搅拌反应器

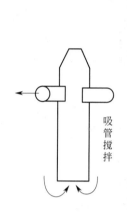

图 5-2-4　吸管式搅拌器

笼式通气搅拌反应器由两大部分组成：罐体和搅拌。罐体与一般反应器罐体没有大的区别，但其搅拌结构却与众不同：将电磁机械搅拌与吸管式搅拌器有机结合在一起，并通过网状笼壁迫使气体均匀分散后再进入培养液。图 5-2-6 是图 5-2-5 中的 2—2 和 3—3 两个剖面。

从图 5-2-6 可以看出，笼式搅拌结构分为两大部分：搅拌笼体和搅拌支撑。搅拌笼体由搅拌内筒和其顶端的三个吸管搅拌叶以及套在笼体外面的网状笼壁组成。搅拌内筒上端密封，下端开口，在其上端外侧连接了三个圆筒。这三个圆筒向外展开，互成 120°，垂直于搅拌内筒，外端为倾斜切口，组成吸管搅拌叶。图 5-2-7 为吸管搅拌叶的俯视剖面图。

当搅拌沿图 5-2-7 所示的方向旋转时，吸管搅拌叶的外端斜切口部分就会产生负压。在负压的驱动下，罐内的液体就会从搅拌内筒的底部开口进入，从吸管式搅拌叶的斜切口部分回到罐内，形成罐内液体的上下循环。气体从这些小孔中进入内筒和笼壁之间的环状空间，并与从笼外进入的液体混合，形成气液混合室。这样，整个搅拌笼体内部形成两个区域，搅拌内管和吸管搅拌叶的内部空腔构成液体流动区，液体自下而上通过该区域与搅拌外部的液体形成循环；搅拌内管和笼壁之间形成气液混合区，液体和气体在这里混合，由于笼壁上的孔直径非常小，混合的气液笼壁后形不成气泡，所以对悬浮培养或微载体上贴壁生长的细胞伤害很小。

此外，搅拌支撑结构如图 5-2-6 中的（a）所示，由弹簧机械密封和空心柱组成，空心柱作为搅拌轴，同时起到通气的作用，与外面的支撑体用轴承连接。搅拌笼体的上部还有气体进口和气体出口，下部连接一个环状磁铁作为磁铁转子，以便外部磁力搅拌带动搅拌体转动。

这种反应器的优点是：①液体在罐体内形成从下到上的循环，罐内液体在比较柔和的搅拌情况下达到比较理想的搅拌效果，罐内各处营养物质比较均衡，有利于营养物质和细胞产

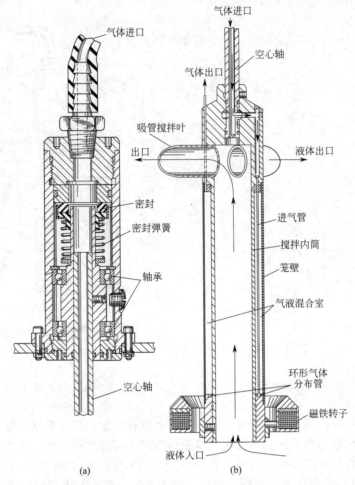

图 5-2-6　笼式通气搅拌反应器的剖面

（a）为图 5-2-5 中的 2—2 剖面；（b）为图 5-2-5 中的 3—3 剖面

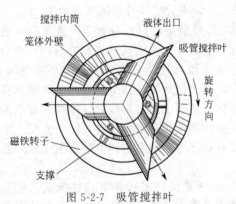

图 5-2-7　吸管搅拌叶

物在细胞营养液之间的传递，剪切力对细胞的破坏降低到很小的程度。②由于搅拌器内单独分出一个区域供气液接触，气体进入时鼓泡产生的剪切力无法伤害到细胞。③这种反应器的气道也可以用于通入液体营养，与出液口滤网配合进行细胞的营养液置换培养，增加了反应器的功能，可用于多种操作方式的动物细胞培养。

目前 FDA 批准的主流生产工艺是搅拌式生物反应器，原因在于：搅拌式生物反应器既可用于悬浮细胞培养，也适用于微载体贴壁细胞培养，培养工艺容易放大，可以为细胞的生长和增殖提供均质的环境，产品质量稳定，非常适合于工厂化生产生物制品。虽然搅拌所产生的剪切力对细胞有害，但是通过改变桨叶的形状和尺寸或者在培养基中添加一些血清、牛血清白蛋白、葡聚糖及非离子表面活性剂 Piuronic F68 等降低剪切力造成的影响。搅拌式生物反应器细胞密度可达 2×10^7 个/mL，并且生产放大简单，悬浮细胞培养较易放大到万升规模以上。Lonza 公司在 2005 年就已拥有 3 台 20000L 的动物细胞搅拌式生物反应器，采用全悬浮培养技术生产抗体；Baxter 公司 Vero 细胞微载体培养规模放大到 6000L 的规模；美国 Genetech 公司使用 12000L 搅拌式反应器培养 CHO 细胞生产 t-PA 重组蛋白以及治疗癌症的生物药物。

2. 气升式动物细胞培养反应器

气升式反应器利用混有气体的液体与含有较少气体的液体之间的密度差异推动反应器内培养液循环，起到搅拌的效果，相对于机械搅拌罐，这种反应器也可以称为气体搅拌罐，其结构如图 5-2-8 所示。

气升式反应器主要由筒体和导流筒及气液分布板组成，细胞培养液从管口中进入，装至一定液面后，气体从底部通过气液分布板由细小的出口引入进入上升区。上升区内的液体由于含有大量气泡，密度减轻，从而沿导流筒上升并吸引下降区内的液体下降。下降区的液体降到底部后从气液分布板进入上升区，形成液体的上下循环，起到搅拌的作用。气升式生物反应器主要有两种构型：一种是内循环式，另一种是外循环式。动物细胞培养一般采用内循环式，但也有采用外循环式。内循环空气提升生物反应器内部有四个组成部分：升液区，若空气是在导流筒底部喷射，流体沿筒内上升，在反应器上部分离部分气体后，又沿筒和罐壁间降液区下降，构成一循环流动；降液区，导流筒与反应器壁之间环隙，流体沿降液下降；底部，升液区与降液区下部相连区，一般来说，对反应器特性影响不大，但设计不好，对液体流速也有一定影响；顶部，是升液区与降液区上部相连区，可在顶端装置气液阀。若空气在筒和罐壁环隙进行喷射，则流体循环方向恰好相反。反应器内环形气体分布器上小孔控制一定气速产生气泡，直径为 1～20mm，空气流速一般控制在 0.01～0.06VVM，考虑传质需要气升式反应器高径比要比机械搅拌罐大，一般为（3～12）∶1。

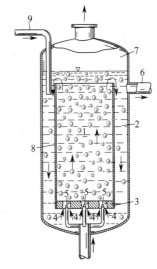

图 5-2-8　气升式反应器结构示意图
1—培养液上升区；2—培养液下降区；
3—气液分配板；4—液体上升口；
5—气体导入口；6—液体引出口；
7—气液分离器；8—导流筒；
9—液体导入区

气升式反应器是 Lefranios 于 1956 年首先开发的。气升式生物反应器在工业上的应用仅次于机械搅拌式生物反应器，显著特点是用气流代替不锈钢桨叶进行传质混合。与机械搅拌生物反应器相比，对细胞产生的湍动温和而均匀，剪切力相当小，器内没有机械运动部件，结构简单，直接喷射空气供氧，氧传递速率高，供氧充分，液体循环量大，使细胞和营养成分能均匀地分布于培养基中，并且也容易放大，因此，气升式生物反应器已被广泛用于大规模细胞悬浮培养。

Celltech 公司首先采用气升式生物反应器悬浮培养杂交瘤细胞，生产单克隆抗体，已放大到 1000L 规模。培养工艺是用逐级扩大培养，先在 10L 反应器中培养细胞 2～3 天，再逐级转移到 100L 和 1000L，如图 5-2-9 所示。

气升式生物反应器在大规模培养中要注意的是，虽然避免了搅拌式反应器中机械剪切力问题，但是因为液体混合的能量来源于通气，气体上升产生的气泡对细胞的损伤还是较大，气泡破碎容易造成细胞损伤，尤其是直径小于 2mm 的气泡。通过添加 Pluronic F68，降低反应器高径比，最小化能量输入，控制气泡直径在 10～20mm 等方法来降低对细胞的损伤。此外，通气量大，造成泡沫问题严重。

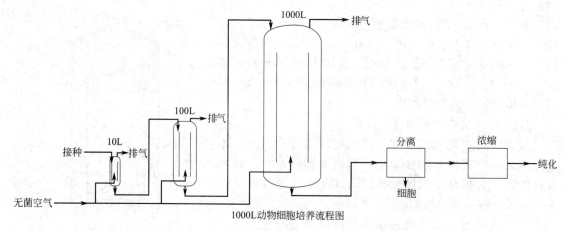

1000L动物细胞培养流程图

图 5-2-9　气升式生物反应器动物细胞培养流程图

3. 中空纤维细胞培养反应器

中空纤维培养法首先用于动物细胞贴壁培养，后来用于动物细胞的悬浮培养（图 5-2-10）。中空纤维一般是作为超滤用，能使大分子通过的海绵状纤维壁允许液体连续沿内室流动，细胞悬浮在外室，当这些中空纤维包裹在密闭容器中培养细胞时，培养液以及气体从内室压入到外室，供细胞生长。中空纤维是用丙烯酸聚合物制成，直径为 $350\mu m$，壁厚 $75\mu m$，内室半透膜可截住分子量 $10000 \sim 100000$ 之间的物质，采用此培养系统可使细胞密度高达 10^8 细胞/mL。此培养系统属于填充床式反应器，可以进行灌注培养。

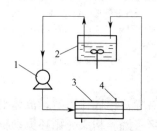

图 5-2-10　利用中空纤维反应器进行悬浮细胞的培养

1—培养液循环泵；2—培养液储槽；3—中空纤维反应器；4—悬浮细胞加入口

操作时，先将细胞通过接种口接种于中空纤维外室，然后将保温的培养基（氧气或需要的其他气体在反应器外的专门装置中预先溶入培养液）通过输液泵进入反应器，当反应器出口封闭后，培养液穿过滤膜与细胞接触，从而使细胞在流动着的培养基中生长，当反应器出口打开时，与细胞接触过的培养液既可排出反应器，以用于分离产品，也可进入灌注法贮罐，进行环境调整，以使旧培养基再生，然后返回反应器中，提供细胞营养。中空纤维悬浮培养优点如下：①细胞生长密度高，使细胞一直处于接近生理状态的微环境中，可允许细胞以组织样密度生长。②营养物质可有效分布，代谢废物可及时排除。③细胞培养可达数月，易于实现连续培养。④细胞分泌的蛋白质（如激素、单抗、细胞因子等）浓度高，而且细胞合成产品纯度较高，可达 $60\% \sim 80\%$，既便于提纯，又可降低成本。⑤反应器体积小，占用空间小。

中空纤维生物反应器已进入工业生产，主要用于培养杂交瘤细胞生产单克隆抗体。Bio-response 和 Invitron 公司均采用这种生物反应器生产单克隆抗体。美国 Endotronic 公司生产的 Acusyst-Jt™ 中空纤维培养系统如图 5-2-11 所示。中空纤维内室半透膜孔径可阻抑分子量 $6000 \sim 10000$ 以上的生物大分子通过。培养器与两个不同流向的循环系统（组合循环和扩张循环）相连，为培养细胞的持续生长增殖形成一个理想的环境条件。在组合循环流向中装置着伸缩泵，为管道流动的培养液增加压力，以消除营养扩散梯度的形成，使整个细胞群体可以均衡地获得充分营养和氧气供应以及去除代谢废物。各种参数均由微机控制，产物收集也由输入微机的指令自动进行。

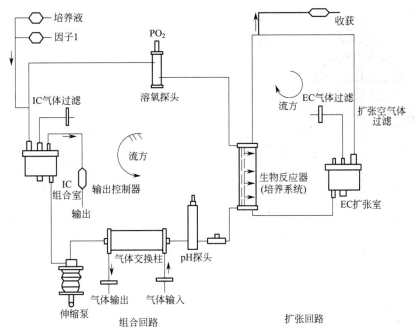

图 5-2-11　Acusyst-Jt^{TM}中空纤维培养系统

三、动物细胞微载体培养反应器

适合于微载体悬浮培养的反应器有多种形式，包括前面讨论过的笼式通气搅拌反应器和中空纤维反应器，微载体大规模培养常用锥形通气搅拌罐和内循环流化床反应器。锥形通气搅拌反应器如图 5-2-12 所示。

锥形通气搅拌反应器外壳为圆锥形筒体，筒体内装有可旋转塑料丝网气腔，气腔尖端装有推进式螺旋桨搅拌器，靠螺旋桨的翻动使培养液循环流动，气腔内有气体鼓泡管调气系统，维持一定溶解氧，跟笼式反应器一样气腔内完成气体与培养液的混合，微载体悬浮在气腔和筒体之间，气泡破裂对细胞冲击伤害降低。这种反应器是对笼式通风搅拌反应器的一种改进，可以使微载体贴壁细胞不接触机械搅拌器，避免机械剪切力对细胞造成伤害，同时气腔尖端的螺旋桨搅拌器可以有效分散气泡，可以提供比笼式反应器更大的供氧能力，且可以使微载体始终处于悬浮状态。因此在动物细胞微载体悬浮培养中得到广泛应用。

另一种很有应用前景的微载体培养生物反应器是内循环流化床反应器，如图 5-2-13 所示。

流化床基本原理是通过高速向上流动的培养液使微载体在反应塔内呈流化状态。内循环流化床由奥地利维也纳应用微生物研究所与奥地利 Vogelbusch GmbH 公司联合开发，现已成功用于人重组蛋白的生产，特别是 EPO、IFN-γ。使用流化床生产的产品产量与搅拌式反应器相比产能明显提高，流化床培养商业规模达到 400L，细胞密度可达 2×10^8 细胞/mL。

这种反应器由一个底部和上部圆柱体构成。底部适于特定的流动条件，配备了下列元件：双夹套加热循环、取样和放罐装置、一个磁力搅拌器（可以在两个方向旋转），以及 pH、T、DO 探头管口。磁力搅拌器搅动的液体通过分布板传递给容器上部圆柱体中的微载体。动力压提升了沉降的微载体使之形成流化床，在上部流化的微载体与最上面的培养液之间形成了一个清晰的界面。调节搅拌速度可以控制流化床的扩张和收缩。培养液通过一个筛网进入到内部循环回路并回到容器底部的搅拌器中。中间汲取管中氧的微泡均匀地喷射到向

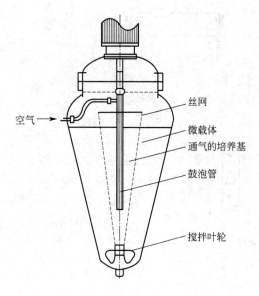

空气 →

丝网
微载体
通气的培养基
鼓泡管

搅拌叶轮

图 5-2-12　锥形通气搅拌反应器

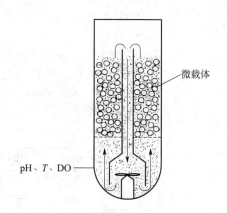

微载体

pH、T、DO

图 5-2-13　内循环流化床反应器

下流动的培养基中，然后被叶轮均匀分布。该系统通过分散的氧气气泡使溶解氧得以较好保持，这样最小化了系统中的氧梯度，又极大地提高了理论流化床的高度。最大的流化速度依赖于微载体的沉降速度。当向上流的速度高于沉降速度时，微载体将会被带到顶部，形成所谓的冲出。冲出速度比流化点速度高 10～100 倍。流化床中的混合效率比许多其他系统高得多，混合效率随着载体颗粒尺寸的增加而提高。内循环流化床反应器传质效率高，放大容易，微载体上贴壁细胞没有剪切力伤害，结构简单，是很有前途的微载体悬浮培养反应器。

四、大载体培养反应器

大载体动物细胞培养必须先制备固定化动物细胞，然后置于反应器内进行培养，不像微载体可以在反应器培养过程中形成，因而大规模使用大载体培养动物细胞受到一定限制。将大载体制备和培养偶联在一起的反应器以美国 Bellco 生物工程公司设计的新型的大规模培养细胞装置最为著名，如图 5-2-14 所示。该系统配有先进的设备部件，溶解氧、pH 测定以及培养液输入和产物的收获均由微机程控调节。培养器外面套以水浴玻璃缸加温。混合气体从培养器底部输入使细胞悬浮培养，通气量大而对细胞损伤小。大载体是由海藻酸钠构成。海藻酸钠含有重复排列的葡萄糖醛酸和甘露糖醛酸，在钙溶液中形成适宜于附着的网络状凝胶珠，在收集细胞时，可用 Na-EDTA 和柠檬酸钠使细胞从凝胶中分离出来。

大载体的制备过程如下：配制 50mmol/L 氯化钙溶液，经蒸汽高压灭菌后，由输入泵注入 1750mL 培养器中，将收集的细胞悬液体积 25mL 注入到 930mL 无菌低黏度的海藻酸钠凝胶中充分混匀。通过喷珠装置，由输入泵将细胞混合液根据需要的速度喷珠于氯化钙溶液中，使聚合携带细胞的大载体其直径约 2.6mm。喷珠结束后，抽出氯化钙溶液，另注入生理盐水洗涤 2 次，最后注入 2000mL 的培养液进行气升式悬浮培养。

该培养系统能连续生产 3 个月以上，已用于培养 10 多种有经济价值的细胞株，生产单克隆抗体和干扰素产品。该系统的优点是：①操作控制方便，可随机取样检测；②附着细胞密度高；③消耗用品价格低廉，产物收获量大，有明显经济效益。但该系统不具有细胞分泌产物的浓缩装置。

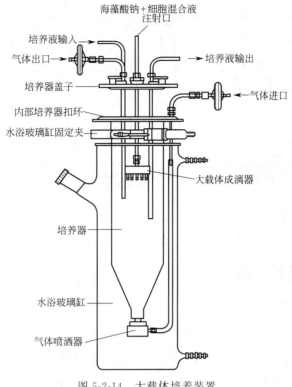

海藻酸钠+细胞混合液
注射口

培养液输入
气体出口
培养液输出
培养器盖子
气体进口
内部培养器扣环
水浴玻璃缸固定夹
大载体成滴器
培养器
水浴玻璃缸
气体喷洒器

图 5-2-14　大载体培养装置

第三节　植物细胞培养反应器

20 世纪 70 年代开始研究植物细胞大规模培养时，主要借用微生物培养时广泛使用的搅拌式生物反应器，随后剪切力较小的鼓泡柱和气升式等非机械反应器得到了人们的青睐。选择合适的生物反应器，最大限度地发挥植物细胞合成次级代谢产物的潜力，已经成为植物细胞大规模培养能否成功的关键。合适的植物细胞培养反应器应该具有适宜的气体传递能力、良好的混合性能和较低的剪切力。如前所述植物细胞大规模培养有悬浮培养和固定化培养方法，相应的反应器有植物细胞悬浮培养反应器和植物细胞固定化培养反应器。

一、植物细胞悬浮培养反应器

1. 机械搅拌生物反应器

日本在植物细胞培养研究开展较早。1972 年，Kato 就利用 30L 机械搅拌反应器半连续培养烟草细胞以获取尼古丁。随后，他们又成功地在 1500L 反应器上对烟草细胞进行连续培养，最后放大到 $20m^3$ 的反应器上进行分批和连续培养，连续培养时间持续了 66 天，如图 5-3-1。紫草细胞培养生产紫草宁的实验也使用了搅拌式反应器，Fujita 等用 200L 的反应器先进行细胞增殖，然后转接到 750L 的反应器上进行紫草宁的合成。

机械搅拌式生物反应器有较大的操作范围，混合程度高，氧传递效率高，适应性广，反应器内的温度、pH、溶氧及营养物质浓度较其他反应器更易控制，其最大特点是因为高速机械搅拌能获得较高的 $k_L a$ 值（$>100h^{-1}$），而植物细胞培养所需 $k_L a$ 值为 $5 \sim 20h^{-1}$。机

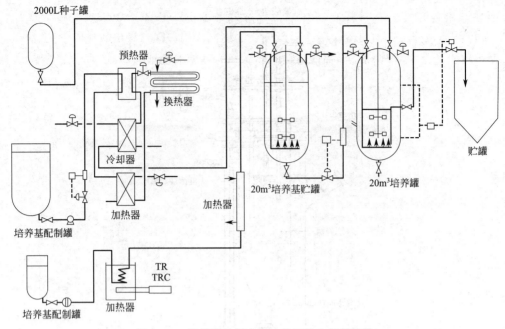

图 5-3-1　机械搅拌反应器植物细胞大规模培养

械搅拌造成的剪切力会对植物细胞造成较大的损伤，不同细胞株对剪切的敏感程度是不同的，而且即使使用同一细胞株，随着细胞年龄的增加，其对剪切的敏感程度也提高。由于多数植物次级代谢产物往往在细胞生长的后期产生，因此机械搅拌对产物合成产生影响。此外在较低 $k_L a$ 值时机械搅拌反应器单位体积消耗的功率比非机械搅拌反应器高，反应器的搅拌轴也给无菌密封带来了困难。因此尽管机械搅拌式反应器已成功地用于植物细胞培养，但如何更好地应用于次级代谢产物的生产需要对反应器结构进行改造，尤其是搅拌桨的结构和类型的改进，力求减少产生的剪切力，同时满足供氧与混合的要求。有人使用锚式搅拌器和螺旋式搅拌器进行植物细胞的培养，取得了较好的效果。这两种机械搅拌反应器如图 5-3-2 所示。

吸管式搅拌器和帆式搅拌器常用于植物细胞的悬浮培养中。吸管式搅拌器的结构原理在动物细胞培养反应器中已有介绍，帆式搅拌器如图 5-3-3 所示，其结构相对简单，由四片较大的搅拌叶组成。这两种搅拌在使用时转速都不高，一般在 $30 \sim 80 \text{r/min}$。

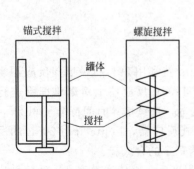

图 5-3-2　锚式搅拌器和螺旋搅拌器
植物细胞培养反应器

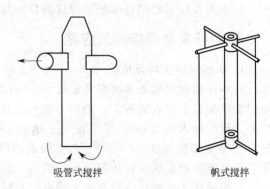

图 5-3-3　吸管式搅拌器和帆式搅拌器

2. 气体搅拌生物反应器

相对于传统机械搅拌反应器，非机械搅拌反应器所产生的剪切力较小，结构简单，主要类型有鼓泡式反应器、气升式反应器等，亦称气体搅拌反应器，其原理都是在供气的同时借气体的推动力使培养液翻动混合均匀，其示意见图 5-3-4。

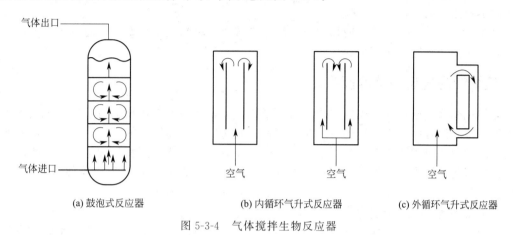

| (a) 鼓泡式反应器 | (b) 内循环气升式反应器 | (c) 外循环气升式反应器 |

图 5-3-4　气体搅拌生物反应器

气升式反应器在微生物反应器中已有介绍。其运行成本和造价低，通过上升液体和下降液体的静压差实现气流循环，以保证良好的传质效果，同时使剪切力的分布更均匀，并且可以促进培养基和细胞在较短混合时间内的周期运动。另外，由于其没有搅拌装置，更容易长期保持无菌状态。对于低或中等需氧系统，气体搅拌通常比机械搅拌更为有效。在气体搅拌反应器中，氧传递系数的变化主要取决于单位体积的气液表面积，而该值又取决于气泡的大小和总气体持有量（即气体占有体积与反应器总体积的分率），气泡的大小取决于多种因素，包括气体分布器设计、流型以及培养基的聚结抑促特性。气体持有量通常与界面气体速率有关，增加气体流速便增加了气体持有量和 k_La。但气体流速的增加受到泡沫等问题的限制。必要时可通过修改反应器内部结构以促进氧传递。很多研究都表明气体搅拌式反应器十分适于植物细胞生长与次级代谢产物的生成。但气升式生物反应器也有一定的缺点，即操作弹性小，当低气速在高密度培养时混合效果较差，导致植物细胞生长缓慢。为弥补这一缺点，可以将气升式发酵罐与慢速搅拌相结合，这样也有利于氧的传递，目前已有搅拌气升式生物反应器应用于西洋参（*Panax quinquefolius*）、紫草（*Lithospermum erythrorhizon*）、檀香木（*Santalum album*）以及唐松草（*Thalictrum rugosum*）等植物细胞的培养。

鼓泡式生物反应器的高径比通常为 4～6，反应器结构简单，整个系统密闭，气体从底部通过孔盘或喷嘴穿过液池来实现气体交换和物质传递，易于长时间无菌操作。其内部不含转动部分，培养过程中无需机械能损耗，因此也适合培养对剪切力敏感的植物细胞如人参细胞等。在这种反应器中，氧气溶入培养液的速度、搅拌混合效果等主要取决于空气鼓入的速率和培养液的流体力学性质，比如黏度等。空气鼓入的速度越快，黏度越小，氧气进入反应器的速度越快，反应器的混合效果越好。通过比较藏红花（*Crocus sativus*）细胞在机械搅拌式、气升式和鼓泡式三种反应器中的培养结果，发现鼓泡式生物反应器更适于藏红花素的生产。但鼓泡式生物反应器的缺点是氧气传输能力差，而在高通气量条件下又会产生大量泡沫，另外对于高密度及高黏度的培养体系，流体混合性也较差，可以通过在鼓泡塔内不同区段安装多个排气管将氧气输送到塔中高细胞密度区域以提高鼓泡式生物反应器的性能。

气体搅拌式反应器因没有搅拌轴而更易保持无菌，但往往因搅拌强度较低而使培养物混合不均，因此必须依靠大量通气输入动量和能量，以保证反应器内培养液的良好传质，并保证不出现死角，但过量的通气同时也易于驱除培养液中的二氧化碳和乙烯，对细胞生长反而有阻碍作用，因而有时需要降低气体成分的传质系数，这一矛盾是气体搅拌式反应器在实际生产应用中应特别注意的。另外，气体搅拌式反应器中鼓泡式反应器与气升式反应器的传氧效率和混合性能很不相同。研究表明鼓泡柱式反应器的氧传递能力一般较大而气升式反应器因流体不断循环而混合效果较佳。

总体而言，气体搅拌式反应器因结构简单、传氧效率高以及切变力低而更适合于植物细胞培养。在植物细胞大规模培养生产中，气体搅拌式生物反应器处于主流地位。

二、植物细胞固定化培养反应器

固定化植物细胞包埋于支持物内，可以消除或极大地减弱流体流动引起的切变力，它有利于细胞之间的接触、信息传递及分化，因而有利于次生代谢产物的产生，还可以帮助细胞生长和产物形成过程相耦合。当目的产物为外泌型时，固定化使产物与细胞易于分离，此类反应器能简化下游提纯工作，非常适合脆弱细胞的培养。此外，这类反应器便于连续操作。固定化细胞反应器已用于辣椒、胡萝卜、长春花、毛地黄等植物细胞的培养。

1. 固定床植物培养反应器

固定床植物培养反应器如图 5-3-5，在此反应器中，固定化植物细胞颗粒堆叠成床，培养液在床层间流动，实现植物细胞连续培养。用这种方法进行细胞培养不仅减少了细胞受到剪切力伤害的可能性，而且由于细胞固定在某种支撑物上，可以很容易与培养液分开，既有利于细胞产物的分离，又使细胞能够反复培养利用，降低了生产成本。改变培养液组成亦可进行植物细胞的两段培养，积累次级代谢产物。

填充床中单位体积细胞较多，可以实现植物细胞高密度培养。由于扩散限制常使床内氧的传递、气体的排出、温度和 pH 的控制较困难，越大的颗粒这种扩散限制效应越明显，这是固定床培养细胞重要特点。另外，沿流动方向（轴向）各种物质存在浓度梯度，营养物质浓度在进口处最高，在出口处最低，而代谢产物浓度分布则与之相反，因此固定床中细胞生长环境并不一致。如支持物颗粒破碎还易使填充床阻塞。Kargi 报道填充床反应器中固定化长春花细胞的生物碱产量高于悬浮培养物，认为填充床改善了细胞间的接触和相互作用，从而有利于次级代谢产物形成。

2. 流化床固定培养生物反应器

典型的流化床是利用流体的能量使固定化颗粒处于悬浮状态培养固定化植物细胞，流化床结构如图 5-3-6。这种反应器主要由一个圆柱体组成，循环泵从这个圆柱体的底端打入培养液，培养液从下向上流动将反应器内载有细胞的固体颗粒悬浮起来，直至顶端。在顶部，由于反应器的直径变大，培养液向上流动的速度变慢，这些悬浮的固体颗粒不再上升。这种反应器类似于外循环气升式反应器，不同的是这里固定化细胞颗粒悬浮在培养液中而没有参与培养液循环。

流化床循环式反应器中流体可在高速下操作，有较长的停留时间，使反应混合均匀。高速流体降低传质阻力，使扩散限制达到最小，气泡扰动达到最小。反应器中使颗粒呈流化状态所需的能量与颗粒大小成正比，因此，通常采用小固定化颗粒，这些小颗粒良好的传质特性是流化床反应器的主要优点，流化床反应器中植物细胞类似于悬浮培养，传质情况比固定床反应器好很多，不像固定床反应器那样各种物质存在严重浓度梯度。但流化床单位体积细胞密度低，其最大缺点是剪切和颗粒碰撞会损坏固定化细胞，另外，流体动力学复杂使其放大困难。Hamilton 等研究了流化床反应器中固定化胡萝卜细胞的转化酶活性，结果此酶的活性很高。

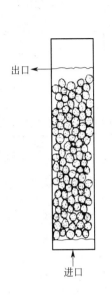

图 5-3-5 固定床植物培养反应器

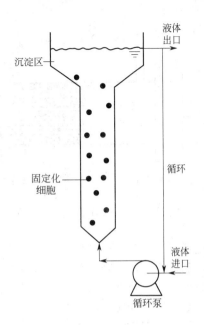

图 5-3-6 流化床固定培养反应器

3. 膜反应器

膜反应器是另一种固定化植物细胞培养反应器，它利用膜将植物细胞固定起来，然后加以培养。用膜固定细胞的方式基本上有两种，一种是将细胞固定在一层膜和另一层支撑物之间，如图 5-3-7(a) 所示，营养物质从膜上流过通过膜渗透到细胞层中，利用中空纤维膜进行植物细胞固定化培养属于这种情况。另一种是将细胞固定在两层膜之间，营养液从膜外流过，通过膜渗透到细胞层中，如图 5-3-7(b) 所示，平板膜反应器或螺旋卷绕膜反应器采用这种方式。

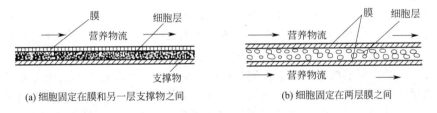

(a) 细胞固定在膜和另一层支撑物之间   (b) 细胞固定在两层膜之间

图 5-3-7 膜固定植物细胞两种方式

中空纤维膜植物细胞培养装置如图 5-3-8 所示，细胞固定在中空纤维外壁和反应器外壳内壁之间，或者说，细胞填充在反应器内，多束中空纤维从中穿过，培养液及气体在中空纤维管内流动。中空纤维膜植物培养反应器跟动物细胞中空纤维反应器培养一样，培养过程中细胞受到切变力小，可以实现细胞高密度培养和连续操作，占地面积小，是一种有前途的植物细胞大规模培养反应器。

螺旋卷绕膜反应器可以看作在两层平板膜中间夹着一层细胞，然后将夹着细胞的两层平板膜卷绕成螺旋状，如图 5-3-9 所示。在卷绕过程中，膜与膜之间用支撑物隔开一定的空间，细胞营养液被引入到这个空间里，其中的一部分通过膜进入细胞层，维持细胞生长，细胞的代谢产物也通过膜渗透到营养液中，被下游过程回收。

平板膜设备同中空纤锥膜反应器相比，单位体积的比表面积要小得多，而且通常膜设备没有足够的机械强度，需附加膜支承物。其优点是含有微粒或者高黏度的营养液，可以在这

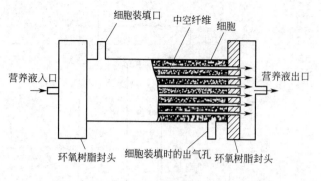
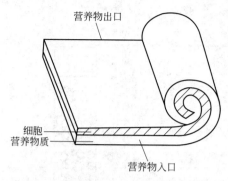

图 5-3-8　中空纤维膜反应器结构示意图　　　　图 5-3-9　螺旋卷绕膜反应器的形成过程

种反应器中进行。平板膜设备易于建造，可在实验室方便地试验各种形式的膜，细胞层厚度容易控制，便于研究固定化对细胞生理的影响。

膜反应器的缺点：①在膜反应器中由于氧气的供应和二氧化碳的排出都需要经过一层膜，供给和排出的速率慢，尤其是二氧化碳，如果不能及时排出，不仅影响营养物质进入细胞层，导致局部细胞营养物缺乏，而且能使反应器内压力增高，有可能导致膜的破裂。②像气体一样，细胞产物也是通过一层膜进入到营养液中，膜的扩散阻力有可能导致细胞产物移出过慢，导致产物在细胞层内积累，大大降低细胞活性和产品产率。③由于膜属于一种比较贵重的化工产品，因此，制造膜反应器一次性投资较大。

第四节　酶　反　应　器

根据酶催化剂类型的不同，酶反应器可分为游离酶反应器和固定化酶反应器。酶反应器有多种，根据几何形状或结构来划分，大致可分为罐型、管型和膜型三类。每一类又有多种类型，并且有些反应器可互相组合成具有不同性能的酶反应器系统。罐型反应器内一般装配有搅拌装置，也称"搅拌罐"或发酵罐。管型反应器和膜型反应器一般用于连续操作。相对直径较大、纵向较短的管型反应器也称为塔式反应器。目前，发酵工业上广泛使用的糖化罐、液化罐等都是典型的酶反应器。按进料和出料的方式，酶反应器可分为分批式、半分批式与连续式反应器。按其功能结构，酶反应器可分为膜反应器、液固反应器及气液固三相反应器三大类。按其动力学特性，酶反应器可分为间歇搅拌釜式反应器（BSTR）、连续操作的搅拌釜式反应器（CSTR）和连续操作的管式反应器（CPFR）。

常用酶反应器的特点如表 5-4-1 所示。

表 5-4-1　常用酶反应器的类型及特点

反应器类型	适用操作方式	适用的酶	特　点
搅拌罐式反应器	分批式，流加分批式，连续式	游离酶，固定化酶	由反应罐、搅拌器和保温装置组成。设备简单，操作容易，酶与底物混合较均匀，传质阻力较小，反应比较完全，反应条件容易调节控制
填充床式反应器	连续式	固定化酶	设备简单，操作方便，单位体积反应床的固定化酶密度大，可以提高酶催化反应的速度。在工业生产中普遍使用
流化床反应器	分批式，流加分批式，连续式	固定化酶	流化床反应器混合均匀，传质和传热效果好，温度和 pH 调节控制比较容易，不易堵塞，对黏度较大反应液也可进行催化反应

反应器类型	适用操作方式	适用的酶	特 点
鼓泡式反应器	分批式，流加分批式，连续式	游离酶，固定化酶	鼓泡式反应器结构简单，操作容易，剪切力小，混合效果好，传质、传热效率高，适合于有气体参与的反应
膜反应器	连续式	游离酶，固定化酶	膜反应器结构紧凑，集反应与分离于一体，利于连续化生产，但是容易发生浓差极化而引起膜孔阻塞，清洗比较困难
喷射式反应器	连续式	游离酶	通入高压喷射蒸汽，实现酶与底物的混合，进行高温短时催化反应，适用于某些耐高温酶的反应

一、游离酶反应器

工业上应用的大多数酶，都是价廉且不纯的催化大分子化合物水解的酶类。虽然在经济上和技术上酶能被固定化，但目前多数酶反应还是应用游离酶。这是因为这些水解酶类的底物多数是带有黏性（如淀粉）或不溶于水的大分子物质，难以用固定化酶反应器进行处理。所以游离酶反应器目前在工业生产上还占有极其重要的位置。

1. 搅拌罐式反应器

搅拌罐式反应器（stirred tank reactor，STR）是传统形式的反应器，是目前较常使用的反应器。搅拌罐式反应器的结构如图 5-4-1 所示。反应器外形为圆柱形，为承受消毒时的蒸汽压力，盖和底封头为椭圆形，中心轴向位置上装有搅拌器。

搅拌罐式反应器的基本结构包括：筒体，搅拌装置，换热装置，挡板（通常为 4 块），消泡装置，电动机与变速装置，空气分散装置，在壳体的适当部位设置溶氧电极、pH 电极、CO_2 电极、热电偶、压力表等检测装置，备有排气、取样、放料和接种口以及酸、碱管道接口和人孔、视镜等部件。

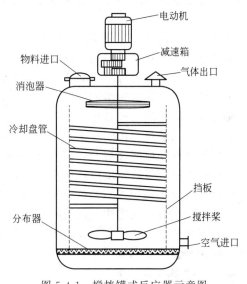

图 5-4-1 搅拌罐式反应器示意图

（电动机、减速箱、气体出口、物料进口、消泡器、冷却盘管、挡板、搅拌桨、空气进口、分布器）

① 反应器中的传热装置：小型搅拌罐式反应器采用夹套冷却或加热来达到控温的目的。大型搅拌罐式反应器则需要在反应器内部另加盘管。

② 反应器中的通气装置：搅拌罐式反应器的气体分布器置于搅拌桨叶的下面。气体分布器有带孔的平板、带孔的盘管或是一根单管，为防止堵塞，一般孔口朝下。气体通过气体分布器从反应器底部导入，自由上升，直至碰到搅拌器底盘，与液体混合，在离心力的作用下，从中心向反应器壁发生径向运动，并在此过程中分散。

③ 反应器中的混合装置：物料的混合和气体在反应器内的分散靠搅拌和挡板来实现。搅拌器使流体产生圆周运动，称为原生流。挡板用以防止由搅拌引起的中心大漩涡，原生流受挡板的作用产生轴向运动，称为次生流。原生流速与搅拌转速成正比，次生流速近似地与搅拌转速的平方成正比。因此，当转速提高时，主要靠次生流加速流体的轴向混合，使传热传质速率提高。

搅拌器的形状和安装位置决定其在反应器内的运行性能，搅拌器具有四项作用：①能量传递给液体。搅拌器将能量传递给流体引起罐内流体的运动。流体的运动总是伴随着能量消耗，在反应过程中机械能转化为热能。机械能的损失必定与搅拌器恒定地传递给流体的机械能相平衡，损失的能量就是维持流体运动所必需的能量。搅拌器的能量传递作用就是指用最少的能量来达到和维持预定的流体运动的性能。②使气体在液体中分散。不但流体运动需要能量，气泡分散也需要能量，只不过这部分能量在总能量传递中所占的比例非常小，通常可忽略。搅拌器在气体分散中最重要的一点是将大气泡打散成小气泡，气液界面的质量传递速度与界面面积成正比，提高气液界面积就可以提高传质速率。在给定气体流速的情况下，产生的气泡越小，界面积越大，最佳的传质条件对气泡的直径分布有一定的要求。因此，搅拌器的气体分散作用就是指达到预定的气液界面积和界面积在罐内分布的性能。在许多情况下，表面活性剂会聚集在界面上，阻碍界面上的扩散过程，因此界面积的产生必须包括周期性的表面更新要求。③使气液分离。分离过程比分散过程更为复杂，大气泡从液体中分离出来较容易，而要分离很小的气泡却非常困难。另一方面分离过程还与流体在罐内的流动性质和反应器的形状有关。搅拌器的分离作用系指达到气液易于分离的气泡直径和气泡运动的性能。搅拌器的这项作用是与前两项作用紧密相关的。④使底物溶液中所有组分混合。搅拌器的这项作用通常被认为是最重要的作用。底物溶液的所有组分包括悬浮的酶和气泡应尽可能地达到完全的混合，底物溶液达到理想混合时，反应器内任意一处的酶反应都是相同的，各处的温度和浓度也是均匀的。但实际上这是不可能的，因为混合的程度与流体在罐内的流动有关，流动使完全混合不可能实现，混合程度受流体旋转运动的限制，因此，搅拌器的混合作用是指在不伤害底物溶液和酶的条件下，用最小的能量达到适合酶反应进行的混合状态。

搅拌器同时决定能量传递、气体分布、气液分离和混合的状况，情况较复杂，一般其速度、形状和安装位置由实验决定。

搅拌罐式反应器又有分批式和半分批式之分。分批式是先将酶和底物一次性装入反应器，在适当温度下开始反应，反应达一定时间后，将全部反应物取出。而半分批式是将底物缓慢地加入反应器中进行反应，到一定时间后，将全部反应物取出。当反应出现底物抑制时，需采用半分批式操作。此类反应器不能进行酶的回收使用，一般在反应结束后通过加热或其它方法使酶变性除去。反应器结构简单，不需特殊设备，适于小规模生产，发酵工业通常应用这种形式的反应器。

2. 超滤膜酶反应器

超滤膜的孔径尺寸为 $1 \sim 100 \mu m$，可截留的分子量范围为 $500 \sim 10000$，它对游离酶和固定化酶（分子量 $10000 \sim 100000$）都有较高的截留能力。因此，超滤酶膜反应器（UFEMR）是当今人们研究的焦点，在工业中得到了大规模的应用。绝大多数商品超滤膜是不对称的，孔径沿一个方向连续变化。膜表面是一超薄层，位于一较多孔的次层上，这种结构使膜不易堵塞，有较高的流动透过率，容易清洗。膜材通常是合成聚合物和一些陶瓷材料。与聚合膜相比，陶瓷膜更耐热，更耐化学腐蚀，机械抗压性强。对具体的酶反应，选用膜材时要考虑其对酶稳定性的影响，以膜的形态、多孔结构、孔径分布、截留分子量、抗化学腐蚀、耐热、耐 pH、耐压和价格等参数为依据，进行多次试验。对多相酶膜反应器，Vaidya 等人认为必须以在两相间形成稳定的界面为基础来选择膜材，膜的形状通常为平板状、管状、螺旋状和中空纤维状。

常用的超滤膜酶反应器的结构如图 5-4-2所示。

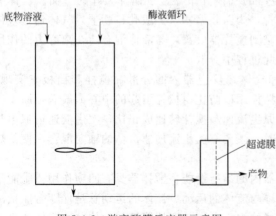

图 5-4-2　游离酶膜反应器示意图

采用这种形式的反应器时，酶反应器中的膜只起分离作用，分离区与反应区是分开的，通常酶呈游离状态，与膜直接接触。反应器中底物溶液靠压力差垂直透过膜面，产物在底物溶液流过膜表面时透过膜并排出系统，流经膜的底物溶液通过泵返回反应区域。因为酶处于水溶液状态，是非透过性的，而膜只允许小分子产物透过，所以酶被截留回收重新使用，从而可节省用酶，特别适用于价格较高的酶。这种反应器可用于分批操作，也可运用于连续操作。所谓连续操作即一边连续地将底物加到反应器中，一边连续地排出反应产物。

采用超滤膜反应器进行游离酶的催化反应，可以集反应与分离于一体，一方面酶可以回收循环使用，提高酶的使用效率，特别适用于价格较高的酶；另一方面反应产物可以连续地排出，对于产物有抑制作用的酶来说，就可以降低甚至消除产物引起的抑制作用，从而可以显著提高酶催化反应的速率。在实验研究中，超滤膜酶反应器是研究反应动力学、产物抑制、底物抑制、酶失活的一种强有力手段。然而分离膜在使用一段时间后，酶和杂质容易吸附在膜上，不但造成酶的损失，而且会由于浓差极化而影响分离速度和分离效果。

3. 喷射式反应器

喷射式反应器是利用高压蒸汽的喷射作用，实现酶与底物的混合，是进行高温短时催化反应的一种反应器，如图 5-4-3 所示。

喷射式反应器结构简单，体积小，混合均匀，由于温度高，催化反应速率快，催化效率高，故可在短时间内完成催化反应。

尽管喷射式反应器适用于游离酶的连续催化反应，但其只适用于某些耐高温酶的反应。喷射式反应器目前已在耐高温淀粉酶的淀粉液化反应中广泛应用。

4. 鼓泡式反应器

鼓泡式反应器（bubble column reactor，BCR）是利用从反应器底部通入的气体产生的大量气泡，在上升过程中起到提供反应底物和混合两种作用的一类反应器，它也是一种无搅拌装置的反应器，如图 5-4-4。

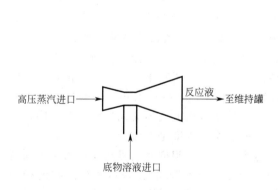

图 5-4-3　喷射式反应器示意图

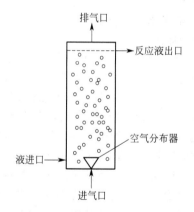

图 5-4-4　鼓泡式反应器示意图

鼓泡式反应器可以用于连续反应，也可以用于分批反应。鼓泡式反应器的结构简单，操作简单，剪切力小，物质与热量的传递效率高，是有气体参与的酶催化反应中常用的一种反应器。例如氧化酶催化反应需要供给氧气，羧化酶的催化反应需要供给二氧化碳等，均需要采用鼓泡式反应器。

鼓泡式反应器在操作时，气体和底物从反应器底部进入，通常气体需要通过分布器进行分布，以使气体产生小气泡分散均匀，扩大接触面积。有时气体可以采用切线方向进入，以改变流体流动方向和流动状态，以利于物质和热量的传递和酶的催化反应。

二、固定化酶反应器

1. 搅拌罐型反应器

搅拌罐型反应器可分为分批搅拌罐式反应器（batch stirred tank reactor，BSTR）和连续搅拌罐式反应器（continuous stirred tank reactor，CSTR）（图 5-4-5）。

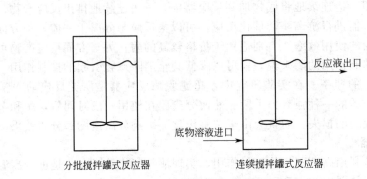

图 5-4-5　搅拌罐式反应器示意图

这类反应器的特点是内容物的混合是充分均匀的。无论哪一种都具有结构简单，温度和 pH 容易控制，适用于受底物抑制的反应，传质阻力较低，能处理胶体状底物及不溶性底物和固定化酶易更换等优点。但反应效率较低，载体易被旋转搅拌桨叶的剪切力所破坏，搅拌动力消耗大。BSTR 在用离心或过滤沉淀方法回收固定化酶过程中常易造成酶的失效损失。CSTR 常在反应器出口装上滤器使酶不流失，也可采用尼龙网罩住固定化酶，再将袋安装在搅拌轴上的方式进行反应，有的则做成磁性固定化酶粒，借助磁吸方法滞留，有时则把固定化酶固定在容器壁上或搅拌轴上。为了达到有效混合，也可把多个搅拌罐串联起来组成串联反应器组。

2. 填充床式反应器

填充床式反应器（packed column reactor，PCR）是把颗粒状或片状固定化酶填充于填充床（也称固定床，床可直立或平放）内，底物按一定方向以恒定速度通过反应床（图 5-4-6）。

填充床式反应器是一种单位体积催化剂负荷量多、效率高的反应器，当前工业上固定化酶多数采用此类反应器。与填充床式反应器（PCR）类似，当填充床反应器高（长）径比较大的时候称为管式反应器，接近于活塞流反应器（continuous plug flow reactor，CPFR）。活塞流反应器是一种理想的、没有返混的反应器，在其横截面上液体流动速度完全相同，沿流动方向底物及产物的浓度是逐渐变化的，但同一横切面上浓度是一致的。

填充床式反应器可使用高浓度的催化剂，反应产生的产物和抑制剂可从反应器中不断地流出。由于产物浓度沿反应器长度是逐渐增高的，因此与 CSTR 相比，可减少产物的抑制作用。但是它存在下列缺点：①温度和 pH 难以控制；②底物和产物会产生轴向浓度分布；③清洗和更换部分固定化酶较麻烦；④床内有自压缩倾向，易堵塞，且床内的压力降相当大，底物必须在加压下才能加入。

3. 流化床式反应器

流化床式反应器（fluidized bed reactor，FBR）是一种装有较小颗粒的垂直塔式反应器（形状可为柱形、锥形等）（图 5-4-7）。

底物以一定速度由下向上流过，使固定化酶颗粒在浮动状态下进行反应。流体的混合程度可认为是介于 CSTR 和 CPFR 之间。它具有下列优点：①具有良好的传质及传热的性能，pH、温度控制及气体的供给比较容易；②不易堵塞，可适用于处理黏度高的液体；③能处

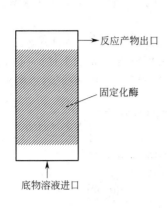

图 5-4-6　填充床反应器示意图

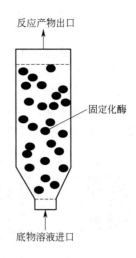

图 5-4-7　流化床式反应器

理粉末状底物；④即使应用细粒子的催化剂，压力降也不会很高。但其也有如下缺点：①需保持一定的流速，运转成本高，难于放大；②由于颗粒酶处于流动状态，因此易导致粒子的机械破损；③由于流化床的空隙体积大，所以酶的浓度不高；④由于底物的高速流动使酶冲出，从而降低了转化率。使底物进行循环是避免催化剂冲出、使底物完全转化成产物的常用方法，也可以使用几个流化床组成的反应器组或使用锥形流化床反应器。

4. 膜型反应器

膜状或板状固定化酶反应器均称为膜型反应器（membrane reactor，MR）。固定化酶膜型反应器是以膜作为固定化酶的载体，酶通过吸附、交联、包埋、化学键合等方式被"束缚"在膜上，在进行酶促反应的同时，利用膜的选择性透过作用，在有外推力（压差、电位差等）的情况下，实现产品的分离、浓缩和酶的回收再利用。可以说酶膜反应器集催化反应、产物分级、分离与浓缩以及催化剂回收于一体。

（1）酶膜反应器的分类

根据酶的存在状态，可以把酶膜反应器分为游离态和固定化酶膜反应器。游离态酶膜反应器中的酶均匀地分布在反应物相中，酶促反应在等于或接近本征动力学的状态下进行，但酶容易发生剪切失活或泡沫变性，装置性能受浓差极化和膜污染的影响显著，如前面讲的超滤膜酶反应器。在固定化酶膜反应器中，酶被装填在膜上，密度较高，反应器的稳定性和生产能力大幅度增加，产品纯度和质量提高，废物生成量减少。但酶往往分布不均匀，传质阻力也较大。

根据液相数目的不同，可以把酶膜反应器分为单液相和双液相酶膜反应器。单液相酶膜反应器多用于底物分子量比产物大，产物和底物能够溶于同一种溶剂的场合。双液相酶膜反应器多用于酶促反应涉及两种或两种以上的底物，而底物之间或底物与产物之间的溶解行为相差很大的场合。

根据膜材料的不同，可以把酶膜反应器分为有机酶膜反应器和无机酶膜反应器。有机膜材料种类多，制作方便，成本低，但物理化学稳定性差；无机膜材料造价较高，脆性大，弹性小，但物理化学稳定性好，抗污染能力强。

根据反应与分离的耦合方式的不同，可以把酶膜反应器分为一体式酶膜反应器和循环式酶膜反应器。在一体式酶膜反应器中，系统通常包含一个搅拌罐式反应器加上一个膜分离单元。在循环式酶膜反应器中，膜既作为酶的载体，同时又构成分离单元。

根据传质推动力的不同，可以把酶膜反应器分为压差驱动、浓差驱动、电位差驱动等多种。

根据膜的亲水、疏水性以及膜的结构形态不同，可以把酶膜反应器分为对称膜、非对称膜、复合膜等多种。

根据膜组件形式的不同，可将酶膜反应器分为平板式、螺旋卷式、转盘式、空心管式和中空纤维式酶膜反应器五种。其差别在于结构复杂性、装填密度、膜的更换、抗污染能力、清洗、料液要求、成本等方面有所不同。图 5-4-8 为一些酶膜反应器结构的示意图。

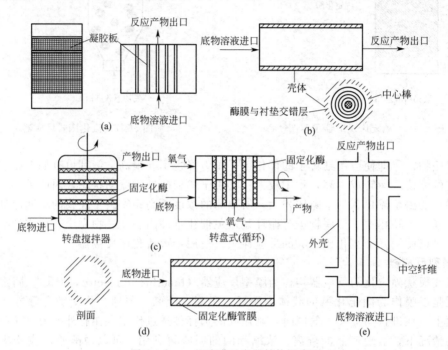

图 5-4-8　一些酶膜反应器结构示意图
（a）平板式；（b）螺旋卷式；（c）转盘式；（d）空心管式；（e）中空纤维式

平板式膜和螺旋卷式膜与膜分离中的装置没有什么不同，平板式膜安装较麻烦，但通常不易阻塞，可用于含少量固体的反应液。平板式由多层带膜的平板重叠组成，各层自有出口。当个别膜损坏时便于检查并更换损坏的膜，其它层的膜仍可保留使用。市售平板式膜大多数为不对称膜，孔径在一个方向上连续变化。膜的表面是一超薄层，下面是多孔性物质，膜的使用具有方向性。基于这种独特构造，这种膜抗阻塞能力较强，允许的透过速率高，且易于清洗。

螺旋卷式膜通道较窄，易阻塞，不宜用于含固体的反应液，当膜损坏时需整体换掉，费用较大。但螺旋卷式膜反应器占地面积较小，易于安装，操作方便。

空心管式酶膜反应器的酶是固定在细管的内壁上的，底物溶液流经细管时，只有与管壁接触的部分进行酶反应，管内径一般在 1mm 左右。管内流动属于层流，管式膜件清洗方便，但是作用面积较小。这种反应器除了工业上应用外，更多的则是与自动分析仪等组接在一起，用于定量分析。

转盘式固定化酶反应器以包埋法为主，先制备成固定化酶凝胶薄板（成型为圆盘状或叶片状），然后把许多圆盘状（或叶片状）凝胶板装配在旋转轴上，并把整个装置浸在底物溶液中，此类反应器更换催化剂较方便。转盘式固定化酶反应器有立式和卧式两种，卧式反应器则是 1/3 浸泡在底物溶液中，剩余 2/3 被通入的气体所占领。对于需氧反应，或者当反应

204

会产生挥发性生成物或副产物（此类物质对酶有害）时，可采用此反应器。因为这些有害产物可被气体带走，此反应器目前已广泛用于废水处理装置中。

中空纤维式膜反应器是目前应用较广的。在这类膜中，酶结合于半透性的中空纤维上。半透膜可透过小分子量的产物和底物，截留分子量较大的酶。中空纤维式膜的管径很小，因此比表面积较大，并能承受较大的压力。如果反应器的长度较长，反应物在反应器内的停留时间就长，轴向浓度差大，对细胞来说入口处营养丰富，出口处营养不足，这对酶反应是不利的，因此通常采用周期性更换流向的操作方法来弥补。物料通过管式中空纤维式膜反应器的方式有两种：一种为反冲式，另一种为反循环式。反冲式是反应液自纤维外室压入，反循环则是根据压力差在纤维的上部底物由内向外流动，而下半部则由外反流入内。通常每个中空纤维式膜组件中含 1000～12000 根纤维膜，其外形和结构与列管式换热器或蜂窝形催化剂相同（内径 200～500μm，外径 300～900μm）。

随着多膜反应器应用的增多，现在以酶和底物的接触机制来对各种酶膜反应器进行分类，可分为直接接触式酶膜反应器、扩散型酶膜反应器、多相酶膜反应器（如油脂水解反应器）。

直接接触式酶膜反应器：直接接触式酶膜反应器是指酶与底物直接接触，即底物直接引入包含有酶的膜一侧。在这种反应器中，一旦将底物引入反应器中，可溶性酶就能直接与之作用。酶可以是游离的，也可以是固定化的，这类反应器又可以分为三类，见图 5-4-9，图中（a）为循环式膜反应器；（b）为死端式膜反应器；（c）为渗析膜反应器。

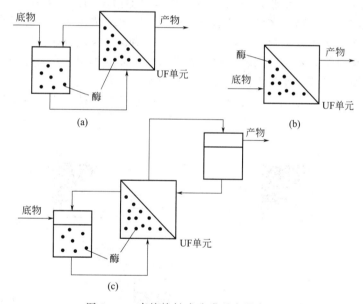

图 5-4-9　直接接触式酶膜反应器类型

扩散型酶膜反应器：扩散型酶膜反应器是指底物经一个简单的正相扩散步骤通过膜的微孔，达到邻近的酶所处的单元的反应器。因此，这种反应器仅仅允许低分子量的底物通过膜。反应后，产物扩散通过膜之后与底物混合并循环。中空纤维式膜反应器组件一般采用这种形式。在浓度梯度的推动下，溶质渗透通过膜，因此这类膜反应器主要用作渗析器，并且酶处于壳层外。同前述的反应器相比，这类反应器由于受扩散机理的限制，具有一些明显的缺点。在扩散型膜反应器中，底物渗透通过膜的步骤是速度控制步骤。根据过程流体向邻近膜流动的轨迹，这类膜反应器又可以分为三类，见图 5-4-10：图中（a）为单程式；（b）为单程/循环式；（c）为双循环式。在图 5-4-10(a)中，酶没有参加循环，而在图 5-4-10(b)和

（c）中，含酶物料也参与了循环。底物的输送既可以如图 5-4-10（a）、（b）那样单通道输入，也可以如图 5-4-10（c）那样循环输入。

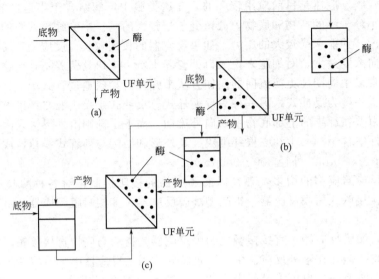

图 5-4-10　扩散型膜反应器类型

多相酶膜反应器：多相酶膜反应器是指那些能够促进酶与底物在膜界面相接触的反应器。在这类反应器中，底物与产物处于不同的相中。同界面传递一样，扩散步骤为其速度控制步骤。膜常常充当用于分隔存储产物或底物容器的两相（极性或非极性）界面支撑体。膜起到分隔两相、提供接触界面、同酶一起充当界面催化剂的作用。在实际操作中经常用到多相酶膜反应器，特别是酶需要界面活化时，其作用尤为重要。

多相酶膜反应器可分为三类，见图 5-4-11：（a）为双单程式；（b）为单程/循环式；（c）为双循环式。

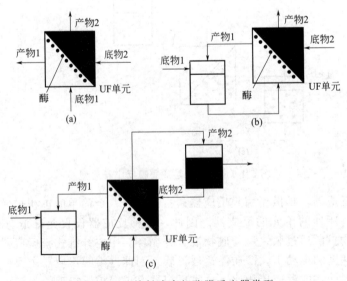

图 5-4-11　接触式多相酶膜反应器类型

（2）酶膜反应器的特点

同其它传统的酶反应器相比，酶膜反应器由于具有非常明显突出的优点，因此受到了人

206

们的普遍关注和重视。酶膜反应器的优点：①酶膜反应器的最大优点是可以连续操作，并且能够极大限度地利用酶，因此可以提高产量并且节约成本。②酶膜反应器能够在线将产物从反应媒介中分离，这一点对于产物抑制酶催化的反应尤其重要。例如，对于受化学平衡限制的反应，能够使化学平衡发生移动。③通过膜的微孔，产品被在线分离，因此，酶膜反应器中的反应速率快，反应物的转化率高。④在连续或歧化反应中，如果膜对某种产物具有选择性，那么，这种产物就可以选择性地渗透通过膜，在酶膜反应器的出口便可以富集该产物。当然，对于产物抑制的反应而言，这种现象反而不利。⑤根据膜的截留性能，可以达到控制水解产物分子量大小的目的，低分子量的水解产物能够渗透通过膜，在膜的背面富集。此外，在酶膜反应器内尚可以进行两相反应，且不存在乳化问题。

酶膜反应器的缺点主要集中表现在操作过程中，由于催化剂的失活及传质效率下降而导致反应器的效率降低。除了酶的热失活外，酶膜反应器中酶的稳定性还要受到其它因素的影响，例如，酶的泄漏导致催化活性下降，即使酶的分子大于膜的微孔，这种情况也时常发生。微量的酶活化剂（金属离子、辅酶等）的流失，也有可能导致酶膜反应器的效率下降，因此，在反应过程中，反应组分的添加是必须的。如果在反应器中酶处于自由状态（游离态），酶在膜表面的吸附无疑将导致酶的活性下降甚至失活。与膜相接触时，有时尽管酶的结构没有发生任何变化，但也可能导致酶的中毒，也就是说膜的形态可能影响到酶的稳定性。在超滤膜组件或反应器中，酶分子会受到剪切力的作用或者与膜反应器的内表面发生摩擦，有研究表明，酶的活性随搅拌的速率或循环速率的增加而下降。此外，伴随强剪切现象的其它一些现象，如界面失活、吸附、局部热效应、空气、卷吸等，也可能导致酶的失活。将酶固定于膜表面，随着产物或者底物在邻近膜表面以凝胶层的形式积聚，可能会导致酶的抑制现象加剧。不管由于上述哪种因素导致酶的稳定性下降，添加新鲜的酶是维持反应连续稳定进行的必要条件。在操作过程中传质效率的下降也限制了酶膜反应器的应用。浓差极化和膜的污染是可能导致膜的渗透通量下降的两个最为主要的因素。因此，在操作过程中，控制浓差极化现象的发生及膜的污染是维持稳定的渗透通量及产物量的重要条件。

酶膜反应器的优缺点归纳见表 5-4-2。

表 5-4-2　酶膜反应器的优缺点

优点	缺点
能实现连续的生产工艺/高产率	酶的吸附及中毒
更佳的过程控制/推动化学平衡移动	与剪切相关的酶失活
不同操作单元的集成与组合	膜表面产生底物或产物的抑制
改善产物抑制反应的速率	酶活化剂或辅酶的流失
操作过程中能富集及浓缩产物	浓差极化
控制水解产物的分子量	膜污染
实现多相反应	酶的泄漏
研究酶机理的理想手段	

（3）酶膜反应器的应用

采用酶膜反应器，可以实现酶反应的连续操作，提高产物得率。酶膜反应器常用在大分子的水解、辅基再生系统的共轭反应、有机相酶催化、手性拆分与手性合成、逆向胶团催化等方面。

① 大分子的水解：用于酶膜反应器的生物大分子包括蛋白质、多糖等，主要工作集中在淀粉、纤维素、蛋白质等的水解方面。设计这类反应器的主要目标是截留大分子的底物，分离出低分子量的产品。这就要求采用酶膜反应器，使酶和底物直接接触，利用膜的筛分作用，将分子量较大的生物大分子与分子量较小的水解产物实现原位分离，以部分甚至全部消

除产物抑制。此外，酶膜反应器还可以用来控制反应的深度。这方面的应用实例多集中在农业及食品领域，包括通过果胶酶水解来降低果汁黏度；通过将乳糖转化为可以消化的糖类来降低牛乳和乳清中乳糖的含量；通过多酚化合物和花色素的转化来进行白酒的处理；从牛乳制品中去除过氧化物等。

②辅基再生系统的共轭反应：酶膜反应器越来越多地用于不同纯度的化合物，包括光学活性物质的合成。有些酶在进行反应时需要辅基、辅酶或 ATP 来协助完成共价键的生成、能量传递、基团转移和氧化还原反应。但是这些辅基通常价格昂贵，所以在实际生产中应用酶膜反应器来实现辅基的再生，近年来有大量的研究报道。

酶膜反应器使辅基再生，一般是采用共扼酶系统或共扼底物法。辅酶的需要量只要满足反应所需量即可。采用共扼酶系统，要求有辅基再生酶和较便宜的辅助底物。此酶利用这种辅助底物生成主反应消耗掉的辅基。选择辅基再生酶时，关键要考虑副产物去除的难易程度和反应平衡。醇、乳酸或葡萄糖脱氢酶都常被选用为辅基再生酶。采用共轭底物法，即一种酶催化两种不同的底物，一个反应产生的辅基补充另一个反应辅基的消耗。例如在醇脱氢酶合成外激素的主反应中，可以由另一辅助底物异丙醇在同种酶的催化下生成主反应所需的 $NADP^+$。

根据反应器的构造和膜的多孔性，辅基可以通过共价键结合到聚合物（如 PEG）上，使其截留在膜的一侧，通过分子筛或静电斥力固定或处于游离状态。这种辅基再生反应器可用来合成如 NADPH、氨基酸、醇、酸、磷酸葡萄糖、乙醛、乳酸酯和内酯等。以丙酮酸为底物在 L-丙氨酸脱氢酶的作用下生成 L-丙氨酸，目前已进行大规模的生产应用。也可以通过副反应甲酸脱氢酶氧化甲酸实现 NAD^+ 到 $NADP^+$ 的再生。将 NADH 固定在 PEG 上，每一辅基分子循环利用可达 500000 次。由于酶膜反应器能较容易地实现多种酶的同时固定，因此对多酶催化的顺序反应也很有意义。

③有机相酶催化、手性拆分与手性合成：由于有机溶剂中含水量较少，水解副反应大大受到抑制。在有机溶剂中能够发生一些水相中不能发生的酶促反应，在有机溶剂中酶的底物选择性、立体选择性、化学选择性等发生显著变化，所以有机相酶催化在最近得到了迅速发展。有机相酶催化研究最多的是脂肪酶，涉及的反应类型有酯的水解、酯的合成和酯交换等。脂肪酶属于界面活性酶，它在相界面激活时起作用，有利于酶和底物的界面接触，所以在酶膜反应器尤其是在多相酶膜反应器中脂肪酶的活性显著提高。在这类酶反应器中，膜的一侧是油相（有机相），另一侧缓冲液不停流动。疏水性的膜材被油相浸湿，亲水性的膜材被水相浸湿，反应在界面上发生。脂肪酶可固定在膜的一侧。还可以用两块分别是亲水的和疏水的膜隔离出一反应室。水通过亲水膜进入反应室，大豆油通过疏水膜渗透入反应室，生成的甘油和脂肪酸重新通过膜扩散回水相、油相再循环。

根据有机溶剂的不同，酶膜反应器在有机相酶催化中的应用有三种形式：单相体系、双相体系和反胶团体系。

在单相体系中，多孔膜上含有底物的有机溶剂在膜的一侧通入，反应后的产物通过筛分作用通过膜孔达到另一侧。Tsai 等用一种疏水性的高分子膜 HVHP、PTHK 和 PTGC 通过物理吸附法固定脂肪酶，在带有搅拌的扩散反应器中进行了橄榄油水解实验。他们考察了酶和底物浓度对水解速率的影响，发现酶活性在 6 天左右的时间内急剧下降，判断其原因是由于酶的失活、产物抑制以及产物在膜与有机相界面处的吸附所致。

在双相体系中，有机相和水相分别在膜的一侧流动。酶游离于其中一相或固定在膜上。该类酶膜反应器又可以称为双液相酶膜反应器、萃取酶膜反应器或多相酶膜反应器。Matson 在多相酶膜反应器领域开展了不少开拓性工作，如氨基酸拆分、手性药物中间体的合成等。李树本等在碱催化连续原位消旋条件下，利用脂肪酶催化的萘普生甲酯立体选择性反应，动态拆分制备 S-萘普生。使用疏水硅橡胶膜隔离酶催化拆分和碱催化消旋反应，解决了常规动态拆分中酶催化剂容易变性失活的问题。忠义等以溶解于正辛醇中的 N-乙酰-DL-苯丙氨酸乙酯消旋混合物为底物，以磷酸盐缓冲溶液为萃取剂，将从 Aspergillus melleus 中提取的氨基酰化酶固定于聚丙烯腈中空纤维膜上作为催化剂，通过膜反应萃取过程，实现了 L-苯丙氨酸的高效手性合成。Drioli 利用固定有脂肪酶的多相酶膜反应器进行了萘普生消旋混合物的拆分。其所用膜材料为聚酰胺，萘普生的酯类底物溶解在有机相中，生成的产物被萃取进入水相。

由于反胶团内存在微水池，可以为酶创造良好的水性微环境，因此反胶团酶催化逐渐成为研究热点。但由于反胶团难以与底物和产物分离而污染反应系统，一度成为制约反胶团应用的瓶颈。引入膜来截留反胶团则可以较好地解决这一问题。据报道，将胰蛋白酶包囊化于溴化十四烷基三甲胺(TTAB)/庚烷/正辛醇反胶团中，以易溶于水中的亮氨酰胺和易溶于有机相的乙酰苯丙氨酸乙酯为底物，在陶瓷膜反应器中进行二肽 AC-Phe-Leu-NH$_2$的合成。由于二肽能够选择性地从反应体系中沉淀析出，从而实现了酶促反应与产物分离的有效集成，二肽收率达到 $70\%\sim80\%$，纯度$>92\%$，单位酶单位时间二肽的产量为 20g/(gd)，酶的催化活性在 7 天内基本不衰减。但多数情况下，由于反胶团系统的不稳定性以及体系中存在构成反胶团的表面活性剂单体，往往给膜的有效截留带来了相当大的困难。为此，Khmelnitsky 等采用了将反胶团首先聚合的办法，有效地避免了表面活性剂的污染，但这要以过程的复杂性增加为代价。

随着材料科学的发展，酶的催化性能和膜的性能逐步提高，再加上高效固定化技术的开发以及过程设计的不断优化，酶膜反应器将发挥出越来越高的应用效率，其应用领域也将会不断拓展。

5. 鼓泡式反应器

使用鼓泡式反应器进行固定化酶的催化反应时，反应系统中存在固、液、气三相，故又称为三相流化床式反应器。鼓泡式反应器是以气体为分散相、液体为连续相、涉及气液界面的酶反应器。液相中常包含悬浮固体颗粒，如固定化酶等。鼓泡式反应器结构简单，易于操作，操作成本低，混合和传质传热性能较好，而且鼓泡式反应器内无传动部件，容易密封，对保持无菌条件有利。

鼓泡式反应器的高径比一般较大，高径比大的反应器习惯上称为塔，也称鼓泡塔反应器，其示意见图 5-4-12。鼓泡塔的高径比通常大于 6，通常气体从塔底的气体分布器进入，连续或循环操作时液体与气体以并流的方式进入反应器，气泡的上升速度大于周围的液体上升速度，形成流体循环，促使气液表面更新，起到混合的作用。通气量较大或泡沫较多时，应当放大塔体上部的体积，以利于气液分离。

鼓泡式反应器的性能可以通过添加或改变一些装置得到调整，以适应不同的要求，例如添加多级塔板或填充物可改善传质效果，增加管道促使循环，以及改变空气分布器的类型等。空气分布器分为两大类，分别为静态式（仅有气相从喷嘴喷出）和动态式（气液两相均从喷嘴喷出）。

一些无载体固定化增殖细胞反应器也采用塔形反应器。把固定化酶放入反应器内，底物与气体从底部进入。通常，气体进入反应器前后经过气体分散板得到充分分散，有时，甚至和循环液从底部以切线方向进入，以促使反应器的流动状态符合要求。

三、酶反应器的选型

对于某一酶反应过程，选择合适的反应器即选型是酶反应器设计的第一步。选择酶反应器必须根据具体情况结合上述各种酶反应器的特点作出选择。

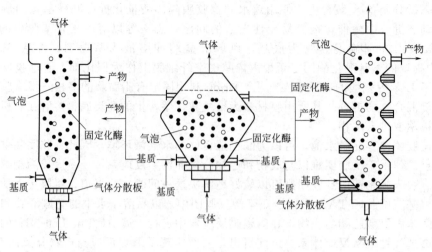

图 5-4-12　鼓泡塔式反应器示意图

1. 影响酶反应器选型的主要因素

（1）酶的形状、大小及机械强度

游离酶的回收有一定困难，所以除了分批式搅拌罐式酶反应器外，其余的酶反应器都不太适用。固定化酶的形状主要有粒状（颗粒、小球）、膜状（膜、薄膜片状、管状）和纤维状三种。其中，粒状由于比表面积最大，因而是最常用的。酶反应器的形式大致可根据酶的形状来确定。粒状酶可采用搅拌罐、固定床、流化床和鼓泡塔。如果粒状酶易变形、易凝集或是颗粒细小，采用固定床酶反应器时会产生高的压降，易造成压密堵塞现象，对大规模操作来说常不易获得足够的流速。这种情况下可以选用流化床式酶反应器，以增大有效催化表面积。对于膜状催化剂，则考虑采用螺旋式、转盘式、平板式、空心管等膜反应器。纤维状固定化酶适于填充床式酶反应器操作。

固定化酶的机械强度较大时有利于酶反应器操作，但是，有些固定化酶颗粒（如用凝胶包埋法或胶囊法制备的固定化酶）的机械强度较差，在搅拌罐中，由于搅拌翼的剪切作用，这种固定化酶易遭到破坏。使用凝胶包埋法的固定化酶颗粒，当采用固定床酶反应器时，随床身增高，由于凝胶颗粒自身的质量，会使凝胶发生压缩和变形，压损增大。为防止这种现象，应该在床内安装筛板，将凝胶适当间隔开。

（2）底物的性质

底物性质分三种情况：溶解性物质（包括乳浊液）、颗粒物质与胶体物质。溶解性或混液性的底物适用于任何类型的酶反应器。但是颗粒状和胶体状底物往往会堵塞填充床，应用搅拌罐或流化床酶反应器，而且要选择合适的搅拌速度与流速。因为高的搅拌速度和流速虽然可减少底物颗粒的集结、沉积与堵塞，使底物保持悬浮状态，但同时过高的搅拌速度又可能引起固定化酶的切变粉碎。

（3）反应操作的要求

酶催化反应有特殊需要时，则应选择能满足特殊要求的酶反应器。如很多生化反应必须控制温度和 pH，有的需要间歇地加入或补充反应物，有的则需要更新补充酶，此外还有的情况是底物在反应条件下不稳定或酶受高浓度底物抑制时，必须在反应进行过程中连续或间断地将底物分批加入酶反应器中。当酶催化反应具有上述要求时，都可以选择搅拌罐式酶反应器，因为它可以不中断运转过程而连续进行。如果反应是耗氧的，需要持续供氧，则酶反应器必须包括充分混合空气系统，可选用鼓泡塔形酶反应器。

（4）反应动力学特性

反应动力学特性也影响酶反应器的选择。从各种类型酶反应器的动力学上看，CPFR 比 CSTR 优越，特别是当产物对反应有抑制作用时更为突出，但是当底物表现抑制时，CSTR 受到的影响比 CPFR 要少一些。关于酶反应器的催化速度，CSTR 类型随搅拌速度而增加，CPFR 类型随流速而增加。

（5）酶的稳定性

酶的稳定性是酶反应器选择的另一重要参数。固定化酶在酶反应器中催化活性的损失可能有如下三种原因：①酶的失效；②酶从载体上脱落；③载体的肢解。酶的失效可能是由于热、pH、毒物或微生物引起。

在 CSTR 中任何时间内底物浓度都是均一的，因此酶的失效动力学关系较简单。但在 CPFR 中，底物浓度沿液流方向逐渐在降低，故在酶反应器的不同区段里，酶的失效速度也不一样，其动力学关系也较复杂。但是，将 CPFR 看成一系列 CSTR 时，那么在相似的条件下，从零级到一级反应的范围内，应优于 CSTR，即酶失效速度较低。

在加工高分子底物，特别是当底物或载体是电荷的多聚电介质时，常发生酶从载体上脱落的现象。

在酶反应器的运转过程中，由于高速搅拌及高速液流的冲击，常可能使酶从载体上脱落，或者使酶扭曲、肢解或使酶颗粒因摩擦而变细，最后从酶反应器中流失。在各种类型的酶反应器中，一般 CSTR 远比其它酶反应器更易引起这类损失。

（6）应用的可塑性及成本

选择酶反应器时，还要考虑其应用的可塑性，最好是所选酶反应器可用于多种用途，生产各种产品，这样可降低成本，节约投资资金。CSTR 类型酶反应器一般来说应用的可塑性较大，而且由于结构比较简单，故制造成本也较低。但是应注意在考虑成本时，还需估计酶本身的价值与其在各种酶反应器中的稳定性。

因固定化酶迟早会失活，故酶必须再生、补充或全部更换，以保持活力。所以，选择的酶反应器应具有再生、添加或更换酶的结构，且越容易越好。

此外，在长时间连续操作过程中，酶反应器会受到杂菌污染的威胁，由于装有酶的反应器不可能全部灭菌，故酶反应器必须具备容易清洗的结构。

2. 各类酶反应器的主要特征

在选择酶反应器类型时没有一个简单的法则或标准，现有的各种酶反应器中，没有一种绝对比其它种类优越，因此必须根据具体情况、综合各种因素来进行权衡决定。现将各类酶反应器的主要特征归纳如下。

BSTR 和 CSTR 的共同特征是结构简单，操作方便，适用面广（包括可用于黏性或不溶性底物）。在底物表现抑制作用时可获得较高的转化产率。但是产物产生抑制时受到的影响较大，BSTR 可用于溶液酶催化，且比 CSTR 更简便。

CPFR 最突出的优越性在于它有较高的转化率，特别是当产物表现抑制时更优于前两者。CPFR 是目前普遍使用的反应器。其缺点是用小颗粒固定化酶时可能产生高压降与压密现象，底物如果是不溶性的、黏性的，则这类酶反应器不适用。

流化床式反应器传质和传热特性较好，不引起堵塞，可用于不溶性或黏性底物的转化，低压降等优点。但是它消耗动力大，不易直接模仿放大。

膜反应器压降小，膜面积清晰，更换较容易，放大也较容易，可承受较大压力。但是反应器内单位体积催化剂的有效面积较小，成本也较高。

四、酶反应器的操作

酶工程要解决的主要问题是如何降低酶催化过程的成本，即能以最少量的酶、最短的时间完成最大量的反应。要完成这个任务，除了要选择恰当的酶应用形式，选择和设计合适的酶反应器以外，还要确定合理的反应操作条件。这三者是密切相关的。

酶反应器的操作中，应该注意如下几个方面。

1. 酶反应器中流动状态的控制

在搅拌罐式酶反应器中，应注意控制好搅拌速度，防止搅拌不均匀或搅拌速度过快，而使固定化酶产生破碎、失活。有时，固定化酶可能积聚在出料口滤器上，因而造成酶分布的不均匀。解决的办法是在出料口和进料口上各安装一个滤器，在一定间隔后，出口滤器用进料液反冲，原先的进料口滤器作为出口。

在填充床酶反应器中，柱高及通过柱的液流流速是决定压降的主要因素。在非压缩性载体柱中压降与流速成线性关系，对流动的阻力是恒定的。易变形或可压缩载体柱的压降随流速的增加而成指数增加，通常开始时，压缩增加很快，压缩率随时间延长而成指数降低。对于高大的反应柱，为了减少压缩作用，可使用较大的、不可压缩的、光滑的、珠形的填充材料，均匀填装及严格控制好流速。此外，载体填充不规则以及底物上柱不均匀等，都会产生沟流或部分堵塞，偏离预期的流动状态。酶反应器中流动方式的改变可能会使酶与底物接触不良，造成酶反应器生产力降低，还可能造成返混程度的变化。

在酶反应器的操作中，还应注意壅塞现象。壅塞会引起酶活性的损失，这是由于固体或胶体物质沉积妨碍了底物与酶接触。壅塞分为两种主要类型：外壅塞和内壅塞。外壅塞将酶颗粒之间的空隙填塞，最初发生沟流，以后使柱完全堵塞，即使在高压差下液流也不能通过柱。内壅塞是在单个酶颗粒的孔内像超滤膜或多孔小粒上的一样，形成一薄层，虽说流体还能自由通过填充柱，但只有很少底物能透过到载体颗粒内部，并与固定化酶接触。内壅塞和外壅塞常常在同一系统内同时发生，当然也可单独发生。在搅拌型酶反应器中，出口和进口过滤器的壅塞是主要问题。对于填充床型酶反应器，当柱的入口处沉积形成紧密的薄层或者底物流量很大时，特别容易形成壅塞。采用间隔式填充，反冲洗柱床或重新装柱，间隙通上行空气流可以避免柱的壅塞。另外，使底物高流速循环有助于避免壅塞。当使用浓的黏性底物时，壅塞作用也会加重，可采取措施对底物进行预处理。

2. 酶反应器恒定生产能力的控制

在使用填充床型酶反应器的情况下，要维持恒定的生产能力，在操作上很难做到，甚至有时是不可能做到的。可以采取以下方法加以解决。

（1）控制反应器流速

连续或间歇降低流速可保持转化率恒定，但在生产周期中，单位时间产物的含量会降低。因此，就必须根据一定时间内形成产物的量决定流速，而不能按活性或一定时间内达到的百分转化率来决定流速。扩散限制作用会引起一个延滞期，即在酶反应器开始工作后的一段时间内表现出活性不降低，进入这一时期有助于达到恒定的转化。

（2）增加温度

在反应过程中，随时间而出现的酶活性损失将为较高温度下酶活性增加所补偿。因此，首先应当获得随时间变化的工作温度的变化率。比较复杂的温度变化，可采用微处理机系统容易而精确地加以控制。利用固定化产氨短杆菌细胞的富马酸酶，在工业上生产苹果酸就是通过控制操作温度实现优化生产的一个实例。

（3）将若干使用不同时间和处于不同阶段的柱反应器串联，并与上述方法之一相结合

由于不断用新柱代替活性已耗尽的酶柱，尽管每个酶柱的生产能力不断衰减，但总的固

定化酶的量不随时间而变化。酶反应器的数量越多，积聚的反应产物的浓度变化就越小。当使用许多较小的柱形酶反应器时，柱的压缩问题也比较小。

（4）采用错开启动，掌握好换柱时间

使用适当的酶反应器并维持恒定转化时，输出水平可以在任何范围变化。通常允许流速在15％范围内波动。采用错开启动，掌握好换柱时间，能使在预定的输出或转化水平时具有最小波动，酶反应器也能平稳工作。国外大多数工厂最少使用6个柱的酶反应器组，并用微处理机反馈控制。增加酶反应器数量可以具有更好的操作适用范围，并能减小流速的波动。然而，反应器、管道、阀门和其它设备所需的费用是较高的。此外，由于要经常更换酶，生产成本也会增加。

（5）并联反应器

酶反应器可以串联，也可以并联。串联操作要控制的物流较小，酶能较充分利用，但是操作中的压降和压缩问题比较大。并联有最好的操作适应性，每个酶反应器基本上可以单独工作，每个单元能很方便地加入或离开运转系统。实际生产中的状态主要取决于各种相互关联的运转参数，最重要的有固定化载体成本、底物通过酶反应器的流速、固定化酶的活性和稳定性等。

3. 酶反应器的稳定性

为了使酶反应器能长期运转使用，必须保护好它。其中最主要的工作是防止酶的变性或中毒失活，以及固定化酶的自溶或载体磨损而造成酶的损失。

（1）防止酶的变性失活

引起酶变性作用的最主要因素是温度、pH、氧化、离子强度、剪切力以及底物中某些物质对酶的不可逆抑制作用，此外还有微生物或酶的作用，尤其是壅塞柱的微生物产生的蛋白酶。酶反应器的操作最适温度是经验性的，较高的温度能增加酶反应器的初期产量和减少微生物污染，但温度过高会造成酶失活加速，缩短酶反应器的使用时间。同样，酶反应器对pH、离子强度等都有一定的要求，操作中应该严格控制，以保持酶反应器的稳定。在操作过程中进行pH调节时，一定要一边搅拌一边慢慢加入稀酸或稀碱溶液，以防止局部过酸或过碱而引起酶的变性失活。很多酶受底物保护而稳定，结合于细胞的酶在没有底物时失活很迅速，因此，底物的存在对固定化酶有保护作用。

重金属离子会与酶分子结合而引起酶的不可逆变性。因此，在酶反应器的操作过程中，要尽量避免重金属离子的进入，为了避免从原料或者酶反应器系统中带进的某些重金属离子给酶分子造成的不利影响，必要时可以添加适量的EDTA等金属螯合剂，以除去重金属离子对酶的危害。

（2）防止固定化酶自溶或从载体上脱落

操作中还应注意酶或载体的溶解，酶从载体上脱落以及载体磨损破碎会造成酶的损失。吸附法固定化的酶连续暴露在大量反应液中，尤其在高浓度底物或高浓度盐中会逐步解吸，需采取措施加以克服。有些载体如多孔玻璃会随着使用时间的延长而溶解，可采用金属氧化物包裹的方法加以解决。在连续搅拌罐酶反应器或流化床式酶反应器中，酶颗粒的磨损随切变速率、颗粒占反应器体积的比例增加而增加，而随悬浮液流的黏度和载体颗粒强度的增加而减小。用电磁场搅拌磁性载体固定化酶是应对磨损的有效方法。

4. 酶反应器的微生物污染

在酶反应器的操作过程中，要严格管理、经常监测，避免微生物的污染。如果底物就是微生物生长所需的营养物，则很容易产生微生物污染，需重点注意。在酶反应器中存留的时间长或酶反应器内有易滋生菌落的滞留区或粗糙表面时，也很容易引起污染。

防止微生物的污染非常重要，这不仅因为不希望介质中有微生物存在，还因为微生物会堵塞柱床，会消耗底物或产物，产生酶和代谢产物，进而使产物降解，或者产生令人厌恶的副产物，增加分离纯化的困难，或者使固定化酶活性载体降解。当产物如抗生素、酒精、有机酸能抑制微生物生长时，则污染会减小。向底物加入杀菌剂、抑菌剂、有机溶剂或将底物料液预先过滤等也是防止污染的办法之一。在温度45℃以上或在酸性、碱性缓冲液中进行操作，都可减少微生物的污染。高浓度底物可以提高渗透压、降低水分活度，从而可以抑制微生物生长。

在酶反应器操作过程中，防止微生物污染的主要措施有：保证生产环境的清洁、卫生，要求符合必要的卫生条件；酶反应器在使用前后，都要进行清洗和适当的消毒处理；必要时，在反应液中添加适当的对酶催化反应和产品质量没有不良影响的物质，如用过氧化氢或50％甘油水溶液处理酶反应器，以抑制微生物的生长，防止微生物的污染。需要注意的是，在以上这些操作中，必须考察在这些条件下，固定化酶的稳定性是否受到影响。

复习思考题

1. 与微生物培养相比，动植物细胞大规模培养的特点有哪些？动植物细胞培养生物反应器重点要解决哪些问题？

2. 动物细胞连续培养和灌注培养的区别是什么？

3. 动物细胞中空纤维反应器用于贴壁细胞培养和悬浮细胞培养有何异同？

4. 什么是动物细胞的微载体培养？内循环流化床用于微载体培养具有哪些优点？

5. 机械搅拌反应器与气升式生物反应器用于动植物细胞培养各有什么优缺点？

6. 与普通机械搅拌通气发酵罐相比，为什么动物细胞搅拌反应器采用笼式搅拌器，而植物细胞搅拌反应器通常是改进搅拌桨的结构和类型？

7. 植物细胞固定化培养产率为何优于悬浮培养？

8. 酶反应器有哪些类型？各有什么特点？

9. 为什么多数水解酶适合采用游离酶反应器？尤其是超滤膜酶反应器？

10. 酶反应器的选型和操作分别需要考虑哪些因素？

第六章　生物反应器的设计、放大及参数检测

生物反应器的设计内容包括：①确定反应器类型，根据生产工艺特征、反应及物料特性等因素确定反应器的操作方式、结构类型、传热和流动方式等；②设计反应器的结构，确定各种结构参数，即确定反应器内部结构几何尺寸，搅拌器形式、大小及转速，换热方式及换热面积等；③确定工艺参数及控制方式，如温度、压力、通气量、进料浓度、流量等。

一个生物反应过程的开发，通常是在实验室规模、中试规模优化研究的基础上最后才在大型生产设备中投入生产的。但在不同大小的反应器中进行相同的生物反应时，在发酵罐质量、热量和动量传递上的差别，有可能导致反应速率以及反应时具体过程的差异，从而导致反应的异化。生物反应器的放大是指把小型生物反应器中进行科学实验所获得的成果，在大型生物反应器中予以再现的手段，它不仅仅是等比例放大，而是以相似论的方法进行比拟放大。

生物反应器设计和放大的内容很多，计算繁琐。本章仅以机械搅拌通风发酵罐（通用式发酵罐）为例予以简要介绍。

细胞培养过程时细胞既是催化剂，同时细胞的量是随反应的进行而不断增大的。而酶催化反应过程中，催化剂本身不会因为反应而增加。因此，酶反应器的设计与细胞培养反应器有一定的差异。

现代生物反应器是利用各种仪表甚至计算机来控制的。通过安装在发酵罐内的传感器检知发酵过程变量变化的信息，然后由变送器把非电信号转换成标准电信号，让仪表显示、记录或传送给电子计算机处理。实现自动化控制的主要关键是测量各种参数的传感器。

第一节　发酵罐的设计

发酵罐的设计内容很多，计算繁琐。下面仅以机械搅拌通风发酵罐（通用式发酵罐）的设计为例予以简要介绍。

一、发酵罐容积设计

1. 发酵罐总容积

发酵罐的总容积 V_t 由筒体容积 V_1、上封头容积 V_2 和下封头容积 V_3 组成，即

$$V_t = V_1 + V_2 + V_3$$

2. 发酵罐有效容积

发酵罐有效容积为实际装料容积，它等于罐的总容积 V_t 乘以罐的装料系数 η，即

$$V_{有效} = V_t \eta$$

式中，η 一般取 $0.65 \sim 0.75$。

发酵罐装料容积：在一般情况下，装料高度取罐圆柱部分高度，但须根据具体情况而

定。采用有效的机械消泡装置，可以提高罐的装料量。

3. 罐的公称容积

所谓"公称容积"V_0是指罐的圆柱部分和下封头容积之和，其值为整数，一般不计入上封头的容积，平常所说的多少体积的发酵罐是指罐的"公称容积"。

$$V_0 = V_1 + V_3$$

【例题 1】 一年产 5 万吨柠檬酸的发酵厂，发酵产酸水平平均为 14％，提取总收率 90％，年生产日期为 300 天，发酵周期为 96h，试计算并确定发酵罐的容积和罐数。

解：（1）根据生产规模和发酵水平计算每日所需发酵液的量，再根据这一数据确定发酵罐的容积。

每日的产量 = 50000/300 = 166.7t

每日所需发酵液的量 = 166.7/(0.14×0.9) = 1322.8m³。

假定发酵罐的装液系数为 85％

则每日所需发酵罐容积 = 1322.8/0.85 = 1556m³

（2）对于间歇发酵，根据物料平衡的原则，确定所需发酵罐的个数。

机械搅拌通风发酵罐已形成系列化专业生产，现有的公称容积系列有 5m³、10m³、20m³、50m³、100m³、200m³、250m³、500m³ 等。

选用单罐容积大的发酵罐，生产效率高，但风险大，技术管理要求高。在技术管理水平允许的范围内，应尽量选用单罐容积大的发酵罐。

取发酵罐的公称容积为 250m³

则每日需要发酵罐 1556/250 ≈ 6 个

发酵周期为 4 天（96h），考虑放罐、洗罐等辅助时间，整个周期为 5 天

则所需发酵罐的总数 = 5×6+1 = 31 个（多取一个备用）

二、发酵罐的几何尺寸和壁厚设计

1. 发酵罐圆柱体的直径

根据已确定的发酵罐公称容积，可由下式计算发酵罐圆柱体的直径。

$$V_1 = \frac{\pi}{4} D^2 H_0$$

式中　V_1——圆柱部分的容积，m³；

　　　D——圆柱体的直径，m；

　　　H_0——圆柱部分的高度，m。

2. 封头容积的计算

封头的容积可查有关手册或计算。如椭圆形封头的容积可按下式计算：

$$V_2 = \frac{\pi}{4} D^2 h_b + \frac{\pi}{6} D^2 h_a$$

式中　h_b——椭圆封头的直边长度，m；

　　　h_a——椭圆短半轴长度，对标准椭圆 $h_a = D/4$，m；

　　　D——罐体直径，m。

3. 发酵罐总高度

发酵罐总高度 H 由圆柱部分的高度和上、下封头的高度相加得到。如椭圆形封头的发酵罐总高度 H 可由下式计算：

$$H = H_0 + 2(h_a + h_b)$$

式中　H——罐总高度，m；

H_0——圆柱部分的高度，m；

h_a——椭圆短半轴长度，m；

h_b——椭圆封头的直边长度，m。

4. 发酵罐的壁厚

发酵罐的壁厚计算方法见本书第三章第二节。

【例题 2】 试设计一发酵罐。工艺要求为：一次加入 50t 的发酵液，密度为 1076kg/m^3，要求装料系数为 0.8，发酵最高温度为 32℃，最高工作压力为 0.1MPa。试确定该发酵罐的主要结构尺寸和壁厚。

解：（1）选材

发酵罐的制造材料可以选用碳钢、不锈钢等。相对于其他工业来说，发酵液对钢材的腐蚀性不大，温度在 32℃，压力为低压，故可选用 16MnR 钢材。材料在设计温度下的许用应力 $[\sigma]^t = 170\text{MPa}$。

（2）发酵罐主要尺寸

发酵罐的总容积为 $V_t = \dfrac{50/1.076}{0.8} = 58\text{m}^3$

发酵罐为立式容器，上封头选用标准椭圆形封头，下封头为了考虑排料选用无折边的锥形封头，并选取筒体高度 H 和筒体内径的比值为 1.2：1。

如筒体直径取 $D_i = 3600\text{mm}$，则标准椭圆形封头的容积为 $V_1 = 6.62\text{m}^3$。

设锥形封头的锥体高为 h，半锥顶角取 30°，则 $h = \dfrac{3D_i}{2\sqrt{3}}$。

发酵罐的容积由上封头容积 V_1、下封头容积 V_2 和筒体容积 V_3 组成，即

$$V_t = V_1 + V_2 + V_3 = 6.62 + \frac{1}{3} \times \frac{\pi}{4} D_i^2 \times \frac{3D_i}{2\sqrt{3}} + \frac{\pi}{4} D_i^2 \times 1.2 D_i$$

解得 $D_i = 3530\text{mm}$，经圆整并取公称直径 $D_i = 3600\text{mm}$。

（3）发酵罐筒体壁厚

取设计压力等于最高工作压力的 1.1 倍，即 $1.1 \times 0.1 = 0.11\text{MPa}$。同时还应判断是否需要考虑液体静压力。

罐内实装发酵液为：$50/1.076 = 46.47\text{m}^3$

锥体部分的发酵液为：$\dfrac{1}{3} \times \dfrac{\pi}{4} D_i^2 \times \dfrac{3D_i}{2\sqrt{3}} = 10.57\text{m}^3$

所以筒身部分实装发酵液为 $46.4 - 10.57 = 35.9\text{m}^3$

故筒身部分液柱高度为 $H_1 = 35.9/\left(\dfrac{\pi}{4} D_i^2\right) = 3.55\text{m}$

筒体底部的静压力为：

$$p_1 = \rho H_1 = 1076 \times 3.55 \times 9.8 = 0.037\text{MPa}$$

由上述计算可见，筒体部分的液柱静压已超过了设计压力的 5%，应计入设计压力内，即设计压力为：

$$p = 0.11 + 0.037 = 0.147\text{MPa}$$

筒体的焊接采用带垫板的单面对接焊缝，局部无损探伤，则焊缝系数 $\phi = 0.8$。

筒体的计算壁厚为：

$$t = \frac{pD_i}{2[\sigma]^t \phi - p} = \frac{0.147 \times 3600}{2 \times 170 \times 0.8 - 0.147} = 1.95\text{mm}$$

根据容器最小壁厚的规定，其最小壁厚应不小于 3mm，腐蚀裕量另加。

由表 3-2-3 查得钢板厚度负偏差 $C_1=0.6\text{mm}$，腐蚀裕量取 $C_2=1\text{mm}$。所以筒体的设计厚度为：

$$t_\text{d}=t+C_2=3+1=4\text{mm}$$

考虑安全裕量，圆整后取筒体的名义厚度为 6mm。

（4）上封头的壁厚计算

上封头为标准的椭圆形封头，其壁厚按式(3-2-16)计算，对于标准椭圆形封头，形状系数 $K=1$，所以其计算厚度为：

$$t_\text{上}=\frac{KpD_\text{i}}{2\,[\sigma]^t\phi-0.5p}=\frac{1\times0.11\times3600}{2\times170\times0.8-0.5\times0.11}=1.5\text{mm}$$

根据容器最小壁厚的规定，其最小壁厚应不小于 3mm，腐蚀裕量另加。所以上封头的设计厚度为：

$$t_\text{上d}=t_\text{上}+C_2=3+1=4\text{mm}$$

取与筒体一样的厚度 6mm。

（5）下封头的壁厚计算

下封头为无折边锥形封头（半顶角 $\alpha=30°$）。锥体部分厚度可按式(3-2-21)计算。

$$t_\text{下}=\frac{pD_\text{c}}{2\,[\sigma]^t\phi-p}\times\frac{1}{\cos\alpha}$$

发酵液的高度为：

$$H_2=3.55+\frac{3D_\text{i}}{2\sqrt{3}}=3.55+3.12=6.67\text{m}$$

所以，由液柱静压在锥形封头部分产生的压力为：

$$p_2=\rho H_2=1076\times6.67\times9.8=0.07\text{MPa}$$

可见，锥形封头部分的液柱静压已超过了设计压力的 5%，应计入设计压力内，即锥形封头设计压力为：

$$p=0.11+0.07=0.18\text{MPa}$$

锥体部分的计算厚度为：

$$t_\text{下}=\frac{pD_\text{c}}{2\,[\sigma]^t\phi-p}\times\frac{1}{\cos\alpha}=\frac{0.18\times3600}{2\times170\times0.8-0.18}\times\frac{1}{\cos30°}=2.75\text{mm}$$

根据容器最小壁厚的规定，其最小壁厚应不小于 3mm，腐蚀裕量另加。锥体部分的设计厚度为：

$$t_\text{下d}=t_\text{下}+C_2=3+1=4\text{mm}$$

取与筒体一样的厚度 6mm。

（6）压力试验强度校核

采用水压试验，试验压力为：

$$p_\text{T}=1.25p\,\frac{[\sigma]}{[\sigma]^t}=1.25\times0.18\times\frac{170}{170}=0.23\text{MPa}$$

所以试验压力下圆筒中的应力为：

$$\sigma_\text{T}=\frac{p_\text{T}[D_\text{i}+(t_\text{n}-C)]}{2(t_\text{n}-C)\phi}=\frac{0.23\times[3600+(6-1.6)]}{2\times(6-1.6)\times0.8}=118\text{MPa}$$

而：$0.9\sigma_\text{s}=0.9\times345=310.5$

可见，$\sigma_\text{s}<0.9\sigma_\text{s}$，所以压力试验强度足够。

三、换热装置的冷却面积设计

为了保证温度的调控，需按热量产生的高峰时期及一年中气温最高的半个月为基准进行热量衡算，并按冷却水可能达到最高温度的恶劣条件下，设计所需的冷却面积。发酵罐冷却面积的计算可按传热基本方程式来确定，即：

$$F=\frac{Q}{K\Delta t_m}$$

式中　Q——总的发酵热，kJ/h；

　　　K——总传热系数，kJ/(m²·h·℃)；

　　　Δt_m——对数平均温度差，℃；

　　　F——冷却面积，m²。

1. 总发酵热 Q

发酵过程中，随着菌体对培养基的利用（生物热），以及机械搅拌的作用（搅拌热），将产生一定热量，同时因发酵罐壁散热（辐射热）、水分蒸发（蒸发热）等也带走部分热量，发酵热是生物热、搅拌热以及蒸发热及辐射热的净值。

$$Q=Q_{生物}+Q_{搅拌}-Q_{蒸发}-Q_{辐射}$$

① 生物合成热（$Q_{生物}$）　微生物的生物合成热是由维持微生物生命活动的呼吸热、促进微生物增殖的繁殖热以及微生物形成代谢产物的发酵热所组成，由于各种微生物的生理特性和代谢途径不同，故对于微生物的生物合成热至今尚难准确计算。

② 搅拌热（$Q_{搅拌}$）　由于机械搅拌带动发酵液做机械运动产生一定的热量。搅拌热与搅拌轴功率有关。

$$Q_{搅拌}=P/V\times3600[kJ/(m^3\cdot h)]$$

式中　P——搅拌功率，kW；

　　　V——培养液体积，m³；

　　3600——热功当量，kJ/(kW·h)。

③ 蒸发热（$Q_{蒸发}$）和辐射热（$Q_{辐射}$）　通气时，引起发酵液水分的蒸发，被空气和蒸发水分带走的热量叫做蒸发热。辐射热是因发酵罐液体温度与罐外周围环境温度不同，发酵液中有部分热通过罐体向外辐射。辐射热的大小，决定于罐内外温度差的大小，冬天影响大些，夏天小些。

$$Q_{蒸发}=c_g(T_i-T_b)F\rho[kJ/(m^3\cdot h)]$$

式中　c_g——气体比热容，kJ/(kg·℃)；

　T_i、T_b——分别为空气进、出发酵罐的温度，℃；

　　　F——通气量，m³/(m³·h)；

　　　ρ——空气密度，kg/m³。

$$Q_{辐射}=HA(T_b-T_s)[kJ/(m^3\cdot h)]$$

式中　H——反应器壁传热系数；

　　　A——传热面积，m²；

　T_b、T_s——分别为培养液温度和环境温度，℃。

一般取 $Q_{蒸发}$ 和 $Q_{辐射}$ 为 $Q_{生物}$ 的 5%～10%。

由于总发酵热 Q 的计算复杂，工程上一般用小型试验罐，在发酵旺盛时，测定其冷却水的进出口的温度和单位时间内的耗水量。在测量试验中，维持培养液温度恒定不变的情况下，定时测量发酵罐中传热装置冷却水进、出口的温度和冷却水用量，就可由下式求得发酵热：

$$Q_1'=Wc_p(t_2-t_1)$$

式中　Q_1'——试验发酵罐测量得到的热量；

　　　W——冷却水用量；

c_p——冷却水的平均比热容；

t_1，t_2——分别为冷却水进、出口温度。

由所得的 Q'_1 的热量，再扩大应用到生产发酵罐上，则生产发酵罐的热量 Q_1 为

$$Q_1 = \frac{Q'_1}{V'_1} V_1$$

式中　V'_1——小型试验罐中发酵液的体积，m^3；

V_1——生产发酵罐中发酵液的体积，m^3。

发酵热也可通过反应液的温升进行计算，即根据反应液在单位时间内（如半小时）上升的温度而求出单位体积反应液放出热量的近似值。例如某味精生产厂，在夏天不开冷却水时，$25m^3$ 发酵罐每小时内最大升温约为 12℃。

发酵热的大小因品种或发酵时间不同而异，发酵热的平均值一般为 10500～33500kJ/（m^3·℃）。表 6-1-1 为不同产品的发酵热实测值。

表 6-1-1　不同产品的发酵热实测值

发酵液名称	发酵热（$Q_{发酵}$）/[kJ/（m^3·h）]	发酵液名称	发酵热（$Q_{发酵}$）/[kJ/（m^3·h）]
青霉素	27000～36000	酶制剂	12500～21000
庆大霉素	10500～16000	谷氨酸	26500～31500
链霉素	16000～21000	赖氨酸	31500～36500
四环素	21000～26500	柠檬酸	10500～12500
红霉素	21000～26500	核苷酸（鸟苷）	21000～26000
金霉素	16000～21000	多糖、生物肥料芽孢杆菌	5200～10500
灰黄霉素	12500～18500	基因工程毕赤酵母表达植酸酶	75000～105000
泰洛菌素	21000～26000	基因工程毕赤酵母表达疟疾疫苗	100000～140000

2. 对数平均温度差 Δt_m

对数平均温度差 Δt_m 按下式计算：

$$\Delta t_m = \frac{(t_F - t_1) - (t_F - t_2)}{\ln \dfrac{t_F - t_1}{t_F - t_2}}$$

式中　t_F——主发酵时发酵温度，℃；

t_1、t_2——分别为冷却水进、出口温度，℃。

3. 总传热系数 K

根据经验：蛇管的 K 值为 4.186×（300～450）kJ/（m^2·h·℃），如管壁较薄，对冷却水进行强制循环时，K 值约为 4.186×（800～1000）kJ/（m^2·h·℃）；冷却排管的 K 值为 4.186×（350～530）kJ/（m^2·h·℃）。

【例题 3】　某谷氨酸发酵罐的公称容积为 $100m^3$（总容积 $118m^3$），装料系数 0.65，发酵温度 32℃，罐内采用竖式列管换热装置，冷却水的初、终温分别为 20℃和 27℃，试计算确定发酵罐的冷却面积。

解：（1）总发酵热 Q 计算

对于谷氨酸发酵，测得发酵热高峰值约为 4.186×6000kJ/（m^3·h）。所以，总发酵热为：

$$Q = 118 \times 0.65 \times 4.186 \times 6000 = 1.926 \times 10^6 \text{kJ/h}$$

（2）对数平均温度差 Δt_m 计算

$$\Delta t_m = \frac{(t_F - t_1) - (t_F - t_2)}{\ln \dfrac{t_F - t_1}{t_F - t_2}} = \frac{(32-20)-(32-27)}{\ln \dfrac{32-20}{32-27}} = 8℃$$

（3）总传热系数 K

选用竖式列管换热装置，K 值取经验值 $4.186 \times 500 \text{kJ}/(\text{m}^2 \cdot \text{h} \cdot ℃)$

（4）冷却面积 F 计算

$$F = \frac{Q}{K \Delta t_m} = \frac{1.926 \times 10^6}{4.186 \times 500 \times 8} = 115 \text{m}^2$$

一般来说，气温高的地区，冷却水温高，传热效果差，冷却面积较大，1m^3 发酵液的冷却面积超过 2m^2。但在气温较低的地区，采用地下水冷却，冷却面积较小，1m^3 发酵液的冷却面积为 1m^2。发酵产品不同，冷却面积也有差异。

四、搅拌器的轴功率设计

搅拌器轴功率是指搅拌器输入搅拌液体的功率，是指搅拌器以既定的速度运转时，用以克服介质的阻力所需的功率。它包括机械传动的摩擦所消耗的功率，因此它不是电动机的轴功率或耗用功率。

发酵罐液体中溶氧以及气液固的混合强度与单位体积中输入的搅拌功率有很大的关系。在相同条件下，不通气时的搅拌轴功率比通气时的搅拌轴功率要大一些。

1. 不通气条件下的搅拌轴功率计算

在机械搅拌通风发酵罐中，搅拌器输出的轴功率 P_0 与下列因素有关：发酵罐直径 D、搅拌器直径 d、液柱高度 H_L、搅拌器的转速 ω、液体黏度 μ、液体密度 ρ、重力加速度 g 以及搅拌器形式和结构等。因为 D、H_L 均与 d 之间存在一定比例关系，所以可以用搅拌器直径 d 来替代，于是就有：

$$P_0 = f(\omega, d, \rho, \mu, g)$$

计算搅拌所需要的轴功率时，应先算出搅拌罐内液体被搅动后流体的雷诺数 Re 值：

$$Re = \frac{\omega d^2 \rho}{\mu}$$

根据 Re 值判断罐中流体的流动形态。当牛顿型流体的 $Re \geqslant 10^4$，或非牛顿型流体的 $Re \geqslant 300$ 时，可认为罐内流体处于湍流状态。在不通气条件下，搅拌轴上仅安装一层搅拌桨可用下列鲁士顿（Rushton J. H.）公式来计算轴功率：

$$P_0 = N_P \omega^3 \rho d^5 \text{（kW）}$$

式中　P_0——不通气搅拌输入的功率，W；

ω——搅拌转速，r/s；

d——搅拌器直径，m；

ρ——液体密度，kg/m^3；

N_P——搅拌功率数。

在满足全挡板的情况下，搅拌功率数 N_P 是搅拌雷诺数 Re 的函数。若搅拌器是在充分湍流状态（$Re \geqslant 10^4$）下操作时，N_P 为一常数：圆盘六平直叶涡轮 $N_P \approx 0.6$；圆盘六弯叶涡轮 $N_P \approx 4.7$；圆盘六箭叶涡轮 $N_P \approx 3.7$。

2. 通气情况下的搅拌轴功率计算

同一搅拌器在相等的转速下输入通气液体的功率比不通气液体的低。其原因可能是由于通气使液体的密度降低，导致搅拌功率的降低。功率下降的程度与通气量及液体翻动量等因素有关，主要决定于涡轮周围气流接触的状况。

对于通气情况下的搅拌轴功率计算，迈凯尔（Michel）等人用密度为 $800 \sim 1650 \text{kg/m}^3$、黏度为 $0.0009 \sim 0.1 \text{Pa} \cdot \text{s}$ 的发酵液进行六平叶涡轮试验，整理出 Michel 经验关系式，再经福田秀雄在 $0.1 \sim 40 \text{m}^3$ 的系列设备里进行校正后，得到计算涡轮搅拌器通气搅拌功率的修正

Michel 公式：

$$P_g = 2.25 \times 10^{-3} \left(\frac{P_0^2 \omega d^3}{Q^{0.08}} \right)^{0.39}$$

式中　P_g、P_0——分别为通气与不通气的轴功率，kW；

　　　　ω——搅拌器转速，r/min；

　　　　d——搅拌器直径，cm；

　　　　Q——通气量，mL/min。

3. 所需电动机功率的确定

在实际生产中，液体深度较大，往往在同一搅拌轴上安装多层搅拌桨。它比单层搅拌桨需要增加更多的功率。其增加的功率除了搅拌桨的层数外，还取决于搅拌桨之间的距离。在不通气条件下，多层搅拌桨的轴功率可按下式估算：

$$P_m = P_0(0.4 + 0.6m)$$

式中　m——搅拌桨层数。

根据轴功率 P_m 可由下式求得所需电动机输出功率：

$$P_{电} = \frac{P_m + P_T}{\eta}$$

式中　$P_{电}$——所需电机功率，kW；

　　　　P_m——搅拌所需的轴功率，kW；

　　　　P_T——轴封摩擦损失功率，kW；

　　　　η——传动机构效率。

搅拌所需的轴功率 P_m 应根据不同情况来考虑：若发酵系统培养采用连续灭菌，则 P_m 应选用通气时搅拌功率 P_g；若发酵罐采用分批灭菌，灭菌时搅拌器开动是在不通气状态下进行的，所以按不通气时的搅拌功率 P_0 来确定，若按照通气情况下的功率消耗配备电机，势必使电机长期处在超负载情况下，甚至根本无法启动电机或使电机损坏。

在搅拌器刚启动时，往往需要比运动功率大得多的启动功率，但因发酵罐所选用的电机一般属于三相电动机，此种电动机允许在短时间内有较大的超负荷，加上合理采用启动装置，故不必考虑启动时的功率消耗。

也可不经过以上计算，直接按发酵液体积估算电动机的功率。过去发酵罐所配备电动机的功率为 $1 \sim 1.5 \mathrm{kW/m^3}$ 培养液，而目前发酵罐所配备电动机容量，特别是霉菌发酵，可达至 $3 \sim 4 \mathrm{kW/m^3}$ 培养液，同时将通气量压缩在较低水平上[如 $0.4 \sim 0.5 \mathrm{m^3/(m^3 \cdot min)}$]，即采用高功率消耗、低通气量的方法来加强搅拌过程中的剪应力和翻动量。提高氧的传递速度和液固的混合程度对高黏度的发酵液来说是十分必要的。同时可避免高通气量引起的搅拌功率下降过多、泡沫严重、装料量少、液体蒸发量大等缺点。

适当选用较大容量的电动机，可在设备改装和工艺条件改变时具有一定的灵活性。当然也要避免盲目采用大功率电机而导致电机运转时功率因数过低。

4. 非牛顿型流体特性对搅拌轴功率计算的影响

常见的某些发酵醪具有明显的非牛顿型流体特性。用水解糖液、糖蜜等原料作为培养液的细菌醪、酵母醪均属于非牛顿型流体；直接用淀粉、豆饼粉原料的低浓度细菌醪或酵母醪接近于牛顿型流体；至于霉菌醪、放线菌醪，不管用什么原料作为培养液，均属于非牛顿型流体。

非牛顿型流体特性对发酵过程的影响极大，对搅拌功率的计算也带来麻烦。非牛顿型流体的搅拌功率计算必须事先知道黏度与搅拌速度的关系，然后才能计算不同搅拌转速下的 Re。但在大多数情况下，搅拌器是在湍流状态下操作（$Re \geqslant 10^4$），因此同样可以用上述计算方法来计算非牛顿型流体的搅拌功率。

【例题 4】 某发酵厂 10m³ 机械搅拌通风发酵罐，发酵系统采用连续灭菌，发酵罐直径 $D=1.8$ m，一只圆盘六弯叶涡轮搅拌器直径 $d=0.6$ m，罐内装有四块标准挡板，装液量 V_L 为 6m³，搅拌转速 $\omega=168$r/min，通气量 $Q=1.42$m³/min，醪液黏度 $\mu=1.96\times10^{-3}$ N·s/m²，醪液密度 $\rho=1020$kg/m³，三角皮带的效率是 0.92，滚动轴承的效率是 0.99，滑动轴承的效率是 0.98，端面轴封增加的功率为 1%。求搅拌器的轴功率，并选择合适的电机。

解：（1）先求出 Re

$$Re=\frac{\omega d^2\rho}{\mu}=\frac{(168/60)\times0.6^2\times1020}{1.96\times10^{-3}}=5.25\times10^4$$

（2）搅拌器的轴功率计算

因为 $Re\geqslant10^4$，所以发酵系统在充分湍流状态，即圆盘六弯叶涡轮 $N_P\approx4.7$，所以：不通气时的搅拌功率 P_0 为：

$$P_0=N_P\omega^3\rho d^5=4.7\times\left(\frac{168}{60}\right)^3\times1020\times0.6^5=8.07(\text{kW})$$

通气时的搅拌功率 P_g 为：

$$P_g=2.25\times10^{-3}\left(\frac{P_0^2\omega d^3}{Q^{0.08}}\right)^{0.39}=2.25\times10^{-3}\left(\frac{8.07^2\times168\times60^3}{1420000^{0.08}}\right)^{0.39}=6.55(\text{kW})$$

（3）所需电动机的功率

由于发酵系统采用连续灭菌，P_m 选用通气时搅拌功率 P_g，故所需电动机功率为：

$$P_电=\frac{P_m+P_T}{\eta}=\frac{P_g+P_T}{\eta}=\frac{6.55}{0.92\times0.99\times0.98}\times(1+1\%)=7.4(\text{kW})$$

五、发酵罐的附件设计

发酵罐的附件设计包括传动装置的设计；搅拌器（搅拌器直径和挡数、搅拌轴功率）的设计；密封装置的选取；传热部件（面积）的计算；挡板、接管尺寸的选取；开孔（手孔、人孔、视镜和接管口等）与开孔补强（壳体或封头开孔后，不但会削弱容器的强度，而且在开孔附近还会形成应力集中。由于开孔处局部应力高，开孔附近就往往成为容器设备的破坏源。因此，应对开孔和接管附近的应力采取适当的补救措施）；法兰、中间支承和扶梯的选取。

此外，还有设备承受各种载荷的计算（设备重量载荷的计算、设备地震弯矩的计算、偏心载荷的计算）、设备强度及稳定性检验、裙座的强度计算及校核（裙座计算、基础环的计算、地脚螺栓计算）、裙座与筒体对接焊缝验算等内容。

第二节 发酵罐的比拟放大

发酵罐的放大，就是力求生产规模的发酵罐的性能与中试规模的发酵罐尽量接近，从而使二者的生产效率相似，使生产罐达到中试罐的满意结果。

比拟放大的基本方法，首先是必须找出系统中的各有关参数，把这些参数组成几个具有一定物理含义的无量纲数，并且建立它们之间的函数式，然后用实验的方法在试验设备里求出函数式中所包含的常数和指数，则这个关系式便可用作与此试验设备几何相似的大型设备的设计。这个方法也就是化工过程研究常采用的基本方法之一。而发酵过程不单纯是化工过程，它是一个复杂的生物化学过程。它受到了外因（环境因素）和内因的影响。环境参数如培养基、温度、pH、氧化还原电位、溶氧速率、物理和流体力学因素（黏度、搅拌强度、混合时间、通风量）等；内因有微生物活性。有些因素目前已被认识了，但尚不能测量和控制，有些则尚未被认识。

发酵罐放大能否成功的关键是设计参数的来源及其正确性。通常以某些关键性参数放大后不变为原则进行放大设计。发酵罐常用的比拟放大参数有罐的几何尺寸、空气流量以及搅拌功率与转速等，这些参数之间都有一定的相互联系。发酵罐的放大目前仍处于凭经验或半经验状态。

一、几何尺寸的放大

按发酵罐的各个部件的几何尺寸比例进行放大。放大倍数实际上就是罐体积增加的倍数。设 V、H、D 和 d 分别为发酵罐的体积、筒身高、罐径和搅拌器直径，下标 1 表示中试罐，下标 2 表示生产罐，m 表示放大倍数，即 $\dfrac{V_1}{V_2} = m$。由于中试罐和生产罐几何相似，

于是有：$\dfrac{H_1}{H_2} = \dfrac{D_1}{D_2}$

则：$\dfrac{V_1}{V_2} = m = \dfrac{\frac{\pi}{4} D_2^2 H_2}{\frac{\pi}{4} D_1^2 H_1} = \left(\dfrac{D_2}{D_1}\right)^3$

故有：$D_2 = \sqrt[3]{m} \cdot D_1$；$H_2 = \sqrt[3]{m} \cdot H_1$；$d_2 = \sqrt[3]{m} \cdot d_1$

二、空气流量的放大

发酵过程中的空气流量一般以通气比 VVM 来表示。VVM 的定义是每分钟的通气体积 Q_0（以标准状态计）与实际料液体积 V_L 之比，即

$$\dfrac{Q_0}{V_L} = \text{VVM} \quad \text{m}^3/(\text{m}^3 \cdot \text{min})$$

发酵过程的空气流量也可以用操作状态下通入罐内空气的线速度（截面气速）v_g 来表示，即

$$v_g = \dfrac{Q}{\frac{\pi}{4} D^2} \quad \text{m/h}$$

Q 以工作状态下计。Q 与标准状况下（温度为 273K、压力为 1.013×10^5 Pa）的通气量 Q_0 之间的换算关系，可按气体状态方程计算：

$$Q = Q_0 \left(\dfrac{273 + T}{273}\right) \times \dfrac{1.013 \times 10^5}{p}$$

于是有：

$$v_g = \dfrac{Q}{\frac{\pi}{4} D^2} = \dfrac{60 Q_0 (273 + T)(1.013 \times 10^5)}{\frac{\pi}{4} D^2 \times 273 p} = \dfrac{28369.9 Q_0 (273 + T)}{p D^2}$$

$$= \dfrac{28369.9 (\text{VVM})(V_L)(273 + T)}{p D^2} \quad \text{m/h}$$

所以，VVM 与 v_g 两者的换算关系为：

$$Q_0 = \frac{v_g p D^2}{28369.9(273+T)} \quad \mathrm{m^3/min}$$

$$\mathrm{VVM} = \frac{v_g p D^2}{28369.9(V_L)(273+T)} \quad \mathrm{m^3/(m^3 \cdot min)}$$

式中　D——发酵罐内径，m；

　　　T——发酵罐的温度，℃；

　　　p——液柱平均绝对压力，Pa。

p 的计算式如下：

$$p = (p_t + 1.013 \times 10^5) + \frac{9.81}{2} H_L$$

式中　p_t——罐顶压力表的读数，Pa；

　　　H_L——发酵液柱高度，m。

空气流量放大，常用的有以下三种放大原则。

(1) 根据通气比 VVM 相等的原则放大

由于 $\mathrm{VVM}_2 = \mathrm{VVM}_1$，$V_L \propto D^3$；根据 $v_g = \dfrac{28369.9(\mathrm{VVM})(V_L)(273+T)}{p D^2}$ 有：

$$\frac{v_{g2}}{v_{g1}} = \frac{D_2}{D_1} \times \frac{p_1}{p_2}$$

(2) 根据空气的线速度 v_g 相等的原则放大

根据 $v_{g2} = v_{g1}$，同理可以得到：$\dfrac{\mathrm{VVM}_2}{\mathrm{VVM}_1} = \dfrac{p_2}{p_1} \times \dfrac{D_1}{D_2}$

(3) 根据 $k_L a$ 值相等的原则放大

由于 $k_L a_2 = k_L a_+$，通过关联式 $k_L a = 1.86 \times (2+2.8m) \times \left(\dfrac{P_g}{V}\right)^{0.56} v_g^{0.7} n^{0.7}$，有：

$$\frac{Q_{g2}}{V_2} \times H_{L2}^{\frac{2}{3}} = \frac{Q_{g1}}{V_1} \times H_{L1}^{\frac{2}{3}}$$

又因为 $Q_g \propto v_g D^2$ 并且 $V \propto D^3$，$H_L \propto D$，将此三式代入上式，得到：

$$\frac{v_{g2}}{v_{g1}} = \left(\frac{D_2}{D_1}\right)^{\frac{1}{3}} \text{ 以及 } \frac{\mathrm{VVM}_2}{\mathrm{VVM}_1} = \left(\frac{D_1}{D_2}\right)^{\frac{2}{3}} \times \frac{p_2}{p_1}$$

若取 $V_2/V_1 = 125$，$D_2/D_1 = 5$，$p_2/p_1 = 1.5$，用上述三种不同空气流量放大方法计算出的结果见表 6-2-1。

表 6-2-1　三种不同空气流量放大方法的计算结果

放大方法	VVM 值		v_g 值	
	放大前	放大后	放大前	放大后
VVM 相等	1	1	1	3.33
v_g 相等	1	0.3	1	1
$k_L a$ 相等	1	0.513	1	1.71

从表 6-2-1 可以看出，通常放大后，VVM 下降，而 v_g 上升。若以 VVM 相等的放大方法计算，在放大 125 倍后，v_g 值变为原来的 3.33 倍。由于变化过大，使搅拌处于被空气所包围的状态，无法发挥其加强气液接触和搅拌液体的作用。若以 v_g 值相等的放大方法来计算，则 VVM 值在放大后仅为放大前的 30%，似乎有些过小。因此，空气流量放大一般取 $k_L a$ 相等的原则放大。

但是，从表6-2-1中还可以看出，按 $k_L a$ 值相等放大后，两种方法表示的空气流量与放大前都有较大的差别。所以，最终的放大方法要综合考虑各种参数后再确定。

三、搅拌转速及功率的放大

发酵罐的搅拌功率及转速放大的方法较多，常用的有如下三种方法。

1. 按单位体积液体中搅拌功率相同的原则放大

单位体积液体所分配的搅拌功率相同这一准则，是一般化学反应器常用的放大准则。

若按不通气条件下单位体积发酵液所消耗功率相同，即放大前后 $P_0/V =$ 常数，根据不通气条件下的搅拌轴功率计算式：$P_0 = N_P \omega^3 \rho d^5$，有 $P_0 \propto \omega^3 d^5 \rho$，故 $\dfrac{P_0}{V} \propto \omega^3 d^2$。由于放大前后 $P_0/V =$ 常数，在大罐和小罐几何形状相似条件下，则有

$$\frac{\omega_2}{\omega_1} = \left(\frac{d_1}{d_2}\right)^{\frac{2}{3}} \text{ 和 } \frac{P_{02}}{P_{01}} = \left(\frac{d_2}{d_1}\right)^3$$

若按通气条件下单位体积发酵液所消耗功率相同，即放大前后 $P_g/V =$ 常数，根据通气条件下的搅拌轴功率计算式：$P_g = 2.25 \times 10^{-3} \left(\dfrac{P_0^2 \omega d^3}{Q^{0.08}}\right)^{0.39}$，并将 $P_0 = N_P \omega^3 \rho d^5$ 和 $Q_g \propto v_g d^2$ 代入此式，可以得到：

$$\frac{\omega_2}{\omega_1} = \left(\frac{d_1}{d_2}\right)^{0.745} \left(\frac{v_{g2}}{v_{g1}}\right)^{0.08} \text{ 和 } \frac{P_{g2}}{P_{g1}} = \left(\frac{d_2}{d_1}\right)^{2.765} \left(\frac{v_{g2}}{v_{g1}}\right)^{0.24}$$

2. 按 $k_L a$ 相同的原则放大

由于氧在培养液中的溶解度很低，生物反应很容易因反应器供氧能力的限制受到影响，因此，以放大前后气液接触体积传质系数 $k_L a$ 相等作为放大准则，往往可以收到较好的效果。

根据 $k_L a = 1.86 \times (2 + 2.8m) \times \left(\dfrac{P_g}{V}\right)^{0.56} v_g^{0.7} n^{0.7}$，有：$k_L a \propto \left(\dfrac{P_g}{V}\right)^{0.56} v_g^{0.7} \omega^{0.7}$

根据 $P_g = 2.25 \times 10^{-3} \left(\dfrac{P_0^2 \omega d^3}{Q^{0.08}}\right)^{0.39}$，有：$\dfrac{P_g}{V} \propto \dfrac{N^{3.15} d^{2.346}}{v_s^{0.252}}$

将 $\dfrac{P_g}{V} \propto \dfrac{N^{3.15} d^{2.346}}{v_s^{0.252}}$ 代入 $k_L a \propto \left(\dfrac{P_g}{V}\right)^{0.56} v_g^{0.7} \omega^{0.7}$，可以得到

$$k_L a \propto d^{1.32} v_g^{0.56} \omega^{2.46}$$

由于 $k_L a_2 = k_L a_1$，则有

$$\frac{\omega_2}{\omega_1} = \left(\frac{d_1}{d_2}\right)^{0.533} \left(\frac{v_{g1}}{v_{g2}}\right)^{0.23}$$

$$\frac{P_{02}}{P_{01}} = \left(\frac{d_2}{d_1}\right)^{3.40} \left(\frac{v_{g1}}{v_{g2}}\right)^{0.681}$$

$$\frac{P_{g2}}{P_{g1}} = \left(\frac{d_2}{d_1}\right)^{3.667} \left(\frac{v_{g1}}{v_{g2}}\right)^{0.967}$$

3. 按搅拌器叶端速度相等的原则放大

搅拌器叶端速度（$\pi d\omega$）是决定搅拌剪切强度的关键。按搅拌器叶端速度相等作为准则进行放大也有成功的实例，当大小发酵罐中搅拌器叶端速度相等时，则 $\pi d\omega =$ 常数，因此可以得到：

$$\frac{\omega_2}{\omega_1} = \frac{d_1}{d_2} \text{ 和 } \frac{P_{02}}{P_{01}} = \left(\frac{d_2}{d_1}\right)^2$$

【例题5】 若有一中试发酵罐，装料量为 0.28m^3，$D = 0.6\text{m}$，搅拌器直径为 0.2m，搅

拌转速为 420r/min，不通气搅拌功率为 0.9kW，通气时为 0.4kW，空气线速度为 50m/h，若将其放大 125 倍，求生产罐的主要尺寸及主要工艺操作条件。

解： 已知 $V_1=0.28m^3$，$D_1=0.6m$，$d_1=0.2m$，$\omega_1=420r/min=7r/s$，$P_{01}=0.9kW$，

$$P_{g1}=0.4kW，v_{g1}=50m/h$$

① 按发酵罐的几何尺寸比例进行放大：$V_2=0.28\times125=35m^3$

放大后生产罐的主要尺寸为：

$$D_2=\sqrt[3]{m}D_1=\sqrt[3]{125}\times0.6=3m；d_2=\sqrt[3]{m}d_1=5\times0.2=1m$$

② 空气流量根据 k_La 值相等的原则放大，有 $\dfrac{v_{g2}}{v_{g1}}=\left(\dfrac{D_2}{D_1}\right)^{\frac{1}{3}}$，即放大后的空气线速度为

$$v_{g2}=v_{g1}\left(\frac{D_2}{D_1}\right)^{\frac{1}{3}}=50\times\sqrt[3]{\frac{3}{0.6}}=85.5m/h$$

（根据 VVM 相等或 v_g 相等原则，进行空气流量的放大计算，请读者自己完成。）

③ 搅拌转速及功率也按 k_La 相同的原则放大，有

$$\frac{\omega_2}{\omega_1}=\left(\frac{d_1}{d_2}\right)^{0.533}\left(\frac{v_{g1}}{v_{g2}}\right)^{0.23}$$

$$\frac{P_{02}}{P_{01}}=\left(\frac{d_2}{d_1}\right)^{3.40}\left(\frac{v_{g1}}{v_{g2}}\right)^{0.681}$$

$$\frac{P_{g2}}{P_{g1}}=\left(\frac{d_2}{d_1}\right)^{3.667}\left(\frac{v_{g1}}{v_{g2}}\right)^{0.967}$$

放大后的搅拌转速及功率的计算如下：

$$\omega_2=\omega_1\left(\frac{d_1}{d_2}\right)^{0.533}\left(\frac{v_{g1}}{v_{g2}}\right)^{0.23}=420\times\left(\frac{0.2}{1.0}\right)^{0.533}\left(\frac{50}{85.5}\right)^{0.23}=157.5r/min$$

$$P_{02}=P_{01}\left(\frac{d_2}{d_1}\right)^{3.40}\left(\frac{v_{g1}}{v_{g2}}\right)^{0.681}=0.9\times\left(\frac{1.0}{0.2}\right)^{3.40}\left(\frac{50}{85.5}\right)^{0.681}=148kW$$

$$P_{g2}=P_{g1}\left(\frac{d_2}{d_1}\right)^{3.667}\left(\frac{v_{g1}}{v_{g2}}\right)^{0.967}=0.4\times\left(\frac{1.0}{0.2}\right)^{3.667}\left(\frac{50}{85.5}\right)^{0.967}=87.4kW$$

（根据 $P_0/V=$ 常数或 $P_g/V=$ 常数或 $\pi d\omega=$ 常数的原则，进行搅拌转速及功率的放大计算，请读者自己完成。）

四、放大方法的比较

以上放大方法是将某一参数保持不变作为准则进行放大的，往往具有片面性。这是因为各个参数之间常有联系，照顾了一个方面，就会忽略其他方面的作用。若想达到有某两个参数在放大前后都比较接近，有时必须采用几何不相似的发酵罐。

比拟放大虽然必须以理性知识为基础，但也离不开丰富的实际运转经验，特别是对于非牛顿型流体发酵系统尤其如此。据统计，在发酵罐的放大实践过程中，大多采用单位体积液体通气情况下搅拌功率相等或 k_La 相同的原则放大。目前尚未解决发酵罐放大前后，能保证多个参数都相同的问题。

第三节　酶反应器的设计

酶反应器设计基本内容有：根据酶反应及物料性质选择合适的反应器形式及反应器操作

方式；确定工艺操作参数，如物料流量、温度、pH 等；以反应速率为基础计算反应时间和反应器体积，进一步设计各种结构参数。反应器体积计算是酶反应器设计核心内容。

在酶反应器选型确定之后，就要将操作变量与反应动力学结合起来进行反应器设计。具体方法是根据选定的反应器形式与给定的操作变量及酶转化率通过物质平衡计算来推导酶反应时间的数学表达式，进而计算反应器体积，这里酶促反应动力学速率方程是酶反应器设计的关键。由酶反应动力学可知，酶反应速率描述的是底物（或产物）浓度随时间变化的微分方程，最典型的酶促反应速率方程是米氏方程，需要注意的是米氏方程适用于大多数单底物无抑制情况下的酶促反应过程。在固定化酶反应器设计中还需考虑到固定化酶反应过程的各种效应对酶促反应速率的影响，特别是扩散效应（包括外扩散和内扩散）的影响。由于酶反应器的形式多种多样，但动力学特性影响较大，这里以酶反应器可分为间歇搅拌釜式反应器（BSTR）、连续操作的搅拌釜式反应器（CSTR）和连续操作的管式反应器（CPFR）三种基本类型为例介绍酶反应器设计的方法和内容。

1. 间歇搅拌釜式反应器（BSTR）

BSTR 的特点是分批装料和卸料，因此其操作时间由两部分组成：一是进行反应所需要的时间，即开始反应达到所需要的转化程度为止所需要的时间；另一是辅助操作时间，包括装料、灭菌、卸料及清洗等所需要的时间。设计间歇反应器的重点是确定反应所需要的时间，辅助时间则可根据生产经验来确定。

（1）反应时间的计算

对于间歇反应器，由于反应过程中无物料的输入和输出，又由于搅拌的作用，反应器内物料充分混合，浓度均一，反应物系的浓度仅随时间变化，对整个反应器中底物 S 作物料衡算：

底物 S 转化速率＝－底物 S 的累计速率

$$r_s = -\frac{dC_s}{dt}$$

当 $t=0$，$C_s=C_{s_0}$；$t=t_r$，$C_s=C_s$ 时，分离变量积分得：

$$t_r = -\int_{C_{s_0}}^{C_s} \frac{dC_s}{r_s}$$

若以转化率 X_s 表示，$X_s = \frac{C_{s_0}-C_s}{C_{s_0}}$，则有：

$$t_r = C_{s_0} \int_0^{X_s} \frac{dX_s}{r_s}$$

上式表示反应物 S 反应到某一程度时所需要的反应时间，是一普遍关系式，对于不同的反应，有不同的动力学方程，积分可以求得不同的反应时间的表达式。

对于均相酶反应：当为单底物无抑制反应时，将米氏方程带入上式并积分得

$$r_{max} t_r = C_{s_0} X_s + K_m \ln \frac{1}{1-X_s}$$

此式即为 BSTR 型游离酶反应器操作方程。方程表明，转化率 X_s 由停留时间 t_r 决定。停留时间越长，则转化率越高。

对于固定化酶反应：假定反应器中液相物料占的体积分率为 ε_L，则固定化酶占的体积分率为 $(1-\varepsilon_L)$，酶反应发生在固相，又考虑到有内扩散的影响，则反应器中底物消耗速率为 $(1-\varepsilon_L)\eta V_R r_s$，累积项则应为反应器内液相中的底物随时间的变化

$$\varepsilon_L V_R \frac{dC_s}{dt}$$

物料衡算式如下：

$$(1-\varepsilon_L)\eta V_R r_s = -\varepsilon_L V_R \frac{dC_s}{dt}$$

积分得到：

$$t_r = C_{s_0} \frac{\varepsilon_L}{1-\varepsilon_L} \int_0^{X_s} \frac{dX_s}{\eta r_s} = C_{s_0} \frac{V_L}{V_p} \int_0^{X_s} \frac{dX_s}{\eta r_s}$$

式中　　V_L 和 V_p——分别为催化剂液相和固相的体积；

r_s——以催化剂体积定义的反应速率；

η——内扩散效率因子。

如果反应速率是以单位催化剂的质量来定义，则此时反应速率以 r_w 表示，则有：

$$t_r = C_{s_0} \frac{V_L}{W} \int_0^{X_s} \frac{dX_s}{\eta r_w}$$

要积分上式，必须先得到 η 与 X_s 之间的关系。

由酶反应动力学可知，对于固定化酶反应，当为一级不可逆反应时，即 $C_{s_0} \ll K_m$ 时，内扩散有效因子 η 与转化率 X_s 的大小无关，η 可以作常数处理，此时有：

$$r_{max} t_r \eta \frac{1-\varepsilon_L}{\varepsilon_L} = K_m \ln \frac{1}{1-X_s}$$

当固定化酶颗粒很小时，反应为动力学控制，$\eta=1$，可采用：

$$r_{max} t_r \frac{1-\varepsilon_L}{\varepsilon_L} = C_{s_0} X_s + K_m \ln \frac{1}{1-X_s}$$

（2）反应器有效体积的确定

对于间歇反应器，反应物要达到一定的反应程度所需要的反应时间仅与过程的速率有关，与反应器的大小无关，其反应器的大小是由反应物料的处理量来确定的。

若间歇反应器的一个操作周期为 t，则：

$$t = t_r + t_b$$

式中　　t_r——反应时间；

t_b——辅助操作时间。

根据规定的生产任务，若要求该反应器在单位时间内处理的物料体积为 V_0，则该反应器的有效体积为：

$$V_R = V_0(t_r + t_b)$$

如果要求单位时间内得到的产物量为 P_r，则有：

$$V_0 = \frac{P_r}{C_{s_0} X_s}$$

式中　　C_{s_0} 和 X_s——分别为反应物的初始浓度和最终转化率。

【例题 6】 在一间歇操作的反应器内进行一均相的无抑制的酶催化反应。已经测得该酶催化反应的动力学参数为 $k_2 = 1 min^{-1}$，$K_m = 2 mol/L$，加入酶的初始浓度 $C_{E_0} = 1 mol/L$，加入反应底物初始浓度为 $2 mol/L$。试求：要求每 1h 生产某产品 1000mol，反应转化率为 0.80，并且每一操作周期内所需要的辅助时间为 10min。此时所需要的反应器有效体积 V_R 为多少？

解：（1）先求出达到一定转化率所需反应时间。根据题意，本反应符合米氏方程，因此根据

$$r_{max} t_r = C_{s_0} X_s + K_m \ln \frac{1}{1-X_s} \text{ 和 } r_{max} = k_2 C_{E_0} = 1 \times 1 = 1 mol/(L \cdot min)$$

将已知值代入上式

$$1 \times t_r = 2 \times 0.8 + 2\ln\frac{1}{1-0.8}$$

$$t_r = 4.82\text{min}$$

（2）求反应器有效体积

根据 $V_0 = \dfrac{P_r}{C_{s_0}X_s}$ 和 $V_R = V_0(t_r + t_b)$

可求出 $V_0 = \dfrac{P_r}{C_{s_0}X_s} = \dfrac{1000/60}{2 \times 0.8} = 10.42\text{L/min}$

$$V_R = V_0(t_r + t_b) = 10.42(4.82 + 10) = 154.4\text{L}$$

即反应器有效体积为 154.4L。

2. 连续操作的搅拌釜式反应器（CSTR）

CSTR 是一种应用很普遍的连续操作反应器，其基本假定：连续进料在瞬间与反应器内物料充分混合且组成均一。反应产物也以进料流速连续流出，因此，反应器内物系组成不变，反应器体积不变，且出口物料的组成与反应器内的物料组成完全相同，所以 CSTR 是一种恒态操作。CSTR 单级模型见图 6-3-1。

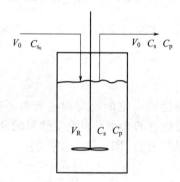

图 6-3-1　连续搅拌釜式反应器 CSTR

对反应物 S：输入速率＝输出速率＋反应消耗速率，即：

$$F_{s_0} = F_s + r_s V_R$$

式中　F_{s_0}，F_s——单位时间底物 S 的质量。

由于：

$$F_s = F_{s_0}(1 - X_s)$$

$$F_{s_0}X_s = r_s V_R$$

$$F_{s_0} = V_0 C_{s_0}$$

式中　V_0——单位时间反应液体积流量；

　　　V_R——反应器体积。

并令：$\tau_m = \dfrac{V_R}{V_0}$，得：

$$\tau_m = \frac{C_{s_0}X_s}{r_s} = \frac{C_{s_0} - C_s}{r_s}$$

称 τ_m 为 CSTR 的空时，或平均停留时间（$\dfrac{1}{\tau_m} = D$，D 称为稀释率）。

上式为 CSTR 的基本设计关系式。它表明在一定进料流量下，达到一定反应程度时底物在反应器中的停留时间。需注意的是，由于存在返混，τ_m 只代表底物在反应器内平均停留时间，而不代表某一微元体真实停留时间。

均相酶催化反应时的 CSTR：其动力学方程可用米氏方程，并用转化率 X_s 表示，则有：

$$r_{\max}\tau_m = C_{s_0}X_s + K_m\ln\frac{X_s}{1-X_s}$$

固定化酶催化反应的 CSTR：考虑到存在固液两相和内扩散，其底物的衡算为：

$$F_{s_0} = F_s + (1-\varepsilon_L)V_R\eta r_{sp}$$

式中　r_{sp}——以固定化酶颗粒体积定义的催化反应速率。

$$\tau_m = \frac{V_R}{V_0} = \frac{C_{s_0}-C_s}{(1-\varepsilon_L)\eta r_{sp}}$$

当 r_{sp} 符合米氏方程时，有：

$$r_{\max}\tau_m(1-\varepsilon_L)\eta = C_{s_0}X_s + K_m\ln\frac{X_s}{1-X_s}$$

注意：$\tau_m = \dfrac{V_R}{V_0} = \dfrac{V_L+V_s}{V_0}$

式中　V_L——液相体积；

V_s——固定化酶体积。

因此，$\tau_m = \tau_L + \tau_s$

只有 τ_L 代表了反应液物料在反应器内平均停留时间，且有：

$$\tau_L = \varepsilon_L\tau_m$$

如果以固定化酶单位质量为基准来定义反应速率，则有：

$$\tau_w = \frac{W}{V_0} = \frac{C_{s_0}X_s}{\eta r_{sw}}$$

式中　r_{sw}——以固定化酶质量为基准定义的酶反应速率。

【例题 7】　某一单底物无抑制均相酶催化反应 S $\longrightarrow$ P，符合米氏方程，且已知其 $K_m = 1.2\text{mol/L}$，$r_{\max} = 3\times10^{-2}\text{mol/(L·min)}$。根据设计要求年产产物 P 为 72000mol，并已知 $C_{s_0} = 2\text{mol/L}$，$X_s = 0.95$。全年反应器的操作时间为 7200h，其中 BSTR 的每一操作周期所需辅助时间为 2h，若分别采用 BSTR 和 CSTR 进行上述反应，试求所需反应器有效体积为多少？

解：对于间歇反应器中有

$$r_{\max}t_r = C_{s_0}X_s + K_m\ln\frac{1}{1-X_s}$$

$$t_r = \frac{1}{r_{\max}}(C_{s_0}X_s + K_m\ln\frac{1}{1-X_s}) = \frac{1}{3\times10^{-2}}(2\times0.95 + 1.2\ln\frac{1}{1-0.95}) = 3.05\text{h}$$

全年反应批次 $= \dfrac{7200}{t_r+t_b} = \dfrac{7200}{3.05+2} = 1425.7$ 批

每批反应产物量 $= \dfrac{72000}{\text{批次}} = 50.5\text{mol}$

每批产物浓度 $= C_{s_0}X_s = 2\times0.95 = 1.9\text{mol/L}$

所需反应器体积 $= \dfrac{50.5}{1.9} = 26.6\text{L}$

对于连续反应器中：

$$\tau = 3.05\text{h} = \frac{1}{D}$$

所以 $D = 0.328\text{h}^{-1}$

单位时间产物浓度 $= D \times C_p = 0.328 \times 1.9 = 0.623\text{mol/L}$

所需的单位时间产量 $= \dfrac{72000}{7200} = 10\text{mol/L}$

所需 CSTR 反应器体积 $= \dfrac{10}{0.623} = 16.1\text{L}$

二者相比，采用 CSTR 制备同样产量产物所需反应器体积小于 BSTR。

3. 连续操作的管式反应器（CPFR）

理想的 CPFR 是假设流体在一细长的空管中，以平稳、等速、不受干扰的方式向前流动，其流动模型符合活塞流流动模型的基本假设。这些基本假设是，通过反应器的微元体沿同一方向以相同的速度向前移动；在微元体的流动方向上不存在"返混"现象；所有微元体在反应器中的停留时间都是相同的，与流体流动方向相垂直截面上物料的组成均一且不随时间变化。

根据上述假设，由于活塞流管式反应器内的参数均不随时间变化，但却沿着管式反应器的轴向位置而变，因此只能取一微分体积做其物料衡算。

在等温条件下，其组成沿物料流动方向而变化。设 F_{s_0}、F_{s_F} 分别为单位体积时间输入、输出反应器底物 S 的质量，现取长度为 $\mathrm{d}L$、体积为 $\mathrm{d}V_R$ 的任一微元体积做物料衡算，如图 6-3-2 所示。

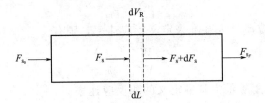

图 6-3-2　连续操作的管式反应器 CPFR

稳态下，对反应底物作衡算：输入量＝输出量＋反应量

$$F_s = F_s + \mathrm{d}F_s + \mathrm{d}V_R r_s$$

因为：$F_s = F_{s_0}(1 - X_s)$

对整个反应器积分，可得：

$$V_R = F_{s_0} \int_0^{X_s} \frac{\mathrm{d}X_s}{r_s}$$

又因为：$F_{s_0} = V_0 C_{s_0}$，$\tau_p = \dfrac{V_R}{V_0}$

所以：$\tau_p = C_{s_0} \displaystyle\int_0^{X_s} \frac{\mathrm{d}X_s}{r_s} = \int_{C_s}^{C_{s_0}} \frac{\mathrm{d}C_s}{r_s}$

式中　F_{s_0}，V_0，C_{s_0}——分别为单位体积时间输入反应器中底物 S 的质量、体积和浓度；

　　　　C_s，X_s——反应器出口处底物 S 的浓度和转化率；

　　　　V_R——反应器体积；

　　　　τ_p——CPFR 的空时。

上式为活塞流管式反应器 CPFR 的基础设计式，若动力学简单，上式可直接积分；动力学复杂，则可用图解积分。

均相酶催化反应时的 CPFR：

对于单底物，无抑制的米氏方程，带入基本设计式中可得：

$$r_{\max}\tau_p = (C_{s_0} - C_s) + K_m \ln \frac{C_{s_0}}{C_s} \text{ 或 } r_{\max}\tau_p = C_{s_0} X_s + K_m \ln \frac{1}{1 - X_s}$$

从上述两式可以看出，该关系与 BSTR 反应器的关系式相似，只需将 τ_p 取代 t_r 即可。

固定化酶反应时的 CPFR：

定义 $\tau_p = \dfrac{V_R}{V_0}$，$\varepsilon_L$ 为反应器中液相占有效体积分率，则其关系式为：

$$\tau_p = -\frac{1}{1 - \varepsilon_L} \int_{C_{s_0}}^{C_s} \frac{\mathrm{d}C_s}{\eta r_s}$$

如果为动力学控制，则 $\eta = 1$，反应符合米氏方程，则上式可积分为：

$$\gamma_{\max}(1 - \varepsilon_L)\tau_p = C_{s_0} X_s + K_m \ln \frac{1}{1 - X_s}$$

如果 $C_{s_0} \ll K_m$，反应可按一级不可逆反应处理，固定化酶为球形，则可积分得到（参见酶促反应动力学有关内容）：

$$r_{\max}(1 - \varepsilon_L)\tau_p = \frac{K_m \ln \dfrac{1}{1 - X_s}}{\dfrac{1}{\phi} \left[\dfrac{1}{\tanh(3\phi)} - \dfrac{1}{3\phi} \right]}$$

【例题 8】 某一均相酶催化反应，在 CPFR 反应器中反应，其动力学方程为：

$$r_s = \frac{0.1 C_s}{1 + 0.5 C_s} \quad \text{mol/(L·min)}$$

若进料流量为 25L/min，反应底物 S 在反应器出口转化了 95%，底物初始浓度为 2mol/L，所需反应器体积为多大？

解： 由动力学方程可得 $K_m = 2\text{mol/L}$，$r_{\max} = 0.2\text{mol/(L·min)}$

在 CPFR 中均相酶反应有：

$$r_{\max}\tau_p = C_{s_0} X_s + K_m \ln \frac{1}{1 - X_s}$$

即有：

$$0.2\tau_p = 2 \times 0.95 + 2\ln \frac{1}{1 - 0.95}$$

计算得 $\tau_p = 39.5\text{min}$

所以：$V_R = V_0 \tau_p = 25 \times 39.5 = 986.4\text{L}$

【例题 9】 在以 CPFR 反应器中进行固定化酶反应，假定物料在反应器内的流动为活塞流。固定化酶为球形颗粒，直径为 0.5cm，床层中液相体积分率为 0.5，底物在颗粒内有效扩散系数为 $1.5 \times 10^{-2}\text{cm}^2/\text{s}$，该反应本征动力学参数 $r_{\max} = 2.64\text{mol/(L·s)}$，$K_m = 0.91\text{mol/L}$，已知其 $C_{s_0} \ll K_m$，忽略外扩散影响，试求当反应器出口底物的转化率为 0.7 时，该底物在反应器中的反应时间为多少？

解： 由前面设计讨论可知，固定化酶反应时间在忽略外扩散情况下须先求内扩散有效因子 η，根据题意 $C_{s_0} \ll K_m$，反应近似为一级反应。由酶促反应动力学可知：

西勒数为：

$$\phi = \frac{R}{3} \sqrt{\frac{r_{\max}/K_m}{D_e}} = \frac{0.5}{3 \times 2} \sqrt{\frac{2.64/0.91}{1.5 \times 10^{-2}}} = 1.16$$

$$\eta = \frac{1}{\phi}\left[\frac{1}{\tanh(3\phi)} - \frac{1}{3\phi}\right] = \frac{1}{1.16}\left[\frac{1}{\tanh(3\times1.16)} - \frac{1}{3\times1.16}\right] = 0.62$$

在 CPFR 中有：

$$r_{max}(1-\varepsilon_L)\tau_p = \frac{K_m \ln\dfrac{1}{1-X_s}}{\eta}$$

$$\tau_p = \frac{-K_m}{(1-\varepsilon_L)\eta r_{max}}\ln(1-X_s)$$

将已知数据带入得 $\tau_p = 1.34s$

第四节　生物反应过程的参数检测

测定生物反应器中参数的是各种传感器，其作用是检知发酵过程变量变化的信息，然后由变送器把非电信号转换成标准电信号，让仪表显示、记录或传送给电子计算机处理。常用传感器有温度、罐压、搅拌转速、搅拌功率、空气流量、料液流量、pH 以及 O_2、CO_2 等。

一、温度

热电阻测温是根据金属导体或半导体的电阻值随温度变化的性质，将电阻值的变化转换为电信号，从而达到测温的目的。热电阻感温元件是用来感受温度的电阻器，它是热电阻的核心部分，用细金属丝均匀地双绕在绝缘材料制成的骨架上（图 6-4-1）。目前普遍使用的热电阻是铂电阻和铜电阻。铂电阻精度高、稳定性好、性能可靠；铜电阻超过 100℃ 时易被氧化。

热电阻测温系统一般由热电阻、连接导线和显示仪表等组成（图 6-4-2）。

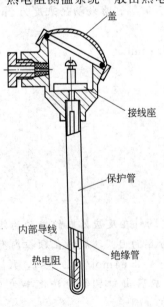

图 6-4-1　热电阻结构示意图

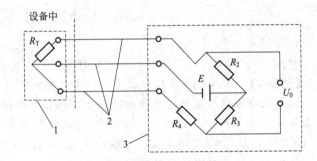

图 6-4-2　热电阻测温系统
1—热电阻；2—连接导线；3—信号转换单元

二、罐压

发酵容器都装有压力测量装置，因为培养过程和高压蒸汽灭菌时都需要观察压力的变化

234

情况。压力计一般安装在发酵罐和过滤器的顶部，它所指示的数字是表示高于大气压的压力数（表压）。选测控点时，要避免死角，防止染菌。发酵罐的罐压测量可用就地指示压力表，也可将压力信号转变为电信号远传。

压力传感器包括压阻式、电容式、电阻应变计压力传感器等，最常用的是隔膜式压力表（图 6-4-3）。

隔膜式压力表的压力敏感膜（膜片或膜盒）在压力下变形，测得的气动信号可直接或通过一简单的装置，转换为电信号远传至仪表，这种压力计经得起灭菌处理。

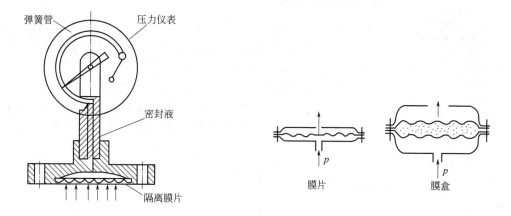

图 6-4-3　隔膜式压力表　　　　　　图 6-4-4　隔膜式压力表的压力敏感膜

如图 6-4-4 所示，隔膜式压力表的膜片是由金属或非金属材料做成的具有弹性的薄片，在压力作用下能产生变形。膜盒是将两张金属膜片沿周口对焊起来，成一薄壁盒子，里面充以硅油，用来传递压力信号。

三、搅拌转速和功率

1. 搅拌转速

搅拌转速可用磁感应式、光感应式测速仪或测速电机来测量。磁感应式与光感应式测速仪都利用搅拌轴或电机轴上装设的感应片切割磁场或光束而产生脉冲信号，此信号即脉冲频率与搅拌转速相同。

磁电式转速传感器的结构如图 6-4-5 所示。它由齿轮 1 和磁头组成，齿轮安装在被测轴上，由导磁材料制成，有 z 个齿，磁头由永久磁铁 2 和线圈 3 组成，安装在紧靠齿轮边缘约 2mm 处。齿轮随转轴旋转，每转过一齿，就切割一次磁力线，在线圈中产生一个感应电动势的脉冲信号。每转将产生 z 个电脉冲信号。

2. 搅拌功率

由于机械的轴功率正比于转矩（扭矩）与转速的乘积，故常采用间接测量方法。即分别测量转矩（扭矩）和转速，再求得功率。

轴输入功率有两种测量装置：扭力（功率）计和应变仪。由物理学可知，金属导体的电阻变化量与金属材料特性和几何尺寸的变化成正比关系，当导体因受力而产生变形时，导体的电阻会发生变化。对一几何尺寸固定的转轴来说，只要测得了剪切应变力，就可以求得扭矩。轴功率测量的原理是：将作为检测元件的电阻应变片粘贴或安装在被测试构件的表面上，然后接入测量电桥，随着构件变形，应变片的敏感栅也获得相应变形，从而使电路的电阻发生变化。此电阻变化与构件表面的应变成正比，通过测电阻值的变化量，就可以反映出旋转轴表面应变的大小。根据被测物体所产生的应变，可求得相应的剪应力。这样根据轴系

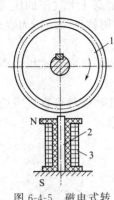

图 6-4-5 磁电式转
速传感器结构图
1—齿轮；2—永久磁铁；
3—线圈

的剪应力就可以计算出轴系输出的转矩。用转速传感器测量出转速，转矩和转速的乘积计算出轴输出功率。

扭力计系统只能放在罐外测量，其测定值包含轴封摩擦力的损失。应变仪测量则可以避免这一缺点。仪器的应变片安装在发酵罐内的搅拌轴上，导线从轴向孔中引出罐外，电信号通过旋转轴上的滑动环传出。

四、空气和料液流量

空气流量是需氧发酵的控制参数。发酵生产中，一般以通风比（通风量）来表示空气流量，指每分钟内每单位体积发酵液通入空气的体积：m^3空气/（m^3发酵液·min）。

1. 转子流量计

测定空气流量最简便的方法是转子流量计。它是一种结构简单、直观、压力损失小、维修方便的仪器。转子流量计由两个部件组成：一部件是从下向上逐渐扩大的锥形管；另一部件是置于锥形管中可以上下自由移动的转子。转子流量计结构主要是由一段向上扩张的锥形管和一个置于锥形管内且能随被测流体流量大小做上下自由浮动的浮子（又称转子）组成，如图 6-4-6 所示。

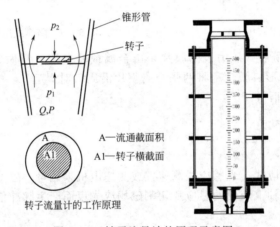

图 6-4-6　转子流量计的原理示意图

转子流量计使用时必须安装在垂直走向的管段上，被测流体自下而上从转子和锥形管内壁之间的环隙中通过，由于流体通过环隙时被突然收缩，在转子上下两侧就产生了压差，使转子受到一个向上的冲力而浮起。当这个力正好等于浸没在流体中的转子的重量时，则作用在转子上的上、下两个作用力达到平衡，转子就停留在某一高度上。流量的大小决定了转子平衡时所在位置的高低。因此，可以从已知刻度上测出空气流量。

转子流量计的转子材料可用不锈钢、铝、青铜等制成。流量计中浮动转子的位置随气体流量的变化而升降，造成电容或电阻量的变化，由此转换为电信号，经过放大之后启动控制器便可实现空气流量控制的自动化。

2. 电磁流量计

常用的液体流量检测器有转子流量计（像气体流量计一样也可以制成能实现自动控制的形式）和电磁流量计。电磁流量计由检测和转换两部分组成，前者将被测介质流量转换成感应电势，然后由后者转换成 4～20mA 直流电流作为输出。

电磁流量计原理如图 6-4-7 所示。在一段非导磁材料制成的管道外面，安装有一对磁极

N 和 S，用以产生磁场，当导电液体流过管道时，因流体在磁场中做垂直方向流动而切割磁力线。

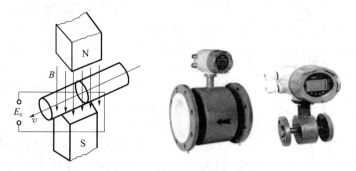

图 6-4-7　电磁流量计原理图

根据法拉第电磁感应定律，当导体在磁场中运动而切割磁力线时，在导体中便会有感应电动势产生，当管道直径 D 确定并维持磁感应强度 B 不变时，感应电动势与体积流量具有线性关系。因此，在管道两侧各插入一根电极，便可以引出感应电动势，由仪表指出流量的大小。

3. 涡街流量计

涡街流量计的基本原理是卡门涡街原理，即"涡街漩涡分离频率与流速成正比"。如图图 6-4-8 所示，在测量管中垂直插入一个柱状物时，当被测流体介质流过柱体时，在柱体两侧交替产生漩涡，漩涡不断产生和分离，在柱体下游便形成了交错排列的两列漩涡，即"涡街"。这种漩涡被称为卡门涡街。

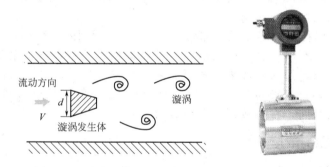

图 6-4-8　卡门涡街原理示意图及涡街流量计外形图

理论分析和实验已证明，柱体侧漩涡分离的频率（即卡门涡街的释放频率）与被测介质流速及柱状物宽度有关，可用下式表示：

$$f = Sr\,\frac{v}{d}$$

式中　f——卡门涡街的释放频率，Hz；

$\quad\quad v$——被测介质流速，m/s；

$\quad\quad d$——柱体迎流面宽度，m；

$\quad\quad Sr$——斯特劳哈尔数，是一个取决于柱体断面形状而与流体性质和流速大小基本无关的常数。

所以，检出卡门涡街的释放频率 f 后，就可以通过上式计算出被测介质流速 v，进而得到被测介质的体积流量。

五、液位和泡沫

液位检测的主要方法有压差法、电容法、电导法、浮力法和声波法等。连续发酵时罐内的液位控制如图 6-4-9 所示，液面上升与电极探头接触产生电信号。

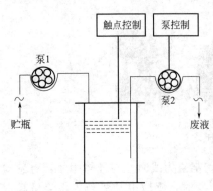

图 6-4-9 连续发酵液面的电触点控制

一般通过控制给料来添加消泡剂，这时就需要泡沫检测装置。在罐内顶部装一不锈钢探头并与控制仪表连接，用以控制消泡剂流加阀门的开启。当泡沫上升接触探头顶端时产生的信号，通过控制装置，指令打开泵开关或阀门，自动加入消泡剂，泡沫消失，信号也随之消失，阀门关闭。检测泡沫的探头有：①电阻探头。当泡沫产生时，外加电压，泡沫浸没导线的头部形成回路产生电流，泡沫消失时回路断开，电流消失。②电热探头。电热探头是一个有恒定电流流过的电热元件，当有泡沫接触它时，其温度会突然降低，从而感知是否有泡沫产生。电热探头也存在结垢和培养液外溅引起误判问题。③超声探头。一个超声波发射端和一个接收端，分别安装在反应器内泡沫可能出现的空间两端相对位置。使用时，发射端不断发出频率 $25\sim40Hz$ 的超声波，在没有泡沫的情况下，大部分超声波被接收端接收。当有泡沫出现时，由于泡沫能够吸收 $25\sim40Hz$ 的超声波，抵达接收端的超声波相应减少，从而能够检测泡沫的出现。还可以在发酵罐内安装泡沫检测转盘，正常情况下转盘不停地转动，当有泡沫出现时，转盘转动的阻力加大，转速减小或者耗能增加，从而检测到泡沫存在。转盘在起检测作用的同时，也可以起消除泡沫的作用。

发酵过程中精确控制补料流量也非常重要，可对补料杯直接称重，将重量信号转化为电信号后进行定量补料。目前应用最广的是液位杯式计量系统：采用适量的补料杯，配置自动进料阀、出料阀和液位传感器形成一个系统。当接收到信号时，进料阀打开，料液不断进入补料杯；当液位传感器检测到液位达到补料杯的装液量时，自动关闭进料阀，同时开启出料阀，将料液补入发酵罐内。

六、pH 及溶解 CO_2 浓度

1. 复合 pH 电极

根据电极法原理构成的测量装置，即为实验室或工业用的 pH 计（或叫酸度计）。该装置是由发送器（即电极部分）和测量仪器（如电位差或高阻转换器等）两部分组成。由发送器所得的信号实际上就是由指示电极、参比电极和被测溶液所组成的原电池的电动势。如图 6-4-10 所示，把 pH 指示电极（测量电极）和参比电极（参比电极的液络部是外参比溶液和被测溶液的连接部件，要求渗透量稳定，通常用砂芯的）组合在一起的电极就是复合 pH 电极，其好处是使用方便。如果改变球泡玻璃的组成配方，使其能耐高温蒸煮（达 135℃），就可以在发酵工业上使用。

由于 pH 计的读数易受仪表接地好坏的影响，为此把电源的变化器隔离和仪表屏与发酵罐接地连在一起，但是即使这样做也不能完全克服这一问题。高温消毒会使一些电极阻抗升高和转换系数下降，从而引起测量上的误差。另外，电极液络部位的液接界面电位也因电极与大分子有机物接触而发生变化。一般好的电极也只能耐高温灭菌 $30\sim50$ 次，若继续使用，转换系数便显著下降，使性能破坏，不能再用。

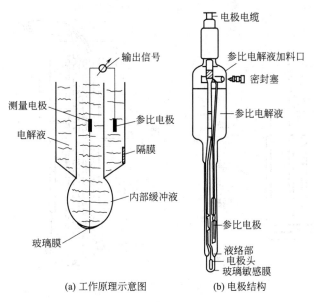

测量电极		电极电缆
电解液		参比电解液加料口
		密封塞
	参比电极	参比电解液
	隔膜	
		参比电极
	内部缓冲液	液络部
		电极头
玻璃膜		玻璃敏感膜

输出信号

(a) 工作原理示意图　　　(b) 电极结构

图 6-4-10　复合 pH 电极

2. CO₂ 电极

CO_2 电极实际上是由微孔透气膜包裹的 pH 探头构成，此膜只让 CO_2 气体选择性透过，膜内还包裹着饱和碳酸氢盐缓冲液。CO_2 通过透气性膜扩散进入到碳酸氢钠水溶液中，扩散速率与跨膜的浓度驱动力成正比，缓冲液的 pH 会下降，pH 电极测出变化指示出溶解 CO_2 浓度的变化。测量时，将 CO_2 电极浸入发酵液中，膜外待检测的 CO_2 气体透过电极膜，CO_2 和水反应，使膜内 H^+ 增加，并达到以下平衡：

$$CO_2 + H_2O \longleftrightarrow HCO_3^- + H^+$$

碳酸氢盐缓冲液与被测发酵液中的 CO_2 分压平衡后，产生的氢离子与溶解的 CO_2 浓度成正比。由 pH 探头测出 pH 的变化，并通过变换就可得到溶解 CO_2 浓度。

重碳酸盐溶液在高温灭菌时会部分分解，因而每次灭菌后均需校准才能测定。这种方法可以对浑浊或复杂的水样进行检测，但是二氧化碳电极不是全固态器件，体积较大，测量时水中脂肪酸盐、油状物质、悬浮固体或沉淀物能覆盖于电极表面致使响应迟缓，因此电极膜需要定期更换。

七、溶氧浓度及氧化还原电位

1. 溶解氧（DO）测定

发酵溶解氧一般用极谱型的覆膜氧电极（图 6-4-11），能耐蒸汽杀菌时的高温，可以固定装在发酵罐上，连续地测量培养液中溶氧浓度。

如图 6-4-11 所示，溶氧的电化学探头，是一个能耐受高温灭菌的选择性薄膜（聚四氟乙烯膜或聚硅氧烷膜）封闭的小室，阴极和膜之间充有氯化钾或氢氧化钾电解液。氧和一定数量的其他气体及亲液物质可透过这层薄膜，但水样中有害物质（降低传感器灵敏度和缩短清洗周期）几乎不能透过这层膜。大多数商品氧电极以 Pt 为阴极，以 Ag/AgCl 为阳极。将探头浸入水中进行溶解氧的测定时，氧通过膜扩散进入电解液与阴极和阳极构成测量回路。由于电池作用或外加极化电压在两个电极间产生电位差，使金属离子在阳极进入溶液，同时氧气通过薄膜扩散在阴极获得电子被还原而产生电流，整个反应过程为：

阳极：$4Ag + 4Cl^- \longrightarrow 4AgCl + 4e$

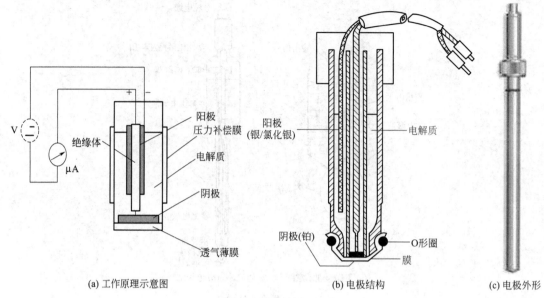

| (a) 工作原理示意图 | (b) 电极结构 | (c) 电极外形 |

图 6-4-11　覆膜氧电极

阴极：$O_2 + 2H_2O + 4e \longrightarrow 4OH^-$

根据法拉第定律，产生的电流与穿过薄膜和电解质层的氧的传递速度呈正比，即在一定温度下该电流与水中氧的分压（或浓度）呈正比。被测培养液中溶解氧的浓度越高，穿过透氧膜和电解液到达阳极的氧分子越多，产生的电流或电压越大，从而建立了传感器产生的电流与培养液中溶解氧浓度的关系，达到测量目的。

覆膜溶氧探头实际测量的是氧分压，与溶氧浓度并不直接相关，结果用溶氧压（DOT）表示。使用溶氧电极前，应进行两点标定：①零点标定。用饱和 Na_2SO_3 作无氧状态的溶液，将氧电极放入该溶液中，显示仪表上可见溶氧浓度下降，待下降稳定后，调节零点旋钮显示零值。②饱和校正（满刻度）。进行简便测定时，可以采取空气饱和方式。将电极放入培养液中，通气搅拌一段时间，显示仪上可见溶氧上升，待上升稳定后，调节满刻度旋钮至100％即为饱和值。

2. 氧化还原电位（mV）测定

溶氧探头受温度和溶氧压的影响。发酵液中溶氧压很低时，超出溶氧探头的检测极限，通过测定氧化还原电位（mV）可弥补这一点。用一种由 Pt 电极和 Ag/AgCl 参比电极组成的复合电极与具有 mV 读数的 pH 计连接，可测定发酵液中氧化剂（电子供体）和还原剂（电子受体）之间平衡的信息。

八、发酵罐排气(尾气)中 O_2 分压和 CO_2 分压

1. 热磁风式氧分析仪

发酵罐排气中氧浓度的分析测量主要采用热磁风式氧分析仪（也叫磁导式氧分析仪，简称为磁氧分析仪），其原理是利用氧气的磁化率特别高这一物理特性来测定混合气体中的含氧量。在外界磁场的作用下，任何物质都会被磁化，其本身会产生一个附加磁场。如果附加磁场与外磁场方向相同，该物质被吸引，表现为顺磁性；方向相反，该物质被排斥，表现为逆磁性。不同气体都具有不同的磁化特性，表 6-4-1 列出了部分气体的相对磁化率。

表 6-4-1　部分气体的相对磁化率

气体种类	O_2	NO	NO_2	N_2	CO_2	H_2	Ar	CH_4	NH_3
相对磁化率	+100	+43.8	+6.2	−0.42	−0.61	−0.12	−0.59	−0.37	−0.57

氧气是顺磁性气体（能被磁场所吸引的称为顺磁性），而且氧气的磁化率随着温度的升高会急剧下降。热磁风式氧分析仪就是根据氧气的这一特性进行含氧量分析的。由表 6-4-1 可知，NO 和 NO_2 将会影响氧分析仪的测量准确性，但通常这两种气体在样气中的含量很少，因此，磁氧分析仪广泛用来测量氧含量。热磁风式氧分析仪的工作原理如图 6-4-12 所示。

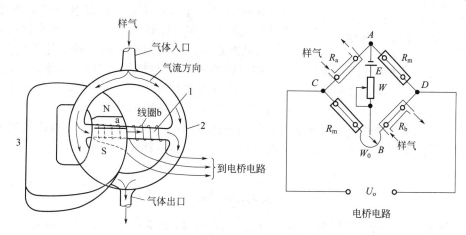

图 6-4-12　热磁风式氧分析仪工作原理
1—玻璃管；2—玻璃环形管；3—磁体

氧气的磁化率比其他气体大得多，且其磁化率为正；其他气体的磁化率有正有负，可部分抵消，故混合气体的磁化率几乎完全取决于含氧气的多少。如果不含氧的混合气体进入测量环室，则样气分两路经过环形气路两旁通道流出环室，处于环室气路中央的水平管道，因其两端的气压相同，不会有气流生成。而当含有氧的混合气体进入测量环室时，由于氧气为强顺磁性而被磁场吸入中间的水平管道内。在水平管道上绕有被加热的铂电阻丝的电桥臂线圈 R_a 和线圈 R_b，使此处氧的温度升高而磁化率下降，因而磁场吸引力减小，受后面磁化率较高的未被加热的氧气分子推挤而排出磁场，由此造成"热磁对流"或"磁风"现象。在一定的气样压力、温度和流量下，通过测量磁风大小就可测得气样中氧气含量。由于热敏元件（铂丝）既作为不平衡电桥的两个桥臂电阻，又作为加热电阻丝，在磁风的作用下出现温度梯度，即进气侧桥臂的温度低于出气侧桥臂的温度。如图 6-4-12 所示，被测气体组分不含氧气时，电桥处于平衡状态。不平衡电桥将随着气样中氧气含量的不同，输出相应的电压值。

热磁风式氧分析仪结构简单，便于制造和调整，但当环境温度和压力变化时，仪表的指示值会发生变化。另外，当被测气体流量改变时，也会引起测量误差。因此，在实际应用中，常采用恒温、双桥测量电路，对被测气样进行稳压、稳流等措施，以减小测量误差。

2. CO_2 红外分析仪

发酵罐尾气中 CO_2 的测量常用红外线测定仪（简称 IR），尾气中 CO_2 进入分光红外线气体分析仪，基于 CO_2 对红外线的选择性吸收，在一定范围内，吸收值与二氧化碳浓度呈线性关系来测定。

如图 6-4-13 所示，工作气室通入被测气体，参比气室中一般充有不吸收红外线的气体。

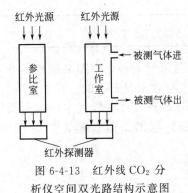

图 6-4-13 红外线 CO_2 分析仪空间双光路结构示意图

分析仪将被测气体中 CO_2 浓度值对应的电信号与一恒定不变的相当于被测气体为零（如 N_2）的参比电信号进行比较，并对其差值放大、检波、光路平衡，零、终点调整，线性化校正等，从仪器指示仪表上即显示被测气体中 CO_2 的百分浓度。

目前，生物反应器的许多重要参数不能"在线（on-line）"测量，其主要困难在于没有合适的传感器。只能依靠定时从生物反应器中取样"离线（off-line）"测定的方法。不但繁琐费时，而且也不能及时反映发酵系统中的状况，造成工业生产过程的控制比较困难。过程参数检测的难点在于：①罐内插入的传感器必须能耐热，经受高温灭菌。②菌体以及其它固体物质附在表面，使一些传感器的使用性能受到影响。③罐内气泡影响，带来对测量的干扰。④传感器结构必须防止杂菌进入和避免产生灭菌死角，因而使传感器结构复杂。⑤化学成分的分析是重要的检测内容，但电信号转换困难。

随着计算机及控制技术的突飞猛进，生物传感器（transducer/sensor）技术的发展，生物反应动力学模型研究的完善，使过程的在线检测和自动控制成为可能。

复习思考题

1. 某酒精工厂，每发酵罐的进料量为 24t/h，每 4h 装满一罐，发酵周期为 72h，冷却水的初、终温分别为 20℃ 和 25℃，发酵罐罐体为圆筒形（圆筒高度为罐径的 1.2 倍），上下封头为锥形（锥形高度为罐径的 1/10），试计算确定所需发酵罐的罐数及其主要结构尺寸（罐径、圆筒高度、锥形封头高度（糖化醪密度为 1076kg/m³，装料系数为 0.9）。

2. 一直径为 2.17m 的机械搅拌通风发酵罐，搅拌器采用两层六平叶涡轮，叶轮直径为 0.72m，搅拌转速 109r/min，通风量为 5.55m³/min，醪液黏度为 $2.25 \times 10^{-3} N \cdot s/m^2$，密度为 1020kg/m³。已知发酵液为牛顿型流体，三角皮带的效率是 0.92，滚动轴承的效率是 0.99，滑动轴承的效率是 0.98，端面轴封增加的功率为 1%，求搅拌器的轴功率，并选择合适的电机。

3. 在一定的酶浓度存在下，液相底物 S 分解为产物 P，该反应仅有底物 S 影响其反应速率，测得底物浓度 C_s(mol/L) 与反应速率 r_s[mol/(L·min)] 数据如下：

C_s	1	2	3	4	5	6	8	10
r_s	1	2	3	4	4.7	4.9	5	5

若在 CSTR 中进行此分解反应，保持相同的酶浓度和操作条件。当 $V_0 = 100L/min$，$C_{s_0} = 15mol/L$，$X_s = 0.80$ 时，求反应器有效体积 V_R 多大？

4. 酪氨酸酶固定在直径为 2mm 的球形颗粒上转化酪氨酸，该反应在一 CSTR 中进行。该固定化酶 $K_m = 2mol/m^3$，加料溶液中含有 15mol/m³ 的酪氨酸。由于底物成本高，要求其转化率为 0.99。反应器内颗粒浓度为 0.25m³/m³，本征最大速率 $r_{max} = 1.5 \times 10^{-2} mol/(s \cdot m^3 颗粒)$，酪氨酸有效扩散系数为 $7 \times 10^{-10} m^2/s$，外扩散影响可忽略不计，并且在整个反应过程中酶活性是稳定的，试确定每天处理 18 m³ 酪氨酸溶液时所需反应器体积。

5. 溶氧电极测定液体中溶氧浓度的原理是什么？

6. 常用什么仪器测定发酵罐尾气中氧和尾气二氧化碳？其测定原理是什么？

第七章 细胞破碎与固液分离设备

由于有很多生物发酵产物位于细胞内部，必须先将细胞破碎，使细胞内产物释放到液相中，然后再进行分离提纯。

固液分离是将固液多相混合体系中固体（细胞、细胞碎片及沉淀或结晶等）与液体分离的技术。固液分离设备最常用的原理是过滤和沉降。过滤技术是一种最简单、最常用的固液分离方法，目前很多过滤技术采用膜作为过滤介质。重力沉降速度非常缓慢，离心沉降可加速沉降过程。有无过滤介质，是过滤与沉降最明显的区别。

第一节 细胞机械破碎设备

细胞破碎就是通过采用不同手段破坏细胞，使细胞内含物释放出来，转入液相中，以便于进行产物的分离纯化。细胞的破碎按照是否外加作用力可分为机械法与非机械法两大类。非机械法大多处在实验室应用阶段，其工业化的应用还受到诸多因素的限制。机械破碎处理量大、破碎效率高、速度快，是工业规模细胞破碎的主要手段。细胞破碎器与传统的机械破碎设备的操作原理相同，主要基于对物料的挤压和剪切作用。由于细胞为弹性体、直径小，而且破碎需低温操作，所以，细胞破碎比普通物料难度大得多，细胞破碎器采用了特殊的结构设计。

一、高压匀浆器

高压匀浆器是最常用的一种液体剪切破碎装置，它有一个高压位移泵和一个可调节放料速度的针形阀，通过阀门时会产生高剪切应力，故高压匀浆（high-pressure homogenization）又称高压剪切破碎。图 7-1-1 是高压匀浆器（high-pressure homogenizer）的结构简图。

高压匀浆器的破碎原理是：利用高压迫使细胞悬浮液通过针形阀，由于突然减压和高速撞击造成细胞破裂，在高压匀浆器中，细胞经历了高速造成的剪切、碰撞和由高压到常压的突变，从而造成细胞壁的破坏，细胞膜随之破裂，胞内产物得到释放。进口处用冰来调节温度，使出口处的温度维持在 20℃ 左右。高压匀浆器的操作压力通常为 50～70MPa。

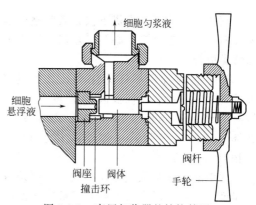

图 7-1-1 高压匀浆器的结构简图

二、高速珠磨机

珠磨机破碎被认为是最有效的一种细胞

物理破碎法。图 7-1-2 是水平密闭型珠磨机的结构简图。珠磨机的破碎室内填充玻璃（密度为 $2.5\text{g}/\text{cm}^3$）或氧化锆（密度为 $6.0\text{g}/\text{cm}^3$）微珠（粒径 $0.1\sim10\text{mm}$），填充率为 $80\%\sim85\%$。在搅拌桨的高速搅拌下微珠高速运动，微珠和微珠之间以及微珠和细胞之间发生冲击和研磨，使悬浮液中的细胞受到研磨剪切和撞击而破碎，释放出内容物。微珠和浆液通过珠液分离器得到分离：微珠被滞留在破碎室内，浆液流出。

三、喷雾撞击破碎器

细胞是弹性体，比一般的刚性固体粒子难于破碎。将细胞冷冻使其成为刚性球体，可降低破碎的难度。喷雾撞击破碎正是基于这样的原理。图 7-1-3 是喷雾撞击破碎器的结构简图。

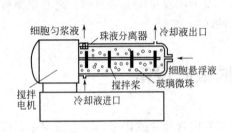

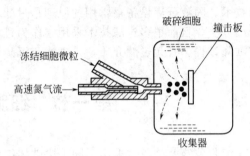

图 7-1-2　水平密闭型珠磨机结构　　　　图 7-1-3　喷雾撞击破碎器结构

细胞悬浮液以喷雾状高速冻结（冻结速度为每分钟数千摄氏度），形成粒径小于 $50\mu\text{m}$ 的微粒子。高速载气（如氮气，流速约 300m/s）将冻结的微粒子送入破碎室，高速撞击撞击板，使冻结的细胞发生破碎。

四、超声波破碎器

超声波破碎机理与空化现象引起的冲击波和剪切力有关，即空穴作用产生的空穴泡由于受到超声波的冲击而闭合，从而产生一个极为强烈的冲击力压力，由此而引起悬浮细胞产生了剪切，使细胞内液体产生流动而使细胞破碎。由于超声波破碎不适于大规模操作，目前仅有实验室用的小型超声波破碎器。

五、细胞破碎机械的选用

高压匀浆器和珠磨机不仅在实验室而且在工业上是用得最多的破碎机。一般来讲，高压匀浆器最适合于酵母和细菌，虽然珠磨机也可用于酵母和细菌，但通常认为后者对真菌菌丝和藻类更合适。

与上述两种机械破碎法相比，喷雾撞击破碎的特点是：细胞破碎仅发生在与撞击板撞击的一瞬间，细胞破碎程度均匀，可避免细胞反复受力发生过度破碎的现象。另外，细胞破碎程度可通过无级调节载气压力（流速）控制，避免细胞内部结构的破坏，适用于细胞器（如线粒体、叶绿体等）的回收，适用于大多数微生物细胞和植物细胞的破碎。

超声波破碎是细胞破碎中的一种普通方法，在许多实验室研究或生化物质的分离制备中都能见到，但是对大量细胞悬浮液中的细胞破碎效果尚不理想，故在工业范围中还未采用这种方法。

第二节 过 滤 设 备

过滤是分离悬浮液最普遍和最有效的单元操作之一。根据介质截留悬浮液中固体颗粒被截留的机制，可将过滤分为深层过滤（图 7-2-1）和滤饼过滤两种（图 7-2-2）。

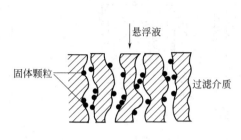

图 7-2-1 深层过滤原理示意图

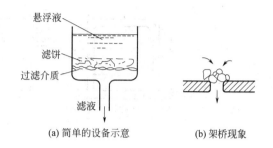

(a) 简单的设备示意   (b) 架桥现象

图 7-2-2 滤饼过滤原理示意图

深层过滤采用堆积较厚的颗粒状滤料作为过滤介质，如石英砂、无烟煤等。悬浮液中较大的固体颗粒可以在表面被捕集，小于滤料孔道间隙的颗粒通过细长而弯曲的孔道时，靠静电和分子的作用力最终黏附在内部的孔道壁上。深层过滤适用于处理生产能力大而悬浮液中颗粒小而且含量少的场合（固体含量小于 0.1%），如水处理和酒的过滤。

在滤饼过滤中，当过滤开始时，特别小的颗粒会通过滤布，随着过滤的进行，较小的颗粒会在滤布表面形成"架桥"现象，逐渐形成滤饼（滤渣），这种不断增厚的滤饼才是真正有效的过滤介质。滤饼过滤适合于固体含量大于 0.1% 的悬浮液的过滤分离。

影响过滤速度的因素主要是固体颗粒的坚硬程度。生物物料过滤特点是，由悬浮液中自身含有的固体颗粒形成的滤饼有高度可压缩性，过滤困难。为了减小可压缩性滤饼的过滤阻力，可采用助滤剂改变滤饼结构，提高滤饼的刚性和颗粒之间的空隙率。助滤剂是有一定刚性的颗粒状或纤维状固体，其化学性质稳定，不与混合体系发生任何化学反应，不溶解于溶液相中，在过滤操作的压力范围内是不可压缩的固体。常用的助滤剂有硅藻土、活性炭、纤维粉、珍珠岩粉等。

常用过滤机的固液分离机理为滤饼过滤。按照过滤推动力的差别，把过滤机分为常压过滤机、加压过滤机和真空过滤机。常压过滤机由于推动力太小，在工业中很少使用。

一、板框压滤机

板框压滤机是一种传统的过滤设备，广泛应用于培养基制备的过滤及各种发酵液的固液分离，其过滤推动力来自泵产生的液压或进料贮槽中的气压。

1. 板框压滤机

板框压滤机由若干交替排列的滤板、滤布和滤框组成，每机所用滤板和滤框的数目视生产能力和悬浮液的情况而定。滤板和滤框的材质为不锈钢、聚丙烯或铸铁，通过支耳架在机座的支撑横梁上，用压紧

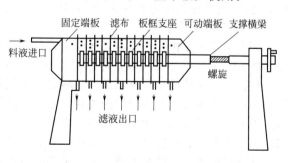

图 7-2-3 板框压滤机结构

·过滤板；:滤框；:洗涤板

装置压紧或拉开，其结构如图 7-2-3 所示。

滤板的表面有沟槽，其凸出部位用以支撑滤布。框与滤布围成容纳滤浆及滤饼的滤室。板、框两侧各有把手支托在横梁上，由压紧装置压紧板、框。板和框的形状多为正方形，四个角开设小孔（滤布上方的两个角也需要开设小孔），当板、滤布与框压紧后，在板框的四角位置形成连通的料液通道及洗涤通道。滤板有过滤板和洗涤板两种结构，其中洗涤板有洗液进口，过滤板无洗液进口（图 7-2-4）。

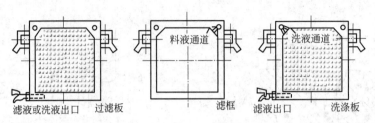

图 7-2-4　滤板和滤框结构

工作时，欲过滤的料液通过输料泵形成一定的压力，从固定端板的进料孔进入到各个滤室，固体物被截留在滤室中，并逐步在滤布上形成滤饼，直至充满滤室。穿过滤饼层的滤液，沿滤板凸出形成的沟槽流至滤板下方边角出口通道，集中排出机外（图 7-2-5）。

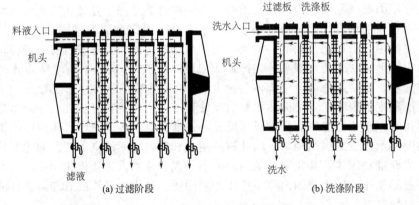

(a) 过滤阶段　　　　　　　　　　(b) 洗涤阶段

图 7-2-5　板框压滤机操作示意图

板框式过滤机比较适合于固体含量在 1%～10% 的悬浮液的分离，最大的操作压力可达 1.5MPa。通常使用压力为 0.3～0.5MPa，发酵液过滤时处理量为 15～25L/(m^2·h)。

2. 凹腔板式压滤机

凹腔板式压滤机，也称厢式压滤机，是在板框式压滤机的基础上改进而成的(图 7-2-6)。它与板框式压滤机外表相似，但没有滤框，仅由滤板组成。在滤板的两侧各有一凸出的边框，使滤板形成两面都具有凹腔（滤板也可为圆形）。每块滤板上覆盖滤布，当两块滤板合拢时，两块滤板之间的内腔即成滤室。悬浮液从滤板中央的进料孔引入，穿过带有中心孔滤布的滤液在下角排出，固体粒子被滤布截留，在滤室内形成滤饼。为了使中心开孔的滤布能与滤板中央的进料口密切紧固，可用塑料制成的螺旋活接头将滤布压紧在滤板的壁面上。

压滤机的优点是结构简单，装配紧凑，过滤面积大，能耐受较高的压力差，适应不同特性的发酵液的过滤。缺点设备笨重，特别是拆板框、排除滤渣、清洗滤布等，要花费大量劳动力和增加生产周期。

3. 自动板框压滤机

由于压滤机设备笨重，特别是拆板框、排除滤渣、清洗滤布等，要花费大量劳动力和增

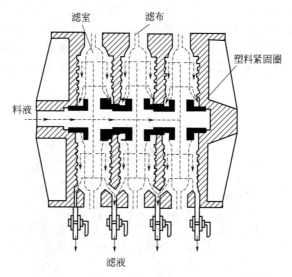

图 7-2-6 凹腔板式压滤机（厢式压滤机）的操作情况

加生产周期。为此，对压滤机进行改进，使之能进行半自动或全自动操作，现已有定型产品生产。

自动板框压滤机（图 7-2-7）的板框在构造上与传统的无多大差别，唯一不同是板与框的两边侧上下有四只开孔角耳，构成液体或气体的通路。滤布不需要开孔，是首尾封闭的。悬浮液从板框上部的两条通道流入滤框。然后，滤液在压力的作用下，穿过在滤框前后两侧的滤布，沿滤板表面流入下部通道，最后流出机外。清洗滤饼也按照此路线进行。洗饼完毕后，油压机按照既定距离拉开板框，再把滤框升降架带着全部滤框同时下降一个框的距离。然后推动滤饼推板，将框内的滤饼向水平方向推出落下。滤布由牵动装置循环行进，并由防止滤布歪行的装置自动修位，同时洗刷滤布。最后，使滤布复位，重新夹紧，进入下一操作周期。

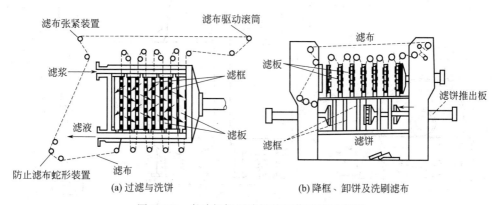

(a) 过滤与洗饼   (b) 降框、卸饼及洗刷滤布

图 7-2-7 自动板框压滤机的工作原理示意图

由于全自动压滤机的结构复杂，价格昂贵，所以，在一定程度上限制了它的应用和发展。

二、转鼓真空过滤机

常用的真空过滤设备有转鼓真空过滤机、水平回转圆盘真空过滤机、垂直回转圆盘真空过滤机和水平带式真空过滤机等。生物工业中使用最多的是转鼓式真空过滤机。

转鼓真空过滤机是一种常用的大规模连续过滤设备,其主要部件有覆盖有滤布的多孔转鼓(转筒)、分配头和料液槽。将转鼓浸入装有悬浮液的料液槽中低速旋转,转鼓内部抽真空,在滤布上即形成滤饼(滤饼厚度范围3~40mm),滤液则进入转筒内,经滤液排出管流出(图7-2-8)。

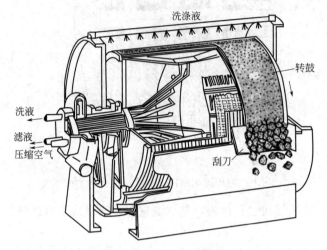

图 7-2-8 转鼓真空过滤机结构

转筒内部用薄钢板沿径向被等分成互不相通的 12 个扇形滤室。每个扇形滤室均有管道通向转筒一端的分配头,并通过分配头分别与滤液贮罐、洗液贮罐和压缩空气或真空系统相通(图7-2-9)。

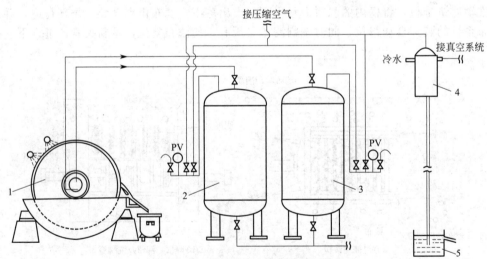

图 7-2-9 转鼓真空过滤机流程示意图
1—鼓式过滤机;2—洗涤液储罐;3—滤液储罐;4—混合冷凝器;5—水池

转筒回转时,扇形滤室内交替处于真空或加压状态。过滤时,转筒的下半部浸入料液槽中。浸没于料液槽中的过滤面积占全部面积的 30%~40%。料液槽中设置有搅拌器,用以搅拌料液使之均匀。转筒由电动机通过传动机构驱动回转,转速为 0.1~3 r/min。每旋转一周,对任何一部分表面来说,都顺次经历过滤、洗涤、脱水和卸渣阶段。转筒按不同的工艺操作分为过滤区、脱液洗涤区、脱水区和滤渣剥离区(图7-2-10)。

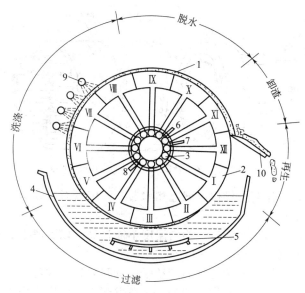

图 7-2-10　转鼓真空过滤机的结构

1—转鼓；2—Ⅰ~Ⅻ扇形滤室；3—分配头；4—料液槽；
5—搅拌器；6—滤液排出管；7—洗涤液排出管；
8—压缩空气导入管；9—洗涤水管；10—刮刀

对菌体较细或黏稠的发酵液，则需在转鼓面上预铺一层 50～60mm 厚的助滤剂，在鼓面缓慢移动时，利用过滤机上一把特殊的刮刀将滤饼连同极薄的一层助滤剂（约百分之几毫米厚）一起刮去，使过滤面积不断更新，以维持正常的过滤速度（图 7-2-11）。

转鼓真空过滤机工作时，处于过滤区的扇形滤室（Ⅰ～Ⅴ）浸入料液中，并与真空源相通，滤液在负压作用下穿过滤布进入扇形滤室内，再经分配头上的管道排出。因洗涤区（Ⅵ～Ⅷ）的扇形滤室内仍处于负压状态，故可将残余滤液吸尽，洗涤水由喷头喷出，对滤渣进行冲洗。脱水区的扇形滤室（Ⅸ～Ⅹ）也处于负压区，它使滤渣完全脱水干燥。在滤渣剥离区内，其扇形滤室（Ⅺ～Ⅻ）与压缩空气源相通，高压空气把已被吸干的滤渣吹松。由于转筒的旋转，滤渣随同滤布在通过刮刀时，因机械力的作用使滤渣得到剥离，这样便完成了一个过滤循环。每旋转一周，就经历了一个操作循环。在任何瞬间，对整个转筒来说，各部分表面都在进行着不同阶段的操作。

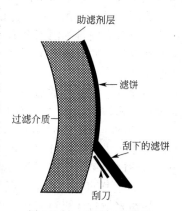

图 7-2-11　滤饼去除装置

每个扇形滤室均有管道通向转筒两端的分配头上的转动盘，并与转动盘上相应的孔紧密结合。分配头的作用有两个：一是使真空系统与过滤区、洗涤区和脱水区相通而形成负压；另一是使滤渣剥离区与压缩空气管连通，使滤渣被吹松而利于脱落。分配头由一安装在转筒上的转动盘和一个与之紧密接合的固定盘（阀座）组成（图 7-2-12）。

转动盘上的孔与转筒内部的扇形滤室联通，故每一孔各与转筒表面的一段相通。固定盘上有三个凹槽，分别与通至滤液贮罐、洗液贮罐的两个真空管路及压缩空气管路连通。当固定盘上的凹槽与转动盘上的某几个孔相遇时，便使转筒表面分别处于不同的操作区域。而固定盘上的空白位置（无凹槽处）与转动盘的小孔相遇时，则转筒表面相应的区域便停止工

249

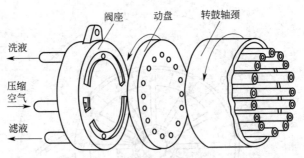

洗液

压缩
空气

滤液

图 7-2-12　分配头工作原理示意图

作。这是一个过渡区，免使两个操作区域互相串通。固定盘对转动盘需要有适当的压力，一般由可调节的压缩弹簧控制。

转鼓式真空过滤机适用于过滤时，物料温度不能过高，以免滤液的蒸气压过大而使真空失效。通常真空管路的真空度为 $33\sim86kPa$。

转筒真空过滤机具有操作连续自动、劳动强度低和处理量大等特点，特别适用于大规模处理固体含量较大（$>10\%$）的悬浮液的分离，在发酵工业中广泛用于霉菌、放线菌和酵母菌发酵液或细胞悬浮液的过滤分离。由于受推动力（真空度）的限制，转鼓真空过滤机不适于菌体较小和黏度较大的细菌发酵液的过滤，过滤所得固相的干度不如加压过滤后的干度。

三、过滤机的选用

在选用板框压滤机时，要尽量选用较薄的滤框。因为滤框厚度愈大，液体经过滤渣的路程就愈长，阻力就愈大，过滤速度就相应减少，同时往往得不到含水量较低的滤饼，还会引起填充系数减小，增加洗涤的困难，使收率下降。从单位滤框体积所占有的过滤面积来看，滤框愈厚，过滤面积愈小，过滤时间也相应增加。确定板框压滤机台数要以设备投资、厂房布置、劳动力安排等因素全面加以考虑，合理确定。一般要根据板框压滤机的平均过滤速度来选择台数，同时还要考虑每台滤框允许的容渣量。通常选用较大规格（较少台数）的板框压滤机产品。

转筒真空过滤机的过滤面积有 $1m^2$、$5m^2$、$20m^2$ 及 $40m^2$ 等不同规格，目前国产的最大过滤面积约 $50m^2$，型号有 GP 及 GP-x 型，GP 型为刮刀卸料，GP-x 型为绳索卸料。直径 $0.3\sim4.5m$，长度 $0.3\sim6m$。滤饼厚度一般保持在 $40mm$ 以内，对于难于过滤的胶状料液，厚度可小于 $10mm$。对于菌丝体发酵液，过滤前在滚筒面上预涂一层 $50\sim60mm$ 厚的硅藻土。过滤时，可调节滤饼刮刀将滤饼连同一薄层硅藻土一起刮去，每转一圈，硅藻土约刮去 $0.1mm$，这样可使过滤面不断更新。

转筒真空过滤机可吸滤、洗涤、卸饼、再生连续化操作，生产能力大，劳动强度小，但辅助设备多，投资大，且由于真空过滤，推动力小，最大真空度不超过 $8\times10^4 Pa$，一般为 $2.7\times10^2\sim6.7\times10^4 Pa$，滤饼湿度大，常达 $20\%\sim30\%$。

第三节　离心设备

利用离心力来达到液固分离或液液分离或液液固分离的方法统称为离心分离。物体在离心机转鼓内受到的离心力和重力的比值 f，被称为该离心机的分离因数。

$$f=\frac{m\omega^2 r}{mg}=\frac{(2\pi n/60)^2 r}{g}\approx\frac{n^2 r}{900}$$

式中 m——物体的质量；

       ω——转鼓角速度，s^{-1}；

       r——转鼓半径；

       g——重力加速度，$9.81m/s^2$；

       n——转鼓转速，r/min。

离心分离因数是代表离心机性能的重要参数。分离因数越大，分离也越迅速，分离效果也越好。决定离心机处理能力的另一因素是转鼓的工作面积，工作面积大处理能力也大。根据分离因数的大小，可将离心机分为：①常速离心机，$f<3000$，转鼓直径大，转速低，可用于分离 $0.01\sim0.1mm$ 固体颗粒；②中速离心机，$f=30000\sim50000$，转鼓直径小，可用于乳浊液的分离；③高速离心机，$f\geqslant50000$，转速高（可达 50000r/min），适用于分散度较高的乳浊液的分离；④超速离心机，$f>2\times10^5$。

一、三足式离心机

三足式离心机由外壳、转鼓、传动主轴和底盘等部件组成。由于立式转鼓悬挂于机座的三根支杆上，所以习惯上称它为三足式。与其它形式的离心机相比，其转鼓直径较大，转速较低，分离因数较小。三足式离心机有沉降式和过滤式，区别在于转鼓上有孔还是无孔。

1. 三足式过滤式离心机

三足式过滤式离心机的转鼓壁上有许多小孔，内壁衬有滤网及滤布，悬浮液在离心机启动后逐渐加入转鼓内。在离心力的作用下，固体颗粒被截留在滤布上形成滤饼层，穿过滤饼层的滤液经转鼓上的小孔流出，从而实现固液的分离（图 7-3-1）。滤饼层随过滤时间的延长而逐渐加厚，当滤渣积累到一定量后停机人工卸料或自动卸料。

三足式过滤式离心机可用于分离固相含量高、固体颗粒较大（$>10\mu m$）的悬浮液以及分离粒状和结晶状物料，特别适用于过滤周期长、处理量不大的场合。这种离心机可获得含水量较低的滤饼，滤饼可以很好地洗涤，若采用人工卸料其滤渣颗粒不会被破坏。

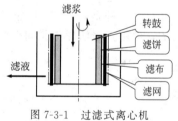

图 7-3-1 过滤式离心机
工作原理示意图

2. 三足式沉降离心机

三足式沉降离心机的转鼓壁上无孔，操作时不需要滤布，物料由上部加入进入转鼓后也随之旋转，在离心力作用下物料中的轻重相开始分层，轻相形成内层液环，可用吸液装置在运转中引出转鼓，重相部分被甩向转鼓壁，残留在转鼓壁上或者沉积于转鼓底部的集液槽里。当集液槽里积累了一定量的重液后，需要停机排出，固相则由人工从转鼓中卸除（图 7-3-2）。

该机适合含固相颗粒细、黏度大、浓度低、过滤介质再生困难的悬浮液的固液分离，所以常用于采用离心过滤难于分离或澄清液达不到要求的场合，也可用于液液分离。

三足式离心机的悬挂点比机体重心高，保证了机器的稳定性，压缩弹簧可以减轻垂直方向的振动。由于其主轴很短，所以结构紧凑，机身高度小，便于从上方加料和卸料。由于三足式离心机占地比一般过滤设备小，操作简单，适应性强，故广泛应用于工业生产中。

二、管式离心机

管式离心机具有一个细长而高速旋转的转鼓。加长转鼓长度的目的在于增加物料在转鼓内的停留时间，其结构如图 7-3-3 所示。

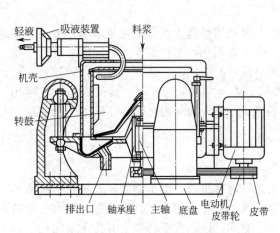

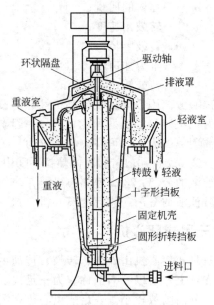

图 7-3-2　三足式沉降离心机结构　　　　　　图 7-3-3　管式离心机结构

离心机的转鼓由三部分组成：顶盖、带空心轴的底盖和管状转筒。在固定的机壳内装有管状转鼓。转鼓悬挂于离心机上端的挠性驱动轴上，下部由底盖形成中空轴并置于机壳底部的导向轴衬内。离心机的外壳是转鼓的保护罩，同时又是机架的一部分，其下部有进料口。上部两侧有重液相和轻液相出口。

管式离心机分两种（图 7-3-4）：一种是 GQ 型，用于处理悬浮液而进行液固分离的澄清操作；另一种是 GF 型，用于处理乳浊液而进行液液固分离操作，用于液液固分离操作是连续的，而用于澄清操作是间歇的。

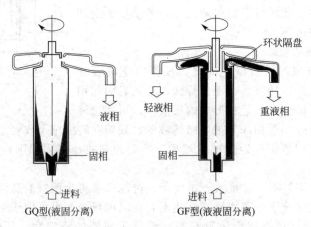

图 7-3-4　两种管式离心机的工作原理

工作时，待处理的料液在一定压力（3×10^4 Pa 左右）下由进料管经底部空心轴进入转鼓底，靠圆形折转挡板分布于转鼓的四周。在转鼓内沿轴向装有与转鼓同步旋转的十字形挡板，以使进入转鼓的液体能很快地达到转鼓的转动角速度。料液沿轴向自下而上流动的过程中，在离心力作用下被分成轻、重液体两个同心环状液层。处理乳浊液时，轻液相和重液相分别通过转鼓上方的轻液出口和重液出口排出，改变转鼓上端环状隔盘的内径可调节重液相和轻液相的分层界面[图 7-3-5(a)]。处理悬浮液时，可将重液相出口堵塞，只留有中央轻液溢流口，则固体在离心力作用下沉积于鼓壁上，达到一定数量后，停机以人工清除[图7-3-5(b)]。

管式离心机的转鼓长度为直径的6～7倍，转速高达15000r/min以上，分离因数可达50000，是普通离心机的8～24倍。因此，可用于液液分离和微粒较小的悬浮液的澄清。因管式离心机转鼓容积很小，故不适宜用于含固量高的悬浮液（一般处理含固量应小于1%）。若含固量大，拆洗太频繁容易损坏机件。

三、碟片式离心机

碟片式离心机是立式离心机，转鼓装在立轴上端，通过传动装置由电动机驱动而高速旋转，其分离因数为1000～20000，适用于含各种微生物细胞的悬浮液及细胞碎片悬浮液的分离。它的生产能力较大，最大允许处理量达300m³/h，一般用于大规模的分离过程。

碟片式离心机是在管式离心机的基础上发展起来的，在转鼓中加入了许多重叠的锥形碟片，缩短了颗粒的沉降距离，提高了分离效率。进行液固两相分离的澄清操作采用的是无孔碟片[图7-3-6(a)，图7-3-7(a)]，有孔碟片用于液液固三相分离操作[图7-3-6(b)，图7-3-7(b)]。

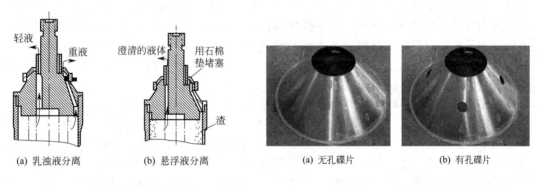

图7-3-5　环状隔盘的工作原理　　　　　　　图7-3-6　碟片实物图

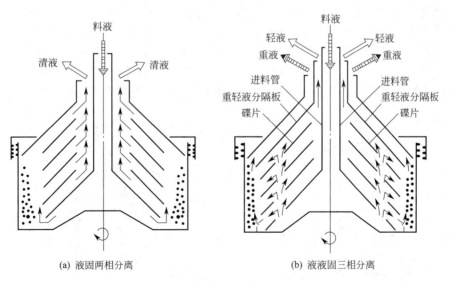

图7-3-7　碟片式离心机工作原理

碟片式离心机的转鼓内有数十个或数百个形状和尺寸相同、锥角为60°～120°的锥形碟片，碟片上点焊有间隔片或间隔条，使组装在一起的碟片与碟片之间保持很小的间隙，一般为0.5～2.5mm。当具有一定压力和流速的料液进入离心机后，就会从碟片组外缘进入各相邻碟片间的薄层隙道,由于离心机高速旋转,这时料液也被带着高速旋转,具有了离心力。分离悬浮液时,料液由中心进料管进入转鼓,从碟片束外缘经碟片间隙向碟片内缘流动。因受离心力作用,固体颗粒在随液体流动的同时沉降到各碟片的内表面,再向碟片外缘滑动,最后沉积到鼓壁上,已澄清的液体向转鼓中心方向聚集,经清液出口排出。分离乳浊液时,料液从中间进入碟片之间,在离心惯性力作用下,各液相按密度不同而分离,重液相沿碟片间隙向外移动,从分隔板外部溢流孔排出。轻液相在内层,从分隔板内部溢流孔排出。固相颗粒沉降在转鼓内壁,经人工排渣或喷嘴、活塞排渣。碟片式分离机的分离因数较高,达4000～10000,并因转鼓内的碟片数量多,显著扩大了沉降面积,分离效率较高。

简单的碟片式离心机是人工排渣碟片式分离机,只能间歇操作,沉积于鼓壁上的固体颗粒达到一定数量后,停机打开转鼓,人工排渣,主要用于固相含量小于1%、颗粒直径0.02～20μm的悬浮液和乳浊液分离,分离因数达10000以上,特别适合于含少量细颗粒的液液分离。其不足之处是需停车排渣清洗,生产效率低,劳动强度大。

喷嘴排渣碟片离心机(图7-3-8)能连续操作,其整体结构与人工排渣碟式分离机相似,但转鼓内腔呈双锥形,可对沉渣起压缩作用,提高沉渣浓度。这种分离机还有将排出的沉渣部分送回转鼓内再循环的结构。由于排渣的含液量较高,具有流动性,故喷嘴排渣碟片式离心机多用于浓缩过程,沉渣的固相浓度可比进料的固相浓度提高5～20倍。这种分离机的转鼓直径可达900mm,分离因数一般为6000～11000,处理量最大达300 m³/h,适于处理固相颗粒直径为0.1～100μm、固相浓度小于25%的悬浮液。

活塞排渣碟式离心机(图7-3-9)是利用环状活塞启、闭排渣口进行间歇排渣,故又称自动分批排渣碟式分离机。其整体结构与人工排渣碟式分离机相似,特点是转鼓内有活塞排渣装置,可不停机卸除转鼓内的沉渣。活塞排渣型分离机在运行时每隔一段时间排渣一次,而分离机的排渣过程是通过机体内密封小阀在排渣水的作用下打开,使排渣水进入活塞体内,使活塞下沉,排渣口打开,从而实现排渣。操作时,由转鼓中心加料管加入悬浮液进行分离,活塞下面的密封水总压力大于悬浮液作用在活门上面的总压力,活塞位置在上,关闭排渣口。排渣时,停止加料并由转鼓底部加入操作水,开启转鼓周边的密封水泄压阀,排出密封水,活塞受转鼓内悬浮液压力的作用迅速下降,开启排渣口。排尽转鼓内的沉渣和液体后,停止供给操作水,泄压阀闭合,密封水压升高,活塞上升关闭排渣口,完成一次工作循环。这种分离机的分离因数一般为5500～7500,最大处理量可达60m³/h,适用于处理固体颗粒直径为0.1～500μm、固液相密度差大于0.01g/cm³、固相浓度小于10%的悬浮液或乳浊液。

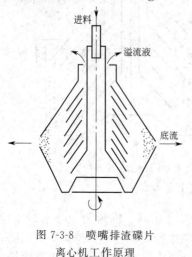

图 7-3-8 喷嘴排渣碟片
离心机工作原理

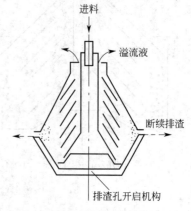

图 7-3-9 活塞排渣碟式
离心机工作原理

四、卧式螺旋卸料离心机

卧式螺旋卸料离心机（图 7-3-10），又称倾析式离心机，是一种连续进料、分离和卸料的离心机，其转动部分由转鼓及装在转鼓中的螺旋输送器组成，两者以稍有差别的转速同向旋转。转鼓部分由相同材料的两部分组成——较长的圆柱形部分和较短的圆锥部分，两者之间止扣定位，螺栓连接。转鼓两端水平支撑在轴承上，螺旋两端用两个止推轴承装在转鼓内，与转鼓内壁间有微量间隙。

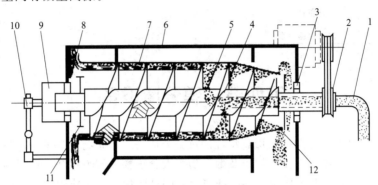

图 7-3-10　卧式螺旋卸料离心机

1—进料管；2—三角皮带轮；3—右轴承；4—螺旋输送器；5—进料孔；6—机壳；
7—转鼓；8—左轴承；9—行星差速器；10—过载保护装置；11—溢流孔；12—排渣孔

转鼓一端装有三角皮带轮，由电动机带动，螺旋与转鼓用一差动变速器使二者维持约 1% 的转速差。料液从空心的螺旋输送器中央的进料管直通到转鼓圆锥体和圆柱体的交汇部分，其前面部分为沉降区，后面部分为甩干区。在离心力作用下，密度较大的固相沉降在转鼓壁上，由螺旋沿轴向从圆锥体部分输送到圆锥体端部，同时被甩干，落入外壳的排渣口排出。密度小的液相分布在转鼓中形成内层水环，流向转鼓的圆柱端，经可调溢流板，从溢流孔溢出。

调节溢流挡板上溢流口的位置、转鼓转速和进料速度可以改变固相的湿含量和液体的澄清度，生产能力也随着进料速度而改变。固体在圆锥段停留的时间可通过改变螺旋输送器与转鼓的转速差来实现，而时间的长短是决定固体含水量的一个重要因素。溢流板决定了液层深度，液层深度越大，液相澄清越好。

卧式螺旋卸料离心机应用范围广，能够完成固相脱水，液相澄清，液液固、液固固三相分离，粒度分级等分离过程；对物料的适应性较大，能分离的固相粒度范围较广（0.005～2mm），在固相粒度大小不均时能照常进行分离；能自动、连续、长期运转，维修方便，能够进行封闭操作。单机生产能力大，结构紧凑，占地小，操作费用低，适合含固形物较多的悬浮液的分离；但分离因数较低，大多在 1500～3000，固相沉渣的含水量一般比过滤离心机高，大致接近于真空过滤机；固相沉渣洗涤效果不好；不适合于细菌、酵母菌等微小微生物的悬浮液的分离。液相的澄清度也相对较差。

五、离心机的选用

在选择生产上所用的离心机时，往往是根据经验来选择。当颗粒直径小于 $1\mu m$ 时，可以采用高速离心机（管式或碟片式）；当颗粒的直径在 $19\mu m$ 以下时，则采用普通沉降式离心机，如果采用过滤式则造成滤饼太薄，固体颗粒损失大。$100\mu m$ 以上的颗粒，两者都可以使用。管式离心机虽然具有很好的沉降性能，但其容量小，产量小，不适合处理大量的料液。螺旋卸料沉降式离心机适用于密度差大、固体浓度高、处理量大的场合。表 7-3-1 为发酵产物分离常用的离心机类型。

表 7-3-1　发酵产物分离常用的离心机类型

发酵产物	微生物名称	微粒大小/μm	相对生产能力/%	离心机类型
面包酵母	酵母菌	5～8	100	喷嘴碟片式
啤酒、果酒	酵母菌	5～8	60～80	喷嘴碟片式
单细胞蛋白	假丝酵母	3～7	50	喷嘴碟片式、螺旋式
柠檬酸	黑曲霉	3～10	30	螺旋式、间歇排渣式
抗生素	霉菌	1～10	20	螺旋式
抗生素	放线菌	10～20	7	间歇排渣式
酶	枯草杆菌	1～3	7	喷嘴碟片式 间歇排渣式
疫苗	梭状芽孢杆菌	1～3	5	间歇排渣式

第四节　膜分离设备

　　膜分离是利用具有一定选择性透过特性的过滤介质——膜进行物质的分离纯化。在膜分离过程中，混合液中的悬浮物、胶体物质及微生物等大分子物质被膜拦截，通过吸附、架桥、网捕等作用结合在一起，在膜表面沉积形成滤饼层，降低膜通量，造成膜污染。膜过滤阻力的增加主要由于滤饼层的积累所造成，因此，膜分离操作一般采用错流（切向流）过滤方式进行。

　　常规过滤与错流过滤的区别如图 7-4-1 所示。常规过滤时，料液流向与过滤面垂直，当滤饼层厚度增加到一定程度时，过滤阻力增大，透过通量很低，过滤操作被迫终止 [图 7-4-1(a)]。在错流过滤操作中，料液的流动方向与过滤面平行，给过滤介质表面一个大流量的平行冲刷，滤饼层不再增厚，透过通量可较长时间保持稳定 [图 7-4-1(b)]。

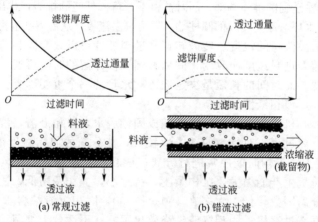

图 7-4-1　常规过滤与错流过滤的区别

　　各种膜设备或膜分离装置主要由膜组件、泵、阀、仪表及管路等构成。其中膜组件是一种将膜以某种形式组装在一个基本单元设备内，然后在外界驱动力的作用下实现对混合物中各组分分离的器件。在膜分离工业装置中，根据生产规模的需要，一般可设置数个乃至数千个膜组件。

一、膜结构及其分离机理

　　膜分离的关键在于过滤介质——膜。大多数膜是由天然高分子、合成高分子或无机材料制造的。市售膜的大部分为合成高分子膜，主要有聚砜、聚丙烯腈、聚酰亚胺、聚酰胺、烯类和含氟聚合物等，其中聚砜最常用，主要用于制造超滤膜。无机材料主要有陶瓷、微孔玻璃、不锈钢和碳素等，其中以陶瓷材料的微滤膜最为常用。

早期的膜多为对称膜 [图 7-4-2(a)]，即膜截面的膜厚方向上孔道结构均匀，物质在膜内各处的渗透率相同，膜厚 5nm～5μm。对称膜的传质阻力大，透过通量低，并且容易污染，清洗困难，现在使用较少。非对称膜 [图 7-4-2(b)] 是目前使用最广泛的一种分离膜。非对称分离膜一般由两层组成：起膜分离作用的表面活性层（0.1～1μm）和起支撑强化作用的多孔惰性层（100～200μm）构成。表面活性层与支撑层分两次形成，先制成支撑膜，再把表面活性层复合到支撑膜的表面上，复合膜的表面活性层和支撑层是两种膜材料。活性层决定了膜的选择性，而惰性层增加了机械强度。由于惰性层孔径很大，对透过流体阻力很小，起分离作用的表面活性层很薄，孔径微细，因此透过通量大，膜孔不易堵塞，容易清洗。

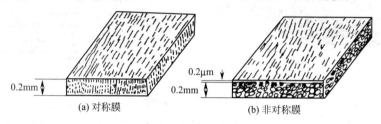

(a) 对称膜　　　　　　　　(b) 非对称膜

图 7-4-2　对称膜和非对称膜结构示意图

膜的基本功能是从物质群中有选择地透过或输送特定的物质，如颗粒、分子、离子等，或者说，物质的分离是通过膜的选择性透过实现的。不同膜分别具有不同的分离机理。几种常用膜结构及其分离机理如表 7-4-1 所示。

表 7-4-1　几种常用膜结构及其分离机理

项　目	膜结构	操作压力/MPa	分离机理	适用范围
微滤（MF）	对称微孔膜,0.02～10μm	0.05～0.5	筛分	含微粒或菌体溶液的消毒、澄清和细胞收集
超滤（UF）	非对称微孔膜,0.001～0.02μm	0.1～1	筛分	含生物大分子物质，小分子有机物或细菌、病毒等微生物溶液的分离
纳滤（NF）	带皮层非对称复合膜,<2nm	0.5～1.0	优先吸附、表面电位	高硬度和有机物溶液的脱盐处理
反渗透（RO）	带皮层非对称复合膜,<1nm	1～10	优先吸附、溶解扩散	海水和苦咸水的淡化,制备纯水
透析（DA）	对称的或非对称的膜	浓度梯度	筛分、扩散度差	小分子有机物和无机离子的去除
电渗析（ED）	离子交换膜	电位差	离子迁移	离子脱除,氨基酸分离

二、膜组件

为方便使用、安装和维修，膜分离装置中一般都不使用单张膜片，通常把膜以某种形式组装在一个基本单元设备内。这种由膜、固定膜的支撑体、间隔物以及容纳这些部件的容器构成的一个单元设备称为膜组件（module）。料液以一定组成、一定流速进入膜组件，由于其中某一组分更容易通过膜，所以膜组件内料液的组成和流速均随位置变化。进入膜组件后的物流分成两股（图 7-4-3），即透过液（通过膜的那部分物流）和截留液（被膜所截留的物流）。

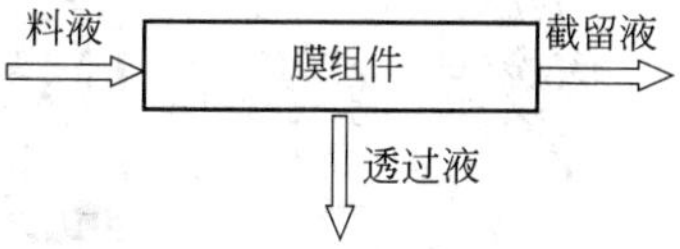

料液　　　膜组件　　　截留液

透过液

图 7-4-3　单一膜组件操作示意图

膜组件的结构及形式取决于膜的形状，工业上应用的膜组件主要有平板式、管式、中空纤维式和螺旋卷式四种形式。膜面积愈大，单位时间透过量愈多，因此，开发生产在单位体积内具有最大膜面积的膜组件具有重要的实用价值。

1. 平板式膜组件

平板式膜组件是最早出现的膜组件形式，一般以多个膜元件组装而成，而每个膜元件由多孔支撑板和固定在多孔支撑板两侧的膜组成，其结构原理参见图7-4-4。

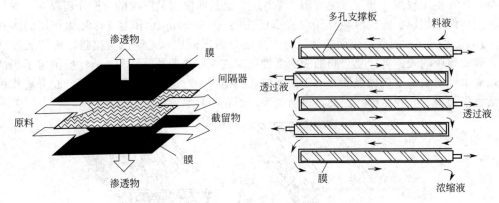

图7-4-4　平板式膜组件

工作时，待分离料液进入平板式膜组件容器后沿膜表面逐层流过，穿过膜的透过液在多孔支撑板的间隙孔槽中流动，并在端部流出。浓缩液流经许多平板膜表面后流出容器。平板式膜组件中还可以设置挡板或导流板，以使料液在膜面上流动时保持一定的流速与湍动，没有死角，减少浓差极化和防止微粒、胶体等的沉积。

2. 管式膜组件

管式膜组件与列管式换热器结构类似，它是将膜固定在内径10～25mm、长约3m的圆管状多孔支撑体上构成的。10～20根管式膜并联，或用管线串联，收纳在筒状容器内即构成管式膜组件。根据膜的位置，管式膜组件分为内压型（图7-4-5）和外压型（图7-4-6）两种，外压型需耐高压的外壳，应用较少。

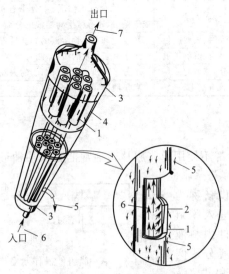

图 7-4-5　内压型管式膜组件
1—玻璃纤维管；2—膜；3—末端配件；
4—淡水收集外套；5—淡水；
6—供水；7—浓水

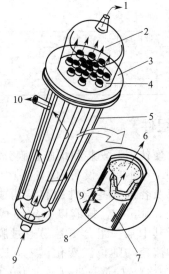

图 7-4-6　外压型管式膜组件
1—透过液出口；2，6—透过液；3—连接盘；4—耐压板；
5—外装管；7—醋酸纤维素膜；8—多孔膜支持体；
9—原液；10—浓缩液出口

3. 螺旋卷式膜组件

螺旋卷式膜组件如图 7-4-7 所示。它是在两片平板膜中间夹入一层多孔支撑材料（透过液隔网），再将其三边密封成为信封状的膜袋，袋口（即未封口的一边）与一根多孔中心管（透过液收集管）密封连接。组装时，再在膜袋的上下两面各铺一层隔网（料液隔网），将该多层材料卷绕在多孔中心管上，整个组件装入圆筒形压力容器中，就成为一个螺旋卷式膜组件。料液从螺旋卷式膜组件的一端进入料液隔网通道内，沿平行于中心管方向流动，透过膜袋的透过液沿膜袋内的透过液隔网通道流向透过液收集管后导出；浓缩液从组件的另一端流出。

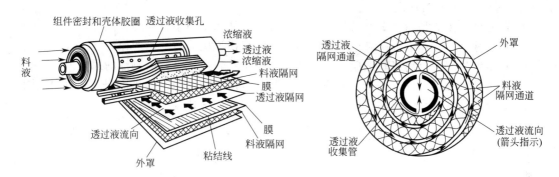

图 7-4-7　螺旋卷式膜组件

4. 中空纤维膜组件

中空纤维膜组件的结构与管式膜类似，即将管式膜由外径为 $80 \sim 400 \mu m$、内径为 $40 \sim 100 \mu m$ 的中空纤维膜代替。图 7-4-8 是中空纤维膜制成的膜组件结构示意图。

将大量的中空纤维（几十万至数百万根）一端封死，另一端用环氧树脂浇注成管板，装在圆筒形压力容器中，就构成了中空纤维膜组件。对于内压式中空纤维膜组件，料液从管内流过，透过液经纤维管膜流出管外，这是常用的操作方式。对于外压式中空纤维膜组件，料液从一端经分布管在纤维管外流动，透过液则从纤维膜管内流出。

三、膜组件的选用

平板式膜组件的优点是组装方便，膜的清洗更换比较容易，料液流通截面较大，不易堵塞，同一设备可视生产需要而组装不同数量的膜，适于微滤、超滤。但其缺点是需密封的边界线长，对密封要求高，装卸复杂。

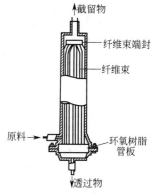

图 7-4-8　中空纤维膜组件

管式膜组件易清洗，单根管子容易调换，无机组件可在高温下用有机溶剂进行操作并可用化学试剂来消毒；缺点是单位体积膜组件所含的膜面积较小，压力降大，除特殊场合外，一般不被使用。

螺旋卷式膜组件多用于反渗透，与平板式和卷式膜组件相比较，其单位体积膜面积很大，结构简单，价格较便宜，更换膜组件容易；缺点是处理悬浮物浓度较高的料液时容易发生堵塞现象，膜清洗困难，液流不易控制，适合低流速、低压下操作。近年来，预处理技术的发展克服了这一困难，因此卷式膜组件的应用将更为扩大。

中空纤维膜组件的特点是设备紧凑，单位设备体积内的膜面积大，不需要支撑材料。因中空纤维内径小，阻力大，易堵塞，所以料液走管间，渗透液走管内，透过液侧流动损失大，压降可达数个大气压，膜污染难除去，因此对料液处理要求高，一旦损坏无法维修，只能更换膜组件。

复习思考题

1. 细胞破碎用哪些设备？简述其结构、工作原理及适用范围。

2. 请画出板框压滤机的结构示意图，标出主要部件名称，简述其过滤原理及操作步骤。

3. 简述转筒真空过滤机的工作过程；与板框压滤机相比，转筒真空过滤机得到的滤饼含水量有什么不同？为什么？

4. 离心分离因数是指什么？为什么高速离心机往往都采用小直径高转速？

5. 从发酵醪中分离酵母应该选用什么离心机？叙述该机分离酵母的原理。

6. 从新鲜牛奶中分离出奶油应该选用什么离心机？叙述该机分离奶油的原理。

7. 什么是对称膜？什么是非对称膜？简述几种常用膜的结构、分离机理及其应用范围。

8. 膜分离设备按膜组件形式可分为几种？比较它们的优缺点？

第八章 萃取与色谱设备

生物工业中常用的分离提纯方法有萃取、离子交换与色谱等，本章主要介绍其相关设备。

第一节 萃 取 设 备

溶剂萃取是生物工业中重要的分离提纯方法。它是利用混合物中各组分在某溶剂中的溶解度差异来分离混合物的一种单元操作。通过萃取可以把目的产物从复杂的体系中提取出来，以便于进行更进一步的纯化分离。

一、溶剂萃取流程

溶剂萃取是利用混合物中各组分在某溶剂中的溶解度差异来分离混合物的一种单元操作，其基本萃取流程见图 8-1-1。

溶剂萃取效率的高低是以分配定律为基础的。在恒温恒压条件下，一种物质在两种互不相溶的溶剂（A 与 B）中的分配浓度之比（C_A/C_B）是一常数，此常数称为分配系数 K，可用下式表示：

$$K = \frac{C_A}{C_B} = \frac{萃取相的浓度}{萃余相的浓度}$$

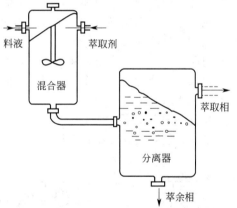

图 8-1-1 溶剂萃取基本流程

当 $K>1$，溶质富集于萃取相；$K<1$，溶质富集于萃余相；$K=1$，在萃取相和萃余相中浓度相等。

将萃取剂加入原料液中只萃取一次的操作方式叫单级萃取。原料经过多个串联的萃取器，并在每个萃取器中进行萃取操作，这种萃取方式叫多级萃取。

溶剂萃取设备包括三个部分：混合设备、分离设备和溶剂回收设备。

二、混合设备

1. 混合罐

混合罐实际为带有搅拌装置的反应罐。因为混合是目的，一般采用螺旋桨式搅拌器，转速为 400～1000r/min，也可用涡轮式搅拌器，转速为 300～600r/min。为防止中心液面下凹，在罐壁设置挡板。混合罐一般为封闭式，以减少溶剂的挥发。罐顶上有萃取剂、料液、调节 pH 的酸（碱）液及去乳化剂的进口管，底部有排料管。搅拌混合使得罐内两相的平均浓度和出口浓度基本相等。为了加大罐内两相间的传质推动力，可用带有中心孔的圆形水平隔板将混合罐分隔成上下连通的几个混合室，每个室中都设有搅拌器，物料从罐顶进入，罐底排出，这样只有底部一个室中的混合液浓度与出口浓度相同，从而可提高传质的推动力，强化了萃取的速率。

除机械搅拌混合罐外，尚有气流搅拌混合罐，即将压缩空气通入料液中，借鼓泡作用进行搅拌，特别适用于化学腐蚀性强的料液，但不适用搅拌挥发性强的料液。

混合罐为间歇操作，停留时间较长，传质效率较低。但由于其装置简单，操作方便，仍广泛应用于工业中。

2. 管式混合器

管式混合器，通常采用 S 形长管，必要时可在管外加置套管用以进行换热（图 8-1-2）。

料液与萃取剂等经泵在管的一端导入，混合后的乳浊液在另一端流出。为了使两相能充分混合，一般要求雷诺数 $Re=5\times(10^4\sim10^5)$，确保管内流体的流动呈完全湍流，料液在管内液体流速 $v=1.0\sim1.5\text{m/s}$，平均停留时间 $10\sim20\text{s}$。

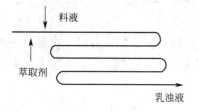

图 8-1-2　混合管

图 8-1-3　管式静态混合器

混合效果更好的是管式静态混合器，其混合过程是由安装在空心管道中的一系列不同规格的混合元件进行的（图 8-1-3）。由于混合元件的作用，使流体时而左旋，时而右旋，不断改变流动方向，不仅将中心液流推向周边，而且将周边流体推向中心，从而造成良好的径向混合效果。与此同时，流体自身的旋转作用在相邻组件连接处的接口上亦会发生，这种完善的径向环流混合作用，使料液与萃取剂获得混合均匀的目的。

管式混合器为连续操作，具有混合效果好、生产能力大、容易制造、价格便宜等优点，但若出现堵塞，清洗较难。

3. 喷射式混合器

常见的喷射式混合器有三种，如图 8-1-4 所示。

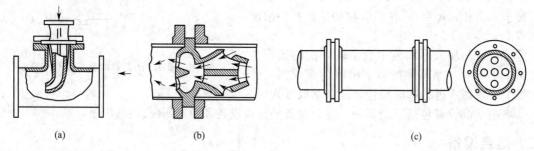

图 8-1-4　三种喷射式混合器

其中图 8-1-4(a) 为器内混合过程，即萃取剂及料液由各自导管进入器内进行混合；图 8-1-4(b) 和图 8-1-4(c) 则为两液相已在器外汇合，后经喷嘴或孔板进入器内，从而加强了湍流程度，提高了萃取效率。喷射式混合器体积小，效率高，特别适用于两相液体的黏度和界面张力很小，即易分散的场合。这种设备投资费用不大，但应用时需用较高的压头泵才能使液体送入器内，因为混合器的阻力大，所以操作费用较大。

三、分离设备

在分级式萃取过程中，在混合设备中完成混合提取后，分层分离则在另一设备中进行。因发酵液中含有一定量的蛋白质等表面活性物质，致使两相间产生相当稳定的乳浊液。虽然在萃取过程中可加入某些去乳化剂，但仍难将两者靠重力在短时间内加以分开。离心分离机是有效地分离乳浊液的设备。工厂常用的分离设备有管式、碟式分离机等。

1. 管式分离机

管式离心机用于萃取分离时，两相都是连续地流动（液固分离时只是澄清液是连续流动）。操作时，乳浊液从底部进入转鼓，因受惯性离心力的作用被甩向鼓壁，由于乳浊液中的重液（水相）具有比轻液（溶剂相）较大的密度，会获得较大的离心力，形成外层为重液层，乳浊液中的轻液相则会相对地往内层移动并形成轻液层。

管式分离机分离因数可达 15000～65000，适用于含固量低于 1%、固相粒度小于 $5\mu m$、黏度较大的悬浮液澄清，或用于轻液相与重液相密度差小、分散性很高的乳浊液及液液固三相混合物的分离。管式分离机结构如图 8-1-5 所示。

2. 碟式分离机

此类离心机适用于分离乳浊液或含少量固体的乳浊液。其结构大体可分为三部分：第一部分是机械传动部分；第二部分是由转鼓碟片架、碟片分液盖和碟片组成的分离部分；第三部分是输送部分，在机内起输送已分离好的两种液体的作用，由向心泵等组成。碟式分离机工作原理如图 8-1-6 所示。

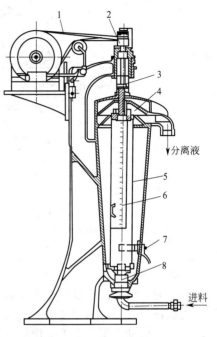

图 8-1-5　管式分离机结构
1—平皮带；2—皮带轮；3—主轴；
4—液体收集器；5—转鼓；6—三叶板；
7—制动器；8—转鼓下轴承

工作时，欲分离的料液自碟片架顶加入，进入转鼓后，因离心力之故，料液便经过碟片架底部之通道流向外围，固体渣子被甩向鼓壁。转鼓内有一叠碗盖形金属片，每片上各有二排孔，它们至中心的距离不等，这样将碟片叠起来时便形成二个通道。因离心作用，液体分流于各相邻二碟片之间的空隙中，而且在每一层空隙中，轻液流向中心，重液流向鼓壁，于是轻重液分开，最后分别借向心泵输出。底部碟片和其他碟片不同，只有一排孔。但底片有两种，区别在于孔的位置不同，分别和其他碟片上二排孔的位置相对应。应按轻重液的比例不

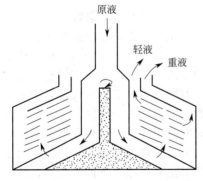

图 8-1-6　碟式分离机工作原理

同而选用不同的底片。

3. 三相倾析式离心机

三相倾析式离心机可同时分离重液、轻液及固体三相，其结构如图 8-1-7 所示。由圆柱-圆锥形转鼓、螺旋输送器、驱动装置、进料系统等组成。该机在螺旋转子柱的两端分别设有调节环和分离盘，以调节轻、重液相界面，轻液相出口处配有向心泵，在泵的压力作用下，将轻液排出。进料系统上设有中心套管式复合进料口，中心管和外套管出口端分别设有轻液

相分布器和重液相布料孔，其位置是可调的。把转鼓栓端分为重液相澄清区、逆流萃取区和轻液相澄清区。

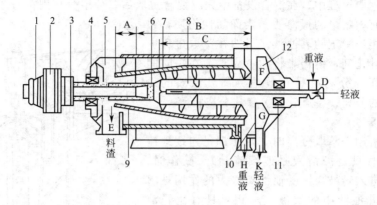

图 8-1-7　三相倾析式离心机结构

1—V带；2—差速变动装置；3—转鼓皮带轮；4—轴承；5—外壳；6—分离盘；
7—螺旋输送器；8—轻相分布器；9—转鼓；10—调节环；11—转鼓主轴承；12—向心泵；
A—干燥段；B—澄清段；C—分离段；D—入口；E—排渣口；
F—调节盘；G—调节管；H—重液；K—轻液

　　操作时，料液从重液相进料管进入转鼓的逆流萃取区后受到离心力场的作用，与中心管进入的轻液相（萃取剂）接触，迅速完成相之间的物质转移和液液固分离。固体渣子沉积于转鼓内壁，借助于螺旋转子缓慢推向转鼓锥端，并连续地排出转鼓。而萃取液则由转鼓柱端经调节环进入向心泵室，借助向心泵的压力排出。

四、混合-分离萃取机

　　分级式萃取方法效率低，占地面积大，操作步骤多。而发酵产物萃取处理量大，要求时间短，这种设备有时就很难满足生产要求。采用混合-分离萃取机能有效地解决这个问题，这种设备的混合传质与两相分离两个工作过程都是在同一机内完成的。

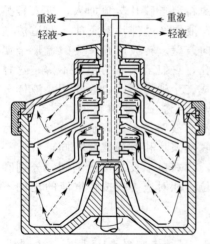

图 8-1-8　芦崴式三级离心萃取机

1. 芦崴式（Luwesta）三级离心萃取机

　　芦崴式三级离心萃取是一种立式逐级接触混合及分离的逆流萃取设备（图 8-1-8），其主体是固定在壳体上并可随之做高速旋转的环形盘。壳体中央有固定不动的垂直空心轴，轴上也装有圆形盘，盘上开设有若干个液体喷出孔。下部为混合区，中部是分离区，上部是外沿重液相引出区，内沿是轻相引出区。这种萃取机可简单理解为混合设备与碟式离心分离机组合在一起的三级逆流萃取过程。新鲜萃取剂由第三级（下部）加入，待萃取料液由第一级（下部）加入，萃取轻相在第一级引出，萃余重液在第三级引出。

　　工作时，被处理的原料液和萃取剂均由空心轴的顶部加入，重液沿着空心轴的通道下流至底部进入第三级的外壳内，轻液相由空心轴的流道流入第一级。在空心轴内，轻液与来自下一级的重液混合，再经空心轴上的喷嘴沿转盘最后被甩到外壳四周，靠离心力作用使两相分开。重液（如图 8-1-8 中实线所示），其流向为第三级经第二级再到第一级，然后进入空心轴的排出通道由顶部排出。轻液则沿着图 8-1-8 中的虚线所示的方向，由第一级经第二级再到第三级，然后进入空心轴的排出通道。

2. α-Laval ABE-216 离心萃取机

α-Laval ABE-216 离心萃取机（图 8-1-9）也是一种立式逐级接触混合及分离的逆流萃取设备，由 11 个不同直径的同心圆筒组成转鼓，每个圆筒上均在一端开孔，相邻筒开孔位置上下错开，料液和萃取剂上下曲折流动。

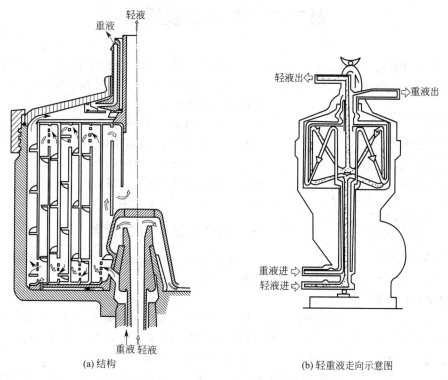

(a) 结构　　　　　　　　　　(b) 轻重液走向示意图

图 8-1-9　α-Laval ABE-216 离心萃取机

轻重液走向如图 8-1-9(b) 所示。重液相由底部轴周围的套管进入转鼓后，沿螺旋通道由内向外流经各筒，最后由外筒经溢流环到向心泵室被排出。轻液由底部中心管进入转鼓，流入第十圆筒，从下端进入螺旋通道，由外向内流过各筒，最后从第一筒经出口排出。

3. 波德式（POD）离心萃取机

波德式（POD）离心萃取机是一种卧式离心萃取设备，其基本结构如图 8-1-10 所示。在其外壳内有一个由多孔长带卷绕而成的螺旋形转子，其转速很高，一般为 2000～5000r/min。

工作时，轻液被引至螺旋转子的外圈，

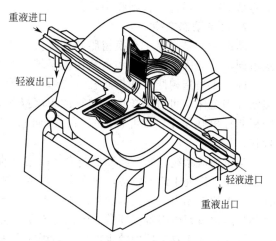

图 8-1-10　波德式（POD）离心萃取机

重液由螺旋中心引入。由于转子转动时所产生的离心力作用，重液由中心部向外壳流动，轻液相则会由外圈向中心流动，两相在逆向流动过程中，在螺旋通道内会密切接触进行传质。

重液相最后从最外层经出口通道流出机外，轻液相则由中心部经出口通道流出机外。该机适用于两相密度差小或易产生乳化的物系。根据转子直径大小不同，生产能力为 0.225～17m³/h。

采用该机进行青霉素发酵液萃取时，最大理论级数可大于两级，当溶剂与料液之比为 1∶6 时，收率可达 96%。

第二节　离子交换设备

离子交换树脂是一种带有可交换离子（阳离子或阴离子）的不溶性高分子聚合物。离子交换树脂的结构（图 8-2-1）由三部分组成：惰性高分子骨架、连接在骨架上的固定基团及可以电离的离子。

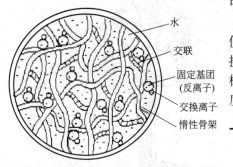

离子交换的一般流程为：①原料液的预处理，使得流动相易于被吸附剂吸附；②原料液和离子交换树脂的充分接触，使吸附进行；③淋洗离子交换树脂，以去除杂质；④把离子交换树脂上的有用物质解吸并洗脱下来；⑤离子交换树脂的再生。

图 8-2-1　离子交换树脂的结构

一、离子交换设备的分类

离子交换过程根据操作方式不同可分为静态交换和动态交换两大类。

1. 静态交换设备

静态交换是指树脂和被交换的溶液一同置于一个容器中，一般需有搅拌装置（可以是机械搅拌，也可以是通气搅拌），这样做的目的是有利于传质，使其快速达到平衡。所用的设备称之为静态交换设备，通常使用的是一般带搅拌装置的反应罐。

在静态交换操作中，当树脂达到饱和后，可利用沉降或过滤等方法将饱和树脂分离出来再装入解吸罐（柱）中进行洗涤（解吸）。这种交换方法设备简单，操作容易。此法只能用于容易交换的场合，否则收率较低。

2. 设备动态交换

动态交换是指离子交换树脂和被交换液要在离子交换柱中进行交换的操作。根据操作方式不同可分为固定床系统和连续逆流系统两大类。

固定床是指树脂装在树脂柱（或罐）中形成静止的固定床，被交换液流过静止床层进行交换。固定床又可分为单床（单柱或单罐操作）、多床（多柱或多罐串联操作）、复床（阳、阴树脂柱串联操作）及混合床（阳、阴树脂混合在同一柱或罐中的操作）等均为间歇分批操作。

连续逆流系统是指树脂和被交换液以相反的方向逆流进入交换柱，可以使树脂、料液、再生剂、和水都处于流动状态，使交换、再生及洗涤完全连续化进行，相似于连续逆流萃取机一样有最大的推动力，使设备的生产能力提高。当处理量很大时，多采用此操作。但由于树脂是固体，纯化过程中很难保证其做到稳定流动并会产生破碎现象等，所以给操作控制带来很多不便。因此，在生物工厂中较少使用，多用固定床多柱串联（阳树脂串联和阴树脂串联）。

根据被交换液进入固定床的方向可分为正吸附（被交换液从床层上部进入向下流动通过树脂层进行交换）和反吸附（被交换液从床层下部进入向上流动通过树脂层进行交换）两类。

二、离子交换设备的结构

1. 正吸附离子交换罐（柱）

正吸附离子交换罐（柱）是具有椭圆形顶和底的圆筒形设备，其圆筒体的长和筒径之比一般为 2～5，装树脂层高度占总体积的 50％～70％，要留有足够的空间，以备反冲洗时树脂层的扩张。

图 8-2-2 为正吸附固定床，在交换罐的上部设有液体分布装置，目的是被交换液、解吸液或再生剂能在整个罐截面上均匀地通过树脂。圆筒体的底部与椭圆形封头之间可装有多孔板，板上铺有筛网及滤布以支承树脂层。离子交换罐（柱）工作时，被处理的溶液从树脂上方加入，经过分布管使液体均匀分布于整个树脂的横截面。加料可以是重力加料，也可以是压力加料，后者要求设备密封。料液与再生剂可以从树脂上方通过各自的管道和分布器分别进入交换器，树脂支撑下方的分布管则便于水的逆洗。固定床离子交换器的再生方式分成顺流与逆流两种。逆流再生有较好的效果，再生剂用量可减少，但会发生树脂层的上浮。

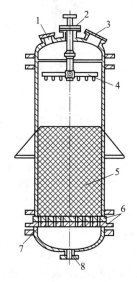

图 8-2-2　具有多孔支持板的离子交换罐
1—视镜；2—进料口；3—手孔；4—液体分布器；
5—树脂层；6—多孔板；7—尼龙层；8—出液口

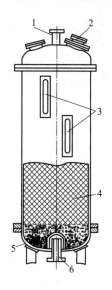

图 8-2-3　具有石块支承层的离子交换罐
1—进料口；2—视镜；3—液位计；
4—树脂层；5—石块层；6—出液口

对于较大的设备也有不安装支承板，而是用块状石英石或卵石直接铺于罐底作支承装置，石块大的放在下面，小的在上面，一般分为五层，每层高度约为 100mm（图 8-2-3）。罐顶上设有人孔或手孔，大型交换罐的人孔也可设在罐壁上，以便于装卸树脂。视镜孔和灯孔可在罐顶上也可在罐壁上（条形视镜）。罐顶上的被吸附液、解吸液、再生剂、软水等进口可合并用一个进口管与罐顶相连，另外罐顶上还应有压力表、排空口和反洗水出口。罐底的各种液体出口、反洗水进口和压缩空气（疏松树脂用）进口也要合并用一个总进出口。

交换罐必须能耐酸和碱（因为经常用酸碱处理），大型设备通常用普通钢内衬橡胶制成。小型交换柱可用聚氯乙烯筒制成，实验室交换柱多用玻璃制作。

正吸附固定床交换罐的优点是设备简单，操作方便，适用于各种规模的生产，是最为常用的一种方式。

2. 反吸附离子交换罐（流化床）

反吸附离子交换罐为流化床操作，被吸附的料液是由罐的下部导入，交换后的溶液则由罐顶的出口溢出。控制好液体流速可使树脂在料液中既呈沸腾状态又不会溢出罐外为宜。反吸附离子交换罐的结构见图 8-2-4。

为了减少树脂从上部出口管溢出，可设计成扩口式反吸附离子交换罐（图 8-2-5），以降低流体流速而减少对树脂的夹带。

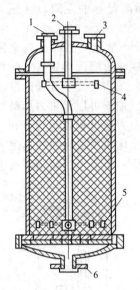

图 8-2-4　反吸附离子交换罐
1—被交换溶液进口；2—淋洗水、解吸液
及再生剂进口；3—废液出口；4，5—分布器；
6—淋洗水、解吸液及再生剂出口，反洗水进口

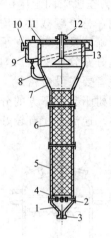

图 8-2-5　扩口式反吸附离子交换罐
1—底；2—液体分布器；3—底部液体进出管；
4—填充层；5—壳体；6—离子交换树脂层；
7—扩大沉降段；8—回流管；9—循环室；10—液体
出口管；11—顶盖；12—液体加入管；13—喷头

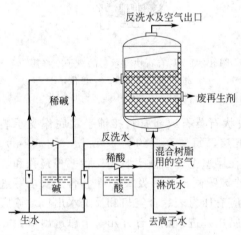

图 8-2-6　混合床制备无盐水流程

反吸附的优点是可直接从发酵液开始进行离子交换，省去了菌丝体的液固分离工序；液固两相接触面大而且较均匀，操作时不产生短路、死角，传质效果好（因流速大）和生产周期短。但反吸附时树脂的饱和度不及正吸附高，因为从理论上讲正吸附有可能达到多次平衡，而反吸附时最多只能完成一级平衡，反吸附时罐内的树脂层高度要比正吸附低，以免树脂外溢。这也说明相同的设备，反吸附离子交换罐交换量较小。

3. 混合床交换罐

混合床交换罐是将阴离子、阳离子两种树脂混合装在一个罐内，用于精制生物产品时，避免了采用单床时溶液变酸（通过阳离子柱时）及变碱（通过阴离子柱时）的现象，即在交换时可以稳定 pH，减少目标产物的破坏。混合床制备无盐水的流程如图 8-2-6 所示。

工作时，先将酸碱两种树脂装入混合交换罐，两种树脂的装入量比例应当以酸碱树脂的交换能力基本相同为准，并且使两种树脂在分层时界面处于中部再生剂出口。为了保证两种树脂混合均匀，树脂装好后，从罐底用空气向上反吹，将树脂充分搅匀。接着对树脂进行预处理：即水泡和酸碱交替洗，新树脂需要酸碱交替洗三次，用过的树脂只需一次。预处理的

268

过程和一般交换一样，水、酸、碱均上进下出，或相反，不用中间再生剂出口。预处理完成后开始交换和洗脱，料液上进下出，不用中间再生剂出口。

不同的是再生阶段。由于酸碱树脂的再生剂不同，需要分别再生，因此必须将两种树脂在罐内分开。可从底部通入反洗水，使树脂漂浮起来。由于一般阳离子树脂密度大于阴离子树脂，阳离子树脂沉在底部，阴离子堆砌其上，形成分层，分层界面在再生剂出口附近。分层后，从上部通入稀碱溶液，下部通入稀酸溶液，两者都从中间再生剂出口引出。这样，在上部的阴离子树脂用稀碱再生的同时，下部的阳离子树脂用稀酸再生。

再生结束时，由于酸碱树脂在界面没有严格的分开，有部分混合，这部分树脂可在一定程度上中和酸或碱的强度，加上本来使用的是稀酸和稀碱，因此界面附近的酸碱混合在可控制的范围内。再生结束后，用空气从底部反吹，将酸碱树脂再次混合均匀，继续循环使用。

三、离子交换设备的设计要点

离子交换单元的设计主要解决以下几个问题：①选择离子交换树脂的类型和操作方式（一般通过实验）；②确定操作条件和计算交换剂用量；③确定离子交换单元设备的主要尺寸。

1. 离子交换树脂用量计算

交换罐中树脂的吸附量为：

$$Q_1 = 10^6 V q$$

式中　Q_1——交换罐中树脂对生物产品的总吸附量，U 或 g；

V——树脂装填量，m^3；

q——单位体积树脂对生物产品的吸附量，U 或 g/mL。

溶液中的生物产品被树脂的吸附量为：

$$Q_2 = V(c_1 - c_2) \times 10^6 = F\tau(c_1 - c_2) \times 10^6$$

式中　Q_2——溶液中的生物产品被树脂的吸附量，U 或 g；

V——每批处理的溶液量，m^3；

F——溶液进入交换罐的流量，m^3/h；

τ——溶液通过交换罐的操作时间，h；

c_1——进口溶液中生物产品浓度，U 或 g/mL；

c_2——出口溶液中生物产品浓度，U 或 g/mL。

且　$Q_1 = Q_2$

所以

$$V = \frac{V_1(c_1 - c_2)}{q} = \frac{F\tau(c_1 - c_2)}{q}$$

干树脂质量为：

$$m = V \times 10^3 / V_2$$

式中　m——交换罐中干树脂用量，kg；

V_2——每克干树脂相当于湿树脂的体积，mL(湿)/g(干)。

吸附、水洗、解吸或再生所需时间可由下式求得：

$$\tau = \frac{V}{F} = \frac{V}{V_2 f} = \frac{VH}{V_2 \omega}$$

式中　τ——吸附、水洗、解吸或再生所需时间，h；

V——吸附、水洗、解吸或再生所需溶液体积，m^3；

F——吸附、水洗、解吸或再生所需溶液流量，m^3/h；

f——吸附、水洗、解吸或再生的交换罐负荷，m^3(溶液)/[m^3(树脂)·h]；

H——树脂床层高度，m；

ω——吸附、水洗、解吸或再生时溶液的空塔流速，m³（溶液）/[m²（床面积）·h]。

2. 离子交换罐体积计算

离子交换罐体积计算式如下：

$$V_t = V/y$$

式中　V_t——交换罐体积，m³；

　　　y——树脂装填系数，对于正吸附，$y = 0.5 \sim 0.70$。

罐高径比一般取 $H_t/D = 2 \sim 3$。

离子交换过程的平衡及传质速率与所处理的物系性质和操作条件关系很大。特别是由于发酵后的滤液中含有很多杂质，都会影响树脂的交换容量。因此，离子交换设备的设计，总是先利用模拟设备在实验室进行几次循环（交换和再生）取得可靠数据后再进行放大。从工程角度要求，为了完成交换设备的设计（主要指固定床），通过实验主要考察液体合理流速和接触时间（包括吸附、洗涤和再生）。已知生产任务（单位时间处理量）和流速就可确定设备直径，已知接触时间，就可确定设备高度。

第三节　色 谱 设 备

色谱分离是一类相关分离方法的总称，其分离机理是多种多样的。它是利用混合物中各种组分的物理化学性质（分子的形状和大小、分子的极性、吸附力、分子亲和力、分配系数等）不同，使各组分以不同程度分布在两相（固定相和流动相）中，当流动相流过固定相时，各组分以不同的速度移动，而达到分离的目的。

一、色谱分离的基本原理

色谱分离系统中的固定相为表面积较大的固体或附着在固体上且不发生运动的液体固定相能与待分离的物质发生可逆的吸附、溶解或交换等作用；流动相是不断运动的气体或液体（又称洗脱剂、展层剂），其携带各组分朝着一个方向移动。在色谱分离中，亲固定相的组分在系统中移动较慢，而亲流动相的组分则随流动相较快地流出系统（图 8-3-1）。各组分对固定相亲和力的次序为：球形分子○＞方形分子□＞三角形分子△。所以，三角形分子最先从柱中流出。

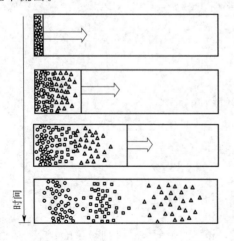
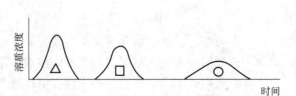

图 8-3-1　色谱分离过程示意图

混合液中各组分经色谱柱分离后，随流动相依次进入检测器，检测器的响应信号-时间曲线（或检测器的响应信号-流动相体积曲线），称为色谱流出曲线，又称色谱图，如图 8-3-2 所示。色谱图的纵坐标为检测器的响应信号、横坐标为时间 t（或流动相体积 V）。

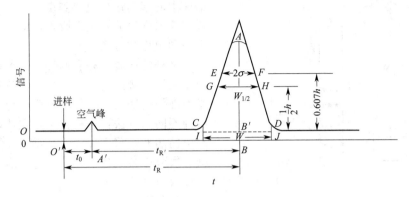

图 8-3-2　色谱流出曲线（色谱图）

在色谱操作中，加入洗脱剂而使各组分分层的操作称为展开，洗脱时从柱中流出的溶液称为洗脱液，展开后各组分的分布情况称为色谱。从进样开始到某组分色谱峰顶（浓度极大点）的时间，即组分在色谱柱中的停留时间或组分流经色谱柱所需要的时间称为保留时间 t_R。分配系数为零的组分的保留时间，即组分在流动相中的停留时间或流动相流经色谱柱所需要的时间称为死时间（又称流动相保留时间）t_0 或 t_m。死体积 V_M 是指色谱柱在填充后，柱管内固定相颗粒间所剩留的空间、色谱仪中管路和连接头间的空间以及检测器的空间的总和。当后两项很小而可忽略不计时，死体积可由死时间与流动相体积流速 F_0（L/min）计算：

$$V_M = t_m F_0$$

在定温定压条件下，当色谱分离过程达到平衡状态时，某种组分在固定相中的含量（浓度）c_s 与流动相中的含量（浓度）c_m 的比值 K，称为平衡系数（也可以是分配系数、吸附系数、选择性系数等），其表达通式可写为：

$$K = \frac{c_s}{c_m}$$

平衡系数 K 主要与下列因素有关：①被分离物质本身的性质；②固定相和流动相的性质；③色谱柱的操作温度。一般情况下，温度与平衡系数成反比，各组分平衡系数 K 的差异程度决定了色谱分离的效果，K 值差异越大，色谱分离效果越理想。

根据分离时一次进样量的多少，色谱分离可分为色谱分析（小于 10mg）、中等规模制备色谱（10～50mg）、制备色谱（0.1～1g）和工业生产规模色谱（20g/d）。

在分析色谱中，样品中溶质的浓度较低，平衡系数 K 为常数，此时溶质在两相之间的分配关系呈线性关系，其相应的色谱过程称为线性色谱。在制备和工业色谱中，为了提高产率，必须提高单元操作的进样量，也即样品的浓度往往很高，平衡系数 K 显示为流动相溶质浓度的函数，此时溶质在两相之间的分配关系成非线性关系，其相应的色谱过程称为非线性色谱。与线性色谱不同的是：非线性色谱色谱峰不对称，保留时间随样品量大小而变，色谱峰高度与样品量不成正比例关系。

二、色谱系统的基本组成

制备和工业生产色谱分离主要是采用以液相为流动相的柱色谱，包括对有机合成产物、天然提取物以及生物大分子的分离。在柱色谱中，将固定相（如硅胶、氧化铝、碳酸钙、淀粉、纤维素或离子交换树脂等）装填在一根管子（称为色谱柱）中，流动相则泵送进入色谱柱。被分离的样品被加到色谱柱的上游，随着流动相向下游移动，依固定相对不同组分分子的吸附能力从弱到强，样品中的不同组分在色谱柱中的移动速度由快到慢，在色谱柱的下游按其流出顺序分别加以收集，即可实现对样品中不同组分的分离。

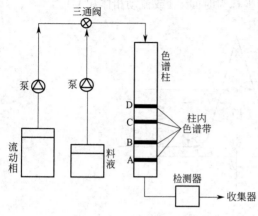

图 8-3-3　典型的柱色谱分离设备

常见的洗脱方式有两种：一种是自上而下依靠溶剂本身的重力洗脱；一种是自下而上依靠毛细作用洗脱。收集分离后的纯净组分也有两种不同的方法：一种方法是在柱尾直接接收流出的溶液；另一种方法是烘干固定相后用机械方法分开各个色带，以合适的溶剂浸泡固定相提取组分分子。

柱色谱装置一般由进样、流动相供给、色谱柱、检测及流分收集器等部分构成，其中色谱柱是色谱分离装置的关键部件。典型的柱色谱分离设备如图 8-3-3 所示。

制备型色谱系统泵流量大、进样量大、采用制备柱、柱后馏分收集器。分析型的样品通量很小，而制备型的通量是分析型的几百倍甚至上千倍，为了达到这个效果，制备型选用的是大流速的泵（每分钟几十毫升甚至上百毫升），粗粒径填料，粗管径的色谱柱，以提高柱子的载样量，同时牺牲的是分离效率。为便于分离和纯化较多的产品，要求色谱柱大些，进样量多些，其保留值不仅随不同样品而变，而且随样品的浓度而变，因而不能根据保留值定性。基于同样的原因，峰高也不能作为制备色谱和工业生产色谱定量分析的指标。

三、色谱柱结构

色谱分离柱是色谱法中的重要设备之一。目前，生物行业内的主流色谱柱在结构上主要由三大部分组成：底座、色谱柱管和色谱柱头（图 8-3-4）。

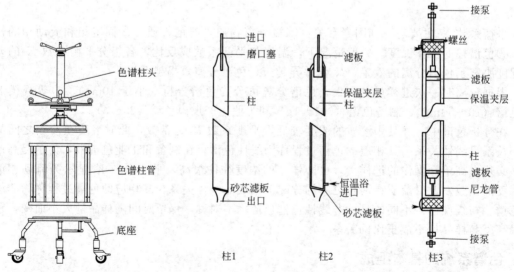

图 8-3-4　色谱分离柱分解图　　　　图 8-3-5　几种常用的色谱柱管结构

几种常用的色谱柱管结构如图 8-3-5 所示，柱的两端均密闭，为了使用方便起见，柱两端的形式是一样的。滤板用 400 目的尼龙布或聚四氟乙烯布，样品和洗脱液均用微量泵传送，这样可使底部的死体积减少到最小值。除一般的下层色谱外，也可用于上向或循环色谱。其中柱 2 和柱 3 还具有双层管（保温夹层），可通温水入夹层保温，进出口处可用尼龙管伸入柱内，连接一个附有滤板的漏斗状托盘，以减少底部死体积，托盘周围用橡皮圈与柱壁密封。

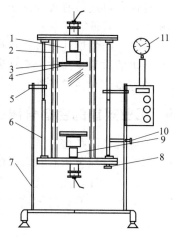

图 8-3-6 为一种反转式色谱柱，两根支柱支撑在两法兰之间，在支柱的中部装有转轴，支撑在支架轴承中，这样，分离柱就可以上下反转，工作时可用定位螺固定。这种结构可避免柱中凝胶压紧。

色谱柱通常用玻璃柱，这样可以直接观察色带的移动情况，柱应该平直、均匀。工业上大型色谱柱可以用金属制造，有时在柱壁上嵌一条有机玻璃带，便于观察。柱的入口端应该有进料分布器，使进入柱内的流动相分布均匀。有时也可在色谱柱顶端加一层多孔的尼龙圆片或保持一段缓冲液层。柱的底部可以用玻璃棉，也可用砂芯玻璃板或玻璃细孔板支持固定相。最简单的也可以用铺有滤布的橡皮塞，砂芯板最好是活动的，能够卸下。这样色谱过程结束后，能够将固定相推出。如果色带是有颜色的，则可将它们分段切下。有时可以利用这种方法做定量检测。柱的出口管子（死体积）应该尽量短些，这样可以避免已分离的组分重新混合。

图 8-3-6 反转式色谱柱
1—柱体；2—保温夹套；3—密封橡胶圈；4—滤板；5—转圈；6—支柱；7—支架；8—保温液进出口；9—固定螺钉；10—尼管；11—压力表

在分离生物物质时，有些色谱柱需要带有夹套，以保持操作过程能在适宜的温度下进行。有些柱还应该能进行消毒，以免微生物的污染。消毒可以是高压消毒，也可以用过氧乙酸等杀菌剂消毒。

一般情况下，柱径的增加可使样品负载量成平方地增加，但柱径大时，流动很难均匀，色带不容易规则，因而分离效果差。柱径太小时，进样量小且使用不便，装柱困难。柱径高比 1：（10～60）。小量制备，色谱柱直径 10～40mm；中试规模制备，色谱柱直径 50～150mm；生产规模制备，色谱柱直径 100～800mm。大型色谱柱柱床体积高达千多升。

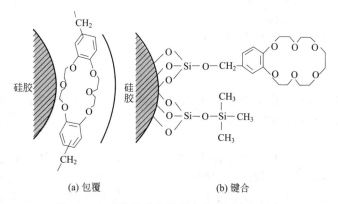

(a) 包覆　　　　　　　　(b) 键合

图 8-3-7　硅胶基质的冠醚大分子固定相结构

色谱柱填料是由基质和功能层两部分构成。基质，常称作载体或担体，通常制备成数微米至数十微米粒径的球形颗粒，它具有一定的刚性，能承受一定的压力，对分离不起明显的作用，只是作为功能基团的载体。常用来作基质的有硅胶和有机高分子聚合物微球。功能层是通过化学或物理的方法固定在基质表面的、对样品分子的保留起实质作用的有机分子或功能团。硅胶基质的冠醚大分子固定相的结构如图8-3-7所示，功能层冠醚分子吸附或键合在硅胶基质的表面。

柱制备对柱效有较大影响，填料装填太紧，柱前压力大，流速慢或将柱堵死；反之空隙体积大，柱效低。

装填好的色谱柱要进行色谱性能评价，测定柱效、色谱峰对称性和柱渗透性，以确定色谱柱装填的质量。高效分离柱要求柱效高、柱容量大和性能稳定。柱性能与柱结构、填料特性、填充质量和使用条件有关。

四、工业规模的色谱分离装置

工业规模的色谱分离装置如图8-3-8所示，该装置为封闭连续柱色谱。与普通柱色谱比较，封闭连续柱色谱有其自己的特点和优势：能阻止或缓解不稳定物质的分解或变性；有利于稳定色谱条件，提高柱子的分离效能；减轻了产品浓缩结晶和溶剂蒸馏回收的工作量，缩短了产品制备周期；封闭连续柱色谱是在封闭状态下工作，溶剂泄漏很少，污染危害大大减轻。

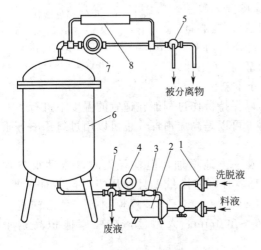

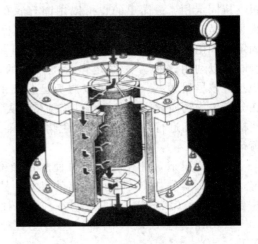

图 8-3-8　工业规模的色谱分离装置

1—过滤器；2—泵；3—流速调节阀；4—单色仪；
5—三通阀；6—分离柱；7—流量计；8—检出仪

图 8-3-9　径向色谱柱结构

五、径向色谱

为解决大直径色谱柱分离效果较差的问题，近年来发展了径向色谱柱技术，从原理上解决了色谱柱技术所存在的问题。径向色谱柱结构及其工作原理分别如图8-3-9和图8-3-10所示。

在径向色谱柱中，样品和流动相是从柱的圆周围流向柱圆心，可在较小的柱床层高度时使用较大的流动相流速；同时因圆柱表面积一般大于其横截面积，在流动相保持较高的体积速率时，反压降较低；当保持制备色谱柱直径不变，只增加柱长时，可以线性增大样品处理量，样品的规模可在保持相似的色谱条件下直接放大，各组分的保留时间及分辨情况与小试时完全相同。径向色谱操作装置如图8-3-11所示。

径向色谱柱在生物制剂、血液制品及基因工程产品等方面已广泛使用，其分离效果优于传统的轴向色谱柱。

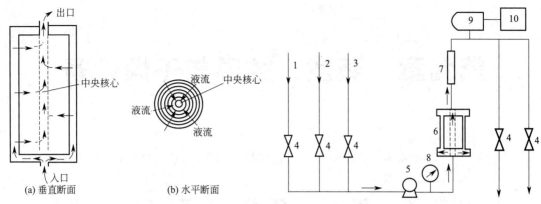

图 8-3-10　径向色谱柱原理示意图

图 8-3-11　径向色谱操作装置示意图
1—预平衡液；2—样品；3—流动相；4—阀；
5—泵；6—径向色谱柱；7—流量计；
8—压力表；9—检测器；10—记录仪

复习思考题

1. 液液萃取一般包括哪几步？工业上分别用什么设备来完成？

2. 叙述三级离心萃取机的工作原理。

3. 比较常用正吸附离子交换罐与反吸附离子交换罐结构异同及其优缺点。

4. 分析色谱与制备和工业色谱的主要区别是什么？

5. 色谱设备由哪几个部分组成？在选择和设计色谱柱时，为防止已分离的组分重新混合，使洗脱峰出现拖尾现象，分离柱应满足哪些要求？

6. 为什么说径向色谱柱从原理上解决了传统（轴向）色谱柱的放大问题？

第九章　蒸发、结晶与干燥设备

在生物工业中，常将溶液蒸发浓缩至一定的浓度，再进行后期的结晶及干燥操作。

第一节　蒸 发 设 备

蒸发是将溶液加热后，使其中部分溶剂汽化并被移除。生物工厂多采用真空蒸发的方式。单效真空蒸发流程如图 9-1-1 所示，蒸发过程分别在蒸发器和冷凝器中完成。

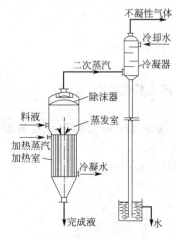

图 9-1-1　单效真空蒸发流程

蒸发需要不断地供给热能。工业上采用的热源通常为水蒸气，而蒸发的物料大多是水溶液，蒸发时产生的蒸汽也是水蒸气。为了区别，将加热的蒸汽称为加热蒸汽，而由溶液蒸发出来的蒸汽称为二次蒸汽。为了减少蒸汽消耗量，可利用前一个蒸发器生成的二次蒸汽，来作为后一个蒸发器的加热介质。后一个蒸发器的蒸发室是前一个蒸发器的冷凝器，此即多效蒸发（图 9-1-2）。

蒸发设备由蒸发器和辅助设备组成。按溶液在蒸发器中的运动状况，蒸发器分为两大类：①循环型（非膜式蒸发器），沸腾溶液在加热室中多次通过加热表面，如中央循环管式、外加热式和强制循环式等；②单程型（膜式蒸发器），沸腾溶液在加热室中一次通过加热表面，不做循环流动，即行排出浓缩液，如升膜式、降膜式和离心薄膜式等。

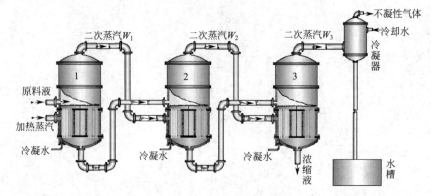

图 9-1-2　多效真空蒸发流程

一、循环型蒸发器

在循环型蒸发器中，溶液都在蒸发器中做循环流动，因而可提高传热效果。过去所用的蒸发器，其加热室多为水平管式、蛇管式或夹套式。采用竖管式加热室并装有中央循环管后，虽然总的传热面积有所减少，但由于能促进溶液的自然循环、提高管内的对流传热系数，反而可以强化蒸发过程。而水平管式之类蒸发器的自然循环很差，故除特殊情况外，目前在大规模工业生产上已很少应用。根据引起循环的原因不同，又可分为自然循环和强制循环两类。与自然循环的相比，强制循环蒸发器增设了循环泵，从而料液形成定向流动，

1. 中央循环管式蒸发器

中央循环管式蒸发器的结构如图 9-1-3 所示。其加热室由垂直管束组成，中间有一根直径很大的管子，称为中央循环管。当加热蒸汽通入管间加热时，由于中央循环管较大，其中单位体积溶液占有的传热面比其他加热管内单位溶液占有的要小，即中央循环管和其他加热管内溶液受热程度各不相同，后者受热较好，溶液汽化较多，因而加热管内形成的汽液混合物的密度就比中央循环管中溶液的密度小，从而使蒸发器中的溶液形成中央循环管下降、而由其他加热管上升的循环流动。这种循环主要是由于溶液的密度差引起的，故称为自然循环。

为了使溶液有良好的循环，中央循环管的截面积一般为其他加热管总截面积的 $40\% \sim 100\%$，加热管高度一般为 $1 \sim 2m$，加热管直径在 $25 \sim 75mm$ 之间。这种蒸发器由于结构紧凑、制造方便、传热较好及操作可靠等优点，应用十分广泛，有所谓"标准式蒸发器"之称。但实际上，由于结构上的限制，循环速度不大。溶液在加热室中不断循环，使其浓度始终接近完成液的浓度，因而溶液的沸点高，有效温度差就减小。这是循环式蒸发器的共同缺点。此外，设备的清洗和维修也不够方便，所以这种蒸发器难以完全满足生产的要求。

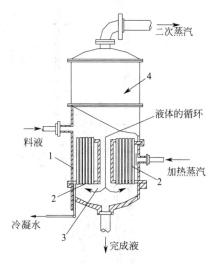

图 9-1-3　中央循环管式蒸发器
1—外壳；2—加热室；3—中央循环管；4—蒸发室

2. 外加热式蒸发器

外加热式蒸发器（图 9-1-4）是加热室与分离室分开。这种蒸发器的加热室在分离室的外面，易于清洗、更换，同时加热管较长，循环管内的溶液未受蒸汽加热，其密度较加热管的大。这两点均有利于液体在蒸发器内循环，使循环速度较大。循环速度为 $1.5m/s$。适用于有少量晶体析出的溶液蒸发。

3. 强制循环蒸发器

强制循环蒸发器（图 9-1-5）是在加热室设置循环泵，使溶液沿加热室方向以较高的速度循环流动，循环速度达到 $2 \sim 5m/s$，晶体不易黏结在加热管壁，对流传热系数高。但动力消耗较大，通常为 $0.4 \sim 0.8kW/m^2$，对泵的密封要求高，加热面积小。适用于易结晶、易结垢或黏度大的溶液。

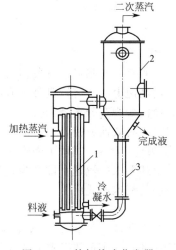

图 9-1-4　外加热式蒸发器
1—加热室；2—蒸发室；3—循环管

二、单程型（膜式）蒸发器

非膜式蒸发器的主要缺点是加热室内滞料量大，致使物料在高温下停留时间过长，不适

于处理热敏性物料。在膜式蒸发器中，溶液通过加热室时，在管壁上呈膜状流动，故习惯上又称为液膜式蒸发器。操作时，由于溶液沿加热管呈传热效果最佳的膜状流动，不做循环流动即成为浓缩液排出。只通过加热室一次，受热时间短。而根据物料在蒸发器中流向的不同，单程型（膜式）蒸发器又分为升膜式、降膜式、升-降膜式和刮板式。

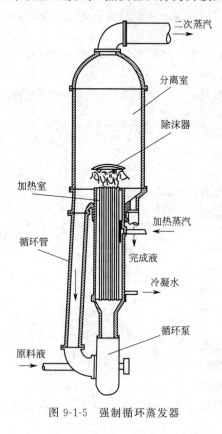

图 9-1-5　强制循环蒸发器

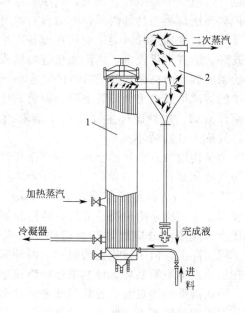

图 9-1-6　升膜式蒸发器
1—蒸发器；2—分离器

1. 升膜式蒸发器

升膜式蒸发器的加热室由许多垂直长管组成，如图 9-1-6 所示。

常用的热管直径为 25～50mm，管长和管径之比为 100～150。料液经预热后由蒸发器底部引入，进到加热管内受热沸腾后迅速汽化，生成的蒸汽在加热管内高速上升。溶液则被上升的蒸汽所带动，沿管壁成膜状上升，并在此过程中继续蒸发，汽、液混合物在分离器内分离，完成液由分离器底部排出，二次蒸汽则在顶部导出。为了能在加热管内有效地成膜，上升的蒸汽应具有一定的速度。例如，常压下操作时适宜的出口汽速一般为 20～50m/s，减压下操作时汽速则应更高。因此，如果从料液中蒸汽的水量不多，就难以达到上述要求的汽速，即升膜式蒸发器不适用于较浓溶液的蒸发；它对黏度很大、易结晶或易结垢的物料也不适用。

2. 降膜式蒸发器

降膜式蒸发器（图 9-1-7）和升膜式蒸发器的区别在于，料液是从蒸发器的顶部加入，在重力作用下沿管壁成膜状下降，并在此过程中不断被蒸发而浓缩，在其底部得到完成液。

降膜式蒸发器可以蒸发浓度较高的溶液，对于黏度较大的物料也适用。但因液膜在管内分布不易均匀，传热系数比升膜式蒸发器的较小。

3. 升-降膜式蒸发器

将升膜和降膜式蒸发器装在一个外壳中即成升-降膜式蒸发器，如图 9-1-8 所示。

278

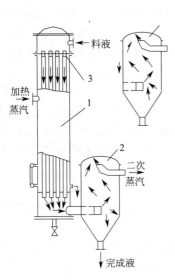

图 9-1-7 降膜式蒸发器

1—蒸发器；2—分离器；

3—液体分离器

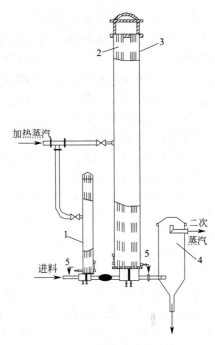

图 9-1-8 升降膜式蒸发器

1—预热器；2—升膜加热器；3—降膜加热器；

4—分离器；5—加热蒸汽冷凝排出口

　　预热后的料液先经升膜式蒸发器上升，然后由降膜式蒸发器下降，在分离器中和二次蒸汽分离即得完成液。这种蒸发器多用于蒸发过程中溶液黏度变化很大、溶液中水分蒸发量不大和厂房高度有一定限制的场合。

4. 刮板式薄膜蒸发器

　　刮板式薄膜蒸发器结构如图 9-1-9 所示，其外壳带有夹套，内通入加热蒸汽加热。加热

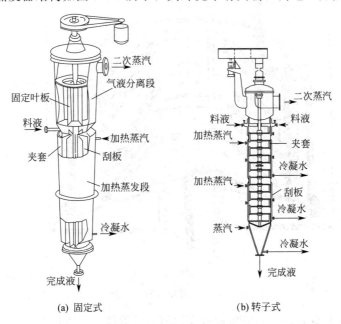

(a) 固定式　　　　　　(b) 转子式

图 9-1-9　刮板式薄膜蒸发器

部分装有旋转的刮板，其作用是将加入的料液均匀涂布在器壁加热面上。刮板又可分为固定式和转子式两种，固定式刮板与壳体内壁的间隙为 0.5~1.5mm，转子式刮板与器壁的间隙随转子的转数而变。在固定式刮板式薄膜蒸发器中，上部的气液分离段装有固定叶板。

工作时，料液从进料管以稳定的流量进入随轴旋转的分配盘中，在离心力的作用下，通过盘壁小孔被抛向器壁，受重力作用沿器壁下流，同时被旋转的刮板刮成薄膜，薄膜溶液在加热区受热，蒸发浓缩，同时受重力作用下流。在此过程中被不同的刮板翻动下推，并不断地形成新薄膜，直到料液离开蒸发器。二次蒸汽由蒸发器上面排出。

刮板式薄膜蒸发器的优点是对物料的适应性很强，对高黏度和易结晶、结垢的物料都能适用。传热系数较高，一般可达 4000~8000kJ/(m² · h · ℃)。液料在加热区停留时间很短，一般只有几秒至几十秒。其缺点是结构复杂，因具有转动装置，且要求真空，故设备加工精度要求较高；动力消耗大，每平方米传热面需 1.5~3kW。此外，受夹套传热面的限制，其处理量也很小。

5. 离心式薄膜蒸发器

离心式薄膜蒸发器是具有旋转的空心碟片的蒸发器，它利用旋转的离心盘所产生的离心力使溶液在碟片上形成厚度 0.1~1mm 的薄膜。

离心式薄膜蒸发器结构如图 9-1-10 所示，在其转鼓内设置多层碟片，在上、下碟片所构成的空心夹层内通入加热蒸汽，原料液由送料管经分配装置而喷洒到每一碟片的上表面，碟片随转鼓旋转，离心作用使得料液分布成薄层液膜，得以快速蒸发，夹层内加热蒸汽释放潜热后冷凝水汇集到排出管，而浓缩液由离心作用进入收集槽经浓缩排出，二次蒸汽汇集到外壳处的排气管排出。

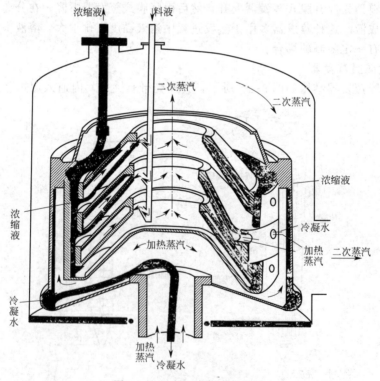

图 9-1-10　离心式薄膜蒸发器

离心式薄膜蒸发器兼具离心分离和薄膜浓缩的双重特点，传热系数大，浓缩比高（15~20 倍），受热时间短（仅 1s），浓缩时不易起泡和结垢。

膜式蒸发器只通过加热室一次即可达到所需浓度，停留时间短，操作时，溶液沿加热管呈传热效果最佳的膜状流动。非膜式蒸发器的加热室内滞料量大，致使物料在高温下停留时间过长，不适于处理热敏性物料。

三、蒸发器的辅助设备

蒸发器的辅助设备主要有捕沫器（汽液分离器）、冷凝器和真空装置。

1. 汽液分离器（捕沫器）

从蒸发器溢出的二次蒸汽带有液沫，需要加以分离和回收，以防止产品损失或冷却水被污染。在分离室上部或分离室外面装有阻止液滴随二次蒸汽跑出的装置，称为汽液分离器或捕沫器。

图 9-1-11 为直接安装在蒸发器顶部的几种捕沫器结构示意图。折流板式和球形捕沫器是使蒸汽的流动方向突变，从而分离了雾沫。丝网捕沫器是用细金丝、塑料丝等编成网带，分离效果好，压强降较小，可以分离直径小于 $10\mu m$ 的液滴。离心式捕沫器是蒸汽在分离器中做圆周运动，因离心作用将气流中液滴分离出来。

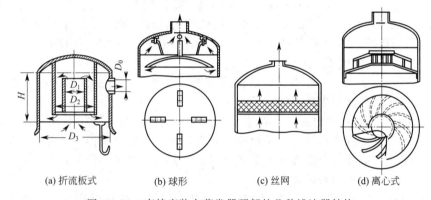

(a) 折流板式　　　(b) 球形　　　(c) 丝网　　　(d) 离心式

图 9-1-11　直接安装在蒸发器顶部的几种捕沫器结构

图 9-1-12 为安装在蒸发器外部的几种捕沫器结构示意图，（a）是隔板式，（b）（c）（d）是旋风分离器。

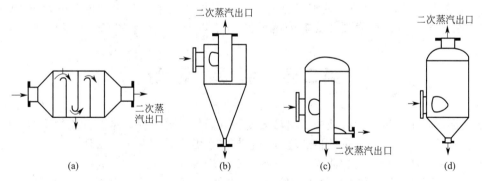

(a)　　　　　(b)　　　　　(c)　　　　　(d)

图 9-1-12　安装在蒸发器外部的几种捕沫器结构

2. 冷凝与不凝气体的排除装置

冷凝器的作用是将二次蒸汽冷凝而成为冷凝水。在蒸发操作过程中，二次蒸汽若是需要回收的物料或会严重污染水源，则应采用间壁式冷凝器回收利用或进行专门处理。二次蒸汽不被利用时，必须冷凝成水方可排除，同时排除不凝性气体。对于水蒸气的冷凝，可采用

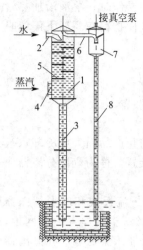

图 9-1-13　高位逆流
混合式冷凝器
1—外壳；2—进水口；
3、8—气压管；4—蒸汽进口；
5—淋水板；6—不凝性气体
引出管；7—分离器

汽、水直接接触的混合式冷凝器。

图 9-1-13 为高位逆流混合式冷凝器，气压管 3 又称大气腿，大气腿的高度应大于 10m，才能保证冷凝水通过大气腿自动流至接通大气的下水系统。

无论使用哪种冷凝器，都要设置真空装置，不断排除不凝性气体并维持蒸发所需要的真空度。常用的抽真空设备有水环真空泵、往复式真空泵及喷射泵。

四、蒸发设备的选用

蒸发器选用时应考虑以下因素：

① 溶液的黏度。蒸发过程中溶液黏度变化的范围，是选型首要考虑的因素。

② 溶液的热稳定性。长时间受热易分解、易聚合以及易结垢的溶液蒸发时，应采用滞料量少、停留时间短的蒸发器。非膜式蒸发器的主要缺点是加热室内滞料量大，致使物料在高温下停留时间过长，不适于处理热敏性物料。膜式蒸发器操作时溶液沿加热管呈传热效果最佳的膜状流动，只通过加热室一次即可达到所需浓度，停留时间短。

③ 有晶体析出的溶液。对蒸发时有晶体析出的溶液应采用外加热式蒸发器或强制循环蒸发器。

④ 易发泡的溶液。易发泡的溶液在蒸发时会生成大量层层重叠不易破碎的泡沫，充满了整个分离室后即随二次蒸汽排出，不但损失物料，而且污染冷凝器。蒸发这种溶液宜采用外加热式蒸发器、强制循环蒸发器或升膜式蒸发器。若将中央循环管蒸发器和悬筐蒸发器设计大一些，也可用于这种溶液的蒸发。

⑤ 有腐蚀性的溶液。蒸发腐蚀性溶液时，加热管应采用特殊材质制成，或内壁衬以耐腐蚀材料。若溶液不怕污染，也可采用直接接触式蒸发器。

⑥ 易结垢的溶液。无论蒸发何种溶液，蒸发器长久使用后，传热面上总会有污垢生成。垢层的热导率小，因此对易结垢的溶液，应考虑选择便于清洗和溶液循环速度大的蒸发器。

⑦ 溶液的处理量。溶液的处理量也是选型应考虑的因素。要求传热面积大于 $10m^2$ 时，不宜选用刮板搅拌薄膜蒸发器，要求传热面在 $20m^2$ 以上时，宜采用多效蒸发操作。

第二节　结晶设备

结晶是指溶质从过饱和溶液中析出形成新相（固体）的过程，是制备纯物质的一种有效方法。结晶是一个质量与能量的传递过程，它与体系温度的关系十分密切。溶解度与温度的关系可以用饱和曲线和过饱和曲线表示（图 9-2-1）。

蒸发是将部分溶剂从溶液中排出，使溶液浓度增加，溶液中的溶质没有发生相变（液相）；而结晶过程则是通过将过饱和溶液冷却、蒸发，或投入晶种使溶质结晶析出（固相）。按照形成过饱和溶液途径的不同，可将结晶设备分为冷却结晶器、蒸发结晶器和真空结晶器。

一、冷却结晶器

冷却结晶设备是采用降温来使溶液进入过饱和（自然起晶或晶种起晶），并不断降温，以维持溶液一定的过饱和浓度进行育晶，常用于温度对溶解度影响比较大的物质结晶。结晶前先将溶液升温浓缩。

1. 卧式结晶器

槽式连续结晶器是一种常见的卧式结晶设备，其结构如图 9-2-2 所示。槽式结晶器通常用不锈钢板制作，外部有夹套通冷却水以对溶液进行冷却降温；连续操作的槽式结晶器，往往采用长槽并设有长螺距的螺旋搅拌器，以保持物料在结晶槽的停留时间。槽的上部要有活动的顶盖，以保持槽内物料的洁净。槽式结晶器的传热面积有限，且劳动强度大，对溶液的过饱和度难以控制；但小批量、间歇操作时还比较合适。

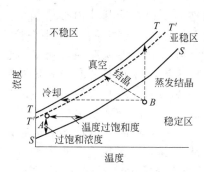

图 9-2-1 饱和曲线和过饱和曲线

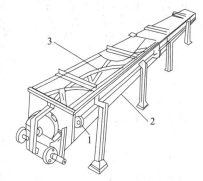

图 9-2-2 槽式连续结晶器

1—冷却水进口；2—水冷却夹套；3—螺旋搅拌器

2. 立式结晶罐

立式结晶罐是一类带有搅拌器的罐式结晶器，采用夹层冷却 [图 9-2-3(a)] 或外循环冷却 [图 9-2-3(b)]，也可用罐内冷却管 [图 9-2-3(c)]。外循环冷却结晶罐换热面积大，传热速率大，有利于溶液过饱和度的控制，但是循环泵易打碎晶体。

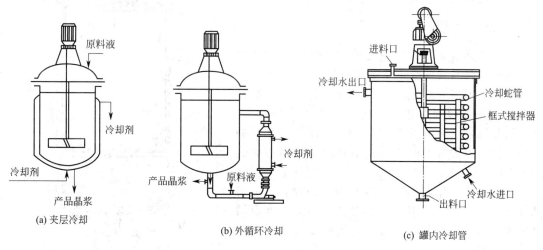

(a) 夹层冷却   (b) 外循环冷却   (c) 罐内冷却管

图 9-2-3 立式冷却结晶罐

结晶罐的搅拌转速要根据对产品晶粒的大小要求来定：一般结晶过程的转速为 $50\sim500\text{r/min}$，对抗生素工业，在需要获得微粒晶体时采用 $1000\sim3000\text{r/min}$ 的高转速。

在这种结晶罐中，冷却速度可以控制得比较缓慢。因为是间歇操作，结晶时间可以任意调节，因此可得到较大的结晶颗粒，特别适合于有结晶水的物料的晶析过程。但是生产能力较低，过饱和度不能精确控制。

3. 克里斯特尔（Krystal）连续冷却结晶器

克里斯特尔连续冷却结晶器如图9-2-4所示，过饱和与结晶分别在循环管与结晶罐两个装置中进行。

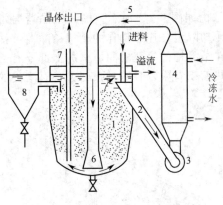

图9-2-4 克里斯特尔连续冷却结晶器
1—结晶罐；2，5—循环管；3—循环泵；
4—冷却器；6—中央管；7—出料口；
8—细晶捕集器

操作时，少量热的浓缩溶液（占液体循环量的0.5%~2%）从进料口加入，与从结晶器上部来的饱和溶液汇合，由循环泵3提供动力，使溶液经循环管2进入冷却器4，溶液被冷却后变为过饱和。在冷却过程中，为了使结晶过程能稳定运行，溶液与冷却剂之间的平均温差一般不超过2℃，以防止溶液生成较大的过饱和度而在冷却器内形成晶核。从冷却器出来的过饱和溶液经由循环管5和中央管6进入结晶器的底部，再由此向上流动并与众多的悬浮晶体颗粒（晶核）接触，溶液中过饱和的溶质沉积在悬浮晶粒，使晶体长大。而所需的晶核一部分是在晶床内自发形成，另一部分则是由于晶体相互摩擦破碎而形成。由于晶体在向上流动溶液的带动下保持悬浮状态，从而自动对颗粒进行水力分级，大颗粒在下，而小颗粒在上，结晶器的底部为粒度较均匀的大颗粒晶体。晶浆（晶体与母液的混合液）从出料口连续排出，进入晶浆槽，随后进行过滤或分离机分离，使晶体与母液分开。细晶进入细晶捕集器8被分离或被加热溶化进入结晶器再循环结晶。

这种设备的主要缺点是溶质易沉积在传热表面上，操作较麻烦，因而目前应用不广泛。

二、蒸发结晶器

蒸发结晶设备是采用蒸发溶剂，使浓缩溶液进入过饱和区起晶（自然起晶或晶种起晶），并不断蒸发，以维持溶液在一定的过饱和度进行育晶。结晶过程与蒸发过程同时进行，故一般称为煮晶设备。蒸发结晶器是一类蒸发-结晶装置。为了达到结晶的目的，使用蒸发溶剂的手段产生并严格控制溶液的过饱和度，以保证产品达到一定的粒度标准。实际上，这是一类以结晶为主、蒸发为辅的设备。蒸发结晶器的结构远比一般蒸发器复杂，因此对涉及结晶过程的结晶蒸发器在设计、选用时要与单纯的蒸发器相区别。

1. 真空煮晶锅

对于结晶速度比较快，容易自然起晶，且要求结晶晶体较大的产品，多采用真空煮晶锅。真空煮晶锅如图9-2-5所示，其结构比较简单，是一个带搅拌的夹套加热真空蒸发罐，整个设备可分为加热蒸发室、加热夹套、汽液分离器、搅拌器四部分。

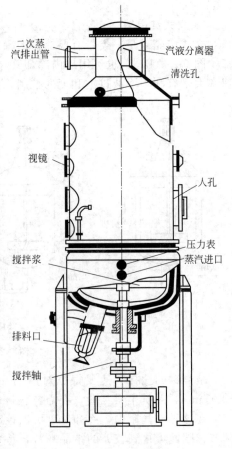

图9-2-5 真空煮晶锅

加热蒸发室为一圆筒壳体，封底可根据加工条件和设备尺寸大小做成半球形、碟形或锥形。器身上下圆筒都装有视镜，用以观察溶液的沸腾状况、雾沫夹带的高度、溶液的浓度、溶液中结晶的大小、晶体的分布情况等。锅体还装有人孔，以方便清洗和检修。另外还装有进料的吸料管、晶种吸入管、取样装置、温度计插管、排气管、真空压力表接管等，锅底装有卸料管和流线形卸料阀，下锅部分焊上加热夹套，夹套高度通过计算蒸发所需的传热面积而定，夹套宽度 30～60mm，夹套上装有进蒸汽管，安装于夹套的中上部，使蒸汽分布均匀，进口要加装挡板，防止直冲而损坏内锅，夹套上还装有压力表、不凝气体排除阀和冷凝水排除阀，冷水排除阀安装在夹套的最低位置，以防止冷凝水的积聚，降低传热系数。

煮晶锅上部顶盖多采用锥形，上接汽液分离器，以分离二次蒸汽所带走的雾沫，一般采用锥形除泡帽与惯性分离器结合使用。分离出的雾液由小管回流入锅内，二次蒸汽在升汽管中的流速约 8～15m/s。

设计时应注意，煮晶锅应有搅拌装置，其作用是：①使结晶颗粒保持悬浮于溶液中；②同溶液有一个相对运动，以减薄晶体外部境界膜的厚度，提高溶质点的扩散速度，以加速晶体长大。搅拌器的形式很多，设计时应根据溶液流动的需要和功率消耗情况来选择。搅拌装置的形式很多，目前多采用锚式搅拌器 [图 9-2-6(a)]。锚式桨叶与锅底形状相似，一般与锅底的间距为 2～5cm，转速通常是 6～15r/min。搅拌轴的安装目前我国采用下轴安装，下轴安装可以缩短轴的长度，安装维修比较方便。此外，当晶体颗粒比较小，容易沉积时，为了防止堵塞，排料阀要采用流线形直通式（Y 形排料阀）[图 9-2-6(b)]，同时加大出口，以减少阻力，必要时安装保温夹层，防止突然冷却而结块。

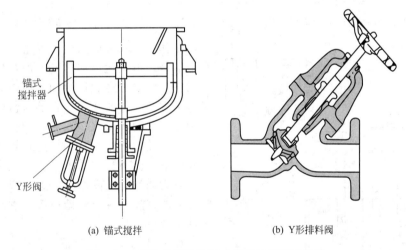

(a) 锚式搅拌   (b) Y形排料阀

图 9-2-6　真空煮晶锅的锚式搅拌和 Y 形排料阀

真空煮晶锅的优点是结构比较简单，蒸发、结晶同时进行；可以控制溶液蒸发速度和进料速度，以维持溶液一定的过饱和度进行育晶；产品形状一致，大小均匀。适用于结晶速度比较快，容易自然起晶，且要求结晶较大的产品。

2. 强制循环蒸发结晶器

强制循环蒸发结晶器为外加热式蒸发结晶器，其结构如图 9-2-7 所示。操作时，料液自循环管下部加入，与离开结晶室底部的晶浆混合后，由泵送往加热室。晶浆在加热室内升温（通常为 2～6℃），但不发生蒸发起晶现象。热晶浆进入结晶室后沸腾，使溶液达到过饱和状态，于是部分溶质沉积在悬浮晶粒表面上，使晶体长大。作为产品的晶浆从循环管上部排出。强制循环蒸发结晶器生产能力大，但产品的粒度分布较宽。

3. 奥斯陆（Oslo）蒸发结晶器

奥斯陆蒸发结晶器也是外加热式蒸发结晶器，其结构如图 9-2-8 所示。

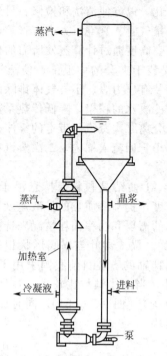

图 9-2-7 强制循环蒸发结晶器结构

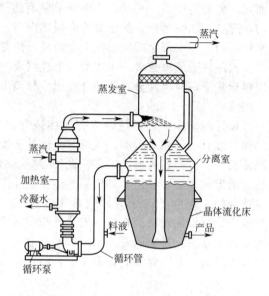

图 9-2-8 奥斯陆蒸发结晶器结构

工作时，料液加到循环管中，与管内循环母液混合，由泵送至加热室。加热后的溶液在蒸发室中蒸发并达到过饱和，经中心管进入蒸发室下方的晶体流化床。在晶体流化床内，溶液中过饱和的溶质沉积在悬浮颗粒表面，使晶体长大。晶体流化床对颗粒进行水力分级，大颗粒在下，而小颗粒在上，从流化床底部卸出粒度较为均匀的结晶产品。流化床中的细小颗粒在分离室随母液流入循环管，重新加热时溶去其中的微小晶体。

4. DTB 型蒸发结晶器

DTB 型蒸发结晶器是一种有导流筒-挡板的晶浆循环式结晶器（图 9-2-9）。结晶器的中部有一导流筒，在四周有一圆形挡板。在导流筒接近下端处有螺旋桨搅拌器。

操作时热饱和料液连续加到循环管下部，与循环管内夹带有小晶体的母液混合后泵送至加热器。加热后的溶液在导流筒底部附近流入结晶器，并由缓慢转动的螺旋桨沿导流筒送至

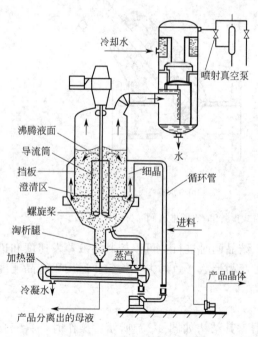

图 9-2-9 DTB 型蒸发结晶器

液面。悬浮液在螺旋桨推动下，在筒内上升至液体表层，然后再折向下方，沿导流筒与挡板间的环形通道流至器底，再吸入导流筒，如此循环，形成良好的混合条件。圆筒形挡板将体系分

为育晶区和澄清区。在育晶区，部分溶质沉积在悬浮的颗粒表面，使晶体长大。澄清区在挡板与罐壁之间的环隙内，该区中搅拌的影响可忽略，大颗粒晶体可以沉降而与母液分离，但过量的微晶可随母液由澄清区顶部排出罐外，经加热器溶化，这样可以实现对微晶量的控制。

结晶器的上部留有一段空间以防雾沫夹带。进料口在循环管上，经加热后进入导筒下方。成品晶浆由底部排出。为了使所生产的晶体粒度分布更窄，即晶粒大小更均匀，这种类型的结晶器可以在底部设置淘析腿。为使结晶产品的粒度尽量均匀，将沉降区来的部分母液加到淘析柱底部，利用水力分级的作用，使小颗粒随液流返回结晶器，而结晶产品从淘析柱下部卸出。

DTB型蒸发结晶器由于设置了导流筒，形成了循环通道，只需要很低的压头（1～2kPa）就能实现良好的循环，使罐内各流动截面都可以维持较高的流动速度，并使晶浆密度可以高达30%～40%（质量分数），能生产出较大的晶粒，生产能力高。由于产生过饱和度最强的区域在沸腾面上，但这种结晶器沸腾液层的过冷温差很小，不会产生过高的过饱和度而形成大量晶核，从而不易在内壁面上产生晶疤。

5. DP结晶器

DP结晶器是对DTB结晶器的改良，内设两个同轴螺旋桨（图9-2-10）。其中一个螺旋桨与DTB结晶器一样，设在导流筒内，驱动流体向上流动；而另一个螺旋桨比前者大一倍，设在导流筒与钟罩形挡板之间，驱动液体向下流动。

由于是双螺旋桨驱动流体内循环，所以在低转速下即可获得较好的搅拌循环效果，功耗较DTB结晶器低，有利于降低结晶的机械破碎。但是，大螺旋桨要求平衡性能好、精度高，制造复杂。

三、真空结晶器

真空结晶器与蒸发结晶器的区别是前者真空度更高。真空结晶器可以分批间歇操作，也可以连续操作。生产出的结晶体通常较小，多在0.25mm以下。

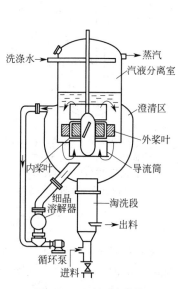

图9-2-10　DP结晶器

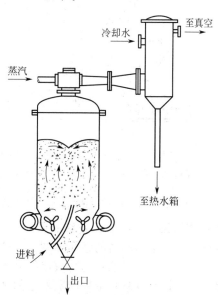

图9-2-11　间歇式搅拌真空结晶器

1. 间歇式搅拌真空结晶器

间歇式搅拌真空结晶器如图9-2-11所示。这是一个带搅拌的保温容器，容器底部为锥形，顶部的二次蒸汽出口与冷凝器及真空发生装置相连接。如真空度较高，二次蒸汽的温度很低，冷凝器用的冷却水就需要更低的温度，通常达不到这个要求，故先用一台蒸汽喷射泵将二次蒸汽增压后再冷凝。

工作时，预热后的浓缩液加至预定液位后即可开动搅拌和真空系统，达到一定真空度后，料液的闪急蒸发造成剧烈的沸腾，使溶剂的蒸气从器顶排出而进入喷射器或其他真空设备中。加强搅拌使溶液温度相当均匀，并使晶粒悬浮起来，直到充分成长后沉入锥底。之后料液温度逐渐下降，达到预定温度结晶过程即结束。每批操作结束后，晶体与母液的混合液经排料阀一次放料至晶浆槽，随后进行过滤或分离机分离，使晶体与母液分开。

此结晶器的主要优点为构造简单，溶液是绝热蒸发冷却，不需传热面，避免了晶体在传热面上的聚结，故造价低而生产能力较大。但是，这种设备生产的晶体尺寸较小（<0.25mm），这是由于螺旋桨的搅拌程度较激烈，浓缩液一进入容器的液面时，因闪急蒸发而引起局部过饱和变成不稳定溶液而自然产生晶核。

2. 连续真空结晶器

连续真空结晶器如图 9-2-12 所示。操作时，溶液由进料口连续加入，晶体与一部分母液则用卸料泵从出料口连续排出。循环泵迫使溶液沿循环管进行循环，以促进溶液的均匀混合，维持有利的结晶条件，同时控制晶核的数量和成长速度，以便获得所需尺寸的晶体。

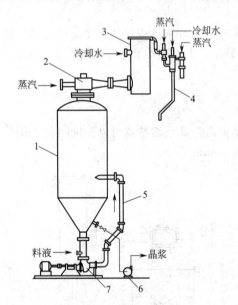

图 9-2-12　连续真空结晶器
1—结晶室；2—蒸汽喷射泵；3—冷凝器；
4—双级式蒸汽喷射泵；5—循环管；
6—卸料泵；7—循环泵

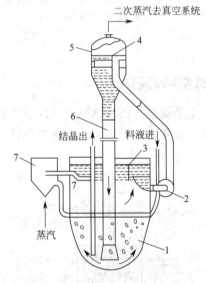

图 9-2-13　奥斯陆真空结晶器结构
1—结晶室；2—循环泵；3—挡板；
4—溶液均布环；5—蒸发室；
6—大气腿；7—结晶分布器

3. 奥斯陆（Oslo）真空结晶器

奥斯陆真空结晶器的结构如图 9-2-13 所示。

工作时，有细微晶粒的料液自结晶室的上部流入循环泵，在其入口处会同新加入的料液一起，泵入具有较高真空度的蒸发室闪蒸。浓缩降温的过饱和溶液经中央的大气腿进入结晶室底部，与流化的晶粒悬浮液接触，在这里消除过饱和度并使晶体生长，液体上部的细晶在分离器中通蒸汽溶解并送回闪蒸。奥斯陆真空结晶器同样要设置大气腿，除了蒸汽室外，其他部分均可在常压下操作。

真空结晶器的优点有：①溶剂蒸发所消耗的汽化潜热由溶液降温释放出的显热及溶质的结晶热所平衡，在这类结晶器里，溶液受冷却而无需与冷却面接触，溶液被蒸发而不需设置换热面，避免了器内产生大量晶垢的缺点。②真空结晶器一般没有加热器或者冷却器，避免了在复杂的表面换热器上析出结晶，防止了因结垢降低换热能力等现象，延长了换热器的使用周期。溶液的蒸发、降温在蒸发室的沸腾液面上进行，这样也就不存在结垢问题。

真空结晶器缺点是在蒸发室闪蒸时，沸腾界面上的雾滴飞溅是很严重的。这些雾滴黏结在蒸发室器壁上形成晶垢。需要在蒸发室的顶部附加一周向器壁喷洒的特殊洗涤喷管或洗水溢流环，在生产过程中定期地用清水清洗，以避免蒸发器截面逐渐缩小而带来的生产能力下降，且可以在不中断生产时得到清洗的效果。

四、结晶设备的选用

结晶设备选用时应考虑以下因素。

① 冷却搅拌结晶设备比较简单，对于产量较小、结晶周期较短的，多采用立式结晶箱；对于产量较大，周期比较长的，多采用卧式结晶箱。

② 冷却搅拌结晶设备结构简单，适用范围不宽，产品结晶颗粒较小。连续真空煮晶锅的适用范围宽，结晶晶粒大，规格一致。

③ 连续结晶过程中，最好采用分级装置。分级时消耗较少的动力。

④ 真空结晶器比蒸发结晶器要求有更高的操作真空度；真空结晶器一般没有加热器或冷却器，料液在结晶器内闪蒸浓缩并同时降低了温度，因此在产生过饱和度的机制上兼有蒸除溶剂和降低温度两种作用。由于不存在传热装置，从根本上避免了在复杂的传热表面上析出并积结晶体。

⑤ 真空结晶器由于省去了换热器，其结构简单、投资较低的优势使它在大多数情况下成为首选的结晶器。只有溶质溶解度随温度变化不明显的场合才选用蒸发结晶器；而冷却结晶器几乎都可为真空结晶器所代替。

第三节　干燥设备

干燥是借助热能使物料中水分或其他溶剂蒸发或用冷冻将物料中的水分结冰后升华而被移除的单元操作。干燥过程和蒸发过程相同之处是都要以加热水分使之汽化为手段，而不同点在于，蒸发时是液态物料中的水分在沸腾状态下汽化，而干燥时被处理的通常是含有水分的固态物料（有的是糊状物料，有时也可能是液态物料），在温度低于沸点的条件下进行汽化。用干燥方法排除水分的费用比用蒸发或沉降、过滤、离心分离、压榨等机械方法费用高得多，故通常先采用其它方法使物料尽量脱去水分再进行干燥。

根据热量传递方式，传统上将各种干燥设备分成对流式、传导式和辐射式三大类，但这种分类是相对的，例如，真空干燥机和冷冻干燥机多采用接触传导方式提供干燥热量，但也可以采用微波方式供热。常见的干燥设备分类见表 9-3-1。

表 9-3-1　常见的干燥设备分类

热量传递类型	干燥设备形式
对流型	厢式干燥器、洞道式干燥机、流化床干燥机、喷动床干燥机、气流式干燥机和喷雾干燥机等
传导型	滚筒干燥器、真空干燥器、冷冻干燥器
辐射型	远红外干燥器、微波干燥器

一、对流型（绝热）干燥设备

在对流型（绝热）干燥设备中，干燥介质为流体（热空气或过热蒸汽等）。干燥介质与物料直接接触使物料升温脱水，并将物料脱除的水分带出干燥室外。干燥介质状态从高温低湿变为低温高湿。物料与热空气的接触面积决定了设备的生产效率。

对流型干燥设备种类最多，对物料状态的适应性也最大。常见的对流型干燥设备有厢式干燥器、洞道式干燥机、气流干燥机、流化床干燥机和喷雾干燥机等。前四种类型的干燥机适用于固体或颗粒状态湿物料的干燥；喷雾干燥机用于液态物料的干燥，得到的成品为粉末。

1. 厢式干燥器

厢式干燥器结构如图 9-3-1 所示。为减少热损失，厢式干燥器的四壁用绝热材料构成。厢内有多层框架，物料盘置于其上，也可将物料放在框架小车上推入厢内，故又称为盘架式干燥器。厢式干燥器内设有加热器，有多种形式和布置方式，加热方法可采用蒸汽、煤气或电加热。干燥器内的风机强制引入新鲜空气与器内废气混合，并驱使混合气流循环流过加热器，再流经物料。热风携带热量与烘盘的湿物料交换带走水分。

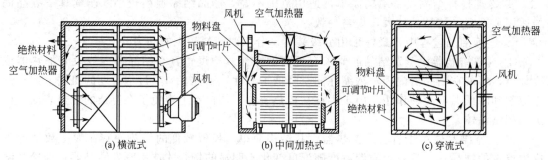

图 9-3-1　厢式干燥器结构

空气流过物料的方式有横流、中间加热和穿流三种（图 9-3-1）。在横流式厢式干燥器中，热空气在物料上方掠过，与物料进行湿交换和热交换 ［图 9-3-1(a)］。若框架层数较多，可分成若干组，空气每流经一组料盘之后，就流过加热器再次提高温度，即为具有中间加热式干燥器 ［图 9-3-1(b)］。对于粒状、纤维状等物料，可在框架的网板铺设成一薄层，空气以 $0.3\sim1.2m/s$ 的速度垂直穿流物料层，可获得较大的干燥速率，即为穿流式干燥器 ［图 9-3-1(c)］。

对于不耐高温、易氧化的物料或贵重的生物制品可以选用真空厢式干燥器。干燥时，将料盘放于每层隔板之上。钢制断面为方形的保温外壳，内设多层空心隔板，隔板中通常加热蒸汽或热水。关闭厢门，用真空泵将厢内抽到所需要的真空度后，打开加热装置并维持一定时间。干燥完毕后，一定要先将真空泵与干燥箱连接的真空阀门关闭，然后缓缓放气，去除物料，最后关闭真空泵。如果先关闭真空泵，真空箱内的负压就可能将冷凝器内或真空泵里的液体倒吸回干燥器中，造成产品污染并有可能损坏真空泵。

厢式干燥器的优点是制造和维修方便，使用灵活性大。发酵工业上常用于需长时间干燥的物料、数量不多的物料以及需要特殊干燥条件的物料。其缺点主要是干燥不均匀，不易抑制微生物活动，装卸劳动强度大，热能利用不经济（每汽化 1kg 水分，约需 2.5kg 以上的蒸汽）。

2. 洞道式干燥机

洞道式干燥机（图 9-3-2）有一段长度为 20～40m 的狭长洞道，内敷设铁轨，一系列的小车载着盛于浅盘中或悬挂在架上的湿物料通过洞道，在洞道中与热空气接触而被干燥。小车可以连续地或间歇地进出洞道。

湿物料在料盘中散布成均匀料层。料盘堆放在小车上，料盘与料盘之间留有间隙供热风通过。洞道式干燥机的进料和卸料为半连续式，即当一车湿料从洞道的一端进入时，从另一端同时卸出另一车干料。洞道中的轨道通常带有 1/200 的斜度，可以由人工或绞车等机械装置来操纵小车的移动。洞道的门只有在进、卸料时才开启，其余时间都是密闭的。

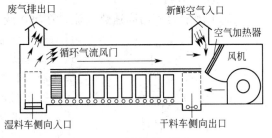

图 9-3-2　洞道式干燥机

空气由风机推动流经预热器，然后依次在各小车的料盘之间掠过，同时伴随轻微的穿流现象。气速一般应大于 2～3m/s。热风流动的方式又分为并流、逆流和混流三种。通常将洞道分成两段，第一段为并流，干燥速率大；第二阶段为逆流，可满足物料的最终干燥要求。因为第二阶段的干燥时间较长，一般洞道的第二段也比第一段长。混流综合了并流、逆流的优点，在整个干燥周期的不同阶段可以更灵活地控制干燥条件。

洞道式干燥器的优点有：①具有非常灵活的控制条件，可使物料处于几乎所要求的温度、湿度、速度条件的气流之下，因此特别适用于实验工作；②料车每前进一步，气流的方向就转换一次，制品的水分含量更均匀。其缺点是：①结构复杂，密封要求高，需要特殊的装置；②压力损失大，能量消耗多。

3. 网带式干燥机

网带式干燥机由干燥室、输送带、风机、加热器、提升机和卸料机等组成。沿输送网方向，可分成若干相对独立的单元段，每个单元段包括循环风机、加热装置、单独或公用的新鲜空气抽入系统和尾气排出系统。每段内干燥介质的温度、湿度和循环量等操作参数可以独立控制，使物料干燥过程达到最优化。输送带为不锈钢丝网或多孔板不锈钢链带，转速可调。网带式干燥机因结构和干燥流程不同可分成单层、多层和多段等不同的类型。单层网带式干燥机如图 9-3-3 所示。

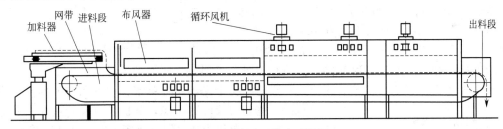

图 9-3-3　单层网带式干燥机

全机分成两个干燥区和一个冷却区。每个干燥区段由空气加热器、循环风机、热风分布器及隔离板等组成加热风循环。第一干燥区的空气自下而上经加热器穿过物料层，第二干燥区的空气自上而下经加热器穿过物料层。最后一个是冷却区，没有空气加热器。物料在干燥器内均匀运动前移的网带上，气流经加热器加热，由循环风机进入热风分配器，成喷射状吹向网带上的物料，与物料接触，进行传热传质。大部分气体可以循环利用，一部分温度低、含湿量较大的气体作为废气由排湿风机排出。

网带式干燥机的优点是网带透气性能好，热空气易与物料接触，停留时间可任意调节。物料无剧烈运动，不易破碎。每个单元可利用循环回路，控制蒸发强度。若采用红外加热，可一起干燥、杀菌、一机多用。其缺点是占地面积大，如果物料干燥的时间较长，则从设备的单位面积生产能力上看不很经济，另外设备的进出料口密封不严，易产生漏气现象，生产能力及热效率较低。

4. 气流干燥器

气流干燥器是利用高速热气流，在输送潮湿粉粒状或块粒状物料的过程中，同时对其进行干燥。气流干燥器有直管式、多级式、脉冲式、套管式、旋风式、环管式等多种形式。直管式气流干燥机应用最普遍，其结构如图 9-3-4 所示。

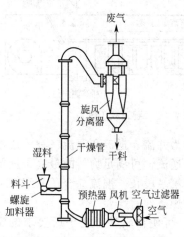

图 9-3-4　直管式气流干燥机

工作时，被干燥物料经预热器加热后送入干燥管的底部，然后被从加热器送来的热空气吹起。气体与固体物料在流动过程中因剧烈的相对运动而充分接触，进行传热和传质，达到干燥的目的。干燥后的产品由干燥机顶部送出，废气由分离器回收夹带的粉末后，经排风机排入大气。

气流干燥器适用于在潮湿状态仍能在气体中自由流动的颗粒物料的干燥，如葡萄糖、味精、柠檬酸及各种粒状物料等均可采用气流干燥法干燥。粒径在 0.5～0.7mm 以下的物料，不论其初始湿含量如何，一般都能干燥至 0.3％～0.5％的含水量。

5. 流化床干燥器

流化床干燥是利用流态化技术，即利用热的空气使孔板上的粒状物料呈流化沸腾状态，使水分迅速汽化达到干燥目的。典型的流化床干燥器系统构成如图 9-3-5 所示。风机驱使热空气以适当的速度通过床层，与颗粒状的湿物料接触，使物料颗粒保持悬浮状态。热空气既是流化介质，又是干燥介质。被干燥的物料颗粒在热气流中上下翻动，互相混合与碰撞，进行传热和传质，达到干燥的目的。当床层膨胀至一定高度时，因床层空隙率的增大而使气流速度下降，颗粒回落而不致被气流带走。经干燥后的颗粒由床

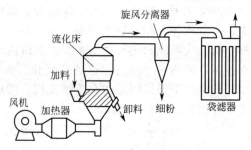

图 9-3-5　典型的流化床干燥器系统

侧面的出料口卸出。废气由顶部排出，并经旋风分离器回收所夹带的粉尘。

流化床干燥器有单层和多层两种。单层的沸腾干燥器又分单室、多室和有干燥室及冷却室的二段沸腾干燥，其次还有沸腾造粒干燥等。

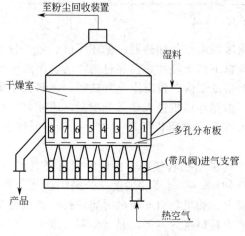

图 9-3-6　单层卧式多室流化床干燥器

单层卧式多室流化床干燥器可以降低压强降，保证产品均匀干燥，降低床层高度，广泛应用于颗粒状物料的干燥，其设备构造如图 9-3-6 所示，将单层流化床用垂直挡板分隔成多室，并单独设有风门，可根据干燥的要求调节风量，挡板下端与多孔板之间留有间隙，使物料能从一室进入另一室。使物料在干燥器内平均停留时间延长，同时借助物料与分隔挡板的撞击作用，使它获得在垂直方向的运动，从而改善物料与热空气的混合效果。多孔分布板采用金属网板，开孔率一般在 4％～13％。

工作时，物料由第一室进入，从最后一室排出，在每一室与热空气接触，气、固两相总

体上呈错流流动。不同小室中的热空气流量可以分别控制，其中前段物料湿度大，可以通入较多热空气，而最后一室，必要时可通入冷空气对产品进行冷却。

干燥箱内平放有一块多孔金属网板，开孔率一般在 4％～13％，在板上面的加料口不断加入被干燥的物料，金属网板下方有热空气通道，不断送入热空气，每个通道均有阀门控制，送入的热空气通过网板上的小孔使固体颗粒悬浮起来，并激烈地形成均匀的混合状态，犹如沸腾一样。控制的干燥温度一般比室温高 3～4℃，热空气与固体颗粒均匀地接触，进行传热，使固体颗粒所含的水分得到蒸发，吸湿后的废气从干燥箱上部经旋风分离器排出，废气中所夹带的微小颗粒在旋风分离器底部收集，被干燥的物料在箱内沿水平方向移动。在金属网板上垂直地安装数块分隔板，使干燥箱分为多室，使物料在箱内平均停留时间延长，同时借助物料与分隔板的撞击作用，使它获得在垂直方向的运动，从而改善物料与热空气的混合效果，热空气是通过散热器用蒸汽加热的。

单层卧式多室流化床干燥器的特点是结构简单、制造方便、容易操作、干燥速度快，适用于各种难以干燥的颗粒状、片状和热敏性的生物发酵制品，但热效率较低，对于小批量物料的适应性较差。

流化床干燥器适宜于处理粉状且不易结块的物料，物料粒度通常为 $30\mu m\sim6mm$。物料颗粒直径小于 $30\mu m$ 时，气流通过多孔分布板后极易产生局部沟流。颗粒直径大于 6mm 时，需要较高的流化速度，动力消耗及物料磨损随之增大。适宜含水范围为 2％～5％粉状物料和 10％～15％颗粒物料。气流干燥或喷雾干燥得到物料，若仍含有需要经过较长时间降速干燥方能去除的结合水分，则更适于采用流化床干燥。

6. 喷雾干燥器

喷雾干燥器是一种将液状物料通过雾化方式干燥成粉体的设备系统，其基本构成如图 9-3-7 所示，主要由雾化器、干燥室、粉尘分离器、进风机、空气加热器、排风机等构成。

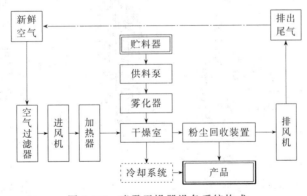

图 9-3-7　喷雾干燥器设备系统构成

（1）喷雾干燥器工作原理

喷雾干燥器工作原理如图 9-3-8 所示。利用不同的喷雾器（机械），将需干燥的物料喷成具有巨大表面积的分散微粒（$10\sim200\mu m$），其蒸发面积非常大（$100\sim600m^2/kg$），这些雾滴与进入干燥室的热空气（约 200℃）接触，在瞬间（$0.01\sim0.04s$）发生强烈的热交换和质交换，使其中绝大部分水分迅速蒸发汽化并被干燥介质带走。干燥过程包括雾滴预热、恒速干燥和降速干燥等三个阶段，只需 $10\sim30s$ 完成。水分蒸发吸收汽化潜热，液滴表面温度一般为空气湿球温度（约 70℃）。干燥后的物料（约 90℃）呈粉末状态，由于重力作用，大部分沉降于干燥器的底部排出，少量微细粉末随尾气进入粉尘回收装置得以回收。干燥器底和分离器分离得到的干燥产品可以直接出料进行包装，也可经过一个粉体冷却器进一步冷

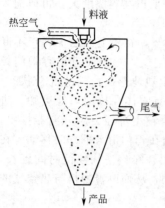

图 9-3-8 喷雾干燥器工作原理

却后再出料。

干燥室是喷雾干燥的主体设备，分为厢式和塔式两大类。厢式（又称卧式）干燥室用于水平方向的压力喷雾干燥，新型喷雾干燥设备几乎都用塔式结构（常称为干燥塔）。喷雾干燥要求雾滴的平均直径一般为 $20\sim60\mu m$，因此，将溶液分散成雾滴的雾化器是喷雾干燥器的关键部件。根据雾化器的不同，一般将喷雾干燥器分为气流式、压力式和离心式三种。

（2）雾化器

气流式雾化器有两种形式：一种是外部混合式，即气体与料液在喷嘴外面混合喷成雾滴（图 9-3-9）；另一种为内部混合式，即气体与料液在喷嘴内部混合后喷出，喷出雾滴比较均匀（图 9-3-10）。常用的是内部混合式气流式雾化器，其工作原理是：压缩空气从切线方向进入雾化器外面的套管，由于喷头处有螺旋槽，因此形成高速度旋转的圆锥状空气涡流，并在喷嘴处形成低压区，料液在喷嘴出口处与高速运动（一般为 $200\sim300m/s$）的空气相遇，由于料液速度小，而气流速度大，两者存在相当大速度差，从而液膜被拉成丝状，然后分裂成细小的雾滴。雾滴大小取决于两相速度差和料液黏度，相对速度差越大，料液黏度越小，则雾滴越细。料液的分散度取决于气体的喷射速度、料液和气体的物理性质、雾化器的几何尺寸以及气料流量之比。喷嘴孔径一般为 $1\sim4mm$，故能够处理悬浮液和黏性较大的料液。

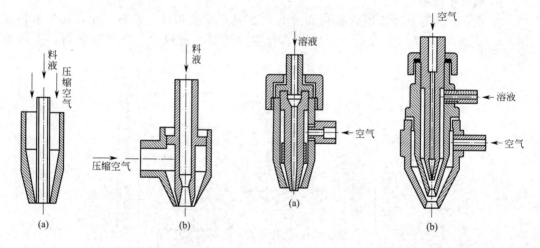

图 9-3-9　外部混合式气流式雾化器　　　　图 9-3-10　内部混合式气流式雾化器

压力式雾化器实际上是一种喷雾头，装在一段直管上便构成所谓的喷枪。喷雾头（喷枪）需要与高压泵配合才能工作。一般使用的高压泵为三柱塞泵。压力式雾化器的雾化机理为：经过高压泵加压后的料液以一定的速度，沿切线方向进入喷嘴的旋室，这时液体的部分静压能将转化为动能，形成液体的旋转运动（图 9-3-11）。

离心式雾化器的雾化能量来自于离心喷雾头的离心力，因此，离心喷雾干燥器的供料泵不必是高压泵。图 9-3-12 所示为离心式雾化器的结构和外形。转盘是离心式雾化器的关键部件，形式有多种，图 9-3-13 所示为一些离心喷雾转盘的实物。离心式雾化器雾化机理是利用在水平方向做高速旋转（$75\sim150m/s$ 圆周速度）的圆盘给予料液以离心力，使其以高速由喷雾盘的边缘甩出形成薄膜，同时，受空气的摩擦以及本身表面张力作用而成细丝或液滴。影响离心喷雾液滴的直径大小的因素有转速、盘径、盘型、进料量、流体密度、黏度和表面张力。工业用离心盘的直径通常为 $160\sim500$mm，转速为 $3000\sim20000$r/min，相应的圆盘圆周速度为 $75\sim170$m/s。为了达到产品均匀、分散以及小喷矩等的要求，在设计离心喷雾转盘时，其圆周速度最小不低于 60m/s。实践证明，如果圆周速度小于 60m/s，得到的雾滴不均匀，盘近处液滴细小，远处粗液滴。

图 9-3-11　压力式雾化器　　　　图 9-3-12　离心式雾化器

（3）喷雾干燥的优缺点

喷雾干燥的优点是：①干燥速度快，产品质量好。产品具有良好的流动性、分散性和溶解性。快速干燥大大减少了营养物质的损失。干燥是在封闭的干燥室中进行，既保证了卫生条件，又避免了粉尘飞扬，从而提高了产品纯度。②工艺简单，操作控制方便，生产率高。料液经喷雾干燥后，可直接获得粉末状或微细的颗粒状产品，操作人员少，劳动强度低，适于连续化大规模生产，便于实现机械化、自动化生产。

图 9-3-13　各种形式的
离心喷雾转盘

喷雾干燥的不足之处是：①投资大。由于水分蒸发强度仅能达到 $2.5\sim4.0$kg/($m^3\cdot$h)，故设备体积庞大，且雾化器、粉尘回收以及清洗装置等较复杂。②能耗大，热效率不高。一般情况下，热效率为 $30\%\sim40\%$。若要提高热效率，可在不影响产品质量的前提下，尽量提高进风温度以及利用排风的余热来预热进风。另外，因废气中湿含量较高，为降低产品中的水分含量，需耗用较多的空气量，从而增加了鼓风机的电能消耗与粉尘回收装置的负担。

（4）喷雾干燥器的选用

喷雾干燥适用于不能通过结晶方法得到固体产品的生产，如酵母、核苷酸以及某些抗生素药物的干燥。

气流式喷雾干燥器的动力消耗最大，每千克料液需 $0.4\sim0.8$kg 压缩空气。但其设备结构简单，容易制造，适用于任何黏度或稍有固体的料液。

压力式喷雾干燥器适用于一般黏度的料液，动力消耗最少，大约每吨溶液所需耗电为 $4\sim10$kW·h，设备结构简单、制造成本低、维修更换方便；其缺点是必须要有高压泵，喷嘴小易堵塞、磨损，操作弹性小，调节范围窄。

离心式喷雾干燥器的动力消耗介于上述两种之间。其优点是液料通道大，不易堵塞；对液料的适应性强。高黏度、高浓度的液料均可；操作弹性大，进液量变化 $\pm25\%$ 时，对产品质量无大的影响。其缺点是设备结构复杂、造价高；雾滴较粗，喷嘴较大，因此塔的直径也相应地比其他喷雾器的塔大得多。

由于气流式喷雾干燥器动力消耗大，适用于做小型设备。大规模生产时一般采用压力式喷雾或离心式喷雾。

7. 沸腾制粒干燥器

沸腾制粒方法是喷雾技术和流化技术综合运用的成果，使传统的混合、制粒、干燥过程在同一密闭容器中一次完成，故又称为"一步制粒器"。沸腾制粒干燥器装置见图9-3-14。

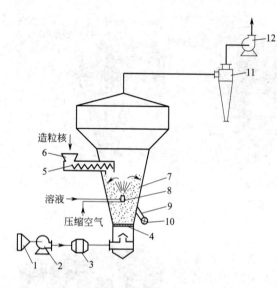

图 9-3-14 沸腾制粒干燥器
1—空气过滤器；2—离心通风机；3—空气加热器；
4—筛板；5—螺旋加料器；6—料斗；7—沸腾床；
8—雾化器；9—卸料管；10—卸料器；11—旋风
分离器；12—抽风机

在开始生产时，必须预先在沸腾床层内铺一定量的造粒晶核（称底料）才能喷入糖液，防止喷入的糖液粘壁。空气由系统风机从过滤器、加热器入口吸入，经净化、加热后从沸腾床下部筛网穿过，高速气流维持粉末物料悬浮，形成稳定的流化床。料液在蒸发器内预先浓缩，在进入喷嘴前需先经过加热槽，使料液保持在 60℃ 左右，经输液泵压送到雾化器喷射到沸腾干燥室中，均匀涂布在晶核的表面，然后水分才完全蒸发，在晶核表面形成一层薄膜，从而使颗粒逐渐长大。粒子形成后，按预定周期在沸腾床中干燥，达到一定粒径后从干燥器下部卸料器卸出。热风从干燥器底部的风帽上升，进风温度为 80℃，床层温度约 50℃。废气从干燥器上部由排风机经旋风分离器脱除粉尘后排入大气。

喷嘴的位置一般多采用侧喷，直径较大的锥形沸腾床可用 3～6 个喷嘴，同时沿器壁周围喷入，喷嘴结构有二流式和三流式。

中心管走压缩空气，内管环隙走糖液，外管走压缩空气，内管与外管间的环隙有螺旋线，即空气导向装置，压缩空气从此处喷出，此种喷嘴雾化较好。

在沸腾床中一边雾化，一边加入造粒晶核，加入晶核的颗粒大小与产品粒度成正比。加入晶核，在操作上称返料。返料比也影响产品的粒度，返料比小时，产品颗粒大，因此可用调节返料比来控制床层的粒度大小。此外进料液的浓度、温度、干燥速率也影响产品的粒度。

沸腾制粒干燥器的优点是：①粉末制粒后，改善了流动性，减少了粉尘的飞扬，同时获得了溶解性良好的产品；②由于混合、制粒、干燥过程一次完成，热效率高，简化了工艺操作，因而缩短了生产周期，节约了劳动力、降低了劳动强度、缩小了占地面积；③产品的粒度能自由调节；④设备无死角，卸料快速、安全、清洗方便。但是，该设备维持连续稳定生产是采用返料的方法解决的，因此要增加生产晶核的辅助设备；还由于返料比太大，设备生产能力较低。

二、传导型（非绝热）干燥设备

传导型干燥器的热能供给主要靠导热，要求被干燥物料与加热面间应有尽可能紧密的接触。故传导型干燥机较适用于溶液、悬浮液和膏糊状固液混合物的干燥。其主要优点在于热能利用的经济性，因这种干燥机不需要加热大量的空气，热能单位耗用量远较热风干燥机为少；而且传导干燥可在真空下进行，特别适用于易氧化生物制品的干燥。常见的传导型干燥器有滚筒干燥机和真空干燥机。

1. 滚筒干燥机

滚筒干燥机的主体是称为滚筒的中空金属圆筒。滚筒干燥机分为单滚筒式和双滚筒式，两者均有常压和真空式。

常压单滚筒干燥机结构如图 9-3-15（a）所示。圆筒随水平轴转动，其内部可由蒸汽、热水或其它载热体加热，圆筒壁即为传热面。采用浸没式加料方式，滚筒部分浸没在稠厚的悬浮液物料中，因滚筒的缓慢转动使物料成薄膜状附着于滚筒的外表面而进行干燥。当滚筒回转 3/4～7/8 转时，物料已干燥到预期的程度，即被刮刀刮下，由螺旋输送器送走。滚筒的转速因物料性质及转筒的大小而异，一般为 2～8r/min。滚筒上的薄膜厚度为 0.1～1.0mm。干燥产生的水汽被壳内流过滚筒面的空气带走，流动方向与滚筒的旋转方向相反。浸没式加料时，料液可能会因热滚筒长时间浸没而过热，为避免这一缺点，可采用洒溅式。

常压双滚筒干燥机［图 9-3-15（b）］采用的是由上面加入湿物料的方法，干物料层的厚度可用调节两滚筒间隙的方法来控制。

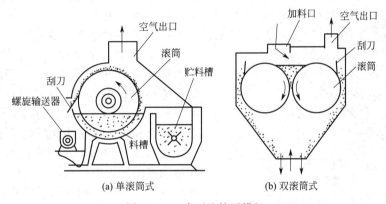

(a) 单滚筒式　　　(b) 双滚筒式

图 9-3-15　常压滚筒干燥机

滚筒干燥机的优点是干燥速度快，热能利用效率高。但是这类干燥机仅仅限于液状、胶状或膏糊状物料的干燥，而不适用于含水量的物料。

2. 带式真空干燥机

箱式真空干燥器的缺点是物料在干燥过程中处于静止状态，无法翻动或移动，因此干燥时间长。带式真空干燥机在这方面进行了改善。带式真空干燥机为连续式真空干燥设备，主要用于液状与浆状物料的干燥。干燥室一般为卧式封闭圆筒，内装钢带式输送机械。带式真空干燥机有单层和多层两种形式。

单层带式连续真空干燥机由不锈钢带、加热滚筒、冷却滚筒、辐射元件、真空系统和加料装置等组成（图 9-3-16）。在密封的真空干燥室内，由两个滚筒带动不锈钢料带。供料口位于钢带下方，由一供料滚筒不断将浆料涂布在钢带的表面，在滚筒的带动下缓慢移动。两个滚筒一用来加热，另一个用来冷却。在不锈钢料带上下的红外线辐射元件也可以同时加热。黏稠的湿物料涂加在下方的不锈钢带上，随钢带前移进入干燥器下方的红外线加热区。受热的料层因内部产生的水蒸气而蓬松成多孔状态，与加热滚筒接触前已具有膨松骨架。料层随后经过滚筒加热，再进入干燥上方的红外线区进行干燥。当到达冷却滚筒时，物料干燥完成。在绕过冷却滚筒时，物料受到骤冷作用，料层变脆，再由刮刀刮下，经真空密封装置从干燥器内卸出。

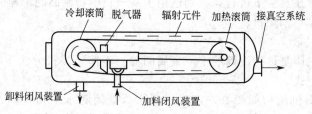

冷却滚筒　脱气器　　辐射元件　加热滚筒　接真空系统

卸料闭风装置　　　　加料闭风装置

图 9-3-16　单层带式连续真空干燥机

三、冷冻干燥机

冷冻干燥是湿物料经过冻结在真空条件下完成脱水的操作过程，即先将含水分的物料快速低温冻结，然后在高真空容器中进行物料的升华脱水，最后达到干燥目的成为冻干制品。

冷冻干燥的优点有：①干燥温度低，特别适合高热敏性物料的干燥；②能保持原物料的外观形状；③冻干制品有多孔结构，因而有理想的速溶性和快速复水性；④冷冻干燥脱水彻底，质量轻，产品保存期长。但是，冷冻干燥设备昂贵，干燥周期长，能耗较大，产量小，加工成本高。一般用于抗生素类、生物制品等活性物质的干燥。

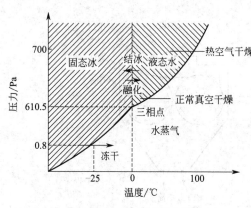

图 9-3-17　水的三相点图

1. 冷冻干燥的工作原理

由于冷冻干燥是在低温下使物料中的冰结晶体直接升华成为水蒸气，因此必须要保证预冻结物料中的水溶液保持在三相点以下。图 9-3-17 所示为水的三相点图。三相点即固态、液态和气态三相共存或处于平衡点。当压力降低到某一值时，水的沸点与冰点相重合，即达到水的三相平衡点，这时压力称为三相点压力（610.5Pa），相应的温度称为三相点温度（0.0098℃）。在压力 610.5Pa 以下时，物料中的水分就只有固态和气态两相。在这种状态下，如果温度不变，压力降低或者压力不变温度上升，物料中的冰结晶就会升华。

冷冻干燥过程如图 9-3-18 所示，需要干燥的物料应先经冻结阶段，使水分结成冰，然后再置于真空干燥箱中升华蒸发。

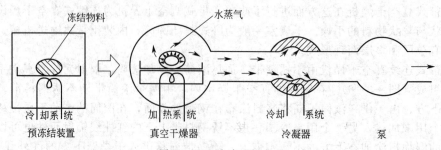

图 9-3-18　冷冻干燥过程

2. 冷冻干燥设备的系统构成

真空冷冻干燥过程分两个阶段。第一阶段：在低于熔点的温度下，使物料中的固态水分直接升华，有 98%～99% 的水分除去。第二阶段：将物料温度逐渐升高至室温，使水分汽化除去，此时水分可减少到 0.5%。

真空冷冻干燥机（简称冻干机）系统由预冻、供热、蒸汽和不凝结气体排除系统及干燥室等部分构成，如图 9-3-19 所示。这些系统一般以冷冻干燥室为核心联系在一起，有些部分直接装在冷冻干燥室内，如供热的加热板、供冷的制冷板和水汽凝结器等。预冻过程可以独立于冷冻干燥机完成，此时冷冻干燥箱内不设冷冻板。

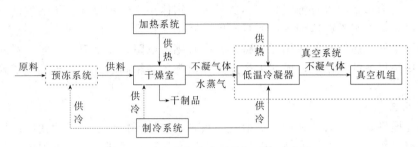

图 9-3-19　真空冷冻干燥机系统示意图

对于医药用冻干机，还需要有液压系统和消毒灭菌系统。

3. 预冷冻系统

最常见的预冷冻设备有：鼓风式和接触式。鼓风式冷冻设备一般在主机外完成，可以提高主机的效率。接触式冷冻设备常在冷冻干燥室物料搁板上进行。

液态物料可用真空喷雾冻结法进行预冻。该方法是将液体物料从喷嘴中呈雾状喷到冻结室内，当室内为真空时，由于一部分水的蒸发使得其余部分的物料降温而得到冻结。由于这种预冻方法可使料液在真空室内连续预冻，因此可以使喷雾预冻室与升华干燥室相连，构成完全连续式的冷冻干燥机。

4. 低温冷凝器（冷阱）

干燥过程中升华的水分必须连续快速地排除。在 13.3Pa 的压力下，1g 冰升华可产生 100m³ 的蒸汽，可以用大容量的真空泵直接将升华后的水汽抽走。但此法很不经济，因为在真空下，水汽的比容很大。若直接采用真空泵抽吸，则需要极大容量的抽气机才能维持所需的真空度。低温冷凝器（冷阱）正是实现在低温条件下，冷凝从被冻干物料中升华出来的大量水蒸气的专用装置，相当于专抽水蒸气的冷凝泵。其作用是减少真空系统的负荷，保护油润滑的机械泵不被污染，提高泵的寿命。低温冷凝器内设有大面积的低温冷凝表面，其温度应该低于升华温度（一般应比升华温度低 20℃），否则水汽不能被冷却。其温度通常在 $-80 \sim -30$℃ 之间。

低温冷凝器本质上属于间壁式热交换器，其形式有列管式、螺旋管式、盘管式和板式等，安装在干燥室与系统的真空泵之间。由于冷阱温度低于物料的温度，即物料冻结层表面的蒸汽压大于冷阱内的蒸汽分压，因而从物料中升华出的蒸汽，在通过冷阱时大部分以结霜的方式凝结下来，剩下的一小部分蒸汽和不凝结气体则由真空泵抽走。冷却介质可以是低温的空气或乙醇，最好是用冷冻剂直接膨胀制冷。

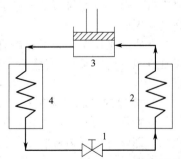

图 9-3-20　蒸汽压缩式制冷流程
1—膨胀阀；2—蒸发器；
3—压缩机；4—冷凝器

5. 制冷系统

真空冷冻干燥中冷冻及水汽的冷凝都离不开冷冻的过程。常用的制冷方式有蒸汽压缩式制冷、蒸汽喷射式制冷及吸收式制冷三种方式。最常用的是蒸汽压缩式制冷，该流程如图 9-3-20 所示。整个过程分为压缩、冷凝、膨胀和蒸发四个阶段。液态的冷冻剂经过膨胀阀后，压力急剧下降，因此进入蒸发器后则急剧吸热汽化，使蒸发器周围空间的温度降低，蒸发后的冷冻剂气体被压缩机压缩，使之压力增大，温度升高，被压缩后的冷冻剂气体经过冷凝后又重新变为液态冷冻剂，在此过程中释放的热量由冷凝器中的水或空气带走。这样，冷冻剂便在系统中完成了一个冷冻循环。

6. 干燥室

干燥室一般为箱式，也有钟罩式、隧道式等，箱体用不锈钢制作。干燥室的门及视镜要求十分严密可靠，否则不能达到预期的真空度。对于兼作预冻室的干燥室，夹层搁板中除应有加热循环管路外，还应有制冷循环管路。箱内有感温电阻，顶部有真空管，箱底有真空隔膜阀。为了提高设备的利用率，增加生产能力，出现了多箱间歇式、半连续隧道式及冷冻干燥器。

7. 供热系统

供热系统提供升华所需的热量。供给升华热时，要保证传热速率既能使冻结层表面达到尽可能高的蒸汽压，又不致使冻结层融化，所以应根据传热速率决定热源温度。此外，供热系统还要提供低温凝结器（冷阱）融化积霜所需的熔解热。加热方式分间热式和直热式两种。

间热式需要热溶剂和热交换器，热溶剂多为水、油或水蒸气。将物料放在料盘或输送带上接受传导的热量。

直热式主要是电加热，包括辐射加热和微波加热。利用传送钢带在干燥箱内进行物料输送的冷冻干燥机，一般采用不与输送带接触的辐射加热器，先对钢带进行加热，再通过受热的钢带对物料进行接触传导加热。另外，理论上，只要两物体有温差，就会发生热量从高温物体向低温物体转移的辐射传热。因此，在多层搁架板式冷冻干燥箱内，作用于一层物料盘底的接触加热器，对下层物料而言，实际上就是一个辐射加热器。微波加热属于内部加热，可使任何形状物料的内、外均一地将接受到的微波能转化为热能，从而使里外同时升温。这种加热方式对于不规则物料的冻干有很多好处。但由于微波加热系统的复杂性，到目前为止，尚未出现实用的微波加热方式的工业化冻干设备。

8. 真空系统

真空系统通常有两大类，一类是低温冷凝器前配置各种机械真空泵，另一类是喷射泵。

真空冷冻干燥时干燥箱中的压力应为冻结物料饱和蒸汽压的 $1/4 \sim 1/2$。一般情况下，干燥箱的绝对压力为 $1.3 \sim 130Pa$，质量较好的机械泵可达到的最高真空极限约为 $0.1Pa$，完全可以用于冷冻干燥。多级蒸汽喷射泵也可以达到较高的真空度，可直接抽出水汽而不需要冷凝。但蒸汽喷射泵不太稳定，且需大量 $1MPa$ 以上的蒸汽。油扩散泵是一种可以达到更高真空度的设备。

在实际操作中，为了提高真空泵的性能，可在高真空泵（后级泵）排出口再串联一个粗真空泵（前级泵）。真空泵的容量要求为使系统在 $5 \sim 10min$ 内从一个大气压降至$130Pa$以下。

9. 常见的冷冻干燥装置

生物物质用冻干机大多数采用冻干分离型结构，即先将预处理好的物料装盘送入速冻生产线预冻或将装好物料的盘子装上架车送入冷库预冻，预冻好的物料连同料盘或车一起装入冻干器的干燥仓内，抽真空进行升华干燥。为提高升华干燥速率，在适当时机进行加热，直到干燥结束，停止加热及停真空泵和制冷压缩机，向干燥仓内放入干燥空气，打开真空仓门取出物料进行真空包装。

医药用冻干机一般都采用冻干合一型结构，物料放在冻干机内预冻以减少染菌的机会。图 9-3-21 所示为医药用间歇式冻干机。将准备好的物料放在料盘内，放入冻干箱内的隔板上，关好冻干箱门，开动制冷机 11，对冻干箱内的湿物料进行预冻，当预冻温度达到该物料的共晶点温度以下，低于共晶点温度 5℃之后停留 0.5h 以上，然后开始抽真空。为节省时间，通常在达到共晶点温度时，开动制冷机 8 对低温冷凝器制冷。预冻结束时停止制冷机，开动真空泵 10，开启阀门 4，对冻干箱抽真空。从湿物料中升华出来的水蒸气被低温冷凝器凝结成霜，而不凝结性气体被真空泵 10 排到周围环境空间。为补充水蒸气升华所需的潜热，在开始抽真空 10min 之后，即可开动加热系统 12。加热速率需要严格控制，通常应保持被冻干物料的温度在其共晶点温度之下 1℃左右。待完成升华干燥之后，再逐渐提高温度，但最高不能超过被冻干物料的允许温度。采用取样法、称重法、压升法、温度对比法或水分在线测量法等中的任何一种方法，判断冻干是否结束。当确认冻干结束时，停止加热，停冻干机和真空泵，打开冻干箱取出冻干物料进行真空包装。

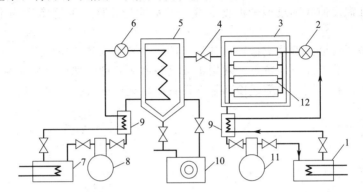

图 9-3-21　医药用间歇式冻干机

1, 7—冷凝器；2, 6—膨胀阀；3—干燥箱；4—阀门；
5—捕水器；8, 11—制冷机；9—热交换器；10—真空泵；12—加热系统

四、干燥设备的选用

干燥器的选用要考虑以下因素。

1. 产品的质量要求

许多生物工业制品都要求保持一定的生物活性，避免高温分解和严重失活，因此，干燥设备的选型首先应满足产品的质量要求。如高活性且价格昂贵的生物制品（例如乙肝疫苗等）则必须选择真空干燥或冷冻干燥设备。

2. 产品的纯度

生物产品大都要求有一定的纯度，且无杂质或杂菌污染，则干燥设备应能在无菌和密闭的条件下操作，要求采用洁净的干热空气作为对流型干燥设备的干燥介质，且应具有灭菌设施，以保证产品的微生物指标和纯度要求。

3. 物料的特性

对于不同的物料特性，如颗粒状、滤饼状、浆状、水分的性质等应选择不同的干燥设备。例如颗粒状物料的干燥可考虑选择沸腾干燥或者气流干燥，结晶状物料则应选择固定床干燥，浆状物料可选滚筒干燥或喷雾干燥等。

4. 产量及劳动条件

依据产量大小可选择不同的干燥方式和干燥设备。如浆状物料的干燥，产量大且料浆均匀时，可选择喷雾干燥设备，黏稠较难雾化时可采用离心喷雾或气流喷雾干燥设备，产量小时可用滚筒干燥设备。另外，应考虑劳动强度小、连续化、自动化程度高，投资费用小，便于维修、操作等。

生物工业产品的干燥要求快速高效，并且加热温度不宜过高；产品与干燥介质的接触时间不能太长；干燥产品应保持一定的纯度，在干燥过程中不得有杂质混入。目前应用最广泛的是对流型干燥设备；对于活的菌体、各种形式的酶和其他热不稳定产物的干燥，可使用冷冻干燥。

复习思考题

1. 蒸发浓缩系统一般是由哪几个部分组成？各自的作用是什么？

2. 生物产品蒸发浓缩为何大多采用膜式蒸发器？生物工厂常用的膜式蒸发器有哪几种？各适用什么物料？

3. 绘制饱和温度曲线和过饱和温度曲线，并标明稳定区、亚稳定区和不稳定区，并简述其意义。

4. 结晶设备通常分为哪些类型？请各举一例简述其结构和工作原理。

5. 生物工业产品干燥有何特点？常用干燥设备有哪几种？选用时要考虑哪些因素？

6. 绘制水的三相点图，并简述冷冻干燥设备的系统构成及其工作原理。

参 考 文 献

[1] 梁世中. 生物工程设备. 第二版. 北京: 中国轻工业出版社, 2007.
[2] 华南工学院. 发酵工程与设备. 北京: 中国轻工业出版社, 1983.
[3] 郑裕国, 薛亚平. 生物工程设备. 北京: 化学工业出版社, 2007.
[4] 陈国豪. 生物工程设备. 北京: 化学工业出版社, 2006.
[5] 张元兴, 许学书. 生物反应器工程. 上海: 华东理工大学出版社, 2001.
[6] 戚以政, 汪叔雄. 生物反应动力学与反应器. 第三版. 北京: 化学工业出版社, 2007.
[7] 宫锡坤. 生物制药设备. 北京: 中国医药科技出版社, 2005.
[8] 于信令. 味精工业手册. 第二版. 北京: 中国轻工业出版社, 2009.
[9] 陈宁. 酶工程. 北京: 中国轻工业出版社, 2005.
[10] 马赞华. 酒精高效清洁生产新工艺. 北京: 化学工业出版社, 2004.
[11] 贾树彪, 李盛贤, 吴国峰. 新编酒精工艺学. 北京: 化学工业出版社, 2004.
[12] [德] 孔泽 (Kunze W). 啤酒工艺实用技术. 湖北啤酒学校翻译组译. 北京: 中国轻工业出版社, 1998.
[13] 周广田. 现代啤酒工艺技术. 北京: 化学工业出版社, 2007.
[14] 陈洪章. 现代固态发酵技术. 北京: 化学工业出版社, 2013.
[15] 邱立友. 固态发酵工程原理及应用. 北京: 中国轻工业出版社, 2008.
[16] 李津, 俞詠霆, 董德祥. 生物制药设备和分离纯化技术. 北京: 化学工业出版社, 2003.
[17] 陈洪章. 生物过程工程与设备. 北京: 化学工业出版社, 2004.
[18] 岑沛霖, 关怡新, 林建平. 生物反应工程. 北京: 高等教育出版社, 2005.
[19] 陈敏恒. 化工原理 (上、下册). 第三版. 北京: 化学工业出版社, 2006.
[20] 刘振宇. 发酵工程技术与实践. 上海: 华东理工大学出版社, 2007.
[21] 喻九阳, 徐建民. 压力容器与过程设备. 北京: 化学工业出版社, 2011.
[22] 郑津洋, 董其伍, 桑芝富. 过程设备设计. 第三版. 北京: 化学工业出版社, 2010.
[23] 许学勤. 食品工厂机械与设备. 北京: 中国轻工业出版社, 2008.
[24] 张裕中. 食品加工技术装备. 第二版. 北京: 中国轻工业出版社, 2007.
[25] 史仲平, 潘丰等. 发酵过程解析、控制与检测技术. 北京: 化学工业出版社, 2005.